国外电子与通信教材系列

U0210421

天　　线

（第三版）（上册）

Antennas: For All Applications
Third Edition

［美］　John D. Kraus
　　　　Ronald J. Marhefka　著

章文勋　译

電子工業出版社.

Publishing House of Electronics Industry

北京·BEIJING

内 容 简 介

  本书是关于天线的经典著作,全面覆盖了有关天线的各方面内容。为了适应国内教学的需要,翻译版根据各章内容深浅层次的不同,分为上、下两册出版。上册为前 12 章,介绍了天线的各种基础知识。下册为后 12 章,详细展开了这些内容。上、下册的内容分别针对本科教学和研究生教学进行组织。书中包括大量实例和习题,便于读者实践掌握。全书图文并茂,更有助于读者的直观理解。书中加入了包括无线革命在内的许多全新的现代应用,对参考文献列表也进行了相应的更新。本书概念清晰,层次分明。无论读者需要的是仅介绍天线基础知识的一学期的课程,还是计划更深入地进一步学习,本书都能够提供切实的帮助。

  本书可作为高等院校相关专业的本科生和研究生的教学用书,也可作为工程技术人员的参考用书。

John D. Kraus,Ronald J. Marhefka：Antennas：For All Applications, Third Edition
ISBN 978-0-07-232103-6

Copyright © 2002 by The McGraw-Hill Companies,Inc.

Original language published by The McGraw-Hill Companies,Inc. All rights reserved. No part of this publication may be reproduced or distributed in any means,or stored in a database or retrieval system,without the prior written permission of the publisher.

Simplified Chinese translation edition published by McGraw-Hill Education(Asia)Co. and Publishing House of Electronics Industry. Copyright © 2017.

本书中文简体字翻译版由美国麦格劳–希尔教育出版(亚洲)公司授予电子工业出版社。未经出版者预先书面许可,不得以任何方式复制或抄袭本书的任何部分。

本书封面贴有 McGraw-Hill 公司激光防伪标签,无标签者不得销售。

版权贸易合同登记号 图字:01-2002-2859

图书在版编目(CIP)数据

天线:第三版 . 上册/(美)约翰・D. 克劳斯(John D. Kraus),(美)罗纳德・J. 马赫夫克(Ronald J. Marhefka)著;章文勋译.—北京:电子工业出版社,2017.7
书名原文:Antennas:For All Applications, Third Edition
国外电子与通信教材系列
ISBN 978-7-121-30780-5

Ⅰ. ①天⋯ Ⅱ. ①约⋯ ②罗⋯ ③章⋯ Ⅲ. ①天线－高等学校－教材 Ⅳ. ①TN82

中国版本图书馆 CIP 数据核字(2017)第 004305 号

策划编辑:马 岚
责任编辑:马 岚
印 刷:三河市良远印务有限公司
装 订:三河市良远印务有限公司
出版发行:电子工业出版社
     北京市海淀区万寿路 173 信箱 邮编:100036
开 本:787×1092 1/16 印张:22.75 字数:582 千字
版 次:2017 年 7 月第 1 版(原著第 3 版)
印 次:2023 年 12 月第 8 次印刷
定 价:69.00 元

  凡所购买电子工业出版社图书有缺损问题,请向购买书店调换。若书店售缺,请与本社发行部联系,联系及邮购电话:(010)88254888,88258888。

  质量投诉请发邮件至 zlts@ phei. com. cn,盗版侵权举报请发邮件至 dbqq@ phei. com. cn。

  本书咨询联系方式:classic-series-info@ phei. com. cn。

序

2001年7月间,电子工业出版社的领导同志邀请各高校十几位通信领域方面的老师,商量引进国外教材问题。与会同志对出版社提出的计划十分赞同,大家认为,这对我国通信事业、特别是对高等院校通信学科的教学工作会很有好处。

教材建设是高校教学建设的主要内容之一。编写、出版一本好的教材,意味着开设了一门好的课程,甚至可能预示着一个崭新学科的诞生。20世纪40年代MIT林肯实验室出版的一套28本雷达丛书,对近代电子学科、特别是对雷达技术的推动作用,就是一个很好的例子。

我国领导部门对教材建设一直非常重视。20世纪80年代,在原教委教材编审委员会的领导下,汇集了高等院校几百位富有教学经验的专家,编写、出版了一大批教材;很多院校还根据学校的特点和需要,陆续编写了大量的讲义和参考书。这些教材对高校的教学工作发挥了极好的作用。近年来,随着教学改革不断深入和科学技术的飞速进步,有的教材内容已比较陈旧、落后,难以适应教学的要求,特别是在电子学和通信技术发展神速,可以讲是日新月异的今天,如何适应这种情况,更是一个必须认真考虑的问题。解决这个问题,除了依靠高校的老师和专家撰写新的符合要求的教科书外,引进和出版一些国外优秀电子与通信教材,尤其是有选择地引进一批英文原版教材,是会有好处的。

一年多来,电子工业出版社为此做了很多工作。他们成立了一个"国外电子与通信教材系列"项目组,选派了富有经验的业务骨干负责有关工作,收集了230余种通信教材和参考书的详细资料,调来了100余种原版教材样书,依靠由20余位专家组成的出版委员会,从中精选了40多种,内容丰富,覆盖了电路理论与应用、信号与系统、数字信号处理、微电子、通信系统、电磁场与微波等方面,既可作为通信专业本科生和研究生的教学用书,也可作为有关专业人员的参考材料。此外,这批教材,有的翻译为中文,还有部分教材直接影印出版,以供教师用英语直接授课。希望这些教材的引进和出版对高校通信教学和教材改革能起一定的作用。

在这里,我还要感谢参加工作的各位教授、专家、老师与参加翻译、编辑和出版的同志们。各位专家认真负责、严谨细致、不辞辛劳、不怕琐碎和精益求精的态度,充分体现了中国教育工作者和出版工作者的良好美德。

随着我国经济建设的发展和科学技术的不断进步,对高校教学工作会不断提出新的要求和希望。我想,无论如何,要做好引进国外教材的工作,一定要联系我国的实际。教材和学术专著不同,既要注意科学性、学术性,也要重视可读性,要深入浅出,便于读者自学;引进的教材要适应高校教学改革的需要,针对目前一些教材内容较为陈旧的问题,有目的地引进一些先进的和正在发展中的交叉学科的参考书;要与国内出版的教材相配套,安排好出版英文原版教材和翻译教材的比例。我们努力使这套教材能尽量满足上述要求,希望它们能放在学生们的课桌上,发挥一定的作用。

最后,预祝"国外电子与通信教材系列"项目取得成功,为我国电子与通信教学和通信产业的发展培土施肥。也恳切希望读者能对这些书籍的不足之处,特别是翻译中存在的问题,提出意见和建议,以便再版时更正。

中国工程院院士、清华大学教授
"国外电子与通信教材系列"出版委员会主任

出 版 说 明

进入21世纪以来,我国信息产业在生产和科研方面都大大加快了发展速度,并已成为国民经济发展的支柱产业之一。但是,与世界上其他信息产业发达的国家相比,我国在技术开发、教育培训等方面都还存在着较大的差距。特别是在加入WTO后的今天,我国信息产业面临着国外竞争对手的严峻挑战。

作为我国信息产业的专业科技出版社,我们始终关注着全球电子信息技术的发展方向,始终把引进国外优秀电子与通信信息技术教材和专业书籍放在我们工作的重要位置上。在2000年至2001年间,我社先后从世界著名出版公司引进出版了40余种教材,形成了一套"国外计算机科学教材系列",在全国高校以及科研部门中受到了欢迎和好评,得到了计算机领域的广大教师与科研工作者的充分肯定。

引进和出版一些国外优秀电子与通信教材,尤其是有选择地引进一批英文原版教材,将有助于我国信息产业培养具有国际竞争能力的技术人才,也将有助于我国国内在电子与通信教学工作中掌握和跟踪国际发展水平。根据国内信息产业的现状、教育部《关于"十五"期间普通高等教育教材建设与改革的意见》的指示精神以及高等院校老师们反映的各种意见,我们决定引进"国外电子与通信教材系列",并随后开展了大量准备工作。此次引进的国外电子与通信教材均来自国际著名出版商,其中影印教材约占一半。教材内容涉及的学科方向包括电路理论与应用、信号与系统、数字信号处理、微电子、通信系统、电磁场与微波等,其中既有本科专业课程教材,也有研究生课程教材,以适应不同院系、不同专业、不同层次的师生对教材的需求,广大师生可自由选择和自由组合使用。我们还将与国外出版商一起,陆续推出一些教材的教学支持资料,为授课教师提供帮助。

此外,"国外电子与通信教材系列"的引进和出版工作得到了教育部高等教育司的大力支持和帮助,其中的部分引进教材已通过"教育部高等学校电子信息科学与工程类专业教学指导委员会"的审核,并得到教育部高等教育司的批准,纳入了"教育部高等教育司推荐——国外优秀信息科学与技术系列教学用书"。

为做好该系列教材的翻译工作,我们聘请了清华大学、北京大学、北京邮电大学、南京邮电大学、东南大学、西安交通大学、天津大学、西安电子科技大学、电子科技大学、中山大学、哈尔滨工业大学、西南交通大学等著名高校的教授和骨干教师参与教材的翻译和审校工作。许多教授在国内电子与通信专业领域享有较高的声望,具有丰富的教学经验,他们的渊博学识从根本上保证了教材的翻译质量和专业学术方面的严格与准确。我们在此对他们的辛勤工作与贡献表示衷心的感谢。此外,对于编辑的选择,我们达到了专业对口;对于从英文原书中发现的错误,我们通过与作者联络、从网上下载勘误表等方式,逐一进行了修订;同时,我们对审校、排版、印制质量进行了严格把关。

今后,我们将进一步加强同各高校教师的密切关系,努力引进更多的国外优秀教材和教学参考书,为我国电子与通信教材达到世界先进水平而努力。由于我们对国内外电子与通信教育的发展仍存在一些认识上的不足,在选题、翻译、出版等方面的工作中还有许多需要改进的地方,恳请广大师生和读者提出批评及建议。

电子工业出版社

教材出版委员会

作者致译者的一封信

John D. Kraus   Ronald J. Marhefka

We are pleased that *Antennas: for All Applications* has been translated into Chinese, a language used by more people than any other. And we thank Prof. Wen Xun Zhang for his excellent translation.

John D. Kraus & Ronald J. Marhefka

译　　文

章文勋

中文是世界上使用人数最多的语言。"Antennas: for All Applications"一书被译为中文出版,作者深感荣幸。同时,对章文勋教授的出色翻译,作者深表感谢。

作者

John D. Kraus & Ronald J. Marhefka

译　者　序

天线作为国内高校的一门专业课程，其自编教材始于原南京工学院（今东南大学的前身）陆钟祚教授所撰的《实用无线电天线》（中国科学技术仪器公司，1951 年）。此后不久，国内全面仿效苏联的教学体系，谢处方先生在南京工学院开设了"电波与天线"课程，随后出版了同名教材上、下册（人民邮电出版社，1958 年），即被众多高校所采用。与此同时，若干俄文的天线教材和参考书被陆续译成中文，多种非公开出版的国内自编教材或讲义也担当过重要角色。在此时期引进的少数英文的天线教材中，就有 John D. Kraus 的 "Antennas"（McGraw-Hill，1950）一书。该书以作者所发明的螺旋天线和夹角反射器天线为特色而有别于其他教材，可惜未能被当时的教材体系所接受。

经历了上世纪六七十年代政治动乱的停顿，高校复课迎来了百废俱兴的繁荣局面。分属不同行政部门的教材编审委员会曾拟定了各种层次的教材出版计划，有适用于本科用多学时或少学时天线课程的基础教材；也有适用于研究生的专题性天线教学参考书。其中不乏叙述清楚、结构严谨的佳作，对普及天线教学、提高天线人才的培养质量功不可没。可是，本科教材的大纲基本沿循了苏联教材的严谨而不够生动、详尽而缺少启发的模式；研究生参考书虽则题材多样、内容丰富，但仍似本科教材模式在较高层次的复现，不便于用做单门天线课程的教材。其间，流传较广的有谢处方、丘文杰合编的本科教材《天线原理与设计》（西北电讯工程学院出版社，1985 年）和任朗教授的专著《天线理论基础》（人民邮电出版社，1980 年）等。

上世纪 80 年代，国际上也迎来了天线教材出版的高峰时期。相继面市的有研究生与高年级本科生兼用的教材：W. L. Stutzman & G. A. Thiele 的 "Antenna Theory and Design"（John Wiley & Sons，1981），R. S. Elliott 的 "Antenna Theory and Design"（Prentice Hall，1981），C. A. Balanis 的 "Antenna Theory：Analysis and Design"（John Wiley & Sons，1982），R. E. Collin 的 "Antennas and Radiowave Propagation"（McGraw-Hill，1984）等；以及本科教材 K. F. Lee 的 "Principles of Antenna Theory"（John Wiley & Sons，1984）等。这些教材的引进，在一定程度上影响了国内的教学实践，尤其是 C. A. Balanis 著作的第二版（1997）在国内外备受推崇，堪称国际流行的优秀教材。然而，所有这些教材都带有侧重理论、原理的"学院式"倾向。

最近，John D. Kraus & Ronald J. Marhefka 合著的 "Antennas"（Third Edition，2002），其书名加有副标题"For All Applications"（适合所有的应用）。确实，本书以其丰富的内容涵盖、广泛的应用联系，以及逾千幅图释、数百道例题和习题，提供了原理论述与工程实例相结合的典范。它为天线课程开创了一种新的教学模式，并兼有工程技术人员进修参考书的功能。

电子工业出版社致力于引进国外优秀教材，慧眼优选出了本书的原版样书。译者承编辑部之约请，盛情难却，更受本书内容特色之吸引而欣然从命，执笔译成中文版。

译者虽从教四十五载，积有多年天线教学和研发之经验，但面对如此内容浩瀚的巨著，顿感力不从心、才疏学浅，只能勉力而为之。故此，书中译词失当、疏误之处难免，敬请读者不吝指正。

章文勋　于南京

前　言

本书新版较前两版更好地陈述了天线的基本要点,并扩充了最新的无线通信应用的内容。全书结构可按前 12 章和后 12 章分成两门课程,具有多种选配组合的灵活性。

第 1 章介绍有关符号和记号的知识,并附列了一些有用的图表。第 2 章包含基本的天线概念和天线语言。在第 3 章中将简述从偶极子到贴片等 20 余种天线。第 4 章介绍点源及其场强、功率、相位的波瓣图。点源的边射阵和端射阵则在第 5 章(上)中介绍。接着,第 6 章讨论了电偶极子和细直天线及其阵列。各种环天线及其特性在第 7 章中叙述。第 8 章(上)是螺旋聚束天线和八木-宇田天线的引论,第 8 章(下)则是对螺旋天线的详细讨论。第 9 章介绍缝隙天线、贴片天线和喇叭天线。第 10 章阐述平板和夹角反射器以及抛物面反射镜天线。第 11 章讨论宽频带和非频变天线。第 12 章介绍天线温度、遥感和雷达截面。以上是第一门天线课程的建议章节。

第二门天线课程的建议章节可包含第 5 章(下)对点源阵内容的拓展,第 8 章(下)对螺旋天线的深入理解,以及第 9 章对缝隙天线和喇叭天线的更多知识。然后顺序介绍自阻抗与互阻抗(第 13 章[①])、柱形天线(第 14 章)、口径分布与远场波瓣图之间的傅里叶变换关系(第 15 章)、偶极子阵和口径阵(第 16 章)以及透镜天线(第 17 章)。第 18 章阐述频率选择表面和周期结构,第 19 章是对实用大型口径天线的设计考虑。第 20 章给出若干大型或独特天线的实例。第 21 章介绍了很多特殊用途的天线,包括移动电话天线、仪表着陆系统(ILS,Instrument Landing System)天线、近地轨道(LEO,Low Earth Orbit)卫星天线,等等。第 22 章详细介绍了物理尺寸很小的太赫频率天线。第 23 章介绍关于平衡-非平衡转换器、变换器、陷波器等的有用知识。最后,第 24 章给出了当代天线测量的完整知识。附录中包含许多有用的表格、参考文献和计算机程序。

本书的特色是配有大量辅助性图示、透彻而富有挑战性的习题集以及丰富的参考文献。下面附有建议的课程设置。当然,也可以有多种不同的选配方案。可以将靠后的一些章节加入第一门天线课程,如第 21 章中的某些内容可适时地用做第一门天线课程的实例。欢迎读者访问本书的网页 www.mhhe.com/kraus,以制订出特定的课程计划。

虽然本书是按教材来编写的,但其中包含的丰富知识,即使对从事实践的工程师来说,也仿佛是一座真正的"金矿"。因为书中包含了数以百计的工作实例,有助于将理论转化为实际。

作者们对众多同仁的协助深表感谢,他们是:

Prof. Ben A. Munk, ElectroScience Laboratory, Ohio State University, for his chapters on *Frequency Selective Surfaces* and *Baluns, etc.*

Profs. Arto Lehto and Pertti Vainikainen of the Helsinki University of Technology Radio Laboratory for their chapter on *Measurements.*

Prof. Pertti Vainikainen for his section on *Antennas for Terrestrial Mobile Communication.*

---

① 全书中提及第 13 章至第 24 章的相关内容,均指《天线(第三版)(下册)》中的内容。——编者注

Dr. Edward H. Newman, ElectroScience Laboratory. Ohio State University for his section on *Self-impedance, Radar Cross Section and Mutual Impedance of Short Dipoles by the Method of Moments.*

Prof. Warren Perger, Michigan Technological University for class testing the new manuscript.

Dr. Spencer Webb, AntennaSys, Inc. for assistance on patch and other antennas.

Prof. Jonathan Young, ElectroScience Laboratory, Ohio State University, for assistance on *Ultra Wide Band Antennas for Digital Applications.*

Dr. Brian Baertlein, ElectroScience Laboratory, Ohio State University, for assistance on the *600 THz Antenna.*

Dr. Steven Ellingson, ElectroScience Laboratory, Ohio State University for assistance on the *Argus Array.*

Prof. Richard McFarland, School of Avionics, Ohio University, for assistance on *Instrument Landing System Antennas.*

Dr. Fred J. Dietrich, FD Engineering and Globalstar, for assistance on *Low Earth Orbit Satellite Antennas.*

Dr. Edward E. Altshuler, Air Force Research Laboratory, for assistance on *Genetic Algorithm Antennas.*

Prof. Christopher Walker, Dept. of Astronomy, University of Arizona for sections on *Terahertz Antennas.*

Dr. Eric Walton, ElectroScience Laboratory, Ohio State University for assistance on *Instrument Landing System Antennas.*

Dr. Richard Mallozzi, General Electric Research Laboratory, Schenectady, N.Y., for assistance on many topics.

Drs. James C. Logan and John W. Rockway, EM Scientific, for contributing computer programs available on the book's web site.

感谢本书评阅者对手稿的有益建议,他们是 McGraw-Hill 的项目组:主编 Catherine Fields, 执行主编 Emily Lupash 和项目经理 Marilyn Rothenberger。

感谢 Jerry Ehman 博士和 Erich Pacht 博士认真的编辑加工。作者们还要分别感谢他们各自的妻子 Alice Kraus 和 Deborah Marhefka 以耐心和关爱所给予的支持。

John Kraus & Ronald Marhefka

附言 1:虽经极其仔细的审校,书中谬误在所难免,笔者竭诚欢迎指正。可给 Ronald Marhefka 发电子邮件至 marhefka. 1@ osu. edu。

附言 2:据统计,本书(英文原版)超出 900 页,其中包含 1200 多幅图、130 个例题、75 个表格、300 多道习题、近 900 篇参考文献以及一套多于 2200 词条的索引可供快速切入主题。

建议的课程设置

每节课平均 8 页

第一学期	1/2年的学期	1/4年的学期
章次	节数	节数
1	1	1
2	5	5
3	2	2
4	2	2
5(上)	4	4
测验	1	1
6	4	2
7	3	3
8(上)	4	3
9	4	3
10	4	2
测验	1	
11	2	1
12	3	1
测验		1
15	2	合计　30
21	2	
测验	1	
	合计　45	

第二学期	1/2年的学期	1/4年的学期
章次	节数	节数
5(下)	4	3
8(下)	2	1
9	2	1
13	3	2
14	4	3
测验	1	1
15	3	2
16	5	4
17	2	1
18	2	1
19	2	1
20	1	1
测验	1	
21	5	4
22	1	1/2
23	1	1/2
24	5	3
测验	1	1
	合计　45	合计　30

目　　录

① 本书章节编号与原英文版保持一致。

下 册 简 目

第1章 引 论

1.1 引言

自赫兹和马可尼发明了天线以来,天线在社会生活中的重要性与日俱增,如今已成不可或缺之势。天线无处不在:家庭或工作场所,汽车或飞机里,船舶、卫星和航天器的有限空间内,甚至可以由步行者随身携带。

虽然各种各样的天线令人眼花缭乱,但它们都遵从相同的电磁场基本原理。本书旨在以尽可能简单的术语解释这些原理,并给出了大量图例。书中的叙述力求完整和严格,但有时也进行适当的直观性处理,在解释实例时常结合这两种方式。在本节中,先提供一些历史性的回顾,然后进入本章其他各节:

- 量纲和单位
- 基本单位和派生单位
- 符号和记号
- 方程和习题的编号
- 量纲分析
- 电磁频谱,无线电频段

天线简史[①]
天线是人们见闻世界的耳目,是人类与太空的联系,是文明社会的组成要素。

"天线"一词作为动物、禽鸟、昆虫等的触觉器官,已被应用了百万年之久。然而在过去的一百年里,天线又被赋予连接无线电系统和外部世界的新意义[②]。

德国卡尔斯鲁厄工学院的赫兹教授在 1886 年建立了第一个天线系统,他当时装配的设备如今可描述为工作在米波波长的完整无线电系统,其中采用了终端加载的偶极子作为发射天线,并采用了谐振方环作为接收天线。此外,赫兹还用抛物面反射镜天线做过实验。

虽然赫兹是一位先驱者和无线电之父,但他的发明只停留在实验室的阶段。1901年12月中旬,意大利博洛尼亚一位 20 岁的研究者马可尼在赫兹的系统上添加了调谐电路,为较长的波长配备了大的天线和接地系统,并在纽芬兰的圣约翰斯接收到发自英格兰波尔多的无线电信号。一年后,马可尼又不顾侵犯电缆公司横跨大西洋通信垄断权的诉讼,开始了正规的无线电通信服务。

---

① 参见本章末所列关于天线历史的进阶读物。还可参见本书的网址:www.mhhe.com/kraus。
② 动物学天线的复数是"antennae",而无线电天线的复数是"antennas"。一个世纪前天线被称为"aerials",该术语在某些国家仍沿用至今。在日本,天线被称为"空中线",这个名称曾出现于本书第一版的日译本封面上。

在 20 世纪初叶,能出现像马可尼的无线电那样举世瞩目的发明,实属罕见。随后,由于"共和国号"和"泰坦尼克号"海难事件,马可尼的发明戏剧性地表现出在海事上的价值,为马可尼赢得了普遍的敬佩和赞赏,他被奉若神明。因为在无线电问世之前,船舶在海上是完全孤立的,当灾难来袭时,即使岸上或邻近船舶上的人也无法给予提醒。

随着第二次世界大战期间雷达的出现,厘米波得以普及,无线电频谱才得到了更为充分的利用。如今,数以千计的通信卫星正负载着天线运行于近地轨道、中高度地球轨道和对地静止轨道。静地卫星如同土星的光环围绕土星那样围绕着地球。手持的全球定位卫星接收机能够为任何地面或空中的用户不分昼夜晴雨地提供经度、纬度和高度的信息,其精确度达到厘米级。

载有天线阵的探测器在地面系统的指挥下,已经访问了太阳系的行星背后。探测器用厘米波发回的照片和数据,其信号单程就经历了五个多小时。现有的射电望远镜天线工作于毫米到千米的波长,接收来自百亿光年之遥天体的信号。

天线为飞机和船舶提供必不可少的通信联络。移动电话和所有类型的无线器材都借助天线为人们提供对任何地点与任何人的通信。随着人类活动向太空扩展,对天线的需求也将增长到史无前例的程度。天线将能提供对任何事物的极其重要的联系。天线将成为未来的明星。

说明:关于"无线电"。赫兹首次提出天线辐射时,称之为"wireless"(德文"drahtlos",法文"sans fils")。直到 1920 年前后开通无线电广播时才引入了"radio"一词。如今"wireless"又重新被用来描述许多舍弃有线连接的系统,以区别于多数民众理解为调幅、调频广播的"radio"。

1.2   量纲和单位

量纲定义某些物理特征。例如长度、质量、时间、速度和力都是量纲。选取长度 L,质量 M,时间 T,电流 I,温度 T 和光亮度 I 作为基本量纲,其他量纲都属于按这 6 种基本量纲来定义的派生量纲。这种选择虽然有一定的随意性,但是很方便。例如,面积是由基本量纲长度的平方(L^2)表示的派生量纲。而速度的基本量纲表示是 L/T,力的基本量纲表示是 ML/T^2。

单位是使量纲能进行数值表述的一种标准或参照。例如,米是一种表述长度量纲的单位,而千克则是一种表述质量量纲的单位。例如一根钢杆的长度(量纲)为 2 米,质量(量纲)为 5 千克。

1.3   基本单位和派生单位

基本量纲的单位称为基本单位或基底单位。本书中采用公制,更准确地说是国际单位制[①]。在公制中,米、千克、秒、安培、开尔文以及坎德拉分别是 6 个基本量纲——长度、质量、时间、电

---

① 国际单位制(缩写 SI)是公制的现代化版本。缩写 SI 源自法文名称 Système Internationale d'Unités。关于其完整的官方阐述,可参阅美国国家标准局(现名美国国家标准与技术研究院)出版的 *Spec. Pub.* 330,1971。

流、温度和光亮度的基底单位,它们的定义分别是:

米(m),等于光在真空中行进时间 $t = 1/299\ 792\ 458$ 秒(s)所经历的路程长度。

千克(kg),等于保存在法国塞夫里斯的铂铱合金柱体的国际千克原型的质量。这个标准千克是 SI 基底单位中仅有的人造物品。

秒(s),等于铯 133 基态在两个超精细级之间跃迁所对应的辐射周期的 9 192 631 770 倍。秒在形式上定义为一个平均太阳日的 1/86 400 倍。地球的旋转速度在逐渐变慢,但原子(铯 133)跃迁却非常稳定,因此适于作为标准。这两种标准每年约相差 1 秒。原子钟的误差约每年 1 微秒。快速旋转(每秒 1000 周)时的间隔性搏动即将取代原子钟成为一种更好的标准(准确度高达每年误差纳秒级)。

安培(A),等于真空中两根相距 1 米的无限长平行导线上通过的等量电流,使两根导线之间产生的作用力恰等于 200 纳牛/米($200\ \text{nN}\ \text{m}^{-1} = 2 \times 10^{-7}\ \text{N}\ \text{m}^{-1}$)。

开尔文(K),温度等于水的三相点的 1/273.16 倍(或水的三相点等于 273.16 开尔文)。注意,开尔文前不加度数的符号(°),如水的沸点温度 $= 100℃ = 373\ \text{K}$[①]。

坎德拉(cd),等于在标准大气压和铂的凝固温度下,理想辐射体产生于 1/600 000 平方米的光亮度。

其他量纲的单位称为派生或导出量纲,它们都源自上述基本单位。本书中只用到四种基本量纲:长度、质量、时间和电流(量纲的符号分别为 L, M, T 和 I)。以这四种基本单位表示量纲的系统称 mksa 制,属于 SI 的子系统。

完整的 SI 不仅包括单位,还包括其他规定,其中之一便是 SI 单位以 10^3 或 10^{-3} 的倍数和约数步进。千米($1\ \text{km} = 10^3\ \text{m}$)和毫米($1\ \text{mm} = 10^{-3}\ \text{m}$)是用得最多的长度单位。例如,按 SI 标准设计的胶片宽度是 35 mm 而非 3.5 cm。表 1.1 列出了这些单位,并给出了它们的发音、缩写和由来。

本书中采用的是合理化 SI 单位。合理化系统的优点是在麦克斯韦方程中不会出现 4π 的因子。附录 A.1 给出了该系统中所用单位的完整表格,分基础、力学、电学和磁学等类别,按字母顺序列出量纲或物理量,并说明其数学符号(用于方程)、描述、SI 单位和缩写、等效单位以及基本量纲等。参考该表有益于根据熟识的基本量纲去讨论新的量纲和单位。

1.4 如何阅读符号和记号

本书中凡属标量的物理量或量纲,如电荷 Q,质量 M 或电阻 R 等,总是取斜体字符;凡既可能是矢量、也可能是标量的物理量,前者取黑体而后者取斜体,如电场 **E**(矢量)或 E(标量);单位矢量则总是取黑体并带尖帽(向上),如 $\hat{\mathbf{x}}$ 或 $\hat{\mathbf{r}}$[②]。

[①] 注意,开尔文前不加度数的符号(°),如水的沸点温度(100℃)是 373 K 而不是 373°K。但在摄氏前应保留度数的符号。

[②] 当手写或打字时,可用字母上方的横杠表示矢量,用尖帽(^)表示单位矢量;若无法区分斜体或正体,可在字母下方加底线表示斜体,或在手写时故意将字倾斜。

单位都用正体不用斜体,例如,H 是亨利,s 是秒,A 是安培。单位的缩写,凡单位源自专用名词者用大写字母,否则用小写字母。因此,采用 C 表示库仑(Coulomb),而用 m 表示米(meter)。注意,当单位为手写体时,即使源自专用名词也总是采用小写字母。单位的前缀总是采用正体字母,如纳库(nC)中的 n,或兆瓦(MW)中的 M 等。

表 1.1   公制的词头

数值	词头	发音	符号	原书用词(美国意义)	《英汉物理学词汇》*	中文惯称
$1\ 000\ 000\ 000\ 000\ 000\ 000 = 10^{18}$	exa	(ex a)	E	one quintillion	穰	艾
$1\ 000\ 000\ 000\ 000\ 000 = 10^{15}$	peta	(pet a)	P	one quadrillion	秭	拍
$1\ 000\ 000\ 000\ 000 = 10^{12}$	tera	(tare a)	T	one trillion	垓	太
$1\ 000\ 000\ 000 = 10^{9}$	giga	(jig a)	G	one billion	京	京(吉,千兆)
$1\ 000\ 000 = 10^{6}$	mega	(meg a)	M	one million	兆	兆
$1\ 000 = 10^{3}$	kilo	(key lo)	k	one thousand	千	千
$100 = 10^{2}$	hecto	(hek toe)	h	one hundred	百	百
$10 = 10$	deka	(dek a)	da	ten	十	十
$0.1 = 10^{-1}$	deci	(dec i)	d	one tenth	分	分
$0.01 = 10^{-2}$	centi	(cent i)	c	one hundredth	厘	厘
$0.001 = 10^{-3}$	milli	(mill i)	m	one thousandth	毫	毫
$0.000\ 001 = 10^{-6}$	micro	(my kro)	μ	one millionth	微	微
$0.000\ 000\ 001 = 10^{-9}$	nano	(nan o)	n	one billionth	纤	纳
$0.000\ 000\ 000\ 001 = 10^{-12}$	pico	(pee ko)	p	one trillionth	沙	皮
$0.000\ 000\ 000\ 000\ 001 = 10^{-15}$	femto	(fem toe)	f	one quadrillionth	尘	飞
$0.000\ 000\ 000\ 000\ 000\ 001 = 10^{-18}$	atto	(at o)	a	one quintillionth	渺	阿

*科学出版社,1975年版。除此之外,未见中文的标准命名系统。

例:1 千米(1 km) = 1000 米(m)

　　1 微米(1 μm) = 1/1 000 000 米(m)

　　1 千瓦(1 kW) = 1000 瓦(W)

　　1 毫瓦(1 mW) = 1/1000 瓦(W)

注意,这里的"吉"(千兆)与"太","纳"与"皮"容易混淆,但采用G与T,n与p则不会。

例 1.4.1 $\mathbf{D} = \hat{\mathbf{x}}\,200\ \text{pC m}^{-2}$

电通量密度 $\mathbf{D}$ 是沿 x 正向的矢量,大小为 200 皮库每平方米(2×10^{-10} C m^{-2})。

例 1.4.2 $V = 10\ \text{V}$

电压 V(标量)等于 10 伏。注意区分电压 V(斜体)和伏特 V(正体),速度矢量 $\mathbf{v}$(小写,黑体)和体积 v(小写,斜体)。

例 1.4.3 $S = 4\ \text{W m}^{-2}\ \text{Hz}^{-1}$

通量密度 S(标量)等于 4 瓦每平方米赫。也可写成 $S = 4$ W/m^2 Hz 或 $S = 4$ W/(m^2 Hz),但 W m^{-2} Hz^{-1} 的形式更直接而不会含糊。然而,加斜线的形式(W/m^2 Hz)便于书写。

注意,为简便起见而用词头取代数阶表示,于是光速被写成 $c = 300$ Mm s^{-1}(300 兆米每秒)而非 3×10^{8} m s^{-1}。然而,在解题时宜用数阶形式(3×10^{8} m s^{-1})。

公制的词头按 10^{-3} 或 10^3 步进,从"阿"(10^{-18})直到"艾"(10^{18}),具有 10^{36} 的量程,这对大多数用途来说已经足够了。超出该量程时仍用数阶形式,例如在宇宙中共有 10^{79} 个原子。

现代化公制(SI)的单位和这里所惯用的单位相结合,组成了一套简明、严格且不易混淆的记号系统。深观细节,我们将发现这种单位制是相当得体的。

1.5 公式和习题的编号

凡重要的、涉及正文的公式,从各节首起连续编号。当参引另一节的公式时,应完整地引用其章、节和公式编号。例如,式(2.8.4)代表所参引的是第 2 章第 8 节的式(4)。参引同一章节中的公式时,只需简单地引用式号。注意,章名和书名被分别作为页眉印刷在单页和双页的顶部。

集中在各章末尾的习题按对应正文所在的节编号,如编号为 1.5.2 的是与 1.5 节主题有关的第 2 题。

1.6 量纲分析

对每一个公式都必须检验其量纲是否平衡。例如公式 $M/L = DA$,其中 M 为质量,L 为长度,D 为密度(单位体积中的质量),A 为面积。

上式左侧的量纲为 M/L,而右侧则为 $(M/L^3) L^2 = M/L$。显然两侧量纲相同,因此该式的量纲是平衡的。这并不能保证公式是正确的,即量纲平衡只是公式正确的必要条件而非充分条件。尽管如此,量纲平衡仍然是检查公式正确性的常用手段。

上述量纲分析也有助于确定某个物理量的量纲。例如,为了确定力的量纲,可引用牛顿第二定律"力 = 质量×加速度"。由于加速度的量纲是长度/时间平方,因此力的量纲应是质量×长度/时间平方,即 ML/T^2。

在自由空间中,波长和频率的乘积等于光速,将光速记为 $c(\mathrm{m\,s^{-1}})$,则有公式

$$f\lambda = c = 3 \times 10^8 \mathrm{m\,s^{-1}} \tag{1}$$

例 1.6.1 波长为 400 m,频率是多少?

解:

由式(1), $f = \dfrac{c}{\lambda} = 3 \times 10^8/400 = 750\ \mathrm{kHz}$

例 1.6.2 频率为 2 GHz,波长是多少?

解:

由式(1), $\lambda = \dfrac{c}{f} = 3 \times 10^8/2 \times 10^9 = 15\ \mathrm{cm}$

可由表 1.2 来确认上述答案。

1.7　电磁频谱与无线电频段

表 1.2　电磁频谱从接近直流到伽玛射线的频率和波长

	频率 $f = c/\lambda$	波长 $\lambda = c/f$	相应的尺寸

电磁频谱图（左侧分区：无线电、红外线、可见光、紫外线、X射线、伽玛射线）

频率与波长对照：

- 1 Hz — $\{1,\ 10,\ 100\}$ Hz ↔ $\{300,\ 30,\ 3\}$ Mm — 10^6 m — 地球直径
- 10^3 Hz — $\{1,\ 10,\ 100\}$ kHz ↔ $\{300,\ 30,\ 3\}$ km — 10^3 m — 珠穆朗玛峰
- 10^6 Hz — $\{1,\ 10,\ 100\}$ MHz ↔ $\{300,\ 30,\ 3\}$ m — 红杉树 — 1 m — 人体
- 10^9 Hz — $\{1,\ 10,\ 100\}$ GHz ↔ $\{300,\ 30,\ 3\}$ mm — 氢谱线、氧分子谱线、各种分子谱线 — 10^{-3} m — 沙粒
- 10^{12} Hz — $\{1,\ 10,\ 100\}$ THz ↔ $\{300,\ 30,\ 3\}$ μm — 细菌 — 10^{-6} m
- 10^{15} Hz — $\{1,\ 10,\ 100\}$ PHz ↔ $\{300,\ 30,\ 3\}$ nm — 病毒 — 10^{-9} m — 原子间距
- 10^{18} Hz — $\{1,\ 10,\ 100\}$ EHz ↔ $\{300,\ 30,\ 3\}$ pm — 原子 — 10^{-12} m
- 10^{21} Hz — $\{1,\ 10,\ 100\}$ ↔ $\{300,\ 30,\ 3\}$ fm — 10^{-15} m — 原子核

无线电频段的名称*

名称	频率	主要用途	微波频段 "旧"	微波频段 "新"	微波频段 频率
ELF	3～30 Hz				
SLF	30～300 Hz	电力网			
ULF	300～3000 Hz		L	D	1～2 GHz
VLF	3～30 kHz	水下通信	S	E, F	2～4 GHz
LF	30～300 kHz	导航信标	C	G, H	4～8 GHz
MF	300～3000 kHz	AM 广播	X	I, J	8～12 GHz
HF	3～30 MHz	短波广播	Ku	J	12～18 GHz
VHF	30～300 MHz	FM, TV	K	J	18～26 GHz
UHF	300～3000 MHz	TV, LAN, 蜂窝, GPS	Ka	K	26～40 GHz
SHF	3～30 GHz	雷达、GSO卫星、数据通信			
EHF	30～300 GHz	雷达、汽车、数据通信			

*ELF = 极低频, SLF = 超低频, VLF = 甚低频, MF = 中频, HF = 高频, UHF = 特高频

参考文献

Bose, Jagadis Chandra: *Collected Physical Papers,* Longmans, Green, 1927.

Bose, Jagadis Chandra: "On a Complete Apparatus for the Study of the Properties of Electric Waves," *Elect. Engr. (Lond.),* October 1896.

Brown, George H.: "Marconi," *Cosmic Search,* **2,** 5–8, Spring 1980.

Dunlap, Orrin E.: *Marconi—The Man and His Wireless,* Macmillan, 1937.

Faraday, Michael: *Experimental Researches in Electricity,* B. Quaritch, London, 1855.

Gundlach, Friedrich Wilhelm: "Die Technik der kürzesten electromagnetischen Wellen seit Heinrich Hertz," *Elektrotech. Zeit. (ETZ),* **7,** 246, 1957.

Hertz, Heinrich Rudolph: "Über Strahlen elecktrischer Kraft," *Wiedemanns Ann. Phys.,* **36,** 769–783, 1889.

Hertz, Heinrich Rudolph: *Electric Waves,* Macmillan, London, 1893; Dover, 1962.

Hertz, Heinrich Rudolph: *Collected Works,* Barth Verlag, 1895.

Hertz, Heinrich Rudolph: *The Work of Hertz and His Successors—Signalling through Space without Wires,* Electrician Publications, 1894, 1898, 1900, 1908.

Hertz, Johanna: *Heinrich Hertz,* San Francisco Press, 1977 (memoirs, letters, and diaries of Hertz).

Kraus, John D.: *Big Ear II,* Cygnus-Quasar, 1995.

Kraus, John D.: "Karl Jansky and His Discovery of Radio Waves from Our Galaxy," *Cosmic Search,* **3,** no. 4, 8–12, 1981.

Kraus, John D.: "Grote Reber and the First Radio Maps of the Sky," *Cosmic Search,* **4,** no. 1, 14–18, 1982.

Kraus, John D.: "Karl Guthe Jansky's Serendipity, Its Impact on Astronomy and Its Lessons for the Future," in K. Kellermann and B. Sheets (eds.), *Serendipitous Discoveries in Radio Astronomy,* National Radio Astronomy Observatory, 1983.

Kraus, John D.: "Antennas Since Hertz and Marconi," *IEEE Trans. Ants. Prop.,* **AP-33,** 131–137, February 1985 (Centennial Plenary Session Paper).

Kraus, John D.: *Radio Astronomy,* 2d ed., Cygnus-Quasar, 1986; Sec. 1–2 on Jansky, Reber, and early history.

Kraus, John D.: "Heinrich Hertz—Theorist and Experimenter," *IEEE Trans. Microwave Theory Tech. Hertz Centennial Issue,* **MTT-36,** May 1988.

Lodge, Oliver J.: *Signalling through Space without Wires,* Electrician Publications, 1898.

Marconi, Degna: *My Father Marconi,* McGraw-Hill, 1962.

Maxwell, James Clerk: *A Treatise on Electricity and Magnetism,* Oxford, 1873, 1904.

Newton, Isaac: *Principia,* Cambridge, 1687.

Poincaré, Henri, and F. K. Vreeland: *Maxwell's Theory and Wireless Telegraphy,* Constable, London, 1905.

Ramsey, John F.: "Microwave Antenna and Waveguide Techniques before 1900," *Proc. IRE,* **46,** 405–415, February 1958.

Rayleigh, Lord: "On the Passage of Electric Waves through Tubes or the Vibrations of Dielectric Cylinders," *Phil. Mag.,* **43,** 125–132, February 1897.

Righi, A.: *L'Ottica della Oscillazioni Elettriche,* Zanichelli, Bologna, 1897.

Rothe, Horst: "Heinrich Hertz, der Entdecker der elektromagnetischen Wellen," *Elektrotech. Zeit. (ETZ),* **7,** 247–251, 1957.

Wolf, Franz: "Heinrich Hertz, Leben and Werk," *Elektrotech. Zeit. (ETZ),* **7,** 242–246, 1957.

第 2 章 天 线 基 础

2.1 引言

欢迎来到奇妙的天线世界,认识它的语言和文化,访问口径家族(有效口径和散射口径)和波瓣家族(主瓣、旁瓣、后瓣和栅瓣),了解频带宽度、定向性和增益。

天线存在于一个由波束范围、立体弧度、平方(角)度和立体角所构成的三维世界中。天线具有阻抗(自阻抗和互阻抗)。天线与整个空间相耦合,并具有一个用开尔文度量的温度。天线的极化分为线极化、椭圆极化和圆极化。

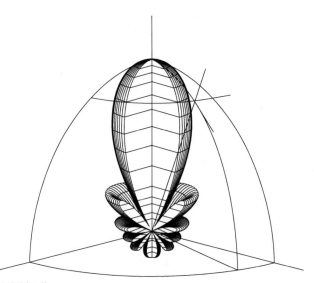

本章将传授给你流畅的天线语言,以适应它的文化。本章包含下列主题:

- 基本参量
- 波瓣图
- 波束范围
- 波束效率
- 定向性和增益
- 物理口径和有效口径
- 散射口径和雷达截面
- 无线电线路(弗里斯公式)
- 偶极子和 λ/2 天线的口径
- 辐射电阻
- 天线阻抗
- 天线的对偶性
- 辐射源
- 场的分区
- 形状–阻抗的考虑
- 极化

2.2 基本天线参量

无线电天线可被定义为一种附有导行波与自由空间波互相转换区域的结构。天线将电子转变为光子,或反之[①]。

不论其具体型式如何,天线都基于由加(或减)速电荷产生辐射的共同机理。辐射的基本方程可简述为

$$\dot{i}L = Q\dot{v} \qquad (\text{A m s}^{-1}) \quad \textbf{基本辐射方程} \qquad (1)$$

其中,$\dot{i}$——时变电流,A s^{-1}

$\quad L$——电流元的长度,m

$\quad Q$——电荷,C

$\quad \dot{v}$——速度的时间变化率,即电荷的加速度,m s^{-2}

因而,**时变电流辐射即加速电荷辐射**。对于稳态简谐振荡,我们通常关注其电流;对于瞬态简谐振荡或脉冲,则关注其电荷[②]。辐射的主要方向垂直于加速度,辐射功率正比于 $\dot{i}L$(或 $Q\dot{v}$)的平方。

图 2.1(a)中的双线传输线连接着无线电频率的发生器(或发射机)。沿传输线的均匀段,两线间距远小于波长,能量以平面电磁波的模式导行,只有很少的损失;沿传输线的渐变张开段,两线间距达到或超过波长的量级,将波向自由空间辐射而表现出天线的性质。电流从传输线流向天线,又从天线流回传输线,但电流所产生的场却持续向外推进。

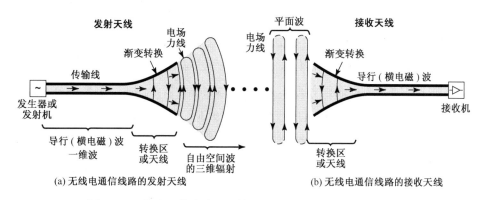

(a) 无线电通信线路的发射天线　　　　(b) 无线电通信线路的接收天线

图 2.1　无线电通信线路的发射天线和接收天线。发射天线的
球面波到达远处的接收天线时基本上已经是平面波

图 2.1(a)中的发射天线,是从传输线的导行波到自由空间波的转换区域。图 2.1(b)中的接收天线,则是从空间波到传输线导行波的转换区域。因此,**天线是一种导行波与自由空间波之间的转换器件或换能器**。天线是电路与空间的界面器件。

按电路的观点,从传输线看向天线这一段等效于一个电阻 R_r,称为辐射电阻。这是从空间耦合到天线终端的电阻,与天线结构自身的任何电阻无关。

在发射时,天线的辐射功率被远处的树木、建筑物、地面、天空以及其他天线所吸收。在接收时,来自远处目标的被动辐射或其他天线的主动辐射将提升 R_r 的外观温度。对于无损耗的天线来说,这种外观温度对天线自身的物理学温度并无影响,而只是天线所"看到"的远处目标的温度,如图 2.2 所暗示的。在这个意义上,可将接收天线当成一种遥感测温的器件。

---

① 光子是携带电磁能量 hf 的量子单元,其中 h (6.63×10^{-34} J s) 是普朗克常数,f (Hz) 是频率。

② 脉冲辐射具有很宽的频带(脉冲愈短则频带愈宽)。正弦振荡为窄频带(理论上无限连续的正弦振荡频带为零)。

图 2.2 所示的辐射电阻 R_r,可理解为一种物理上并不存在的"视在"电阻,是将天线耦合到远处空间的"视在"传输线的一个量[①]。

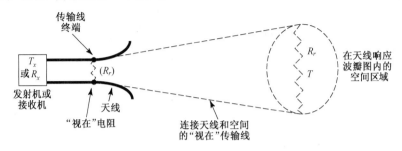

图 2.2　借助"视在"传输线将天线连接到温度 T 的空间区域的示意图

2.3　波瓣图[②]

辐射电阻 R_r 及其温度 T_A 都是简单的标量。另一方面,辐射波瓣图是描述场或功率(正比于场的平方)作为球坐标 θ 和 ϕ 的函数的三维量。如图 2.3 所示的三维场波瓣图,其波瓣半径 r(自原点到波瓣图边界点)正比于在该方向 θ 和 ϕ 上的场强。该波瓣图具有沿 z 方向的主瓣(最大辐射)以及沿其他方向的副瓣(旁瓣和后瓣)。

要完整地说明矢量场强的辐射波瓣图,需要用到三幅图形:

1. 电场的 θ 分量作为角度 θ 和 ϕ 的函数 $E_\theta(\theta,\phi)(\mathrm{V\ m^{-1}})$,如图 2.3 和图 2.4 所示;
2. 电场的 ϕ 分量作为角度 θ 和 ϕ 的函数 $E_\phi(\theta,\phi)(\mathrm{V\ m^{-1}})$;
3. 这些场分量的相位也是 θ 和 ϕ 的函数 $\delta_\theta(\theta,\phi)$ 和 $\delta_\phi(\theta,\phi)$(弧度或度)。

场的波瓣图既能用图 2.3 所示的方式在三维球坐标系中表示,又能用包含主瓣轴的剖面图表示。一般来说,波瓣图的表示需要用到两个互相垂直的剖面,称为主平面波瓣图(图 2.3 中的 xz 和 yz 平面),但绕轴对称的波瓣图只要一个剖面图就够了。

图 2.4(a)和图 2.4(b)分别是极坐标系中场和功率的主平面波瓣图。图 2.4(c)将同样的主平面波瓣图改成在直角坐标系中用对数(或分贝)刻度表示,这样表示能更详细地给出副瓣的电平。

按半功率电平点夹角定义的波束宽度,称为半功率波束宽度(HPBW, half-power beamwidth)(或 -3 dB 波束宽度)。按主瓣两侧第一个零点夹角定义的波束宽度,称为第一零点波束宽度(FNBW, beamwidth between first nulls)。如图 2.4 所示,这两种波束宽度都是重要的波瓣图参量。

将场分量除以其最大值,得到无量纲的归一化(或相对的)场波瓣图,其中最大值为 1。因

---

① 注意,辐射电阻、天线温度和辐射波瓣图都是频率的函数。一般来说,波瓣图还是测量距离的函数,但当距离远大于天线尺寸且远大于波长时,波瓣图几乎与距离无关。通常所说的波瓣图都应符合远场条件。

② "pattern"一词有图案之意,在天线术语中宜与"radiation"连用,对此有多种惯用的译法。在国内的多数教材和学术论著中采用(辐射)方向性图(某些文稿中简称"方向图",欠妥);在多数工程书刊和技术文件中惯用(辐射)波瓣图,既表意形象化,又能与主瓣/旁瓣等量的用词匹配,本书沿用之。另有广播电视界习用(辐射)场型,缺少作为方向(角)之函数的寓意,更适合于表示场(在波导或腔体中)的模式分布。——译者注

此,电场的归一化场波瓣图[见图2.4(a)]应为

$$\text{归一化场波瓣图} = E_\theta(\theta, \phi)_n = \frac{E_\theta(\theta, \phi)}{E_\theta(\theta, \phi)_{max}} \quad \text{(无量纲)} \quad (1)$$

半功率电平出现在 $E_\theta(\theta, \phi)_n = (1/2)^{1/2} = 0.707$ 的角度所对应的 θ 和 ϕ 方向上。

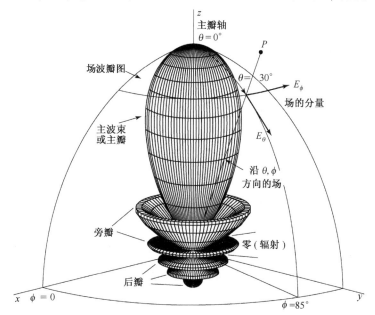

图 2.3 沿 z 向($\theta = 0°$)辐射最强的定向天线的三维场波瓣图。大部分辐射包
含在主瓣内,次瓣内也有辐射,沿瓣间零点的方向辐射场为零。图中 P 点
的方向为 $\theta = 30°$,$\phi = 85°$。该波瓣图关于 ϕ 对称,仅是 θ 的函数

凡场点所在的距离远大于天线尺寸和波长时,场波瓣图的形状就与距离无关。通常称这类波瓣图符合远场条件。

波瓣图还可按单位面积的功率或坡印廷矢量的幅值 $S(\theta, \phi)$ 来表示[1]。将该功率对其最大值进行归一化即得出归一化功率波瓣图,这也是角度的无量纲函数,最大值为1。因此,归一化功率波瓣图[见图2.4(b)]应为

$$\text{归一化功率波瓣图} = P_n(\theta, \phi)_n = \frac{S(\theta, \phi)}{S(\theta, \phi)_{max}} \quad \text{(无量纲)} \quad (2)$$

其中,$S(\theta, \phi) = [E_\theta^2(\theta, \phi) + E_\phi^2(\theta, \phi)]/Z_0$,$W\ m^{-2}$,表示坡印廷矢量的幅值

$S(\theta, \phi)_{max}$ 表示 $S(\theta, \phi)$ 的最大值,$W\ m^{-2}$

$Z_0 = 376.7\ \Omega$,表示空间的本征阻抗

其分贝电平则得自

$$dB = 10 \log_{10} P_n(\theta, \phi) \quad (3)$$

其中 $P_n(\theta, \phi)$ 得自式(2)。

---

① 虽然坡印廷矢量是具有大小和方向的矢量,但这里只用它的大小,其方向在远场区是朝外的径向。

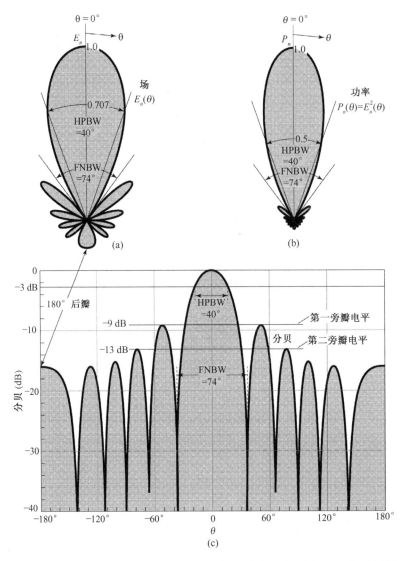

图 2.4　三维天线波瓣图(见图 2.3)的二维场、功率和分贝图。(a)场波瓣图
(正比于电场 E, Vm^{-1})。在 $\theta = 0°$ 方向上归一化场 $E_n(\theta) = 1$, 由
$E = 0.707$ 电平测得半功率波束宽度(HPBW) = 40°;(b)功率波
瓣图(正比于 E^2)。在 $\theta = 0°$ 方向上 $P_n = 1$, 由 $P_n = 0.5$ 电平测得
半功率波束宽度(HPBW) = 40°;(c)场波瓣的分贝(dB)图。
在 $-3\,\mathrm{dB}$ 处测得(HPBW) = 40°。在 $-9\,\mathrm{dB}$ 处测得第一旁瓣,
在 $-13\,\mathrm{dB}$ 处测得第二旁瓣。分贝图能够很好地显示较小的旁瓣

例 2.3.1　半功率波束宽度

某天线具有场波瓣图 $E(\theta) = \cos^2\theta, 0° \leqslant \theta \leqslant 90°$。求半功率波束宽度(HPBW)。

解:

$E(\theta)$ 在半功率方向为 0.707, 由此 $0.707 = \cos^2\theta$, 故 $\cos\theta = (0.707)^{1/2}$ 而 $\theta = 33°$, 因此
HPBW $= 2\theta = 66°$。

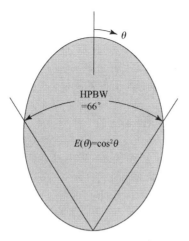

例 2.3.2 半功率波束宽度和第一零点波束宽度

某天线具有场波瓣图 $E(\theta) = \cos\theta \cos 2\theta$，$0° \leqslant \theta \leqslant 90°$。

求:(a) 半功率波束宽度(HPBW);(b) 第一零点波束宽度(FNBW)。

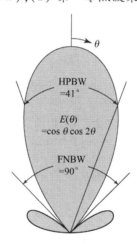

解:

(a) 在半功率方向,$E(\theta) = 0.707$,由此 $0.707 = \cos\theta \cos 2\theta = 1/\sqrt{2}$,于是

$$\cos 2\theta = \frac{1}{\sqrt{2}\cos\theta}, \quad 2\theta = \arccos\left(\frac{1}{\sqrt{2}\cos\theta}\right)$$

$$\theta = \frac{1}{2}\arccos\left(\frac{1}{\sqrt{2}\cos\theta'}\right)$$

用 $\theta' = 0°$ 作为初值迭代得 $\theta = 22.5°$,将 $\theta' = 22.5°$ 代入再得 $\theta = 20.03°$。依次类推,直到经下一次迭代得 $\theta = \theta' = 20.47° \approx 20.5°$,而 $\mathrm{HPBW} = 2\theta = 41°$。

(b) $0 = \cos\theta \cos 2\theta$,$\theta = 45°$,故 $\mathrm{FNBW} = 2\theta = 90°$。

虽然天线辐射波瓣图特性的完整表述应包含三维矢量场,但为了工程应用的目的,仅若干简单标量的值就能提供必要的信息。这些标量是:

- 半功率波束宽度 HPBW
- 波束范围 Ω_A

- 波束效率 ε_M
- 定向性 D 或增益 G
- 有效口径 A_e

前文中已讨论了半功率波束宽度,余者见下文。

2.4　波束范围或波束立体角 Ω_A

在球面上的二维极坐标系中,微分面积 dA 是沿 θ 方向(纬)的弧长 $r\,d\theta$ 和沿 ϕ 方向(经)的弧长 $r\sin\theta\,d\phi$ 之乘积,如图2.5所示,即

$$dA = (r\,d\theta)(r\sin\theta\,d\phi) = r^2\,d\Omega \tag{1}$$

其中,$d\Omega$ 表示立体角即 dA 所张的立体角,表示为立体弧度(sr)或平方度($\square$)。

以固定的 θ 角和弧宽 $r\,d\theta$ 绕球面围成的环形条带具有面积 $(2\pi r\sin\theta)(r\,d\theta)$,对 θ 从0到 π 积分可得球面面积

$$球面面积 = 2\pi r^2\int_0^\pi \sin\theta\,d\theta = 2\pi r^2[-\cos\theta]_0^\pi = 4\pi r^2 \tag{2}$$

其中 4π 表示完整球面所张的立体角,单位为sr。

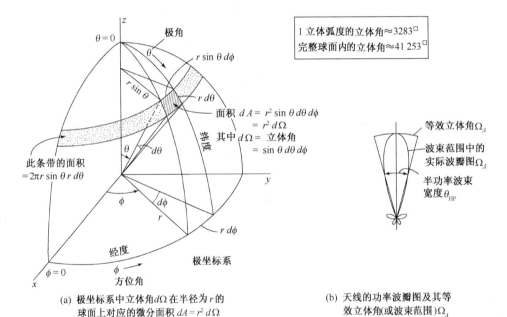

(a) 极坐标系中立体角 $d\Omega$ 在半径为 r 的　　　　(b) 天线的功率波瓣图及其等
　　　球面上对应的微分面积 $dA=r^2\,d\Omega$　　　　　效立体角(或波束范围)Ω_A

图2.5　立体角

于是

$$1立体弧度 = 1\,\text{sr} = (完整球面立体角)/(4\pi)$$

$$= 1\,\text{rad}^2 = \left(\frac{180}{\pi}\right)^2(\text{deg}^2) = 3282.8064\ 平方度 \tag{3}$$

因此

$$4\pi\,\text{立体弧度} = 3282.8064 \times 4\pi = 41\,252.96 \approx 41\,253\,\text{平方度} = 41\,253\square$$
$$= \text{完整球面立体角} \tag{4}$$

天线的波束范围(或波束立体角)Ω_A 来自归一化功率波瓣图在球面(4π sr)上的积分

$$\Omega_A = \int_{\phi=0}^{\phi=2\pi}\int_{\theta=0}^{\theta=\pi} P_n(\theta,\phi)\sin\theta\,d\theta\,d\phi \tag{5a}$$

和

$$\Omega_A = \iint_{4\pi} P_n(\theta,\phi)\,d\Omega \quad (\text{sr}) \qquad \text{波束范围} \tag{5b}$$

其中 $d\Omega = \sin\theta\,d\theta\,d\phi,\text{sr}$。

波束范围 Ω_A 是指天线的所有辐射功率等效地按 $P(\theta,\phi)$ 的最大值均匀流出时的立体角。因此辐射功率 $= P(\theta,\phi)_{\max}\Omega_A$ 瓦,而波束范围以外的辐射视为零。

天线的波束范围通常可近似表示成两个主平面内主瓣半功率波束宽度 θ_{HP} 和 ϕ_{HP} 之积,即

$$\text{波束范围} \approx \Omega_A \approx \theta_{HP}\phi_{HP} \quad (\text{sr}) \tag{6}$$

例 2.4.1　球面立体角范围的平方度

设部分球面所张的立体角 Ω 介于 $\theta = 20° \sim 40°$(或北纬 $70° \sim 50°$)和 $\theta = 30° \sim 70°$(东经 $30° \sim 70°$)之间,求其平方度的数值。

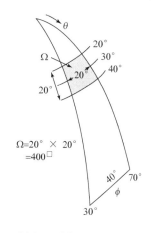

解:

由式(1),有

$$\Omega = \int_{30°}^{70°} d\phi \int_{20°}^{40°} \sin\theta\,d\theta = \frac{40}{360}2\pi[-\cos\theta]_{20}^{40}$$

$$= 0.222\pi \times 0.173 = 0.121\,\text{立体弧度} \quad (\text{sr})$$

$$= 0.121 \times 3283 = 397\,\text{平方度} = 397\square$$

图中阴影所示立体角可近似为两个角度 $\Delta\theta = 20°$ 和 $\Delta\phi = 40°\ \sin 30° = 40° \times 0.5 = 20°$ 之积(30° 是纬度的平均 θ 值),故 $\Omega = \Delta\theta\,\Delta\phi = 20° \times 20° = 400\square$,误差在 0.75% 以内。

例 2.4.2　具有 $\cos^2\theta$ 波瓣图的天线的波束范围 Ω_A

某天线具有场波瓣图 $E(\theta) = \cos^2\theta$,$0° \leqslant \theta \leqslant 90°$。如同例 2.3.1,求该波瓣图的波束范围。

解:

由式(5),有

$$\Omega_A = \int_0^{2\pi}\int_0^{\pi} \cos^4\theta\,\sin\theta\,d\theta\,d\phi$$

$$= -2\pi\left[\frac{1}{25}\cos^5\theta\right]_0^{\pi/2} = \frac{2\pi}{5} = 1.26\ \text{sr}$$

由式(6),有波束范围的近似关系

$$\Omega_A \approx \theta_{HP}\phi_{HP} \quad (\text{sr})$$

其中两主平面内的半功率波束宽度(HPBW)已由例 2.3.1 得到,$\theta_{HP} = \phi_{HP} = 66°$,故

$$\Omega_A \approx \theta_{\mathrm{HP}} \phi_{\mathrm{HP}} = 66^2 = 4356 \text{平方度} = 4356 \square$$

由式(3)可知,1 平方弧度 $= 3283\square$,于是得 $\Omega_A = 4356/3282 = 1.33$ sr,误差为 6%。

2.5 辐射强度

每单位立体角内由天线辐射的功率称为辐射强度 $U(\mathrm{W\ sr^{-1}}$,瓦每立体弧度;或 $\mathrm{W\ deg^{-2}}$,瓦每平方度)。前节所述的归一化功率波瓣图也能表示成辐射强度 $U(\theta, \phi)$ 的归一化函数形式

$$P_n(\theta, \phi) = \frac{U(\theta, \phi)}{U(\theta, \phi)_{\max}} = \frac{S(\theta, \phi)}{S(\theta, \phi)_{\max}} \tag{1}$$

与坡印廷矢量(幅值) S 反比于(自天线的)距离的平方不同,辐射强度 U 与此距离无关。这里均假设为天线的远场情况(见 2.13 节)。

2.6 波束效率

(总)波束范围 Ω_A(或波束立体角)由主瓣范围(或立体角) Ω_M 加上副瓣范围(或立体角) Ω_m 所构成[①],即

$$\Omega_A = \Omega_M + \Omega_m \tag{1}$$

主波束范围与(总)波束范围之比称为(主)波束效率 ε_M,即

$$\text{波束效率} = \varepsilon_M = \frac{\Omega_M}{\Omega_A} \qquad \text{(无量纲)} \tag{2}$$

副瓣范围与(总)波束范围之比称为杂散因子,即

$$\varepsilon_m = \frac{\Omega_m}{\Omega_A} = \text{杂散因子} \tag{3}$$

显然

$$\varepsilon_M + \varepsilon_m = 1 \tag{4}$$

2.7 定向性 D 和增益 G

定向性 D 和增益 G 或许是天线最重要的参量。天线的定向性是在远场区的某一球面上最大辐射功率密度 $P(\theta, \phi)_{\max}(\mathrm{W\ m^{-2}})$ 与其平均值之比,是大于等于 1 的无量纲比值,写成

$$D = \frac{P(\theta, \phi)_{\max}}{P(\theta, \phi)_{\mathrm{av}}} \qquad \text{来自波瓣图的定向性} \tag{1}$$

---

① 如果主波束并不是由深零值所界定的,其延伸部分就变得难以判断了。

其中,球面上的平均功率密度为

$$P(\theta,\phi)_{av} = \frac{1}{4\pi} \int_{\phi=0}^{\phi=2\pi} \int_{\theta=0}^{\theta=\pi} P(\theta,\phi)\sin\theta \, d\theta \, d\phi$$

$$= \frac{1}{4\pi} \iint_{4\pi} P(\theta,\phi) \, d\Omega \qquad (\mathrm{W\ sr^{-1}}) \tag{2}$$

因此,定向性又可写成

$$D = \frac{P(\theta,\phi)_{max}}{(1/4\pi)\iint_{4\pi} P(\theta,\phi)\,d\Omega} = \frac{1}{(1/4\pi)\iint_{4\pi}[P(\theta,\phi)/P(\theta,\phi)_{max}]\,d\Omega} \tag{3}$$

和

$$D = \frac{4\pi}{\iint_{4\pi} P_n(\theta,\phi)\,d\Omega} = \frac{4\pi}{\Omega_A} \qquad \text{来自波束范围}\Omega_A\text{的定向性} \tag{4}$$

其中 $P_n(\theta,\phi)\,d\Omega = P(\theta,\phi)/P(\theta,\phi)_{max}$,表示归一化功率波瓣图。

于是,定向性又等于球面范围(4π sr)与天线的波束范围 Ω_A 之比,如图 2.5(b)所示。

波束范围愈小,则定向性愈高。若一个天线仅对上半空间辐射,其波束范围 $\Omega_A = 2\pi$ sr(见图 2.6),则其定向性为

$$D = \frac{4\pi}{2\pi} = 2 \qquad (= 3.01 \text{ dBi}) \tag{5}$$

其中 dBi 表示相对于各向同性的分贝数。

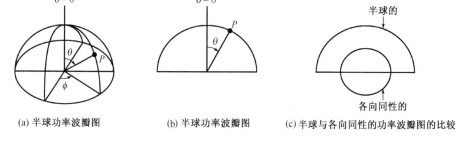

(a) 半球功率波瓣图　　　　　(b) 半球功率波瓣图　　　　(c) 半球与各向同性的功率波瓣图的比较

图 2.6　半球功率波瓣图与各向同性功率波瓣图的比较

注意到理想化的各向同性天线($\Omega_A = 4\pi$ sr)具有最低可能的定向性 $D = 1$,而所有实际天线的定向性都大于 1 ($D > 1$)。此外,还需注意简单短偶极子具有波束范围 $\Omega_A = 2.67\pi$ sr 和定向性 $D = 1.5$ ($= 1.76$ dBi)。

天线增益是一个实际(或现实)的参量,该参量因天线或天线罩(如被采用)的欧姆损耗而小于定向性。在发射状况下,天线增益还包括向天线馈送功率的损耗。这种损耗并不意味着辐射,而是意味着加热天线结构。天线馈线的失配也会减小增益。增益与定向性之比是天线效率因子。这种关系可表示为

$$G = kD \tag{6}$$

其中,效率因子 $k(0 \leqslant k \leqslant 1)$ 是无量纲的。

有很多设计良好的天线,其 k 值可以接近于 1,但实际上 G 总是小于 D 且以 D 为理想的最大值。

通过比较待测天线(AUT)和一个已知其增益的参考天线(如短偶极子)在相同输入功率下所辐射的最大功率密度,就能测出天线的增益,即

$$\text{Gain} = G = \frac{P_{\max}(\text{AUT})}{P_{\max}(\text{参考天线})} \times G(\text{参考天线}) \tag{7}$$

若已知某天线的半功率波束宽度,则其定向性还可表示为

$$D = \frac{41\,253^{\square}}{\theta^{\circ}_{\text{HP}} \phi^{\circ}_{\text{HP}}} \tag{8}$$

其中,$41\,253^{\square}$——球内所张的平方度数,$41\,253^{\square} = 4\pi\,(180/n)^2$ 平方度$(^{\square})$

$\qquad\quad\theta^{\circ}_{\text{HP}}$——一个主平面内的半功率波束宽度

$\qquad\quad\phi^{\circ}_{\text{HP}}$——另一个主平面内的半功率波束宽度

由于在式(8)中忽略了副瓣,因此可改用另一种较好的近似式

$$D = \frac{40\,000^{\square}}{\theta^{\circ}_{\text{HP}} \phi^{\circ}_{\text{HP}}} \qquad \text{近似定向性} \tag{9}$$

如果某天线在两个主平面内的半功率波束宽度(HPBW)都是 $20°$,则其定向性

$$D = \frac{40\,000^{\square}}{400^{\square}} = 100 \text{ 或 } 20 \text{ dBi} \tag{10}$$

这意味着该天线沿主向辐射的功率是相同输入功率下非定向的各向同性天线的 100 倍。

定向性–波束宽度乘积 $40\,000^{\square}$ 是一种粗略的近似,对特定类型的天线可有各自更准确的值,这将在后续章节中讨论。

例2.7.1 具有图2.3所示三维场波瓣图的定向天线的增益

设天线是 10 个各向同性点源组成的无损耗的端射阵,间距 $\lambda/4$,按增强定向性的方式馈电(见5.6节)。如图2.4(a)所示,其归一化场波瓣图为

$$E_n = \sin\left(\frac{\pi}{2n}\right) \frac{\sin(n\psi/2)}{\sin(\psi/2)} \tag{11}$$

其中

$$\psi = d_r(\cos\phi - 1) - \frac{\pi}{n}$$
$$d_r = \pi/2$$
$$n = 10$$

且由于天线无损耗,故增益 = 定向性。

(a) 计算增益 G;(b) 用近似式(9)计算增益;(c) 比较两者的差别。

解:

(a) 由式(4),增益

$$G = \frac{4\pi}{\displaystyle\iint\limits_{4\pi} P_n(\theta, \phi)\,d\Omega}\,d\theta\,d\phi \tag{12}$$

其中 $P_n(\theta,\phi) = \left[E_n(\theta,\phi)\right]^2$，表示归一化功率波瓣图。

将式(11)和式(12)代入，可得

$$G = 17.8 \text{ 或 } 12.5 \text{ dB}$$

(b) 由式(9)，以及图 2.4 中的 HPBW $=40°$，得

$$\text{增益} = 40\ 000^\square/(40°)^2 = 25 \text{ 或 } 14 \text{ dB}$$

(c)

$$\Delta G = 25 \text{ / } 17.8 = 1.40 \text{ 或 } 1.5 \text{ dB}$$

此差异的主要原因是存在大的副瓣。如将近似式改成

$$\text{增益 } G = 28\ 000^\square/(40°)^2 = 17.5 \text{ 或 } 12.4 \text{ dB}$$

就非常接近(a)的结果。故此近似式更适用于增强定向性的端射阵。

例2.7.2　定向性

已知某天线的归一化场波瓣图具有沿 $+y$ 轴为最大的单定向波瓣(见下图)，且归一化场波瓣图 $E_n(\theta,\phi) = \sin\theta\sin\phi$ $(0\leqslant\theta\leqslant\pi,\ 0\leqslant\phi\leqslant\pi)$，$E_n(\theta,\phi)$ 在其余方向皆为零。其中，θ 为从 z 轴量起的天顶角，ϕ 为从 x 轴量起的方位角。

求：(a) 精确的定向性；(b) 由式(8)得到的近似定向性；(c) 两者相差的分贝数。

解：

$$D = \frac{4\pi}{\displaystyle\int_0^\pi\int_0^\pi \sin^3\theta\sin^2\phi\, d\theta\, d\phi} = \frac{4\pi}{2\pi/3} = 6$$

$$D \approx \frac{41\ 253^\square}{90°\times 90°} = 5.1$$

$$10\ \log\frac{6.0}{5.1} = 0.7 \text{ dB}$$

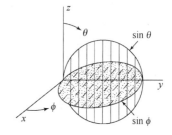

单向 $\sin\theta$ 和 $\sin\phi$ 的场波瓣图

2.8　定向性与分辨率

天线的分辨率可定义为第一零点波束宽度的一半，即 FNBW/2[1]。例如，当天线的 FNBW $=2°$ 时，具有 $1°$ 的分辨率，可用来辨别位于克拉克对地静止轨道上相距 $1°$ 的两颗卫星的发射机。于是，当天线波束瞄准其中一颗卫星时，另一颗恰处在第一零点方向上。

第一零点波束宽度的一半近似地等于半功率波束宽度(HPBW)，即

$$\frac{\text{FNBW}}{2} \approx \text{HPBW} \tag{1}$$

因此，由式(2.4.6)，天线波瓣图两主平面内的 FNBW/2 之乘积可作为天线波束范围的测度[2]

$$\Omega_A = \left(\frac{\text{FNBW}}{2}\right)_\theta\left(\frac{\text{FNBW}}{2}\right)_\phi \tag{2}$$

因此，天线能够分辨出均匀分布于天空的无线电发射机或点辐射源的数目 N 的近似值

---

[1]　通常称为瑞利分辨率。参见 J. D. Kraus, *Radio Astronomy*, 2nd ed., pp. 6-19, Cygnus-Quasar, 1986。

[2]　通常 FNBW/2 稍大于 HPBW，而式(2)实际上要比式(2.4.6)的 $\Omega_A = \theta_{HP}\phi_{HP}$ 近似得更好。

$$N = \frac{4\pi}{\Omega_A} \tag{3}$$

其中 Ω_A 表示波束范围,sr。

由式(2.7.4),有

$$D = \frac{4\pi}{\Omega_A} \tag{4}$$

于是可得概念化的结论:天线能够分辨的点源数在数值上等于该天线的定向性,即

$$D = N \tag{5}$$

关系式(4)说明定向性等于天线所能划分天空的波束范围的数目,式(5)则给出附加的特征,即在均匀源分布的理想条件下,定向性等于天空中天线所能分辨的点源数[①]。

2.9　天线口径

口径的概念从接收天线的观点引入最为简便。假设该接收天线是置于均匀平面电磁波中的矩形电磁喇叭(示于图2.7),记平面波的功率密度即坡印廷矢量的幅度为 S($\mathrm{W\,m^{-2}}$),喇叭的物理口径即面积为 A_p(m^2)。如果喇叭以其整个物理口径从来波中摄取所有的功率,则喇叭吸收的总功率为

$$P = \frac{E^2}{Z} A_p = S A_p \quad (\mathrm{W}) \tag{1}$$

于是,可认为电磁喇叭从来波中摄取的总功率正比于某一种口径的面积。

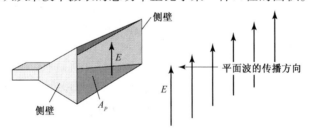

图 2.7　平面波入射到物理口径为 A_p 的电磁喇叭

但是喇叭对来波的响应并非是均匀的口径场分布,因为侧壁上的电场 E 必须等于零。为此给出一个小于物理口径 A_p 的有效口径 A_e,并定义两者之比为口径效率 ε_{ap},即

$$\varepsilon_{ap} = \frac{A_e}{A_p} \quad (无量纲) \qquad 口径效率 \tag{2}$$

对于喇叭和抛物面反射镜天线而言,口径效率普遍在 $50\% \sim 80\%$(即 $0.5 \leqslant \varepsilon_{ap} \leqslant 0.8$)的范围内。而对于在物理口径边缘也能维持均匀场的偶极子或贴片大型阵列来说,口径效率则可以接近100%。然而,要降低旁瓣就必须采用向边缘锥削的口径场分布,这必然导致口径效率的下降。

---

① 点源在球面上的严格规则分布只可能对应于正多面体顶点的4、6、8、12 或 20 点。

假设一个有效口径为 A_e 的天线,将其全部功率按一波束范围为 Ω_A(sr) 的圆锥形波瓣辐射,如图 2.8 所示。若口径上有均匀场 E_a,则其辐射功率为

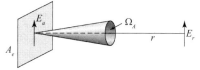

$$P = \frac{E_a^2}{Z_0} A_e \qquad (\text{W}) \qquad (3)$$

图 2.8　从口径 A_e 按波束范围 Ω_A 辐射

其中 Z_0 为媒质的本征阻抗(在空气或真空中为 377 Ω)。

假定在距离为 r 处有均匀的远场 E_r,则辐射功率还可写成

$$P = \frac{E_r^2}{Z_0} r^2 \Omega_A \qquad (\text{W}) \qquad (4)$$

注意到 $E_r = E_a A_e / r\lambda$,由式(3)和式(4)可得到口径面积-波束范围的关系式

$$\lambda^2 = A_e \Omega_A \qquad (\text{m}^2) \qquad \textbf{口径面积-波束范围的关系式} \qquad (5)$$

其中 Ω_A 为波束范围(sr)。

因此,在波长给定时,可由已知的 A_e 确定 Ω_A(反之亦然)。由式(5)和式(2.7.4),可得定向性

$$D = 4\pi \frac{A_e}{\lambda^2} \qquad \textbf{来自口径的定向性} \qquad (6)$$

任何天线都有其有效口径,或得自计算或得自测量。假设中的理想化各向同性天线,因定向性 $D = 1$,其有效口径为

$$A_e = \frac{D\lambda^2}{4\pi} = \frac{\lambda^2}{4\pi} = 0.079\ 6\lambda^2 \qquad (7)$$

所有无损耗的天线必然具有一个等于或大于此值的有效口径。根据互易性原理,一个天线的有效口径在发射状态与接收状态是相同的。

现在我们已导出了定向性 D 的三个表达式

$$D = \frac{P(\theta, \phi)_{\max}}{P(\theta, \phi)_{\text{av}}} \qquad (\text{无量纲}) \qquad \textbf{来自波瓣图的定向性} \qquad (8)$$

$$D = \frac{4\pi}{\Omega_A} \qquad (\text{无量纲}) \qquad \textbf{来自波束范围的定向性} \qquad (9)$$

$$D = 4\pi \frac{A_e}{\lambda^2} \qquad (\text{无量纲}) \qquad \textbf{来自口径的定向性} \qquad (10)$$

当接收天线的辐射电阻 R_r 与负载电阻 R_L 匹配($R_L = R_r$)时,与注入负载的功率相等的功率将被天线再辐射出去。这是最大功率转移的条件(假定天线无损耗)。这就好比在负载与发生器相匹配的电路中,与注入负载同样多的功率消耗于发生器。因此,对于图 2.9 中的偶极子情况,可知其负载功率为

$$P_{\text{load}} = S A_e \qquad (\text{W}) \qquad (11)$$

其中,S——接收天线处的功率密度,W m^{-2}

A_e——天线的有效口径,m^2

而其再辐射功率

$$P_{\mathrm{rerad}} = \frac{再辐射功率}{4\pi \ \mathrm{sr}} = SA_r \qquad (\mathrm{W})$$

其中 A_r 为再辐射口径,$A_r = A_e$,m^2,且

$$P_{\mathrm{rerad}} = P_{\mathrm{load}}$$

上述讨论适用于单个偶极子($\lambda/2$ 或更短),但不能应用于所有的天线。除了再辐射功率之外,天线还散射尚未进入天线负载电路的功率。因此再辐射加上散射的功率可能超过注入负载的功率(见 21.15 节中包括接收和发射两种状态的讨论)。

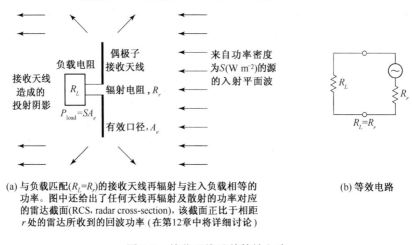

(a) 与负载匹配($R_L = R_r$)的接收天线再辐射与注入负载相等的功率。图中还给出了任何天线再辐射及散射的功率对应的雷达截面(RCS, radar cross-section),该截面正比于相距 r 处的雷达所收到的回波功率(在第12章中将详细讨论)

(b) 等效电路

图 2.9　接收天线及其等效电路

2.10　有效高度

有效高度 $h_e(\mathrm{m})$ 是另一个与口径有关的参量。有效高度乘以与之相同极化的入射电场 $E\ (\mathrm{V\ m}^{-1})$,就得到感应电压 V,即

$$V = h_e E \qquad (1)$$

据此,有效高度可定义为感应电压与入射电场之比

$$h_e = \frac{V}{E} \qquad (\mathrm{m}) \qquad (2)$$

例如,图 2.9.1[①] 所示的长度为 $l = \lambda/2$ 的垂直偶极子置于入射场 E 中,令偶极子按电场的最大响应取向。若电流呈均匀分布,其有效高度就应该是 l。然而,实际的电流分布近似于平均值为 $2/\pi = 0.64$(幅值)的正弦函数,因此得出有效高度为 $h_e = 0.64l$。

---

① 原书在图 2.9 和图 2.10 之间加入了图 2.9.1,作者采用这样的编号方式,可能是出于某些考虑。为尊重作者,也为了避免产生混淆,此处仍沿用了原书的图号编排方式。——编者注

若同样的偶极子用于较长的波长而长度仅相当于 0.1λ,电流自中心馈点至两个端点几乎线性地按三角形分布锥削到零,如图 2.9.1(b)所示。平均电流为最大值的 $1/2$,而其有效高度 $h_e = 0.5l$。

另一种定义有效高度的途径是考虑天线的发射状态,于是有效高度等于物理高度(或长度 l)乘以(归一化)平均电流,即

$$h_e = \frac{1}{I_0}\int_0^{h_p}I(z)\,dz = \frac{I_{av}}{I_0}h_p \qquad \text{(m)} \tag{3}$$

其中,h_e——有效高度,m

$\quad h_p$——物理高度,m

$\quad I_{av}$——平均电流,A

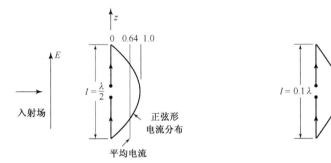

(a) 长度为 $l=\lambda/2$ 且具有正弦形电流分布的偶极子   (b) 长度为 $l=0.1\lambda$ 且具有三角形电流分布的偶极子

图 2.9.1 偶极子

显然,有效高度对于塔型发射天线来说是非常重要的参量[1],对于小天线也很有用。但更广泛应用于所有类型天线的参量还是有效口径。这两者有着下述简单关系。

对于辐射电阻 R_r 与负载匹配的天线,注入其负载的功率等于

$$P = \frac{1}{4}\frac{V^2}{R_r} = \frac{h_e^2 E^2}{4R_r} \qquad \text{(W)} \tag{4}$$

当采用有效口径表示时,有

$$P = SA_e = \frac{E^2 A_e}{Z_0} \qquad \text{(W)} \tag{5}$$

其中 Z_0 为空间的本征阻抗($Z_0 = 377\ \Omega$)。

由式(4)和式(5),可得到

$$h_e = 2\sqrt{\frac{R_r A_e}{Z_0}} \quad \text{(m)} \qquad \text{和} \qquad A_e = \frac{h_e^2 Z_0}{4R_r} \quad \text{(m}^2\text{)} \tag{6}$$

因此,有效高度与有效口径的关系还取决于天线的辐射电阻和空间的本征阻抗。

———————————

[1] 有效高度还可以更普遍地表示成适合任何极化状态的矢量形式,$V = \mathbf{h}_e \cdot \mathbf{E} = h_e E \cos\theta$。其中,

$\quad \mathbf{h}_e$——天线的有效高度和极化角,m

$\quad \mathbf{E}$——入射波的电场强度和极化角,V m^{-1}

$\quad \theta$——天线极化角与入射波极化角之夹角,或更一般地是庞加莱球面上的两种极化状态之间的夹角(见 2.17 节)

归纳起来,我们已经讨论了天线的空间参量:场和功率的波瓣图、波束范围、定向性、增益以及各种口径。也讨论了辐射电阻的电路参量,并提及天线温度,这将在12.1节中进一步讨论。图2.10说明了天线参量既作为空间器件又作为电路器件的双重性。

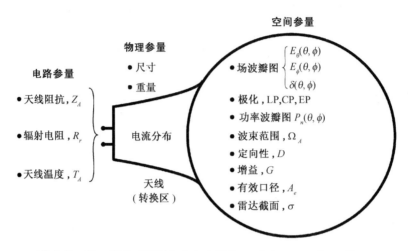

图 2.10　天线参量一瞥。说明天线既作为电路器件(具有电阻和温度)又作为空间器件(具有波瓣图、极化、波束范围、定向性、增益、口径和雷达截面)的双重性的参量或术语。其他天线参量还有其物理尺寸和频带宽度(包括阻抗、Q值和波瓣图)

例2.10.1　短偶极子天线的有效口径和定向性

设平面波入射到短偶极子如图2.11所示,该线极化波的电场 E 沿 y 方向,偶极子沿整个长度上的电流等幅同相,且在馈端位置接有与辐射电阻 R_r 相等的终端电阻 R_T,天线的损耗电阻 R_L 为零。求(a)短偶极子的最大有效口径;(b)短偶极子的定向性。

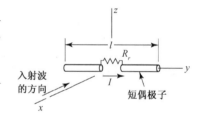

图 2.11　从入射波感应均匀电流的短偶极子

解:

(a)天线的最大有效口径是

$$A_{em} = \frac{V^2}{4SR_r} \tag{7}$$

其中感应电压 V 的有效值为有效电场强度与短偶极子长度之乘积

$$V = El \tag{8}$$

后文中将导出,长度 l 上载有均匀电流的短偶极子的辐射电阻为

$$R_r = \frac{80\pi^2 l^2}{\lambda^2}\left(\frac{I_{\mathrm{av}}}{I_0}\right)^2 = 790\left(\frac{I_{\mathrm{av}}}{I_0}\right)^2\left(\frac{l}{\lambda}\right)^2 \quad (\Omega) \tag{9}$$

其中,λ 为波长,I_{AV} 为平均电流,I_0 为馈端电流。

在偶极子处的入射波功率密度,即坡印廷矢量的幅值取决于场强

$$S = \frac{E^2}{Z} \tag{10}$$

其中 Z 为媒质的本征阻抗。本题中媒质是自由空间,故 $Z = 120\,\pi\,\Omega$。

现将式(8)~式(10)代入式(7),得出短偶极子($I_{av} = I_0$ 时)的最大有效口径为

$$A_{em} = \frac{120\pi E^2 l^2 \lambda^2}{320\pi^2 E^2 l^2} = \frac{3}{8\pi}\lambda^2 = 0.119\lambda^2$$

(b)

$$D = \frac{4\pi A_e}{\lambda^2} = \frac{4\pi \times 0.119\lambda^2}{\lambda^2} = 1.5$$

一个典型的短偶极子长 $\lambda/10$ 而直径为 $\lambda/100$,其物理截面口径为 $0.001\lambda^2$。比较例 2.10.1 得出的 $0.119\lambda^2$ 的有效口径,可见简单偶极子或直线天线可以具有比有效口径更小的物理口径。一个由很多偶极子或线状天线构成的边射阵列所具有的总的物理口径,如同喇叭和碟形天线那样,是大于其有效口径的。另一方面,偶极子的端射阵,如八木–宇田阵(Yagi-Uda antenna),其终端的物理截面小于该天线的有效口径。因此,根据天线类型的不同,其有效口径可以大于或小于其物理口径。

例 2.10.2 线状 $\lambda/2$ 偶极子的有效口径和定向性

设线极化平面波的电场 E 取 y 方向,沿 $-x$ 方向入射到天线,如图 2.12(a)所示。在图 2.12(b)所示的等效电路中,天线已被等效的戴维南(Thévenin)发生器代替。由入射波感应于天线微分长度 dy 上所致该发生器的微分电压 dV 为

$$dV = E\,dy\cos\frac{2\pi y}{\lambda} \tag{11}$$

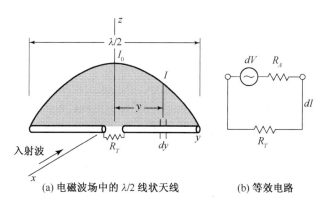

(a) 电磁波场中的 $\lambda/2$ 线状天线   (b) 等效电路

图 2.12 电磁波场中的 $\lambda/2$ 线状天线与等效电路

假定天线上的微分感应电压正比于该微分长度处电流分布的值。求:
(a)该天线的有效口径;(b)该天线的定向性。

解:

(a)总的感应电压得自式(11)中沿天线长度的积分,可写成

$$V = 2\int_0^{\lambda/4} E\cos\frac{2\pi y}{\lambda}\,dy \tag{12}$$

经积分得到

$$V = \frac{E\lambda}{\pi} \qquad (13)$$

已知 $\lambda/2$ 线状天线的辐射电阻 $R_r = 73\ \Omega$，匹配时的终端电阻 $R_T = R_r$，因此该天线的最大有效口径

$$A_{em} = \frac{120\pi E^2 \lambda^2}{4\pi^2 E^2 \times 73} = \frac{30}{73\pi}\lambda^2 = 0.13\lambda^2$$

$$D = \frac{4\pi A_e}{\lambda^2} = \frac{4\pi \times 0.13\lambda^2}{\lambda^2} = 1.63$$

$\lambda/2$ 线状天线的最大有效口径约比短偶极子大 10%，其值可近似成面积为 $\lambda/2 \times \lambda/4$ $= 0.125\ \lambda^2$ 的矩形口径，如图 2.13(a) 所示，或面积为 $0.13\lambda^2$ 的椭圆口径，如见图 2.13(b) 所示。这些口径的物理意义是，天线按此面积吸取入射波功率并注入终端电阻或负载。

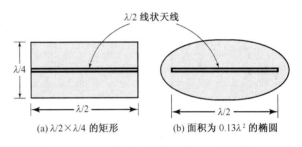

(a) $\lambda/2 \times \lambda/4$ 的矩形   (b) 面积为 $0.13\lambda^2$ 的椭圆

图 2.13 $\lambda/2$ 线状天线最大有效口径的近似

虽然天线的辐射电阻、有效口径、有效高度和定向性在接收和发射状态下是相同的，但通常其电流分布是不同的。所以，平面电磁波在接收天线上激起的电流，其分布有别于在该天线的端对上施加电压的情况。

2.11   无线电通信线路

口径的概念有助于解释著名的弗里斯传输公式，该公式由贝尔电话实验室的 Harald T. Friis 发表于 1946 年，用来确定无线电通信线路中被无损耗且与负载匹配的天线所接收的功率。

参照图 2.14，设发射机将功率 P_t 馈送给有效口径为 A_{et} 的发射天线，在相距 r 处有一接收天线，以其有效口径 A_{er} 截取发射天线所辐射的部分功率并传递给接收机。先假定发射天线是各向同性的，则在接收天线处的功率密度为

$$S_r = \frac{P_t}{4\pi r^2} \qquad (\text{W}) \qquad (1)$$

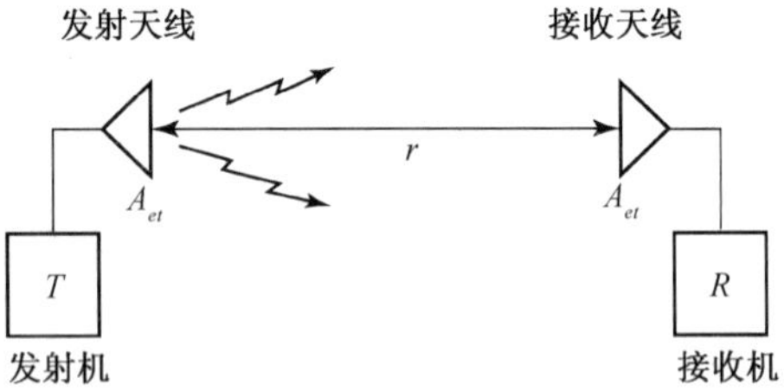

若发射天线具有增益 G_t，则接收天线处的功率密度按比例增至

$$S_r = \frac{P_t G_t}{4\pi r^2} \qquad (\text{W}) \qquad (2)$$

于是，无损耗、已匹配、有效面积为 A_{er} 的接收天线所收集的功率为

图 2.14   波从发射天线经由长 r 的直接路径到达接收天线的通信线路

$$P_r = S_r A_{er} = \frac{P_t G_t A_{er}}{4\pi r^2} \quad (\text{W}) \tag{3}$$

再将发射天线的增益表示为

$$G_t = \frac{4\pi A_{et}}{\lambda^2} \tag{4}$$

代入式(3),即得弗里斯传输公式

$$\frac{P_r}{P_t} = \frac{A_{er} A_{et}}{r^2 \lambda^2} \quad (\text{无量纲}) \qquad\qquad \text{弗里斯传输公式} \tag{5}$$

其中, P_r ——接收功率, W

　P_t ——发射功率, W

　A_{et} ——发射天线的有效口径, m^2

　A_{er} ——接收天线的有效口径, m^2

　r ——两天线间的距离, m

　λ ——波长, m

例 2.11.1　无线电通信线路

设无线电线路中有工作频率 5 GHz 的 15 W 发射机接入有效口径为 2.5 m^2 的天线,在视线距离 15 km 处放置有效口径为 0.5 m^2 的接收天线,两天线都无损耗且已匹配。求进入接收机的功率。

解:

由式(5),直接计算

$$P = P_t \frac{A_{et} A_{er}}{r^2 \lambda^2} = 15 \times \frac{2.5 \times 0.5}{15^2 \times 10^6 \times 0.06^2} = 23\ \mu\text{W}$$

2.12　振荡偶极子产生的场

虽然电荷沿直的导体匀速运动时并不会产生辐射,但电荷沿直导体的往返简谐加速(或减速)运动就会形成辐射。为说明偶极子天线的辐射,先考虑图 2.15 中由两个等量、异性且按瞬时间距 l(最大间距为 l_0)上下简谐振荡运动的电荷,观察其电场的变化。为清楚起见,图中仅画出一条电场线。

在时刻 $t = 0$,两电荷处于最大间距,并具有方向相反的最大加速度,如图 2.15(a)所示,此时电流 $I = 0$;在 1/8 周期时,两者互相移近,如图 2.15(b)所示;在 1/4 周期时移经中点,如图 2.15(c)所示,原场线脱离电荷而开始形成符号相反的新场线,此时等效电流 I 最大并且电荷的加速度为零;当时间推进到 1/2 周期时,场继续变动,如图 2.15(d)和图 2.15(e)所示。

有着更多场线的振荡偶极子按四个时态示于图 2.16 中。

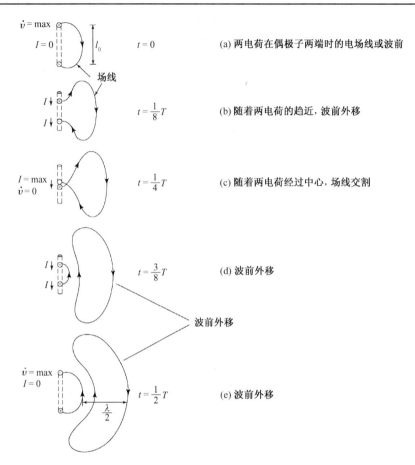

图 2.15 两个进行简谐运动的电荷组成的振荡电偶极
子。表明电场线的传播及其从偶极子的脱离
(辐射)。偶极子旁的箭头指明电流(I)的方向

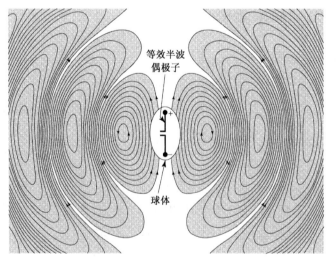

图 2.16 从半波偶极子天线辐射外移的电场线(经 John
D. Cowan, Jr 允许, 由 Edward M. Kennaugh 制作)

2.13 天线的场区

围绕着天线的场可划分为两个主要的区域,接近天线的区域称为近场或菲涅耳(Fresnel)区,离天线较远的称为远场或夫琅和费(Fraunhofer)区。参考图2.17,两区的分界可取为半径

$$R = \frac{2L^2}{\lambda} \quad (\text{m}) \qquad (1)$$

其中,L——天线的最大尺度,m

λ——波长,m

图 2.17 天线区、菲涅耳区和夫琅和费区

在远场区,测得场分量处在辐射方向的横截面内,所有的功率流都是沿径向朝外的。在近场区内,电场有显著的径向分量,其功率流并不完全是径向的,场波瓣图通常依赖于距离。

用虚拟的球面边界包裹住天线,如图 2.18(a)所示。一方面,接近球面极点的区域可视为反射器;另一方面,垂直于偶极子方向的波在赤道区域扩散,致使功率穿出该球面而泄漏。因此,在讨论天线经赤道区域外流辐射功率的同时,还需考虑束缚在天线邻近往复振荡的能流,后者如同谐振腔中的无功功率。据此定性讨论,图 2.18(b)给出了半波长偶极子天线的场波瓣图,在6.2节中还将详细讨论其能量关系并示于图6.6。

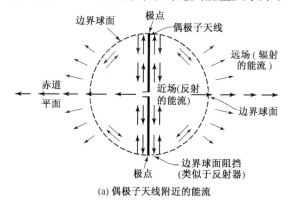

(a) 偶极子天线附近的能流

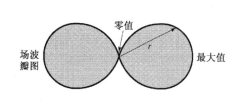

(b) 辐射场波瓣图(半径矢量 r 正比于该方向的辐射场)

图 2.18 偶极子天线附近的能流和辐射场波瓣图

对于半波长偶极子天线,某一瞬间的能量存储于接近天线末端即最大电荷区为主的电场中,经半个周期的转换之后,又存储于接近天线中心即最大电流区为主的磁场中。

注意:虽然有时使用"功率流"一词,实际上是"能量"在流动,功率是能流的时变率。这就像常说的付功率账单,其实是为电能付款。

2.14 形状-阻抗的讨论

在很多场合,天线的性能可根据其形状做出定性演绎,如图2.19所示。在图2.19(a)中,

张开的双导体传输线伸展得足够远($d \ll \lambda$ 而 $D \geqslant \lambda$),在左端提供近乎不变的输入阻抗值。在图 2.19(b)中,弯曲的导体被拉直成双锥形天线。而在图 2.19(c)中,两个锥成为共轴。在图 2.19(d)中,锥形则退化成直线。从该图的(a)到(d),阻抗值相对恒定的频带宽度递减。另一项区别是图 2.19 中(a)和(b)的天线属波束指向右的单定向性,而(c)和(d)的天线属水平面(垂直于线或锥轴的平面)内的全向性(非定向性)。图 2.19(e)所示的不同变种是由两导体朝相反方向急剧弯曲而形成的螺蜷天线,该天线具有边射性(最大辐射方向垂直于纸面)和极化顺时针旋转性,并展现出图 2.19(a)那样的非常宽的频带特性(见第 11 章)。

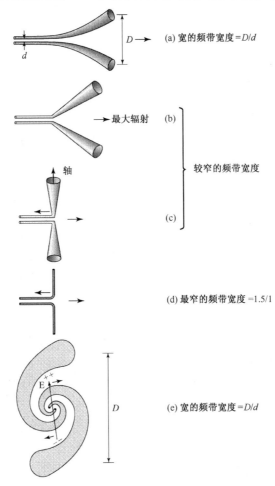

图 2.19　从张开的双线(a)演进到细圆柱天
线(d),将导体弯曲成螺蜷天线(e)

　　图 2.19 所示的各种偶极子天线都是平衡的,即均经由双导体(平衡)传输线馈电。图 2.20 说明单极子天线的类似演变,这些天线都由同轴(非平衡)传输线馈电。借助同轴传输线的内、外导体的渐变锥削,可实现一种形似火山口或烟嘴的甚宽频带天线,如图 2.20(a)所示。

　　图 2.20(b)中将火山口形改成了双碟形,图 2.20(c)中则改成两个宽角圆锥。所有这些天线都是在与轴垂直的平面内的全向天线,并且都是宽频带的。例如一个全锥角为 $120°$ 而锥直径 $D = \lambda_{max}$ 的实际双锥天线,如图 2.20(c)所示,在 6:1 的频率覆盖下具有全向的波瓣图和接近于常数 50 Ω 的输入阻抗(功率反射小于 1% 或 VSWR < 1.2)。

将下部锥角增至180°呈地平面,并减小上部锥角,则变成图2.20(d)所示的天线。若上部锥体被收缩成一根细椿,就成了图2.20(e)所示的极端变种。若认为图2.20(a)是最基本的型式,则图2.20(e)的细椿形就是频带相对较窄的极端退化型式。

具有大而突变的不连续性的天线具有大的反射,并且只能在窄频带上借抵消反射而用做无反射的电磁波转换器。	具有小而渐变的不连续性的天线具有小的反射,并通常能在较宽频带上直接用做无反射的电磁波转换器。

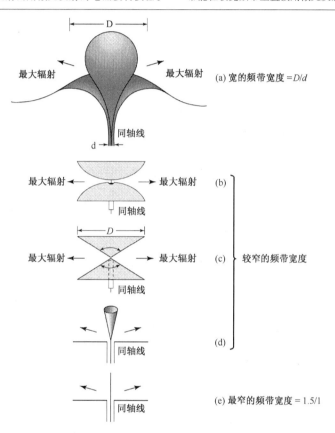

图 2.20　从火山口 – 烟嘴形天线(a)演进到细椿形(单
极子)天线(e)。同轴非平衡传输线馈电

随着天线从基本型式的一步步演进,传输线的不连续性也越发突出,最终成为地平面与同轴线的接头,这将使得部分能量反射回传输线。天线愈细,其末端的反射也愈大。在某些频率上,这两种反射可以补偿,但补偿的频带很窄。

2.15　线极化、椭圆极化和圆极化①

考察由页面向外(沿 z 向)行进的平面波,图2.21(a)中的电场始终沿 y 方向,称为是 y 方向线极化的。其电场作为时间和位置的函数,可写成

$$E_y = E_2 \sin(\omega t - \beta z) \tag{1}$$

---

① J. D. Kraus *Radio Astronomy*,2nd ed.（Cygnus-Quasar,Powell,Ohio,1986）一书对波的极化给出了更详细而完整的讨论。

一般而言,沿 z 向行波的电场同时有 y 分量和 x 分量,如图 2.21(b)所示。更一般的情况下,两个分量之间存在相位差,这种波称为是椭圆极化的。在确定的 z 点处电场矢量 **E** 作为时间的函数而旋转,其矢尖所描出的椭圆称为**极化椭圆**。该椭圆的长轴与短轴之比称为**轴比**(AR, Axial Ratio)。于是,对于图 2.21(b)中的波,有 $AR = E_2/E_1$。椭圆极化的两种极端情况是图 2.21(c)的圆极化,其中 $E_1 = E_2$ 而 $AR = 1$,以及图 2.21(a)的线极化,其中 $E_1 = 0$ 而 $AR = \infty$。

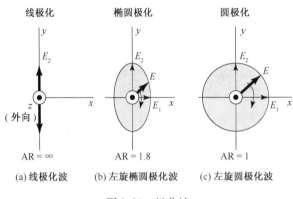

图 2.21　极化波

对于极化椭圆,取任意方向(见图 2.22)的一般椭圆极化波,可用分别沿 x 方向和 y 方向的两项线极化分量来描述。因此,如果波沿正 z 轴方向(即垂直于纸面向外)行进,则 x 方向和 y 方向的电场分量分别为

$$E_x = E_1 \sin(\omega t - \beta z) \tag{2}$$
$$E_y = E_2 \sin(\omega t - \beta z + \delta) \tag{3}$$

其中,E_1——沿 x 方向的线极化波幅度

　　　E_2——沿 y 方向的线极化波幅度

　　　δ——E_y 滞后于 E_x 的时间-相位角

将式(2)和式(3)合并,写出瞬时的总矢量场 **E**:

$$\mathbf{E} = \hat{\mathbf{x}} E_1 \sin(\omega t - \beta z) + \hat{\mathbf{y}} E_2 \sin(\omega t - \beta z + \delta) \tag{4}$$

在 $z = 0$ 处,$E_x = E_1 \sin \omega t$ 和 $E_y = E_2 \sin(\omega t + \delta)$。展开 E_y 有

$$E_y = E_2(\sin \omega t \cos \delta + \cos \omega t \sin \delta) \tag{5}$$

由 E_x 的关系式,有 $\sin \omega t = E_x/E_1$ 和 $\cos \omega t = \sqrt{1 - (E_x/E_1)^2}$。将此代入式(5)以消掉 ωt,再经整理得出

$$\frac{E_x^2}{E_1^2} - \frac{2 E_x E_y \cos \delta}{E_1 E_2} + \frac{E_y^2}{E_2^2} = \sin^2 \delta \tag{6}$$

或

$$a E_x^2 - b E_x E_y + c E_y^2 = 1 \tag{7}$$

其中

$$a = \frac{1}{E_1^2 \sin^2 \delta}, \quad b = \frac{2\cos\delta}{E_1 E_2 \sin^2 \delta}, \quad c = \frac{1}{E_2^2 \sin^2 \delta}$$

式(7)描述了如图2.22所示的(极化)椭圆,图中线段 OA 是半长轴,OB 是半短轴,椭圆的倾角是 τ,而轴比被定义为

$$AR = \frac{OA}{OB} \quad (1 \leqslant AR \leqslant \infty) \quad \textbf{轴比} \quad (8)$$

若 $E_1 = 0$,则波是沿 y 向线极化的;若 $E_2 = 0$,则波是沿 x 向线极化的。若 $\delta = 0$ 且 $E_1 = E_2$,则波是在与 x 轴呈45°角的平面内线极化的($\tau = 45°$)。

若 $E_1 = E_2$ 而 $\delta = \pm 90°$,则波是圆极化的。当 $\delta = +90°$ 时,波是左旋圆极化的;当 $\delta = -90°$ 时,波是右旋圆极化的。在 $\delta = \pm 90°$ 情

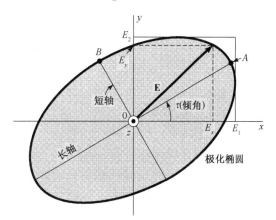

图2.22　倾角为 τ 的极化椭圆的瞬时分量 E_x 与 E_y 以及幅度(或峰值)E_1 与 E_2

况下,当 $t = 0$ 时,在 $z = 0$ 处,由式(2)式(3)可得出图2.23(a)中的 $\mathbf{E} = \hat{\mathbf{y}} E_2$。经1/4周期后($\omega t = 90°$),可得出图2.23(b)中的 $\mathbf{E} = \hat{\mathbf{x}} E_1$。因此在固定点处($z = 0$),电场矢量按顺时针旋转(按波朝外向传播的观点)。按照 IEEE 的定义,这种情况对应于左旋圆极化波,相反旋向($\delta = -90°$)的情况对应于右旋圆极化波。

如果将波看成后退的(图2.23中朝 $-z$ 方向传播),电场矢量表现为按反向旋转。因此,朝外向波电场的顺时针旋转与后退波的逆时针旋转等同。所以,除非指定波传播的方向,否则其极化的左旋或右旋就是模棱两可的。一种轴向模螺旋天线有助于澄清极化的定义:右手螺旋天线辐射(或接收)右旋圆极化波[①]。一个右手螺旋就像一个右旋螺钉那样,其右手性质不考虑观察者的位置,因此不再模棱两可。

IEEE 的定义是与沿用多个世纪的经典光学

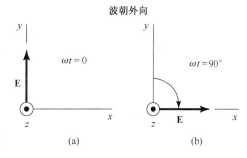

图2.23　左旋圆极化波朝外向的电场矢量 $\mathbf{E}$ 在两个瞬时的取向

定义相反的。IEEE 标准委员会试图使 IEEE 的定义符合经典光学的定义,但议而无果仍两者并存。在本书中采用 IEEE 的定义,具有上述与螺旋天线相一致的优点。

2.16　椭圆和圆极化波的坡印廷矢量

坡印廷矢量的复数表示为

$$\mathbf{S} = \frac{1}{2} \mathbf{E} \times \mathbf{H}^* \quad (1)$$

---

① 左手螺旋天线辐射(或接收)左旋圆极化波。

平均坡印廷矢量则是其实部,即

$$\mathbf{S}_{av} = \mathrm{Re}\,\mathbf{S} = \frac{1}{2}\mathrm{Re}\,\mathbf{E} \times \mathbf{H}^* \tag{2}$$

对此还可以写成

$$\mathbf{S}_{av} = \frac{1}{2}\hat{\mathbf{z}}\frac{E_1^2 + E_2^2}{Z_0} = \frac{1}{2}\hat{\mathbf{z}}\frac{E^2}{Z_0} \qquad \text{平均坡印廷矢量} \tag{3}$$

其中 $E = \sqrt{E_1^2 + E_2^2}$ 是总场 $\mathbf{E}$ 的幅度。

例 2.16.1　椭圆极化波的功率

在空气中沿 z 向行进的椭圆极化波具有 x 和 y 分量

$$E_x = 3\sin(\omega t - \beta x) \qquad (\mathrm{V\,m^{-1}})$$
$$E_y = 6\sin(\omega t - \beta x + 75°) \qquad (\mathrm{V\,m^{-1}})$$

求波通过单位面积所传送的平均功率。

解:

对于通过单位面积的平均功率即平均坡印廷矢量,可按式(3)计算其幅度

$$\mathbf{S}_{av} = \frac{1}{2}\frac{E^2}{Z} = \frac{1}{2}\frac{E_1^2 + E_2^2}{Z}$$

由题设的电场幅度 $E_1 = 3\ \mathrm{V\,m^{-1}}$ 和 $E_2 = 6\ \mathrm{V\,m^{-1}}$,以及空气中 $Z = 377\ \Omega$,可得

$$\mathbf{S}_{av} = \frac{1}{2}\frac{3^2 + 6^2}{377} = \frac{1}{2}\frac{45}{377} \approx 60\ \mathrm{mW\,m^{-2}}$$

2.17　极化椭圆和庞加莱球

用庞加莱(Poincaré)球表示波的极化,就是用该球面上的点来描述波的极化状态的。该点的经度和纬度与极化椭圆的参量有下列关系(见图 2.24):

$$\begin{aligned}\text{经度} &= 2\tau \\ \text{纬度} &= 2\varepsilon\end{aligned} \tag{1}$$

其中 τ 是倾角,$0° \leqslant \tau \leqslant 180°$[①];$\varepsilon = \arctan(1/\mp AR)$,$-45° \leqslant \varepsilon \leqslant +45°$;轴比(AR)和 ε 角在左旋时为正,右旋时为负(IEEE)。

用庞加莱球面上一点所描述的极化态,还可表示从赤道上某参考点的大圆上所抬起的角度以及从赤道到该大圆的

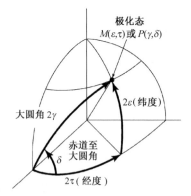

图 2.24　用庞加莱球面表示角度 ε, τ, δ, γ 之间的关系

---

① 注意在本节中用希腊字母 τ 表示倾角,入射、反射或传输的波分别写成 τ_i, τ_r 和 τ_t。然而,当在别处表示传输系数时,必须附有平行或垂直极化情况的标注。

角度(见图 2.24):

$$大圆角 = 2\gamma$$

$$赤道至大圆角的角度 = \delta \qquad (2)$$

其中 $\gamma = \arctan(E_2/E_1)$, $0° \leqslant \gamma \leqslant 90°$; δ 为 E_y 和 E_x 间的夹角, $-180° \leqslant \delta \leqslant 180°$。

参量 τ, ε 和 γ 与极化椭圆的几何关系示于图 2.25, τ, ε 和 γ, δ 之间的三角关系式如下所示[①]:

$$\cos 2\gamma = \cos 2\varepsilon \cos 2\tau$$

$$\tan \delta = \frac{\tan 2\varepsilon}{\sin 2\tau} \qquad 极化参量 \qquad (3)$$

$$\tan 2\tau = \tan 2\gamma \cos \delta$$

$$\sin 2\varepsilon = \sin 2\gamma \sin \delta$$

已知 ε 和 τ 便可确定 γ 和 δ,反之亦然。于是既可用角度组 (ε, τ) 也可用角度组 (γ, δ) 来描述极化态,以表示庞加莱球面上的同一个点(见图 2.24)。记极化态为 ε 和 τ 的函数 $M(\varepsilon, \tau)$,简写成 M;或为 γ 和 δ 的函数 $P(\gamma, \delta)$,简写成 P,如图 2.25 所示。

庞加莱球面表示法的应用之一(见图 2.26),就是用来表示一个天线对任意一种极化波的电压响应 V(Sinclair-1):

$$V = k \cos \frac{M M_a}{2} \qquad 天线电压响应 \qquad (4)$$

其中,$M M_a$——从极化态 M 至 M_a 在大圆弧上抬起的角度

M——波的极化态

M_a——天线的极化态

k——常数

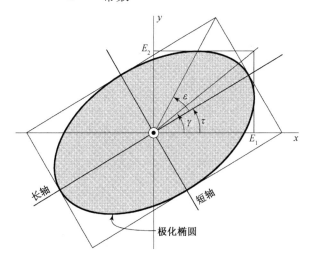

图 2.25 极化椭圆表示角 ε, γ 和 τ 的关系

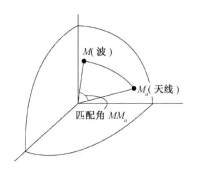

图 2.26 波(M)和天线(M_a)的极化态之间的匹配角 MM_a。当 $MM_a = 0°$ 时匹配完善,当 $MM_a = 180°$ 时匹配完全失配

---

① 这些关系式涉及球面三角学,参见 Born(1)。

天线的极化态定义为天线进行发射时所辐射的波的极化态。式(4)中的因子 k 含有波的场强和天线的尺寸。值得注意的重要结论是:若 $M M_a = 0°$,则天线与波匹配(两者极化态相同),对波的响应为最大。若 $M M_a = 180°$,则天线对波的响应为零,例如波是 y 向的线极化而天线是 x 向的线极化,或波是左旋圆极化而天线是右旋圆极化等情况。更一般地说,天线对于(庞加莱球)对面(或对映)的极化态波是失明(盲)的。

参照式(4),给出功率的极化匹配因子 F 如下:

$$F = \cos^2 \frac{M M_a}{2} \tag{5}$$

于是,完善匹配时匹配角 $M M_a = 0°$ 而 $F = 1$(波与天线极化态相同),完全失配时匹配角 $M M_a = 180°$ 而 $F = 0$(见图2.26)。

对于线极化,记 $M M_a / 2 = \Delta\tau$,则式(5)简化为

$$F = \cos^2 \Delta\tau \tag{6}$$

其中 $\Delta\tau$ 表示波和天线的倾角之差值。

在上述讨论中都假设是完全极化的波,其 E_x,E_y 和 δ 都是常量。对于非极化波则不然,例如由不同的噪声发生器所产生的铅垂极化分量和水平极化分量的合成结果。大多数宇宙射电源是非极化的,可被任意极化的天线等量地接收。对这种完全非极化的波,不论天线的极化态如何,总有 $F = 1/2$。对于更一般的讨论,可阅读 J. D. Kraus,"*Radio Astronomy*",2nd ed.,Cygnus-Quasar,P. O. Box 85,Powell,OH 43065,1986,Sec. 4-4。

例2.17.1 极化匹配

设有极化为 AR $= 4$ 和 $\tau = 15°$ 的左旋椭圆极化波(w)入射到极化为 AR $= -2$ 和 $\tau = 45°$ 的右旋椭圆极化天线(a),求极化匹配因子 F。

解:

由式(1),$2\varepsilon(w) = 28.1°$,故波的极化态 M 为纬度 $+28.1°$,经度 $30°$;和 $2\varepsilon(a) = -53.1°$,天线的极化态 M_a 为纬度 $-53.1°$,经度 $90°$。在球面上标出这两点,借助弦长来测定匹配角 $M M_a$。可将其与如下所示的分析结果相比较。由三角形的相似性可得,沿赤道方向 $2\tau(w) = 20.7°$,$2\tau(a) = 39.3°$;进而由式(3)得出 $2\gamma(w) = 34.3°$ 和 $2\gamma(a) = 62.4°$,于是总的大圆角 $M M_a = 2\gamma(w) + 2\gamma(a) = 96.7°$,因而极化匹配因子

$$F = \cos^2 \left(\frac{96.7}{2} \right) = 0.44$$

即接收到的功率为其最大可能值的44%。

第2章的重要关系式汇总表

波长–频率	$\lambda = \dfrac{v}{f}$ (m)
波束范围	$\Omega_A = \iint P_n(\theta, \phi) \, d\Omega$ (sr 或 deg^2)
波束范围(近似)	$\Omega_A \approx \theta_{HP} \phi_{HP}$ (sr 或 deg^2)
波束效率	$\varepsilon_M = \dfrac{\Omega_M}{\Omega_A}$ (无量纲)

（续表）

定向性	$D = \dfrac{U(\theta, \phi)_{\max}}{U_{av}} = \dfrac{S(\theta, \phi)_{\max}}{S_{av}}$	（无量纲）
定向性	$D = \dfrac{4\pi}{\Omega_A}$	（无量纲）
定向性	$D = \dfrac{4\pi A_e}{\lambda^2}$	（无量纲）
定向性（近似）	$D \approx \dfrac{4\pi}{\theta_{HP}\phi_{HP}} \approx \dfrac{41\,000}{\theta_{HP}^{\circ}\phi_{HP}^{\circ}}$	（无量纲）
增益	$G = kD$	（无量纲）
有效口径与波束范围	$A_e\Omega_A = \lambda^2$	（m²）
口径效率	$\varepsilon_{ap} = \dfrac{A_e}{A_p}$	（无量纲）
费里斯传输公式	$P_r = P_t\dfrac{A_{et}A_{er}}{r^2\lambda^2}$	（W）
电荷连续性关系	$i l = q\dot{v}$	（A m s⁻¹）
辐射功率	$P = \dfrac{\mu^2 q^2 \dot{v}^2}{6\pi Z}$	（W）
近场区–远场区界面	$R = \dfrac{2L^2}{\lambda}$	（m）
空气中椭圆极化波的平均功率密度	$\mathbf{S}_{av} = \tfrac{1}{2}\hat{\mathbf{z}}\dfrac{E_1^2 + E_2^2}{Z_0}$	（W m⁻²）

偶极子与环的有效口径、定向性、有效高度及其他参量汇总表

天线	辐射电阻* $R_r(\Omega)$	最大有效 口径 $A_{em}(\lambda^2)$	有效高度 $h_{(最大值)}$(m)	球面填 充因子	定向性	
					D	D(dBi)
各向同性		$\dfrac{1}{4\pi} = 0.079$		1	1	0
短偶极子**，长度 l	$80\left(\dfrac{\pi l l_{av}}{\lambda l_0}\right)^2$	$\dfrac{3}{8\pi} = 0.119$	$\dfrac{l l_{av}}{l_0}$	$\dfrac{2}{3}$	$\dfrac{3}{2}$	1.76
短偶极子**，长度 $l = \lambda/10$ （$l_{av} = l_0$）	7.9	0.119	$\lambda/10$	$\dfrac{2}{3}$	$\dfrac{3}{2}$	1.76
短偶极子***，$l = \lambda/10$ （$l_{av} = \tfrac{1}{2}l_0$）	1.98	0.119	$\lambda/20$	$\dfrac{2}{3}$	$\dfrac{3}{2}$	1.76
直线，$\lambda/2$ 偶极子 （正弦电流分布）	73	$\dfrac{30}{73\pi} = 0.13$	$\dfrac{\lambda}{\pi} = \dfrac{2l}{\pi}$	0.61	1.64	2.15
小环***（单圈） 任意形状	$31\,200\left(\dfrac{A}{\lambda^2}\right)^2$	$\dfrac{3}{8\pi} = 0.119$	$2\pi\dfrac{A}{\lambda}$	$\dfrac{2}{3}$	$\dfrac{3}{2}$	1.76
小方环***（单圈） 边长 $l = \lambda/10$ 面积 $A = l^2$	3.12	$\dfrac{3}{8\pi} = 0.119$	$\dfrac{2\pi\lambda}{100}$	$\dfrac{2}{3}$	$\dfrac{3}{2}$	1.76

* 见第5章和第8章
** 长度 $l \leqslant \lambda/10$
*** 面积 $A \leqslant (\lambda/10)^2$，见7.9节。对于 n 圈环，R_r 乘 n^2，h 乘 n

参考文献

Born, M. (1), and E. Wolf: *Principles of Optics,* pp. 24–27, Macmillan, New York, 1964.

Deschamps, G. A. (1): "Geometrical Representation of the Polarization of a Plane Electromagnetic Wave," *Proc. IRE,* **39,** 540, May 1951.

Friis, H. T. (1): "A Note on a Simple Transmission Formula," *Proc. IRE,* **34,** 254–256, 1946.

Poincaré, H. (1): *Théorie mathématique de la lumière,* G. Carré, Paris, 1892.

Sinclair, G. (1): "The Transmission and Reception of Elliptically Polarized Waves," *Proc. IRE,* **38,** 151, 1950.

习题

2.6.1 **主波束效率**。某天线的场波瓣图为 $E_n = \dfrac{\sin\theta}{\theta}\dfrac{\sin\phi}{\phi}$,其中 θ 为天顶角(弧度),ϕ 为方位角(弧度)。

(a) 画出作为 θ 之函数的归一化功率波瓣图;(b) 用该图估计天线的主波束效率。

2.7.1 **定向性**。证明天线的定向性 D 可以写成

$$D = \frac{\dfrac{E(\theta,\phi)_{\max} E^*(\theta,\phi)_{\max}}{Z} r^2}{\dfrac{1}{4\pi}\iint_{4\pi} \dfrac{E(\theta,\phi) E^*(\theta,\phi)}{Z} r^2\, d\Omega}$$

2.7.2 **近似定向性**。已知某单向的天线指向天顶($+z$ 方向),其归一化功率波瓣图与方位角 ϕ 无关,只取决于天顶角 θ。在 $0° \leqslant \theta \leqslant 90°$ 范围内其归一化功率波瓣图为:(a) $P_n = \cos\theta$;(b) $P_n = \cos^2\theta$;(c) $P_n = \cos^3\theta$;(d) $P_n = \cos^n\theta$。在 $90° \leqslant \theta \leqslant 180°$ 范围内 $P_n = 0$。试按上述波瓣图的半功率波束宽度计算各自的近似定向性。

2.7.3* **近似定向性**。根据下列三种单向天线的半功率波束宽度计算各自的近似定向性,它们的功率波瓣图 $P(\theta,\phi)$ 只在 $0 \leqslant \theta \leqslant \pi$ 和 $0 \leqslant \phi \leqslant \pi$ 范围内有值:(a) $P(\theta,\phi) = P_m\sin\theta\sin^2\phi$;(b) $P(\theta,\phi) = P_m\sin\theta\sin^3\phi$;(c) $P(\theta,\phi) = P_m\sin^2\theta\sin^3\phi$。

2.7.4* **定向性和增益**。(a) 估算某半功率波束宽度为 $\theta_{HP} = 2°$,$\phi_{HP} = 1°$ 的天线之定向性;(b) 计算该天线在效率为 $k = 0.5$ 时的增益。

2.9.1 **定向性和口径**。设某天线的口径场分布为 $E(x,y)$,证明其定向性可以表示成

$$D = \frac{4\pi}{\lambda^2}\frac{\displaystyle\iint_{A_p} E(x,y)\,dx\,dy \iint_{A_p} E^*(x,y)\,dx\,dy}{\displaystyle\iint_{A_p} E(x,y)E^*(x,y)\,dx\,dy}$$

2.9.2 **有效口径和波束范围**。在某天线的互相正交的主平面内,半功率波束宽度分别为 $30° \times 35°$,其最大有效口径(近似值,副瓣很小可以忽略)是多少?

2.9.3* **有效口径和定向性**。某微波天线的定向性为 900,其最大有效口径是多少?

2.11.1 **接收功率和弗里斯公式**。自由空间中某相距 0.5 km 的 1 GHz 线路,由增益为 25 dB 的发射天线和增益为 20 dB 的接收天线组成。若发射天线输入为 150 W,则最大接收功率是多少?

2.11.2* **航天飞机间的 100 Mm 线路**。两架航天飞机相距 100 Mm,各配有工作于 2.5 GHz 且 $D = 1000$ 的天线。若要求 A 机的接收功率比 1 pW 高出 20 dB,则 B 机的发射机功率应是多少?

2.11.3* **航天飞机间的 3 Mm 线路**。两架航天飞机相距 3 Mm,各配有工作于 2 GHz 且 $D = 200$ 的天线。若要求 A 机的接收功率比 1 pW 高出 20 dB,则 B 机的发射机功率应是多少?

2.11.4 地球至火星或木星的线路。（a）设计地球-火星间的双向无线电线路,向火星传送数据和图像。该线路工作在 2.5 GHz 且具有 5 MHz 的频带;要求到达地球接收机的功率为 10^{-19} W Hz^{-1},到达火星接收机的功率为 10^{-17} W Hz^{-1};火星上的天线直径不大于 3 m;地球-木星间的距离按 6 光分计。试确定两端的天线有效口径以及发射机功率(整个频带的总功率)。（b）设计地球火星间的双向无线电线路,距离按 40 光分计,其他与(a)相同。

2.11.5* 地球－月球的线路。 从月球到地球的无线电线路距离为 1.27 光秒,工作在 1.5 GHz。月面上配置 5λ 长的右旋圆极化的单绕轴向模螺旋天线［参见式(8.3.7)］和 2 W 的发射机。为了能有 10^{-14} W 功率到达地面接收机,地面天线应取何种极化和多大的有效口径?

2.13.1 最大相位误差。 设图 2.17 中,从原点沿垂直于天线的方向到达菲涅耳区-夫琅和费区分界球面上某一交点的射线为 R,另从天线顶端至该球面点的射线为 F,试问这两者的相位差是多少?

2.15.1 半长轴和半短轴。 旋转式(2.15.7)所给极化椭圆的坐标系。（a）推导其倾角公式

$$\tau = \frac{1}{2}\arctan\left(\frac{2E_1 E_2 \cos\delta}{E_1^2 - E_2^2}\right)$$

（b）推导公式

$$OA = \left[(E_1 \cos\tau + E_2 \cos\delta \sin\tau)^2 + E_2^2 \sin^2\delta \sin^2\tau\right]^{1/2}$$

$$OB = \left[(E_1 \sin\tau + E_2 \cos\delta \cos\tau)^2 - E_2^2 \sin^2\delta \cos^2\tau\right]^{1/2}$$

2.16.1 接近月球的宇宙飞船。 设有一艘离地球为月-地距离(380 Mm)的宇宙飞船,以 10 W 的功率各向同性地辐射 2 GHz 的波。求:（a）到达地球的平均坡印廷矢量;（b）地球上电场 **E** 的均方根值;（c）无线电波从宇宙飞船到达地球所需的时间;（d）每秒有多少光子从宇宙飞船的发射机落到单位面积的地球表面?

2.16.2 更多的圆极化波功率。 证明圆极化波的平均坡印廷矢量两倍于具有相同最大电场 **E** 的线极化波。这意味着媒质在被击穿之前能承受的圆极化(CP)波功率两倍于线极化(LP)波。

2.16.3 圆极化波的坡印廷矢量。 证明平面圆极化行波的瞬时坡印廷矢量(PV)是一常量。

2.16.4* 椭圆极化波的功率。 设在媒质($\sigma = 0, \mu_r = 2, \varepsilon_r = 5$)中的椭圆极化波,其磁场分量的幅度为 3 A m^{-1} 或 4 A m^{-1}。求垂直穿过 5 m^2 面积的平均功率。

2.17.1 交叉偶极子用于圆极化和其他极化态。 两半波长的偶极子在空间 90° 交叉并馈送相等的电流,如果两电流:（a）同相;（b）有 90° 相位差;（c）有 45° 相位差,则在偶极子所在平面的垂直方向上辐射的是何种极化波?

2.17.2* 两个线极化波的极化。 设穿出纸面(指向读者)的行波有两项线极化分量:

$$E_x = 2\cos\omega t$$
$$E_y = 3\cos(\omega t + 90°)$$

（a）该合成波的轴比是多少?（b）极化椭圆中长轴的倾角 τ 是多少?（c）电场 **E** 是顺时针还是逆时针方向旋转?

2.17.3 两个椭圆极化波的叠加。 设穿出纸面(指向读者)的行波是两个椭圆极化波的合成,这两个极化波的电场 **E** 分量分别为:

$$E'_y = 2\cos\omega t$$

$$E'_x = 6\cos\left(\omega t + \frac{\pi}{2}\right)$$

$$E''_y = 1\cos\omega t$$

$$E''_x = 3\cos\left(\omega t - \frac{\pi}{2}\right)$$

(a) 该合成波的轴比是多少? (b) 电场 $\mathbf{E}$ 是按顺时针还是逆时针方向旋转?

2.17.4* **两个线极化分量。** 设穿出纸面(指向读者)的椭圆极化行波具有线极化分量 E_x 和 E_y,并给定 $E_x = E_y = 1 \text{ V m}^{-1}$,且 E_y 比 E_x 超前 $72°$。(a) 计算并画出其极化椭圆;(b) 轴比是多少?(c) 长轴与 x 轴之间的夹角 τ 是多少?

2.17.5 **两个线极化分量和庞加莱球。** 将上题中条件改成 $E_x = 2 \text{ V m}^{-1}$,而 $E_y = 1 \text{ V m}^{-1}$,回答同样的问题。

2.17.6* **两个圆极化波。** 两圆极化波交会于原点,其一(y 波)沿 $+y$ 向传播,从 $+y$ 轴上的点观察到其电场 $\mathbf{E}$ 顺时针旋转;另一(x 波)沿 $+x$ 向传播,从 $+x$ 轴上的点观察到其电场 $\mathbf{E}$ 顺时针旋转。在原点处,若在 y 波的电场 $\mathbf{E}$ 取 $+z$ 向的瞬时 x 波的电场 $\mathbf{E}$ 取 $-z$ 向,则合成的 $\mathbf{E}$ 矢量有怎样的轨迹?

2.17.7* **圆极化波。** 设穿出纸面的行波是两个圆极化波的合成,这两个圆极化波的电场分量为: $E_{\text{right}} = 5\mathrm{e}^{j\omega t}$ 和 $E_{\text{left}} = 2\mathrm{e}^{j(\omega t + 90°)}$($\text{V m}^{-1}$)。求该合成波的:(a) 轴比 AR;(b) 倾角 τ;(c) 旋向(左旋或右旋)。

2.17.8 **椭圆极化波。** 设穿出纸面(指向读者)的行波是两个线极化波的合成,这两个线极化波的电场分量为: $E_x = 3\cos \omega t$ 和 $E_y = 2\cos(\omega t + 90°)$。求该合成波的:(a) 轴比 AR;(b) 倾角 τ;(c) 旋向(左旋或右旋)。

2.17.9* **圆极化波。** 两穿出纸面(指向读者)的圆极化行波各有场量 $E_{\text{left}} = 2\mathrm{e}^{-j\omega t}$ 和 $E_{\text{right}} = 3\mathrm{e}^{j\omega t}$($\text{V m}^{-1}$)(rms)。求合成波的:(a) 轴比 AR;(b) 旋向;(c) 坡印廷矢量。

2.17.10 **椭圆极化波。** 设穿出纸面的行波是两个椭圆极化波的合成,这两个椭圆极化波的电场分量分别为: $E_x = 5\cos \omega t$ 和 $E_y = 3\sin \omega t$;以及 $E_r = 3\mathrm{e}^{j\omega t}$ 和 $E_l = 4\mathrm{e}^{-j\omega t}$。求该合成波的:(a) AR;(b) τ;(c) 旋向。

2.17.11* **圆极化波。** 设穿出纸面的行波是两个圆极化波的合成,这两个圆极化波的电场分量为: $E_r = 2\mathrm{e}^{j\omega t}$ 和 $E_l = 4\mathrm{e}^{-j(\omega t + 45°)}$。求该合成波的:(a) AR;(b) τ;(c) 旋向。

2.17.12 **圆-消极化比。** 波的轴比是 AR,其圆-消极化比可由 $R = (\text{AR} - 1)/(\text{AR} + 1)$ 得到。于是,纯圆极化时 AR $= 1$ 而 $R = 0$(无消极化),线极化时 AR $= \infty$ 而 $R = 1$。

注:习题中涉及的计算机程序,见附录 C。

第3章 天线家族

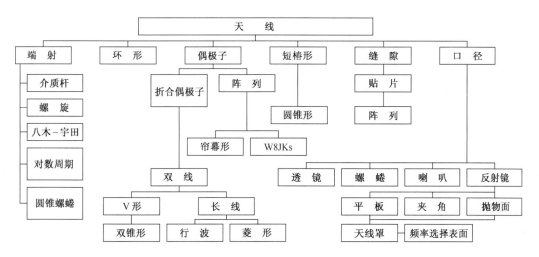

3.1 引言

在本章中将介绍 24 类天线作为对后续章节详细论述的预览。这些天线又可归纳成 6 大类:

- 基本类型
- 环形、偶极子和缝隙
- 张开的同轴线、双线和波导
- 反射镜与口径类型
- 端射与宽频带类型
- 镶板式、缝隙和栅格阵列

这里,同轴线和双导线类型按频带从宽到窄的演化序列编排。本章将指出各类天线的定向性、频带宽度以及场波瓣图。在许多场合下,已知这几个参量,就足以按给定的尺度去构造一种天线,并确定其近似的增益和波束宽度。

上述天线的分类有助于理解某类天线何以留存至今,或演化成了另一类型[①]。

3.2 环形、偶极子和缝隙天线

图 3.1(a)的水平小环天线可对应图 3.1(b)所示的铅垂短偶极子,两者具有相同的场波瓣图,但它们的 **E** 和 **H** 需要互换。于是,水平环属水平极化,而铅垂偶极子属铅垂极化。两者的定向性都是 $D=1.5$。所谓小或短是指尺度不大于 $\lambda/10$。

---

① 对大多数天线来说,其损耗甚小,其增益可近似等于定向性,因而在实际问题中往往混用增益和定向性。

例 3.2.1　圆极化的环和偶极子

将短偶极子置于小环内的轴线上(见图 3.1),它们各自的波瓣图都属在水平面内的全向性而沿铅垂方向为零值。

(a)若环的直径为 λ/15,环和偶极子等功率同向馈电,则辐射波属何种极化?

(b)若偶极子电流向上,俯视的环电流循逆时针方向,则属于左旋或右旋圆极化?

解:

根据 2.15 节可知,属右旋圆极化波。

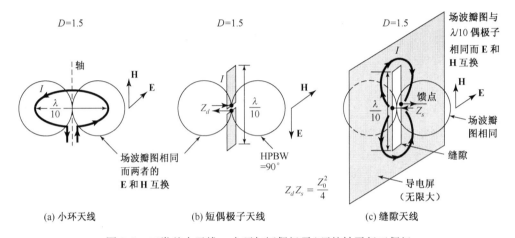

(a) 小环天线　　　　　　(b) 短偶极子天线　　　　　　(c) 缝隙天线

图 3.1　三类基本天线。小环与短偶极子(环的轴平行于偶极子)具有相同的场波瓣图而 **E** 和 **H** 互换。缝隙与偶极子也具有相同的场波瓣图而 **E** 和 **H** 互换。定向性都相同

如果从导电屏上割取一条偶极子而留下一条缝隙如图 3.1(c)示,称该偶极子与缝隙的结构互补。则两者的场波瓣图相同而 **E** 和 **H** 互换。进一步,偶极子的馈端阻抗 Z_d,缝隙的馈端阻抗 Z_s 以及空间的本征阻抗值 $Z_0(=377\ \Omega)$ 之间的关系为

$$Z_d Z_s = \frac{Z_0^2}{4} \tag{1}$$

从而

$$Z_s = \frac{Z_0^2}{4Z_d} = \frac{Z_0^2}{4}Y_d \qquad 缝隙阻抗 \tag{2}$$

因而,缝隙阻抗 Z_s 正比于偶极子导纳 Y_d。如果偶极子要求用电感来匹配,则互补的缝隙就要求用电容来匹配。于是,已知偶极子的性能即可预测其互补缝隙的性能。要达到完善的互补性,包含缝隙的屏应当很大(理想地无穷大)且完全导电。

典型的缝隙天线长 λ/2 ,与其互补的是 λ/2 偶极子天线(见图 3.1)。图中已标注出某点处的场 **E** 和 **H** 的方向。注意,场波瓣图并非场的力线图。

例 3.2.2　一个波长的偶极子和缝隙天线

图 3.2 比较了实际长度 $L = 0.925\ \lambda$ 的柱形偶极子及与其互补的缝隙。该柱形偶极子的直径 $d = L/28 = 0.033\lambda$,馈端阻抗 $Z_d = 710 + j0\ \Omega$,求宽度 $w = 2d$ 的缝隙馈端阻抗 Z_s?

解：

由式(2)，有

$$Z_s = \frac{377^2}{4 \times 710} = 50 \text{ } \Omega$$

恰与 50 Ω 的同轴线呈阻抗匹配，如图 3.2(b)所示。

贴片天线的辐射(见图 3.11)类似于通过两个缝隙，故此例可用这种方式来理解贴片天线。

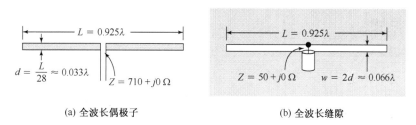

(a) 全波长偶极子   (b) 全波长缝隙

图 3.2 比较柱形偶极子天线及与其互补的缝隙天线阻抗图。(b)中的缝隙直接与 50 Ω 同轴线匹配

3.3　张开的同轴线天线

图 3.3 所示的所有天线在水平面内都是全向且沿铅垂(天顶)方向为零辐射。图中指出了各种天线的定向性 D。各天线形状从光滑渐变过渡至突变结构导致频带变窄。

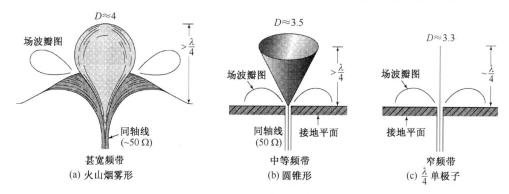

(a) 火山烟雾形   (b) 圆锥形   (c) $\frac{\lambda}{4}$ 单极子

甚宽频带   中等频带   窄频带

图 3.3 张开的同轴线(a)～(c)的演化

3.4　张开的双导线天线

双阿尔卑斯(twin-Alpine)喇叭的紧凑形式如图 3.4(d)和图 3.4(e)所示，用双脊(double-ridge)波导的指数律张开作为双导体平衡传输线的激励器。其设计结合了 Kerr(1)以及 Baker(1) & Van der Neut 所用的细节。指数渐变律 $y = k_1 e^{k_2 x}$，其中 k_1 和 k_2 为常数。另一种紧凑型结构如图3.4(f)所示为缝隙–V 三明治(slot-vee sandwich)或以 19 世纪作曲家安东尼奥·韦尔弟(Vivaldi)命名的天线(Shin-1)。

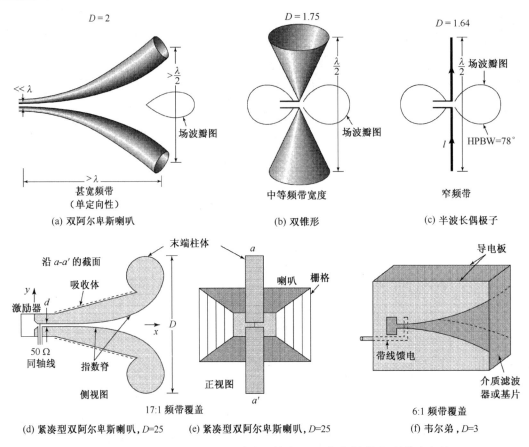

图 3.4　张开的双导线(a)～(f)的演化。其中"双阿尔卑斯喇叭"是单定向性,双锥与偶极子天线是水平面全向的。图中也指出了各种天线的定向性 D

3.5　张开的波导天线(口径类)

例 3.5.1　最佳棱锥喇叭

在理想化喇叭口面上场的相位应该是常数,这就需要非常长的喇叭。但为了实用的方便,喇叭应尽可能地短。参阅图 3.6 所示的一种折中的最佳喇叭,其 E 面内发自波导端面到达喇叭口面的射程差 δ 的最大值(口面边缘点与中心点之差)不大于 0.25λ,H 面内的 δ 则由于喇叭边缘处的场趋于零值而可以放宽。图中喇叭的张角 θ 为

$$\theta = 2\arccos\frac{L}{L+\delta} \tag{1}$$

求长度 $L = 10\lambda$ 的喇叭的最大张角(对应于 $\delta = 0.25\lambda$)。

解:

根据式(1),$\theta = 2\arccos\dfrac{10}{10.25} = 25.4°$

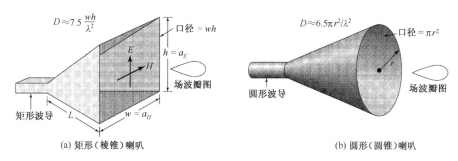

图 3.5　张开波导馈电的矩形截面和圆形截面的口径类天线。
有效口径 A_e 和定向性 D 正比于漏波的开口面积

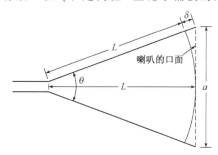

图 3.6　用于上例棱锥喇叭截面。兼用于 E 面(记 θ_E, a_E) 和 H 面(记 θ_H, a_H),参见图 3.5

3.6　平板反射器天线

例 3.6.1　90°夹角反射器的接收功率

设美国#35 频道(599 MHz)电视台辐射的场强在一架具有最佳尺寸的 90°夹角反射器接收天线处为 $1\,\mu\mathrm{V\,m}^{-1}$,如图 3.7(c)所示。求通过天线送到接收机的功率。

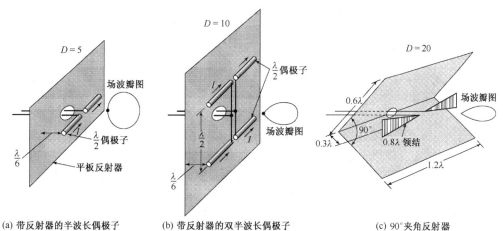

(a) 带反射器的半波长偶极子　　(b) 带反射器的双半波长偶极子　　(c) 90°夹角反射器

图 3.7　具有一个或两个半波偶极子的平板反射器天线和 90°夹角反射器天线。半波偶极子由于放置于导电平板反射器前方而使定向性提高(a),双半波偶极子阵列放置于导电平板反射器前方可获得高定向性(b),将平板反射器折成 90°夹角反射器能达到更高的定向性。这三种情况下,定向性依次(几乎是)成倍地增加。为减小风阻和所用金属总量,反射器可以用间隔 0.1λ 或更密的平行导线组成的栅格代替

解：

$$\lambda = \frac{c}{f} = \frac{3 \times 10^8 \text{ m s}^{-1}}{599 \times 10^6 \text{ Hz}} = 0.501 \text{ m}$$

由图 3.7(c)，$D = 20$，故有效口径

$$A_e = \frac{D\lambda^2}{4\pi} = \frac{20 \times 0.251}{4\pi} = 0.4 \text{ m}^2$$

而接收功率为

$$\frac{E^2}{Z_0} A_e = \frac{(10^{-6})^2}{377} 0.4 = 1.06 \times 10^{-15} \text{ W} = 1.06 \text{ fW}$$

3.7 抛物面和介质透镜天线

例 3.7.1 抛物(镜)面的设计

抛物面天线的定向性(或增益)取决于很多因素：

1. 馈源天线的波瓣图。过宽的波瓣会溢出镜面的边缘；太窄的波瓣使镜面得不到充分照射，导致口径利用率降低。

2. 镜面相对于理想抛物面的准确性。例如，若表面相差 $\delta = \lambda/4$（即 $90°$ 电角度），则反射场相移 $180°$，将导致口径效率的降低。见图 3.8(a) 的镜面。

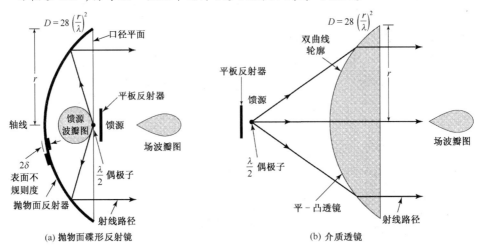

(a) 抛物面碟形反射镜   (b) 介质透镜

图 3.8 抛物(镜)面碟形天线和介质透镜天线。抛物(镜)面碟形天线能提供高定向性(正比于其口径)，但要求一个合适的馈源天线如(a)所示，这与夹角反射器只需简单偶极子馈电形成反差，如图3.7(c)所示。介质透镜天线模拟了光学器件，也要求一个合适的馈源天线。这两种天线的定向性都正比于其口径，都需要借助射线理论或光学原理进行设计。图中循射线路径标注了箭头，馈源辐射的都是球面波。抛物面通过反射、而透镜通过折射将球面波转变成平面波

3. 许多其他因素。口径效率很大程度上依赖于特定的设计。

假设口径效率为 70%，则抛物镜面天线的定向性与其半径的函数关系如何？

解：

$$D = \varepsilon_{ap}\frac{4\pi A_p}{\lambda^2} = 0.7\frac{4\pi\pi r^2}{\lambda^2} = 8.8\frac{\pi r^2}{\lambda^2} = 28\left(\frac{r}{\lambda}\right)^2$$

3.8　端射天线

在图 3.9 所示的三类端射天线中,轴向模螺旋天线由于其高定向性、圆极化、宽频带和非临

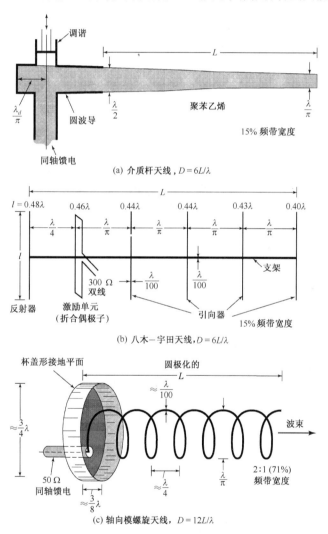

(a) 介质杆天线, $D = 6L/\lambda$

(b) 八木-宇田天线, $D = 6L/\lambda$

(c) 轴向模螺旋天线, $D = 12L/\lambda$

图 3.9　介质杆天线、八木-宇田天线和轴向模螺旋天线都是端射式行波天线,各自的定向性 D 都正比于其长度 L,其中螺旋天线因工作于增强定向性的模式而具有高定向性。人眼的视网膜含有 1 亿个类似于介质杆天线的视杆细胞和视锥细胞。图中标明了尺寸、定向性和频带宽度。以上三类天线的波瓣图计算过程都可以很好地近似为间距 $\lambda/4$ 的点源端射阵,其相位递减:介质杆和八木-宇田天线的相位递差为 90°,而螺旋天线的相位按增强定向性的条件来确定。上述天线也都可看成不完善的透镜天线,即从一个比物理截面大得多的口径上收集能量。在八木-宇田天线中只有一个单元被激励(用线馈电),其余的都属借助互耦能量的寄生单元,反射器上的相位超前,而引向器上传输的相位滞后

界尺寸,广泛见诸于空间应用。由于卫星天线取向的变化,对线极化波会导致信号的损失和交叉极化,对圆极化波则没有影响。因此,用于卫星和地球站的天线应采用相同旋向的圆极化波。

3.9　宽频带天线:圆锥螺蜷和对数周期

　　图3.10(a)所示的圆锥螺蜷可认为是平面螺蜷围绕介质锥体而成,由压焊于螺蜷导带之一臂的同轴电缆馈电,电缆的内导体在锥顶处连接于导带之另一臂,如同平面螺蜷的简图所示。圆锥螺蜷的低频限制发生于锥底直径为 λ/2 时,而高频限制发生于锥顶直径为 λ/4 时。于是,其频率覆盖等于其底径与顶径比值的1/2,对于图3.10(a)中的圆锥,该值约为 7:1。然而,图3.10(b)所示的对数周期天线,其频率覆盖则取决于次最长与次最短偶极子的长度之比,约为 4:1。

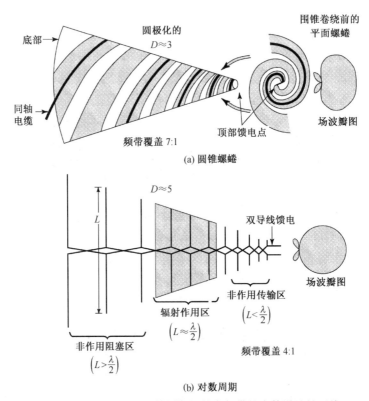

(a) 圆锥螺蜷

(b) 对数周期

图3.10　圆锥螺蜷与对数周期是其宽频带的中等增益的天线

3.10　贴片天线、贴片阵列和栅格阵列

贴片天线

　　"贴片"原是一种低轮廓、低增益、窄频带的天线,能够满足装载于飞机和各种车辆的空气动力学要求。图3.11给出贴片天线及其介质基片的局部剖面以显示其馈电点。典型的贴片由尺寸约为 $(1 \times 1/2)\lambda_0$ 的导电薄片置于底衬接地板的介质基片表面而构成。

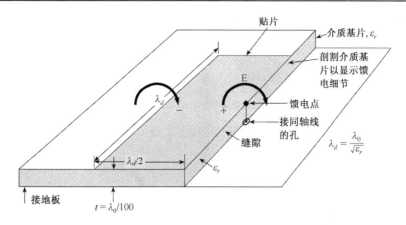

图 3.11　单贴片天线。箭头表示缝隙电场 **E** 的方向

贴片天线的辐射可视同图 3.11 中贴片与接地板之间左右两条窄缝隙的辐射,缝宽即介质基片的厚度 t, 以 $\lambda_0/100$ 为典型值。

贴片阵列

例 3.10.1　四贴片阵

图 3.12 所示的四贴片阵由匹配网络同相馈电。求:(a) 定向性;(b) 波束范围。

解:

$$A_e \approx 4\lambda \times \frac{\lambda}{2} = 2\lambda^2 \qquad D = \frac{4\pi A_e}{\lambda^2} = 8\pi \approx 25 \ (14 \ \text{dBi})$$

$$\Omega_A = \frac{4\pi}{D} = \frac{4\pi}{25} \approx 0.50 \ \text{sr}$$

栅格镶板阵

图 3.13 所示的栅格阵尺度为 $(4 \times 2.5)\lambda$, 具有 75% 的口径效率,定向性 $D = 70$(18.5 dB),低旁瓣,且在 10% 频带上 VSWR < 1.5。整个阵列的馈电十分简单,用 50 Ω 同轴电缆的内导体穿过接地板上的孔接于一点(F),而外导体压焊在接地板上。

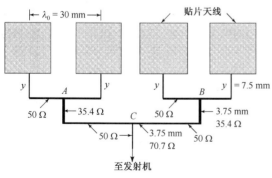

图 3.12　四贴片天线阵

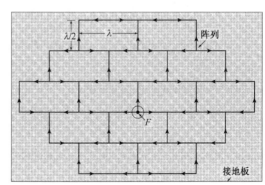

图 3.13　栅格镶板阵。箭头表示瞬时电流分布。19 段铅垂半波长导体所产生的场在阵面的法线方向上同相叠加,而水平导体的场互相抵消。该阵列置于距接地板 $\lambda/4$ 的介质基片上

参考文献

Baker, D. E. (1), and C. A. Van der Neut: "A Compact, Broadband, Balanced Transmission Line Antenna from Double-Ridged Waveguide," *IEEE. Ant. Prop. Soc. Symp.*, pp. 568–570. Albuquerque, 1982.

Kerr, J. L. (1): "Short Axial Length Broad Band Horns," *IEEE Trans. Ants. Prop.*, **AP-21,** 710–714, September 1973.

Shin, J. (1), and D. H. Schaubert: "A Parametric Study of Stripline-Fed Vivaldi Notch-Antenna Arrays," *IEEE Trans. Ant. Prop.*, **47,** 879–886, May 1999.

习题

3.2.1* **缝隙尺寸与阻抗**。设细偶极子(直径趋于零)的馈端阻抗为 $73+j53.6\ \Omega$。试问其:(a) 互补缝隙的尺寸;(b) 缝隙的阻抗;(c) 定向性。

3.4.1 **阿尔卑斯喇叭天线**。如图 3.4(a)所示,其低频限制为张开端间距 $s>\lambda/2$,而高频限制为传输线端间距 $d\approx\lambda/4$。试求 $d=2$ mm 而 $s=1000d$ 时的频带范围。

3.4.2* **阿尔卑斯喇叭天线**。天线结构同上题,已知 d 表示传输线端间距。问:为了达到 200∶1 的频带覆盖,张开端间距 s 应为多少?

3.5.1* **喇叭天线**。(a) 试求长度 $L=10\lambda$,程差 $\delta(E$ 面$)=0.25\lambda$,$\delta(H$ 面$)=0.45\lambda$ 之棱锥喇叭天线的物理口径;(b) 假设口径效率为 100%,求其定向性(上限值);(c) 实际可达到的口径效率约为 60%,此时定向性是多少?

3.5.2* **矩形喇叭天线**。对于工作在 2 GHz 的最佳矩形喇叭天线,增益要达到 16 dBi,问要求多大的口径面积?

3.5.3* **圆锥形喇叭天线**。工作在 3 GHz 增益为 14 dBi 的圆锥喇叭天线要求多大的口面直径?

3.6.1* **夹角反射器**。设夹角反射器如图 3.7(c)所示,定向性 $D=20$,求半功率波束宽度。其 H 面的场由式(10.3.6)得到,即 $\cos(S_r\cos\phi)-\cos(S_r\sin\phi)$,其中 $S_r=2\pi S/\lambda$ 而 $S=$ 偶极子至角的距离。提示:利用式(2.9.7)。

3.7.1 **直播卫星家用抛物面**。工作在 12.5 GHz 的直径为 460 mm 的圆口径抛物面天线,设口径效率为 75%,求该天线的定向性。

3.7.2 **波束宽度与定向性**。对于大多数天线,半功率波束宽度(HPBW)可以根据式 $\text{HPBW}=\kappa\lambda/D$ 估算。λ 是工作波长,D 是天线在所讨论平面内的尺寸,而 κ 是介于 0.9~1.4 之间的因子,取决于场沿天线的幅度分布。假设 $\kappa=1$ 且口径效率为 50%,利用该近似式求出下列天线的定向性和增益:(a) 工作在 6 GHz 的半径为 2 m 的圆口径抛物面天线;(b) 工作在 1 GHz 的轴长为 1 m×10 m 的椭圆口径抛物面天线。

注:习题中涉及的计算机程序,见附录 C。

第4章 点　　源

本章包含下列主题：

- 点源辐射器
- 功率波瓣图
- 各向同性源
- 辐射强度
- 功率波瓣图举例
- 场波瓣图
- 相位波瓣图

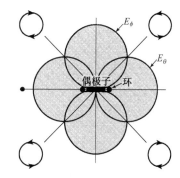

4.1　引言：点源的定义

在分析天线时总是假定距离天线足够远处的辐射场是横向的，功率流或坡印廷矢量（$W\ m^{-2}$）沿图4.1中自 O 点到达观察圆的径向距离为 R。这实际上是假设沿着该圆的半径向外推进的波发自中心 O 处一个没有体积的虚拟发射体，即所谓点源。在描述波源的远场时，允许忽略在实际天线附近存在的"近场"变化。因此，在足够远的观察距离下，对任何尺寸的复杂天线，都可以不加区分地只用一个简单的点源来代替。

要绕着固定的天线在圆周上观察场的波瓣图，实际上可改成在固定的测量点处观察旋转的天线，这对小型天线来说尤其方便。

通常，天线中心 O 与观察圆中心重合，如图4.1(a)所示。如果天线中心偏离，甚至使 O 点处在天线之外，如图4.1(b)所示，则应保证 $R \gg d$，$R \gg b$ 和 $R \gg \lambda$，才能忽略两个中心之间的距离 d 对场波瓣图的影响。然而，相位波瓣图仍会因 d 而异，通常 $d=0$ 时沿观察圆的相位差异最小，随着 d 的增加，相位差异相应变大。

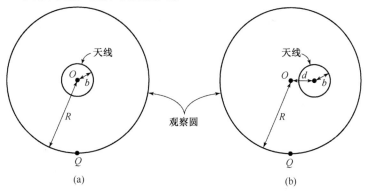

图4.1　天线和观察圆

正如2.3节中所述，对远场的完整描述要用到三种波瓣图：以正交场分量作为方向角函数的两个波瓣图 $[E_\theta(\theta,\phi)$ 和 $E_\phi(\theta,\phi)]$，以及以这些场的相位差作为方向角函数的波瓣图

$[\delta(\theta,\phi)]$。但多数情况下上述三种波瓣图并不都是必需的,有时由于不关心场的矢量性质而将辐射处理成标量,这时就只需讨论天线在发射状态下的功率密度或坡印廷矢量的幅度$[S_r(\theta,\phi)]$。4.2节正是首先基于这种考虑,在后续节中再确定场的矢量性质,并讨论场分量的幅度。虽然本章中列举的许多例子都是假设的,但它们不失为真实天线的某种近似。

4.2 功率波瓣图

设图4.2中(另见图2.5)位于坐标原点的点源辐射器代表了自由空间中的某种发射天线,这种天线的按径线方向辐射能流,能流穿过单位面积的时变率就是坡印廷矢量或功率密度(W m^{-2})。点源(或在任何天线的远区)的坡印廷矢量$\mathbf{S}$只有径向分量S_r,而没有沿θ或ϕ方向的分量($S_\theta = S_\phi = 0$)。因此,其坡印廷矢量的幅度也就等于径向分量($|\mathbf{S}| = S_r$)。

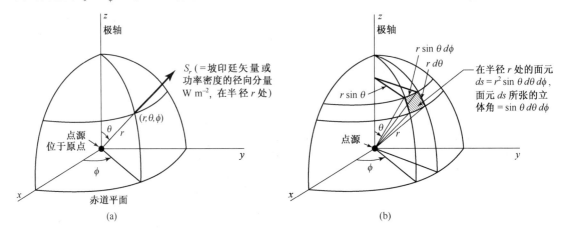

图4.2 自由空间中以球坐标系表示的点辐射源

沿各个方向均匀地辐射能量的源是各向同性源,其坡印廷矢量的径向分量S_r与θ和ϕ无关。半径为常数时,S_r作为角度的函数的曲线是一个坡印廷矢量(或功率密度)波瓣图,通常称为功率波瓣图。各向同性源的三维功率波瓣图是一个球,二维功率波瓣图是一个圆(通过球心的截面),如图4.3所示。

虽然各向同性源便于进行理论分析,但在物理上却无法实现。即使最简单的天线,也具有定向性,即沿某些方向较其他方向辐射更多能量,属于各向异性源,其功率波瓣图示例于图4.4(a),图中S_{rm}是S_r的最大值。

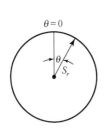

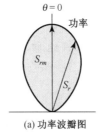

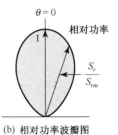

图4.3 各向同性源的极
坐标功率波瓣图

图4.4 同一种源的功率波瓣图和相对功率波瓣图。两者形
状相同。相对功率波瓣图已经归一化,其最大值为1

若 S_r 用每平方米的瓦数来表示,则称为绝对功率波瓣图;若以某个参考方向的值来表示,则称为相对功率波瓣图。习惯上取 S_r 的最大方向为参考,以相对功率 S_r/S_{rm} 作为波瓣图的半径,如图 4.4(b)所示,其最大值为 1。最大值为 1 的波瓣图又称归一化波瓣图。

4.3　功率定理[①]及其应用于个别各向同性源

若已知无耗媒质中一个点源在半径为 r 的球面上所有点处产生的坡印廷矢量,则该点源辐射的总功率是平均坡印廷矢量的径向分量 S_r 沿球面的积分。即

$$P = \oiint S \, ds = \oiint S_r \, ds \tag{1}$$

其中,P——辐射的功率,W

S_r——平均坡印廷矢量的径向分量,W m^{-2}

d_s——球面的微分面元,如图 3.2(b)所示,$d_s = r^2 \sin\theta \, d\theta \, d\phi$,$\text{m}^2$

对于各向同性源,S_r 与 θ 和 ϕ 无关,故

$$P = S_r \oiint ds = S_r \times 4\pi r^2 \quad \text{(W)} \tag{2}$$

而

$$S_r = \frac{P}{4\pi r^2} \quad (\text{W m}^{-2}) \tag{3}$$

式(3)指出了坡印廷矢量的幅度反比于来自点源辐射器的距离之平方。这恰好说明了众所周知的"单位面积的功率随距离而变化"的定律。

4.4　辐射强度

正如 2.5 节所述,辐射强度 U 就是单位立体角的功率(W sr^{-1}),它与半径无关。由式(4.3.3),有

$$r^2 S_r = P/4\pi = U \quad \text{(W/sr)} \tag{1}$$

于是,可将功率定理重述如下:

点源所辐射的总功率是其辐射强度在 4π 立体角(立体弧度)上的积分。

在 2.5 节中,功率波瓣图既可用坡印廷矢量(功率密度)又可用辐射强度表示。用 U 表示时同图 4.4(a),只需将字符 S 都换成 U。相对坡印廷矢量和相对辐射强度的波瓣图是相同的。

将式(1)用于各向同性源,则有

---

① 此定理是复功率流通过任何闭合表面的更普遍关系

$$P = \frac{1}{2} \oiint (\mathbf{E} \times \mathbf{H}^*) \, ds \tag{1}$$

的一个特例。其中 P 是总的复功率流,$\mathbf{E}$ 和 $\mathbf{H}^*$ 表示电磁和磁场的复矢量,$\mathbf{H}^*$ 是 $\mathbf{H}$ 的复共轭。平均坡印廷矢量为

$$S = \frac{1}{2} \text{Re}(\mathbf{E} \times \mathbf{H}^*) \tag{2}$$

如今远场的功率流是实数,因而,将式(1)的实部代入式(2),即得正文中的式(3)。

$$P = 4\pi U_0 \qquad (\text{W})$$

其中 U_0 为各向同性源的辐射强度,W sr^{-1}。

4.5 功率波瓣图举例

例4.5.1 具有单定向余弦功率波瓣图的源

设余弦功率波瓣图表示为

$$U = U_m \cos\theta \qquad (1)$$

上式仅在上半球($0 \leqslant \theta \leqslant \pi/2$ 和 $0 \leqslant \phi \leqslant 2\pi$)取值,而在下半球为零。其中 U_m 是最大辐射强度,发生在 $\theta = 0$ 方向。该三维波瓣图由图4.5 中的圆绕极轴回转而得。试求其定向性。

解:

引用式(4.3.1)对上半球积分,有

$$P = \int_0^{2\pi} \int_0^{\pi/2} U_m \cos\theta \sin\theta \, d\theta \, d\phi = \pi U_m \qquad (2)$$

如果单定向余弦源的辐射功率与一个各向同性源相同,则可使4.4节的式(2)和式(1)相等,有

$$\pi U_m = 4\pi U_0$$

或

$$\text{定向性} = \frac{U_m}{U_0} = 4 = D$$

因此,总辐射功率相同时,单定向余弦源(沿 $\theta = 0$ 方向)的最大辐射强度是各向同性源的4 倍。图4.6 比较了两种源的功率波瓣图。

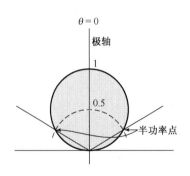

图4.5　单定向余弦功率波瓣图

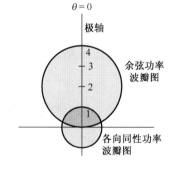

图4.6　余弦和各向同性源的功率波瓣图

例4.5.2 具有双定向余弦功率波瓣图的源

对具有余弦功率波瓣图而又全空间双向辐射的源,试求其定向性。

解:

两个半球代替一个半球,则最大辐射强度减少一半。于是,从式(3)得

$$D = 4/2 = 2$$

例 4.5.3 具有正弦(饼圈形)功率波瓣图的源

设正弦功率波瓣图(见图 4.6)为

$$U = U_m \sin \theta \tag{4}$$

三维波瓣图是将此平面图绕极轴回转而得,形似炸饼圈。试求 D。

解:

引用式(4.3.3),则总辐射功率

$$P = U_m \int_0^{2\pi} \int_0^{\pi} \sin^2 \theta \, d\theta \, d\phi = \pi^2 U_m \tag{5}$$

若该源的辐射功率与用于参照的各向同性源相同,可有

$$\pi^2 U_m = 4\pi U_0 \tag{6}$$

且

$$定向性 = \frac{U_m}{U_0} = \frac{4}{\pi} = 1.27 = D \tag{7}$$

例 4.5.4 具有正弦平方(饼圈形)功率波瓣图的源

设正弦平方功率波瓣图表示为图 4.7(a)所示的辐射强度波瓣图

$$U = U_m \sin^2 \theta \tag{8}$$

这正是按极轴($\theta = 0$)放置的短偶极子的功率波瓣图。引用式(4.3.3),则总辐射功率

$$P = U_m \int_0^{2\pi} \int_0^{\pi} \sin^3 \theta \, d\theta \, d\phi = \frac{8}{3} \pi U_m \tag{9}$$

若使各向同性源有相同的辐射功率,则

$$\frac{8}{3} \pi U_m = 4\pi U_0$$

且

$$定向性 = \frac{U_m}{U_0} = \frac{3}{2} = 1.5 = D \tag{10}$$

例 4.5.5 具有单定向余弦平方功率波瓣图的源

设单定向余弦平方功率波瓣图,即限于上半球的图 4.7(b)所示的辐射强度波瓣图

$$U = U_m \cos^2 \theta \tag{11}$$

其三维立体波瓣图可由该平面图绕极轴($\theta = 0$)回转而成。试求其定向性。

解:总辐射功率为

$$P = U_m \int_0^{2\pi} \int_0^{\pi/2} \cos^2 \theta \sin \theta \, d\theta \, d\phi = \frac{2}{3} \pi U_m \tag{12}$$

若使各向同性源有相同的辐射功率,则

$$\frac{2}{3} \pi U_m = 4\pi U_0$$

且

$$定向性 = \frac{U_m}{U_0} = 6 = D \tag{13}$$

因此,该源沿 $\theta = 0$ 的单位立体角辐射功率的最大值等于相同辐射功率的各向同性源的 6 倍。

表4.1 汇总了上述定向性。

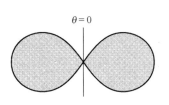

(a) 正弦平方功率波瓣图

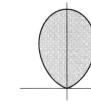

(b) 单定向余弦平方功率波瓣图

图4.7　正弦平方功率波瓣图和单
定向余弦平方功率波瓣图

表4.1　例4.5.1~例4.5.5的点源波瓣图的定向性	
波瓣图	定向性
单定向余弦	4
双定向余弦	2
正弦饼圈形	1.27
正弦平方饼圈形	1.5
单定向余弦平方	6

例4.5.6 将考察副瓣[①]对定向性或增益的影响:该天线在没有副瓣时增益达到91.4 dBi 或19.6 dBi,而有副瓣时降为18.0 dBi 或12.6 dBi。这是由于副瓣占很大的立体角,尤其是对大的 θ 值(接近90°), $\sin\theta$ 较大,且方位角 ϕ 需遍历360°积分;另一方面,主瓣是位于小的 θ 值的范围内的,使 $P_n(\theta)\sin\theta$ 的值变小,并在 $\theta=0$ 的方向上趋于零值。

例4.5.6　附有副瓣的笔状波束

如图4.8所示,绕极轴($\theta=0$)呈对称性的笔状波束波瓣图具有半功率波束宽度(HPBW)约为22°的主瓣和四个副瓣。试求其定向性。

解:

已知定向性的定义式

$$D = \frac{4\pi}{\int_0^{2\pi}\int_0^\pi P_n(\theta)\sin\theta\,d\theta\,d\phi} \tag{14}$$

其中分母等于总的波束范围 $2\Omega_A$。

由于波瓣图是轴对称的(不随 ϕ 而变),对 ϕ 的积分等于 2π,故上式可简化成

$$D = \frac{4\pi}{2\pi\int_0^\pi P_n(\theta)\sin\theta\,d\theta} \tag{15}$$

现试按波瓣图估值(没有解析表达式),以5°为步长划分成36步。其中第一段($m=1$)5° ($=\pi/36$ rad)的积分值为

$$\frac{\pi}{36}P_n(\theta_1)_{\text{av}}\sin\theta_1 = \frac{\pi}{36}\frac{1.0+0.93}{2}\sin 2.5° \tag{16}$$

则近似定向性为36段积分的叠加之和

---

① 天线的波瓣图中除最大辐射方向(主向)的主瓣(main lobe)外,都通称为副瓣(minor lobes)。其中,与主瓣相反方向的副瓣称为后瓣(back lobe)(或俗称为背瓣、尾瓣等);紧邻主瓣两旁的第一对副瓣称为旁瓣(side lobe)(或俗称为边瓣、侧瓣等)。在同时出现多个最大辐射方向的情况下,根据天线的应用背景择定其一作为真正的"主瓣",其余的则称为栅瓣。副瓣对天线品质的影响是消极的:在全局意义上导致定向性的跌落;定量地反映于杂散因子(stray factor)的增大;在其极大值的方向上引起抗干扰性的降低。旁瓣电平的定义是旁瓣的最大值与主瓣最大值之比的分贝数(为负值)。采用旁瓣电平(side-lobe-level)来衡量,这是因为很多应用场合最关心的是最接近主向的旁瓣大小。又由于大多数天线的副瓣中以旁瓣为最大,此含义与副瓣电平(未见对应的英文术语)的混用已被默认,以至于"旁瓣"与"副瓣"两词的混用也随之"普及",在本书原版中亦存在这个问题。译者将尽可能区分 side lobe 和 minor lobe 的差异,但读者可不必过于计较。

$$D \approx \frac{4\pi}{2\pi(\pi/36)\sum\limits_{m=1}^{m=36} P_n(\theta_m)_{\mathrm{av}} \sin\theta_m} \tag{17}$$

完成求和,得出

$$D = \frac{4\pi}{\Omega_A} \approx \frac{4\pi}{2\pi(\pi/36)(\underset{\substack{\text{主瓣}}}{0.25} + \underset{\substack{\text{第一}\\\text{副瓣}}}{0.37} + \underset{\substack{\text{第二}\\\text{副瓣}}}{0.46} + \underset{\substack{\text{第三}\\\text{副瓣}}}{0.12} + \underset{\substack{\text{第四}\\\text{副瓣}\\(\text{后瓣})}}{0.07})} = \frac{72}{1.27\pi} = 18.0 \tag{18}$$

或 $D \approx 12.6$ dBi。

值得注意的是,第二副瓣的贡献远大于总的波束范围,第一副瓣也几乎如此,而主瓣却小于第二副瓣和第一副瓣。定向性受副瓣的影响很大,这是实际天线的普遍状况。于是得出该天线波瓣图的波束效率为

$$\varepsilon_M = \frac{0.25}{1.27} = 0.20 \tag{19}$$

如能消除第二副瓣,则定向性将提高到 14.5 dBi(即增加了 1.9 dB);如能同时消除前两个副瓣,则定向性将提高到 17.1 dBi(即增加了 4.5 dB)。

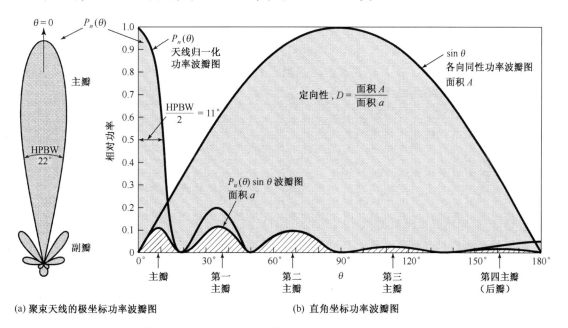

(a) 聚束天线的极坐标功率波瓣图　　　　　　　　　　(b) 直角坐标功率波瓣图

图 4.8　聚束天线的极坐标和直角坐标功率波瓣图。在图(b)中,大的阴影面积 A 表示各向同性源的波瓣;一连串打斜线的小面积 a 表示该天线的波瓣,定向性 $D = A/a$

在例 4.5.6 中得到的是近似定向性。如果将步长(本例取 5°)缩至足够小,总能使求和达到所需的精度。为此,应利用计算机来进行数值计算。

上例中的半功率波束宽度约为 22°,取 $k_p = 1$,而 ε_M 如式(19),则近似定向性为

$$D \approx \frac{41\,000\varepsilon_M}{k_p \times \mathrm{HPBW}^2} = \frac{41\,000 \times 0.2}{(22°)^2} = 16.9 \text{ 或 } 12.3 \text{ dBi} \tag{20}$$

这比 36 步求和的结果小了 0.3 dB。

各向同性源的波束范围等于 4π 立体弧度,对应于图 4.8(b)中 $\sin\theta$ 曲线下方的面积 A。例 4.5.6 所讨论的源,其波束范围则对应于 $P_n(\theta)\sin\theta$ 曲线下方的面积 a。因此简单地说,定向性就是各向同性源对应的面积与所讨论天线对应的面积之比 A/a,即

$$D = \frac{4\pi}{\Omega_A} = \frac{A}{a} \tag{21}$$

如果面积 A 和 a 分别割取自均匀厚度的薄片,则定向性就等于两者的重量之比。

4.6　场波瓣图

前面几节的讨论都限于功率波瓣图,由于发自点源的功率流只有径向分量,因此其标量形式便于用来进行分析。要较完整地描述一个点源的场,就需要考虑电场 **E** 矢量或磁场 **H** 矢量。在点源的远场区,**E** 和 **H** 的方向总处于波传播方向的横截面内,并总是相互垂直和同相,在幅度上则通过媒质的本征阻抗(自由空间的 $|\mathbf{E}|/|\mathbf{H}| = Z = 377\ \Omega$)相联系。因此,只考虑一种场矢量就够了,本书习惯地选择了电场 **E**。

由于坡印廷矢量处处沿着径向 S_r,而电场方向总是在其横截面内,所以只存在 E_θ 和 E_ϕ 分量。图 4.9 表示了这两个分量在球坐标中的关系。换言之,可将远场的特征化条件归纳为:

1. 径向坡印廷矢量 S_r
2. 横向电场 E_θ 和 E_ϕ

由于半径足够大的一小片球面波前可以当成平面,因此在远区任意点处,坡印廷矢量与电场的关系也和平面波的情况相同。

平均坡印廷矢量与电场的关系为

$$S_r = \frac{1}{2}\frac{E^2}{Z} \tag{1}$$

这里 Z_0 为媒质的本征阻抗,而

$$E = \sqrt{E_\theta^2 + E_\phi^2} \tag{2}$$

其中,E——总电场强度的幅度

　　E_θ——θ 分量的幅度

　　E_ϕ——ϕ 分量的幅度

该电场可以是椭圆极化、线极化或圆极化的。

如果场分量取均方根值而非幅度,则坡印廷矢量应是式(1)所给出的 2 倍。

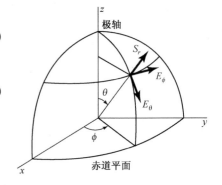

图 4.9　远场区的坡印廷矢量与两个电场分量之间的关系

在固定半径 r 的球面上,电场强度随角度 (θ, ϕ) 而变化所形成的函数图形称为场波瓣图。为了表述天线的远场信息,习惯上需给出两个电场分量 E_θ 和 E_ϕ 的场波瓣图。因为总电场 **E** 可根据式(2)由已知的各个分量得到,但已知总电场却不足以确定各分量。

当场强表示成每米的伏特数时,就是绝对场波瓣图[①];换言之,若场强以某参考方向的值作为相对单位,就成为相对场波瓣图。通常取最大场强的方向为参考。于是,E_θ 和 E_ϕ 的相对波瓣图应分别为

---

① 幅度依赖于半径,反比于距离($E \propto 1/r$)。

$$\frac{E_\theta}{E_{\theta m}} \tag{3}$$

和

$$\frac{E_\phi}{E_{\phi m}} \tag{4}$$

其中, $E_{\theta m}$ 是 E_θ 的最大值, $E_{\phi m}$ 是 E_ϕ 的最大值。

远场区电场分量 E_θ 和 E_ϕ 的幅度都反比于源至场点的距离,但可以是角坐标 θ 和 ϕ 的不同函数。一般地写成

$$E_\theta = \frac{1}{r} F_1(\theta, \phi) \tag{5}$$

$$E_\phi = \frac{1}{r} F_2(\theta, \phi) \tag{6}$$

由于 $S_{rm} = E_m^2/2Z$,而 E_m 是 E 的最大值,用 E_m 除以式(1)可得,相对总功率波瓣图等于相对总场波瓣图之平方,于是

$$P_n = \frac{S_r}{S_{rm}} = \frac{U}{U_m} = \left(\frac{E}{E_m}\right)^2 \tag{7}$$

例4.6.1 具有余弦场波瓣图的源

某天线的远场在赤道平面($\theta = 90°$)内只有 E_ϕ 分量,而 E_θ 分量为零。其 E_ϕ 分量的相对赤道平面波瓣图为

$$\frac{E_\phi}{E_{\phi m}} = \cos \phi \tag{8}$$

该波瓣图为图 4.10(a),其中半径矢量的长度正比于 E_ϕ 。这是沿 y 轴放置的短偶极子的波瓣图。试求 D 。

解:

在赤道平面内的相对(归一化)功率波瓣图等于相对场波瓣图的平方,即

$$P_n = \frac{S_r}{S_{rm}} = \frac{U}{U_m} = \left(\frac{E_\phi}{E_{\phi m}}\right)^2 \tag{9}$$

将式(8)代入式(9),得

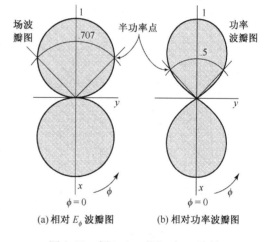

图 4.10 例 4.6.1 的相对 E_ϕ 波瓣图和相对功率波瓣图

$$P_n = \cos^2 \phi$$

如图 4.10(b)所示。若将短偶极子的取向由 y 轴改为 z 轴,同例4.5.4 的情况,故 $D = 1.5$ 。

例4.6.2 具有正弦场波瓣图的源

某天线的远场在赤道平面($\theta = 90°$)内只有 E_θ 分量,而 E_ϕ 分量为零。其 E_θ 分量的相对赤道平面波瓣图为

$$\frac{E_\theta}{E_{\theta m}} = \sin \phi \tag{10}$$

该波瓣图如图 4.11(a)所示,是由垂直于 x 轴放置的小环天线产生的波瓣图。试求 D 。

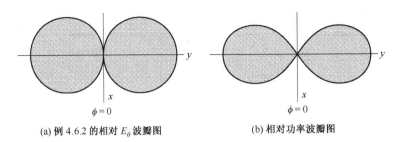

(a) 例 4.6.2 的相对 E_θ 波瓣图   (b) 相对功率波瓣图

图 4.11   例 4.6.2 的相对 E_θ 波瓣图和相对功率波瓣图

解：

在赤道平面内的相对(归一化)功率波瓣图为

$$P_n = \sin^2 \phi \tag{11}$$

如图 4.11(b) 所示。

例 4.6.3   短偶极子与环天线

某天线的远场在赤道平面($\theta = 90°$)内同时有 E_θ 和 E_ϕ 分量,假定该天线由例 4.6.1 和例 4.6.2 两种结构组成,且两者辐射相等的功率。如果短偶极子和小环各自在 xy 平面内的波瓣图与式(8)和式(10)一样,在确定半径的圆周上有 $E_{\theta m} = E_{\phi m}$,则总场 E 的相对波瓣图为

$$\frac{E}{E_m} = \sqrt{\sin^2 \phi + \cos^2 \phi} = 1 \tag{12}$$

这是在图 4.12(a) 中用虚线表示的圆。试求 D。

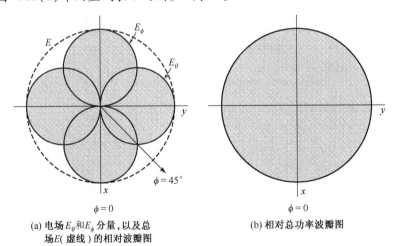

(a) 电场 E_θ 和 E_ϕ 分量,以及总   (b) 相对总功率波瓣图
　　场 E(虚线)的相对波瓣图

图 4.12   例 4.6.3 中天线的电场 E_θ 和 E_ϕ 分量以及总场
E(虚线)的相对波瓣图和相对总功率波瓣图

解：

图 4.12 给出的赤道平面内总功率的相对波瓣图是半径为 1 的圆。在图(a) 中沿 $\phi = 45°$ 方向的两个场分量的幅度 E_θ 和 E_ϕ 相等。根据 E_θ 和 E_ϕ 之间的时间相位,该方向的场可以是线、椭圆或圆极化的,但无论相位如何,其功率总是相同的。要判断究竟属何种极化,

还需要知道 E_θ 和 E_ϕ 之间的相位角,这留待下一节讨论。

由于总辐射功率为孤立短偶极子或小环情况的 2 倍,而最大场强在所有方向上不会超过 $2 \sin 45° = 1.414$ 倍,即最大坡印延矢量不超过 2 倍,故最大可能的 $D \leqslant 1.5$。

4.7 相位波瓣图

设有已知频率的简谐时变场源,已知下列四项可完全确定其所有方向的远场:

1. 电场极角分量 E_θ 的幅度作为 r, θ, ϕ 的函数;
2. 电场方位分量 E_ϕ 的幅度作为 r, θ, ϕ 的函数;
3. 分量 E_ϕ 滞后于 E_θ 的相位角 δ 作为 θ, ϕ 的函数;
4. 分量之一滞后于某参考值的相位角 η 作为 r, θ, ϕ 的函数。

由于只考虑点源在远区任意点的场,上述四个量可认为是点源场所需的完整知识。

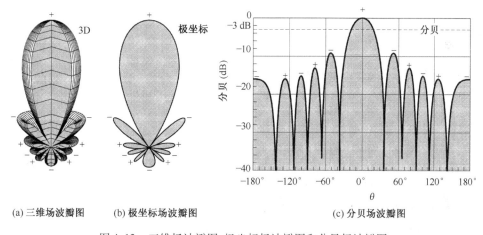

(a) 三维场波瓣图   (b) 极坐标场波瓣图   (c) 分贝场波瓣图

图 4.13   三维场波瓣图、极坐标场波瓣图和分贝场波瓣图

若已知自由空间的点源辐射至某特定半径处的场分量幅度,则根据场分量幅度与距离成反比的定律,可以推知远场区所有距离上的场分量幅度。因此,通常 E_θ 和 E_ϕ 仅作为 θ 和 ϕ 的函数,构成一组场波瓣图。

图 4.13 展示了三维场波瓣图(见图 2.3)的极坐标和分贝表示。注意:波瓣极性的正与负交替,使相邻的两个极性相反而幅度相近的波瓣对之间存在总场的零点。

例 4.7.1   相位正交的偶极子和环的场

设一短偶极子置于一小环内如图 4.14 所示,两者的场幅度相等,且按 90°(即正交)相位差馈电。问在纸平面内观察场的极化态随方位角的变化规律。

解:

场在南北向为水平极化,东西向为铅垂极化;在 45°(东北)方向和 225°(西南)方向为右旋圆极化,在 135°(西北)方向和 315°(东南)方向为左旋圆极化;在其他中间角度则为不同旋向和轴比的椭圆极化。

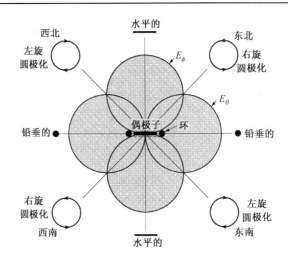

图 4.14　等幅度正交相位(90°)的短偶极子与小环的场

习题

4.3.1 * **太阳功率**。地球从太阳接收 2.2 g cal min^{-1} cm^{-2} 的功率密度。(a)对应的坡印廷矢量为多少(Wm^{-2})?(b)假定太阳为各向同性源,其输出功率有多少?(c)假定太阳的能量是单频率的,由太阳辐射到达地球的均方根场强是多少?

注:1 W = 14.3 g cal min^{-1},日地距离为 149 Gm。

4.5.1 **近似定向性**。(a)说明具有单定向功率波瓣图 $U = U_m \cos^n \theta$ 的源的定向性为 $D = 2(n+1)$。其中 U 仅取值于 $0° \leqslant \theta \leqslant 90°$ 范围,且与方位角 ϕ 无关。(b)比较由(a)算出的定向性精确值和由习题 2.7.2 得到的近似值,并指出它们的 dB 差值。

4.5.2 * **正确/近似定向性**。(a)计算下列三种单定向天线功率波瓣图的定向性精确值:

$$P(\theta, \phi) = P_m \sin \theta \sin^2 \phi$$

$$P(\theta, \phi) = P_m \sin \theta \sin^3 \phi$$

$$P(\theta, \phi) = P_m \sin^2 \theta \sin^3 \phi$$

其中,$P(\theta, \phi)$ 仅取值于 $0 \leqslant \theta \leqslant \pi$ 和 $0 \leqslant \phi \leqslant \pi$ 的范围。(b)比较根据(a)算出的定向性精确值和由习题 2.7.3 得到的近似值。

4.5.3 **定向性与旁瓣**。证明下述定理:若辐射波瓣图的主瓣波束宽度趋于零而副瓣保持恒定,则天线的定向性趋于一个常数。

4.5.4 **定向性积分**。(a)设单定向功率波瓣图 $U = \cos \theta$ 的源仅取值于 $0° \leqslant \theta \leqslant 90°$ 范围,且与方位角 ϕ 无关。用图形积分或数值方法计算其定向性。(b)对 $U = \cos^2 \theta$ 重复(a)的计算。(c)对 $U = \cos^3 \theta$ 重复(a)的计算。

4.5.5 **定向性**。设有相对场波瓣图为 $E = \cos 2\theta \cos \theta$ 的源,计算其定向性。

注:习题中涉及的计算机程序,见附录 C。

第5章(上) 点 源 阵

本章包含下列主题:

- 两个点源的阵
- 波瓣图乘法
- 波瓣图综合
- 非各向同性源
- n 个点源的直线阵
- 边射阵和端射阵
- 零方向和波束宽度

5.1 引言

在第2章中天线被处理成口径,在第4章中天线又被当成单个点源。本章中将点源的概念扩充为点源的阵列,并较多地讨论可代表不同种类天线的各向同性点源阵。本章内容的重要价值在于**任何天线的波瓣图都可认为是由点源阵产生的**。借助本章的知识和配套网站上的计算机程序,读者能够设计阵列以获得几乎任何期望的波瓣图。

5.2 两个各向同性点源的阵

本节由最简单的两个各向同性点源开始进入点源阵的主题,为此讨论五种"两各向同性点源阵"的情况。

情况 1 两个具有相同幅度且同相的各向同性点源

设两个点源 1 和 2 对称于坐标系原点相距为 d,角 ϕ 从 x 轴起逆时针度量,如图 5.1(a)所示。以坐标原点为参考相位,则远区某点处来自源 1 的场滞后 $(d_r/2)\cos\phi$,而来自源 2 的场则超前 $(d_r/2)\cos\phi$,其中 d_r 是两点源间用弧度表示的电距离 $d_r = 2\pi d/\lambda = \beta d$。于是,在 ϕ 方向的远区总场为

$$E = E_0 e^{-j\psi/2} + E_0 e^{+j\psi/2} \tag{1}$$

其中 $\psi = d_r \cos\phi$,E_0 是该场分量的幅度。

式(1)中的两项分别对应源 1 和 2 对应的场,将式(1)改写成

$$E = 2E_0 \frac{e^{+j\psi/2} + e^{-j\psi/2}}{2} \tag{2}$$

再利用三角恒等式,有

$$E = 2E_0 \cos\frac{\psi}{2} = 2E_0 \cos\left(\frac{d_r}{2}\cos\phi\right) \tag{3}$$

　　该结果也可借助向量①图解直接得到,如图 5.1(b)所示。总场的相位不随 ψ 改变。令 $2E_0 = 1$ 并对式(3)进行归一化,进一步假定 $d = \lambda/2$ 即 $d_r = \pi$,则有

$$E = \cos\left(\frac{\pi}{2}\cos\phi\right) \tag{4}$$

其场波瓣图 $E(\phi)$ 呈最大值沿 y 轴的双定向"8"字形,如图 5.1(c)所示,而立体波瓣图为将此平面图绕 x 轴回转而成的饼圈形。

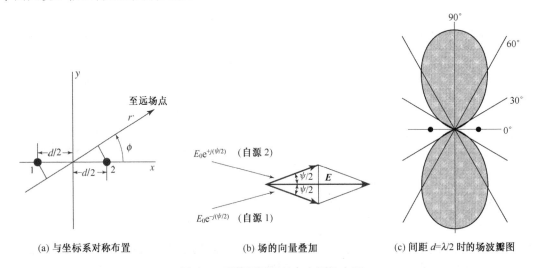

(a) 与坐标系对称布置　　　　　(b) 场的向量叠加　　　　　(c) 间距 $d=\lambda/2$ 时的场波瓣图

图 5.1　两等幅同相的各向同性点源

　　如果将源 1 置于坐标系原点而源 2 移至 $x = d$ 处,如图 5.2(a)所示,也可得出相同的波瓣图。对此,取远区某点处来自源 1 的场为参考相位,而来自源 2 的场超前 $d_r\cos\phi$,则总场

$$E = E_0 + E_0 \mathrm{e}^{+j\psi} \tag{5}$$

图 5.2(b)所示的向量图解指出了这些场量的关系,并显示了总场的幅度

$$E = 2E_0\cos\frac{\psi}{2} = 2E_0\cos\frac{d_r\cos\phi}{2} \tag{6}$$

与式(3)一致。然而,总场 E 的相位不再是常量而随 $\psi/2$(从而也随 ϕ)变化。将式(5)改写成

$$E = E_0(1 + \mathrm{e}^{j\psi}) = 2E_0\mathrm{e}^{j\psi/2}\left(\frac{\mathrm{e}^{j\psi/2} + \mathrm{e}^{-j\psi/2}}{2}\right) = 2E_0\mathrm{e}^{j\psi/2}\cos\frac{\psi}{2} \tag{7}$$

经归一化(令 $2E_0 = 1$),式(7)变为

$$E = \mathrm{e}^{j\psi/2}\cos\frac{\psi}{2} = \cos\frac{\psi}{2}\ \underline{/\psi/2} \tag{8}$$

式(8)中的余弦因子给出了 E 的幅度变化,而指数或辐角因子则给出了以点源 1 为参考时的相位变化。图 5.2(c)表示了在 $\lambda/2$ 间距情况下的相位变化,这里相对于点源 1 的相位的辐角 $\psi/2 = (\pi/2)\cos\phi$,其幅度变化如图 5.1(c)所示。如果以阵列中心为参考,如图 5.1(c)所示,围绕阵列没有相位变化,如图 5.2(c)中的实线所示。因此,在固定距离处观察,阵列随 ϕ 角绕其中点旋转时并无相位变化,但旋转中心改为源点 1 时则存在图 5.2(c)中实线所示的相位变化。

---

①　注意,这里所说的"向量"并非真实的空间矢量,而仅指时间相位(相量)的向量图示。

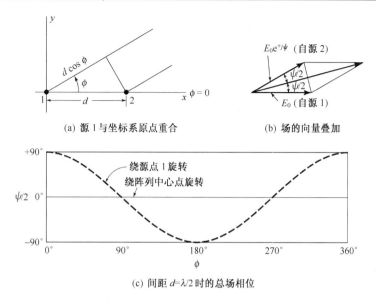

(a) 源 1 与坐标系原点重合　　　　　(b) 场的向量叠加

(c) 间距 $d=\lambda/2$ 时的总场相位

图 5.2　两等幅同相的各向同性点源

情况 2　两个具有相同幅度且反相的各向同性点源

除了两个点源的同相换成反相之外，情况 2 与情况 1 的条件相同。源点按图 5.1(a) 配置。在较大的距离 r 下 ϕ 方向的远区总场为

$$E = E_0 \mathrm{e}^{+j\psi/2} - E_0 \mathrm{e}^{-j\psi/2} \tag{9}$$

由此可得

$$E = 2jE_0 \sin\frac{\psi}{2} = 2jE_0 \sin\left(\frac{d_r}{2}\cos\phi\right) \tag{10}$$

与情况 1 的式(3)中含有 $\cos(\psi/2)$ 相对应，情况 2 的式(10)中含有虚数 j 和 $\sin(\psi/2)$。两种情况的总场之间存在 90°相位差，且波瓣图中的最大辐射和零辐射方向互换。前一点并不重要。可取 $2jE_0 = 1$ 进行归一化。在间距 $d = \lambda/2$ 的特殊情况下，式(10)变成

$$E = \sin\left(\frac{\pi}{2}\cos\phi\right) \tag{11}$$

最大辐射方向 ϕ_m 可由式(11)的宗量等于 $\pm(2k+1)\pi/2$ 得到，即

$$\frac{\pi}{2}\cos\phi_m = \pm(2k+1)\frac{\pi}{2} \tag{11a}$$

其中 $k = 0, 1, 2, 3, \cdots$。由于 $\cos\phi_m \leqslant 1$，所以只能 $k=0$，于是 $\cos\phi_m = \pm1$，即 $\phi_m = 0°$ 和 180°。

零辐射方向 ϕ_0 则得自下式：

$$\frac{\pi}{2}\cos\phi_0 = \pm k\pi \tag{11b}$$

对于 $k=0$，有 $\phi_0 = \pm90°$。

半功率辐射方向则来自

$$\frac{\pi}{2}\cos\phi = \pm(2k+1)\frac{\pi}{4} \tag{11c}$$

对于 $k=0$，有 $\phi = \pm60°, \pm120°$。

式(11)所给出的场波瓣图为呈最大值沿两点源连线(x 轴)的"8"字形(见图 5.3)，其立

体波瓣图则由此平面图绕 x 轴回转而成。这种情况下的两个点源可被描述为"端射"阵的简单型式。经对比可知,在两同相点源的波瓣图中,最大值方向垂直于两点源的连线,如图 5.1(c)所示,这种情况下的两个点源则被描述为"边射"阵的简单型式。

情况 3　两个具有相同幅度且相位正交的各向同性点源

设两个点源的布置如图 5.1(a)所示,取坐标原点为参考相位,源 1 滞后 45°而源 2 超前 45°。则在 ϕ 方向的远区总场为

$$E = E_0 \exp\left[+j\left(\frac{d_r\cos\phi}{2} + \frac{\pi}{4}\right)\right] + E_0 \exp\left[-j\left(\frac{d_r\cos\phi}{2} + \frac{\pi}{4}\right)\right] \qquad (12)$$

由式(12)可得

$$E = 2E_0 \cos\left(\frac{\pi}{4} + \frac{d_r}{2}\cos\phi\right) \qquad (13)$$

取归一化(令 $2E_0 = 1$)和间距 $d = \lambda/2$,则式(13)变成

$$E = \cos\left(\frac{\pi}{4} + \frac{\pi}{2}\cos\phi\right) \qquad (14)$$

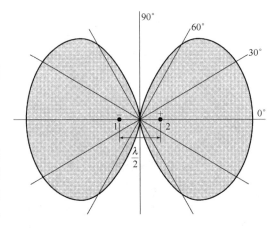

其场波瓣图如图 5.4 所示,立体波瓣图则由此平面图绕 x 轴回转而成。辐射大部分位于第二、三象限内。值得注意的是,沿 $\phi = 0°$ 和 $\phi = 180°$ 方向的场相同,场最大的方向 ϕ_m 可令式(14)的宗量等于 $k\pi$ 得到($k = 0, 1, 2, 3, \cdots$),即有

图 5.3　两等幅反相的各向同性点源在间距 $d = \lambda/2$ 时的相对场波瓣图

$$\frac{\pi}{4} + \frac{\pi}{2}\cos\phi_m = k\pi \qquad (15)$$

对于 $k = 0$,有

$$\frac{\pi}{2}\cos\phi_m = -\frac{\pi}{4} \qquad (16)$$

即

$$\phi_m = 120° \text{ 和 } 240° \qquad (17)$$

若将间距缩短至 $d = \lambda/4$,则式(13)变成

$$E = \cos\left(\frac{\pi}{4} + \frac{\pi}{4}\cos\phi\right) \qquad (18)$$

这种情况下的场波瓣图是最大辐射沿 $-x$ 方向的单定向心脏形,如图 5.5(a)所示,其立体波瓣图由此平面图绕 x 轴回转而成。

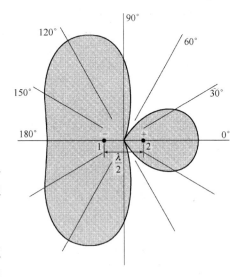

一种简单的向量图解方法,如图 5.5(b)所示,可用来确定上述情况的最大辐射方向。图中,设源 2 的相位为 0°(向量朝右),源 1 的相位为 270°(向量朝下),即源 2 比源 1 超前 90°。

求向左辐射的场时,由源 2(相位 0°)出发行进至源 1 处已历经 $\lambda/4$,若保留其 0°相对相位的特征,

图 5.4　两等幅而相位正交的各向同性点源的相对场波瓣图。间距 $d = \lambda/2$;源2比源1超前90°相位

则由源 1 所发出的场领先 λ/4 并超前 90°,使 270°的向量转为 0°。其结果是两个水平向量同向相加,如图 5.5(b)的中间行所示。

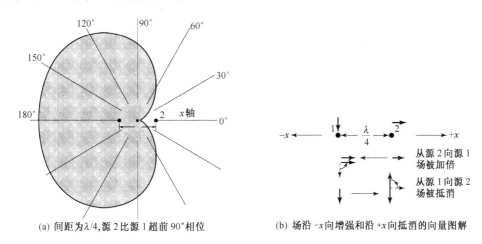

(a) 间距为 λ/4,源 2 比源 1 超前 90°相位   (b) 场沿 −x 向增强和沿 +x 向抵消的向量图解

图 5.5   两等幅且相位正交的各向同性点源的相对场波瓣图

求向右辐射的场时,由源 1(相位 270°)出发行进至源 2 处历经 λ/4,保留源 1 的场为 0°相对相位,同样地,源 2 的场也超前 90°而使 0°的向量转为 90°。其结果是两个垂直向量反向抵消,如图 5.5(b)的底行所示。

情况 4   两个具有相同幅度和任意相位差的各向同性点源的一般情况

设两个各向同性点源等幅而相位差为 δ,则它们在 φ 方向远区某点处场的相位差 ψ,如图 5.2(a)所示,为

$$\psi = d_r \cos\phi + \delta \qquad (19)$$

取源 1 作为参考相位,式(19)中的" + "号说明源 2 的相位超前 δ,若是" − "号则说明其相位滞后 δ。如果将参考点从源 1 移至阵列的中点,则来自源 1 的场相位为 −ψ/2,来自源 2 的场相位为 +ψ/2。因此总场为

$$E = E_0(\mathrm{e}^{j\psi/2} + \mathrm{e}^{-j\psi/2}) = 2E_0 \cos\frac{\psi}{2} \qquad (20)$$

经归一化,得出场波瓣图的一般表达式

$$E = \cos\frac{\psi}{2} \qquad (21)$$

其中 ψ 得自式(19)。前面已讨论过三种特殊情况,分别为 δ =0°,180°和 90°。

情况 5   两个不等幅且任意相位差的各向同性点源的更一般情况

更一般的情况是两个各向同性点源,其激励的幅度不等且相位差是任意的。设源 1 位于坐标系的原点,如图 5.6(a)所示,其远区场来自源 1 的幅度 E_0 较大,来自源 2 的幅度为 aE_0 (0 ≤ a ≤ 1)。参见图 5.6(b),总场的幅度和相位角可由下式得到:

$$E = E_0 \sqrt{(1 + a\cos\psi)^2 + a^2\sin^2\psi} \ \underline{/\arctan[a\sin\psi/(1 + a\cos\psi)]} \qquad (22)$$

其中,$\psi = d_r \cos\phi + \delta$,相位角(∠)是以源 1 为参考的。图 5.6(b)显示了相位角 ξ。

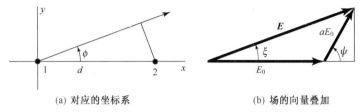

(a) 对应的坐标系   (b) 场的向量叠加

图 5.6 两不等幅且具有任意相位差的各向同性点源

5.3 非各向同性的相似点源和波瓣图乘法原理

上一节讨论的都是各向同性的点源,这可以很容易地延伸到更一般的非各向同性而相似点源的情况。"相似"一词是指无论绝对角度 ϕ 怎样变化,场的幅度和相位都相同[①]。各个点源的幅度可以不等。如果幅度也相等,则这些源不仅是相似的,同时也是等同的。

作为例子,重新考虑 5.2 节的情况 4,将两个等同的源 1 和源 2 都修改成具有场波瓣图

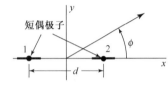

$$E_0 = E_0' \sin \phi \tag{1}$$

即图 5.7 所示平行于 x 轴放置的短偶极子所产生的波瓣图。将式(1)代入式(5.2.20),并经归一化(令 $2E_0' = 1$)后,得出阵列的场波瓣图

图 5.7 两个非各向同性源及坐标系

$$E = \sin \phi \cos \frac{\psi}{2} \tag{2}$$

其中 $\psi = d_r \cos \phi + \delta$。

此结果等同于个别源的波瓣图($\sin \phi$)与两各向同性点源的波瓣图($\cos \psi/2$)之乘积。

如果上例中两个都具有式(1)所示波瓣图的点源不等同但相似,则总场波瓣图为

$$E = \sin \phi \sqrt{(1 + a \cos \psi)^2 + a^2 \sin^2 \psi} \tag{3}$$

该结果再次证明了阵列场波瓣图等同于个别源波瓣图与各向同性点源阵波瓣图之乘积的结论。由上述例子所说明的**波瓣图乘法原理**可阐述如下:

非各向同性而相似的点源阵之场波瓣图是其个别源波瓣图与该阵列中具有相同的位置、相对幅度和相位的各向同性点源阵波瓣图之乘积。

此原理适用于含任意多个相似源的阵列。各别的非各向同性源或天线可具有一定的尺寸,但应该是一个具有明确相位参考点的点源。该参考点称为"相位中心"。

上述波瓣图乘法只关注场波瓣图或场的幅度。如果非各向同性的个别源和各向同性源阵的场随空间角度而改变相位,即其相位波瓣图并非常量,则波瓣图乘法原理的表述可扩充为:

非各向同性而相似的点源阵,其总的场波瓣图是个别源的场波瓣图与该阵列中具有相同的相对幅度和相位并置于各自相位中心的各向同性点源阵的场波瓣图之乘积,其总的相位波瓣图是个别源的相位波瓣图与各向同性点源阵的相位波瓣图之和。

总的相位波瓣图以阵列的相位中心为参考。总场 E 在符号意义上可写成

---

① "相似"的波瓣图不仅要形状相同,而且还必须指向一致。

$$E = \underbrace{f(\theta,\phi)F(\theta,\phi)}_{\text{场波瓣图}} \underline{\Big/} \underbrace{f_p(\theta,\phi) + F_p(\theta,\phi)}_{\text{相位波瓣图}} \tag{4}$$

其中,$f(\theta,\phi)$——个别源的场波瓣图

$\quad f_p(\theta,\phi)$——个别源的相位波瓣图

$\quad F(\theta,\phi)$——各向同性源阵的场波瓣图

$\quad F_p(\theta,\phi)$——各向同性源阵的相位波瓣图

式(4)将波瓣图表示成(θ,ϕ)的函数,表明了该波瓣图乘法原理也适用于三维立体波瓣图。由此,可将该原理应用于对5.2节中情况1做两种修改后的特例。

例 5.3.1

设两个等同的点源间距为d,每个源都具有式(1)所给出的场波瓣图,即如图5.7所示的共线短偶极子阵。令$d = \lambda/2$,同相馈电$\delta = 0$,则总的场波瓣图为

$$E = \sin\phi \cos\left(\frac{\pi}{2}\cos\phi\right) \tag{5}$$

此波瓣图为个别源波瓣图 $\sin\phi$[见图5.8(a)]与阵波瓣图 $\cos[(\pi/2)\cos\phi]$[见图5.8(b)]之积,如图5.8(c)所示,该波瓣图要比各向同性源(5.2节的情况1)的场波瓣图陡峭。本例中个别源在

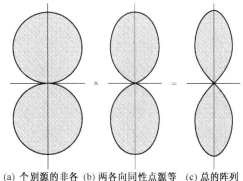

(a) 个别源的非各　(b) 两各向同性点源等　(c) 总的阵列
向同性波瓣图　　幅同相阵的波瓣图　　波瓣图

图 5.8　波瓣图乘法举例,对应于例 5.3.1

$\phi = 90°$方向的场最大,与各向同性源阵的场最大方向一致。

例 5.3.2

将例5.3.1的情况改成图5.9所示的平行(于y轴)短偶极子阵,其个别源的波瓣图[见图5.10(a)]为

$$E_0 = E_0' \cos\phi \tag{6}$$

经归一化后,与各向同性点源(等幅同相)阵的波瓣图 $\cos[(\pi/2)\cos\phi]$[见图5.10(b)]相乘,得总的阵列波瓣图[见图5.10(c)]

$$E = \cos\phi \cos\left(\frac{\pi}{2}\cos\phi\right) \tag{7}$$

它在xy平面内有四个瓣,而沿x轴和y轴都是零值。

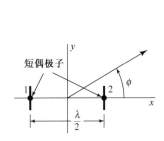

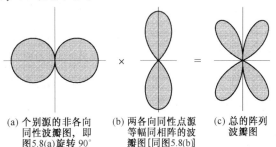

(a) 个别源的非各向　(b) 两各向同性点源　(c) 总的阵列
同性波瓣图,即　　等幅同相阵的波　　波瓣图
图5.8(a)旋转90°　瓣图[同图5.8(b)]

图 5.9　两个非各向同性源及坐标系　　图 5.10　波瓣图乘法举例,对应于例 5.3.2

以上两例说明了波瓣图乘法原理应用于个别源可得到简单波瓣图的阵列。然而一般来说,个别源可以是任何复杂的天线,只要能提供其场的幅度和相位作为方向角的函数,即提供其场波瓣图、相位波瓣图以及已知的相位中心。但若只需要总的场波瓣图,也就不必知道个别源的相位波瓣图。

如果上述例子中的小阵列属于大阵列的局部,则小阵可当成大阵中的非各向同性点源,再应用波瓣图乘法原理,即可导出大阵的完整波瓣图。按这样的做法,波瓣图乘法原理可被应用 n 次,借以求得阵列之阵列之阵列的波瓣图。

5.4　用图乘法综合波瓣图举例

上一节用来分析阵列的波瓣图乘法原理(以下简称"图乘法"),对波瓣图的综合也有很大的价值。波瓣图综合意指寻找能产生期望波瓣图之源或源阵的过程。理论上,总能找到近似地产生任何波瓣图的某种各向同性点源的阵列,但这一过程未必简单,而且求出的阵列或许难以甚至不可能构造。一个捷径是应用图乘法组合实际的阵列,在反复试探的过程中达到接近期望的波瓣图。

为了说明图乘法的这种应用,假设问题如下:某广播电台(工作在 500 ~ 1500 kHz)要求水平面波瓣图符合图 5.11(a)指出的条件,即在东北和西北之间的 90° 扇形内辐射最大的场强,具有尽可能小的变动,且不出现零辐射;在其余的 270° 范围内无辐射,尤其是沿正东(0°)和西南(225°)方向必须为零,以防止对其他电台的干扰。据此,理想化的波瓣图如图 5.11(b)所示。采用四个铅垂铁塔组成的天线阵来产生这种波瓣图,所有塔上的电流都是等幅的,而相位关系允许随意调节,且对这些塔的几何布置和间距不加限制。

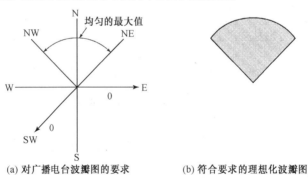

(a) 对广播电台波瓣图的要求　　　　(b) 符合要求的理想化波瓣图

图 5.11　图乘法的应用

由于只对水平面波瓣图感兴趣,因此每个天线塔都可当成各向同性的点源。于是问题变成在水平面内寻找四个各向同性点源之间的一种空间和相位关系,以满足上述要求。

用图乘法解此问题的思路是分两组双塔、经两步合成得到期望的波瓣图。首先寻找一对各向同性点源的阵,使其波瓣图符合宽波瓣和正北最大、西南为零的要求,称为"初级"波瓣图。

两个各向同性源经适当配置相位而构成的端射阵,能产生主瓣显著宽于边射阵的波瓣图,比较图 5.1(c)和图 5.5。由于要求北向宽波瓣,因此应取南北排列两各向同性源的端射阵(见图 5.12)。根据图 16.11(见 Brown-1,Terman-1 & Smith-1)可知,源的间距 d 宜在 $\lambda/4$ 至 $3\lambda/8$ 的范围内。选取 $d = 0.3\lambda$,则该初级阵的场波瓣图为

$$E = \cos\frac{\psi}{2} \qquad (1)$$

其中

$$\psi = 0.6\pi\cos\phi + \delta \qquad (2)$$

为了使式(1)的波瓣图在西南向($\phi = 135°$)为零,必须使①

$$\psi = (2k+1)\pi \qquad (3)$$

其中 $k = 0,1,2,3,\cdots$。

由式(2)和式(3)可得

$$-0.6\pi\frac{1}{\sqrt{2}} + \delta = (2k+1)\pi \qquad (4)$$

或

$$\delta = (2k+1)\pi + 0.425\pi \qquad (5)$$

对于 $k = 0$,有 $\delta = -104°$。这种情况的波瓣图示于图 5.13(a)。

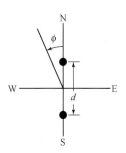

图 5.12 兼用于初级阵和二级阵的
两个各向同性点源布置

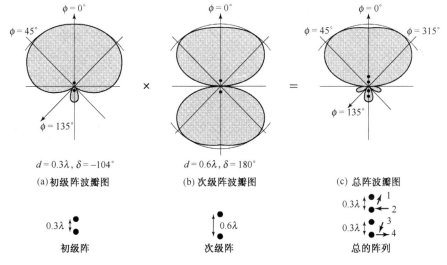

图 5.13 两个各向同性源的初级阵与次级阵的场波瓣图。二者相乘得到四个各向同性源的总阵波瓣图

其次是寻找一对各向同性点源的阵,使其符合北向宽瓣、正东为零的要求,称为"次级"波瓣图。将此图与初级波瓣图相乘,就得到总阵的波瓣图。如果次级各向同性源也按图 5.12 布置并具有 180°的相位差,就可使 $\phi = 270°$ 方向的波瓣图为零如图 5.13(b)所示,则取间距 $d = 0.6\lambda$,则由式(1)给出的次级波瓣图要求

$$\psi = 1.2\pi\cos\phi + \pi \qquad (6)$$

最后由图乘法写出总阵的波瓣图,如图 5.13(c)所示:

$$E = \cos(54°\cos\phi - 52°)\cos(108°\cos\phi + 90°) \qquad (7)$$

这种波瓣图满足了预期的要求。由此可见,完整的四源阵列可用一个两源次级阵代替,而该次级阵的各向同性点源应换成产生初级波瓣图的两源阵,并使初级阵的中点即相位中心落在原

---

① 方位角 ϕ(见图 5.12)从正北起按逆时针方向度量,这符合按逆时针测量正角度的工程实际。但应注意,地理方位角的测量是相反方向的(按顺时针方向),且其参考方向有时取南,有时取北。

次级阵的点源位置。因此,完整的天线是四个各向同性点源的直线阵(如图 5.13 的下半部所示),其中每个各向同性点源代表了单座铅垂铁塔。所有的塔载有相等的电流,它们的相位关系为:塔 2 比塔 1、塔 4 比塔 3 超前 104°,塔 1 与塔 3、塔 2 与塔 4 反相。这些电流的相对相位已标注于图 5.13(c)。

以上求得的仅为四塔方案的无数种可能解之一,也是该问题的一种满意而实际的解。

进一步考察其相位波瓣图,围绕初级阵、次级阵和总阵以各自中点和最南点为相位中心的相位变化 ξ 与方位角 ϕ 的关系分别示于图 5.14(a)至图 5.14(c)。这些阵列的布置及其相位中心如图 5.14(d)所示。

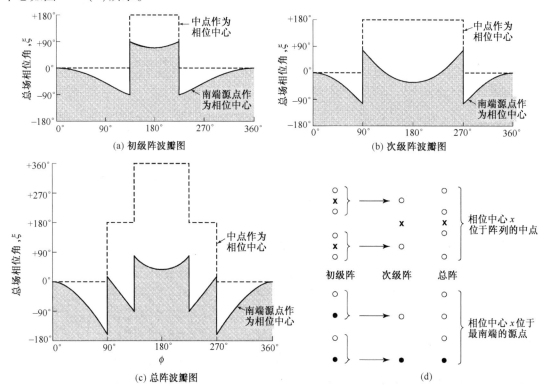

图 5.14　初级阵、次级阵和总阵的相位中心设置及其相位波瓣图。以阵列的中点或南端作为相位中心。其场波瓣图见图5.13,统一取正北为参考零相位

5.5　非各向同性的非相似点源

图乘法可用来讨论 5.3 节中的非各向同性而相似点源的阵列,但不适用于非各向同性又非相似点源的情况。此时,总场的波瓣图只能逐个角度(ϕ)地叠加计算。设两个非相似点源 1 和源 2 沿 x 轴排列,源 1 位于原点而源 2 相距为 d(同图 5.6),则总场的一般表达式为

$$E = E_1 + E_2 = E_0 \sqrt{[f(\phi) + aF(\phi)\cos\psi]^2 + [aF(\phi)\sin\psi]^2}$$
$$\underline{/f_p(\phi) + \arctan[aF(\phi)\sin\psi/(f(\phi) + aF(\phi)\cos\psi)]} \tag{1}$$

其中,来自源 1 的场为

$$E_1 = E_0 f(\phi) \underline{/f_p(\phi)} \tag{2}$$

而来自源 2 的场为

$$E_2 = aE_0F(\phi) \; \underline{/F_p(\phi) + d_r\cos\phi + \delta} \tag{3}$$

其中，E_0 为常数，a 为源 2 与源 1 的最大幅度之比（$0 \leqslant a \leqslant 1$）

$$\psi = d_r\cos\phi + \delta - f_p(\phi) + F_p(\phi)$$

其中，δ——源 2 对源 1 的相对相位

$f(\phi)$——源 1 的相对场波瓣图

$f_p(\phi)$——源 1 的相位波瓣图

$F(\phi)$——源 2 的相对场波瓣图

$F_p(\phi)$——源 2 的相位波瓣图

式（1）中的相位角（$\angle$）是取某参考方向（$\phi = \phi_0$）来自源 1 的相位为零值的。

对于两点源之场波瓣图相同而相位波瓣不同的特殊情况，有 $a = 1$ 和

$$f(\phi) = F(\phi) \tag{4}$$

故总场简化为

$$E = 2E_0f(\phi)\cos\frac{\psi}{2} \; \underline{/f_p(\phi) + \psi/2} \tag{5}$$

其中的相位角仍是取参考方向 ϕ_0 来自源 1 的相位为零值的。

为了说明非各向同性又非相似点源的实例，设两个点源的布置以及各自的波瓣图如图 5.15 所示，它们产生的场分别为

$$E_1 = \cos\phi \; \underline{/0} \tag{6}$$

$$E_2 = \sin\phi \; \underline{/\psi} \tag{7}$$

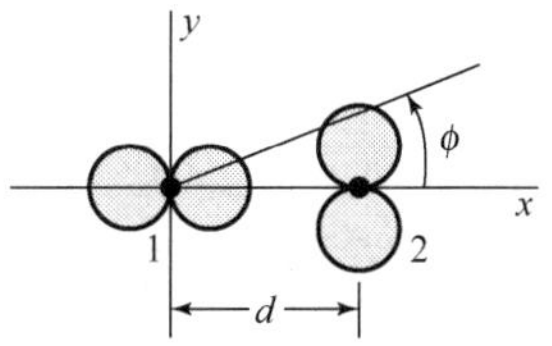

其中，$\psi = d_r\cos\phi + \delta$。

于是，总场 E 为 E_1 和 E_2 的向量和，即

$$E = \cos\phi + \sin\phi \; \underline{/\psi} \tag{8}$$

现考虑间距 $d = \lambda/4$ 且正交相位 $\delta = \pi/2$ 的情况，此时有

$$\psi = \frac{\pi}{2}(\cos\phi + 1) \tag{9}$$

借助向量图加法，不难合成出在 xy 平面上总场的场波瓣图（见图 5.16）和角度 ξ 的相位波瓣图 $\xi(\phi)$（见图 5.17）。

图 5.15 两个非各向同性且非相似的点源及其坐标系

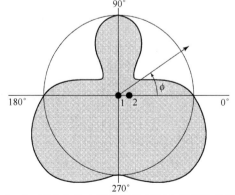

图 5.16 两个非各向同性且非相似点源组阵的场波瓣图。参图5.15的布置，$d = \lambda/4$，$\delta = 90°$

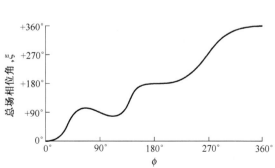

图 5.17 与场波瓣图（见图 5.16）对应的阵列相位波瓣图。相位角以源1的相位中心为参考

5.6 n个各向同性点源的等幅等间距直线阵

引言

沿直线等间距排列的 n 个等幅的各向同性点源如图 5.18 所示,其中 n 是任意正整数。在 ϕ 方向的远区某点的总场 E 为

$$E = 1 + e^{j\psi} + e^{j2\psi} + e^{j3\psi} + \cdots + e^{j(n-1)\psi} \tag{1}$$

其中ψ是来自相邻点源的场之间的总相位差,可分解为

$$\psi = \frac{2\pi d}{\lambda}\cos\phi + \delta = d_r\cos\phi + \delta \tag{2}$$

其中 δ 是相邻源之间(即源 2 对源 1、源 3 对源 2 等)的相位差(Schelkunoff-1,Stratton-1)。

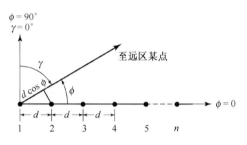

图 5.18 n 个各向同性点源直线阵的布置

假设来自源点的场的幅度都相等并取为 1,相位以源点 1(见图 5.18)为参考。因此,在 ϕ 方向的远区某点,来自源 2 的场比来自源 1 的场超前相位 ψ,来自源 3 的场比来自源 1 的场超前相位 2ψ,等等。

式(1)为一几何级数,其中每一项表示一个相量,而总场 E 及其相位角 ξ 可由图 5.19 所示的相量(向量)叠加得到。在进行解析处理时,E 可以用简单的三角多项式表达。

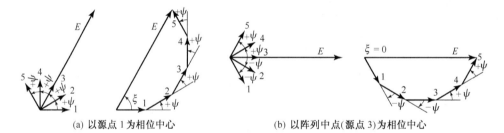

(a) 以源点 1 为相位中心   (b) 以阵列中点(源点 3)为相位中心

图 5.19 五个各向同性点源的等幅直线阵辐射场的向量加法

用$e^{j\psi}$乘以式(1),可得

$$Ee^{j\psi} = e^{j\psi} + e^{j2\psi} + e^{j3\psi} + \cdots + e^{jn\psi} \tag{3}$$

代回式(1),然后除以 $1 - e^{j\psi}$,得

$$E = \frac{1 - e^{jn\psi}}{1 - e^{j\psi}} \tag{4}$$

或改写成

$$E = \frac{e^{jn\psi/2}}{e^{j\psi/2}}\left(\frac{e^{jn\psi/2} - e^{-jn\psi/2}}{e^{j\psi/2} - e^{-j\psi/2}}\right) \tag{5}$$

从而得到

$$E = e^{j\xi}\frac{\sin(n\psi/2)}{\sin(\psi/2)} = \frac{\sin(n\psi/2)}{\sin(\psi/2)} \underline{/\xi} \tag{6}$$

其中 ξ 是以来自源点 1 的场为参考的相位角，有

$$\xi = \frac{n-1}{2}\psi \tag{7}$$

若改为以阵列的中点为参考，则式（6）变成

$$E = \frac{\sin(n\psi/2)}{\sin(\psi/2)} \tag{8}$$

在这种情况下，相位波瓣图是一阶梯函数，即式（8）的符号函数。无论 E 为何值，其相位总是常量，只有当 E 通过零值时变换符号。

当 $\psi = 0$ 时，式（6）或式（8）变得不确定，采用极限的方法可求出

$$E = n \tag{8a}$$

这是 E 所能达到的最大值，于是总场的归一化值可写成

$$E = \frac{1}{n}\frac{\sin(n\psi/2)}{\sin(\psi/2)} \tag{9}$$

此式称为"阵因子"，各种源数情况下的阵因子值已表示成图 5.20 的曲线簇。若已知 ψ 与 ϕ 的函数关系，则从图 5.20 可直接得出场波瓣图。

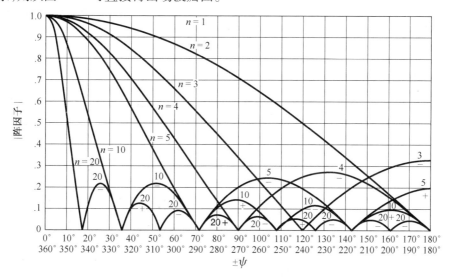

图 5.20 n 个等幅等间距的各向同性点源阵的普适场波瓣图曲线簇

以上的讨论可以总结为：来自阵列的场的最大值出现在使 $\psi = 0$ 的任何方向 ϕ 上。换言之，当 $\psi = 0$ 时，从所有源到达远区某点的场都同相。在特殊情况下，所有方向 ϕ 上的 ψ 都不为零，此时场的最大值通常对应着 ψ 的最小值。

下文针对几种特殊情况，应用式（9）说明直线阵的性质。可同时参阅本书网页所介绍这些不同情况的程序，并见附录 C 中的讨论。

情况 1 边射阵（同相源）

设有 n 个各向同性源的等幅同相直线阵，其中 $\delta = 0$，故

$$\psi = d_r\cos\phi \tag{10}$$

要使 $\psi = 0$，要求 $\phi = (2k+1)(\pi/2)$，其中 $k = 0,1,2,3,\cdots$，即场的最大值方向为

$$\phi = \frac{\pi}{2} \quad 和 \quad \frac{3\pi}{2} \tag{10a}$$

恰垂直于阵列。因而,同相源($\delta = 0$)的条件成了"边射"阵的特征。

举例来说,四个等幅同相的各向同性源构成间距为 $\lambda/2$ 的边射阵[1],如图5.21(a)所示。该边射阵在直角坐标系中的场波瓣图和相位波瓣图示于图5.21(b)。

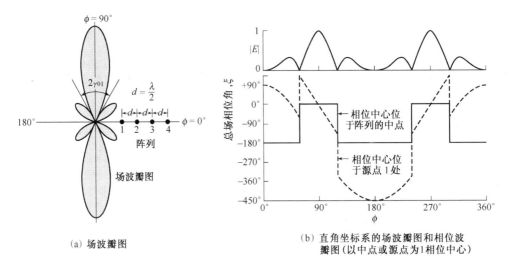

| (a)场波瓣图 | (b)直角坐标系的场波瓣图和相位波瓣图(以中点或源点为1相位中心) |

图5.21   四个等幅同相各向同性点源的边射阵(间距 $\lambda/2$)

情况2   常规端射阵

试找出能使场最大值沿阵列方向($\phi = 0$)的相邻源间距离。这类阵列称为"端射"阵。将 $\psi = 0$ 和 $\phi = 0$ 同时代入式(2),即得

$$\delta = -d_r \tag{11}$$

因此,端射阵的源间相位的递减数与源间距(弧度)的递增数恰好相等。若源间距为 $\lambda/2$,则图5.18中的源2应比源1、源3应比源2滞后90°的相位,依次类推。

举例来说,四个各向同性点源端射阵的场波瓣图如图5.22(a)所示,源间距离为 $\lambda/2$ 且 $\delta = -\pi$。其直角坐标系的场波瓣图和相位波瓣图示于图5.22(b)。如果条件变成 $\delta = +\pi$ 且 $d = \lambda/2$,则仍得到相同形状的双定向性场波瓣图。若间距小于 $\lambda/2$,则当 $\delta = -d_r$ 时,最大辐射方向为 $\phi = 0°$;当 $\delta = +d_r$ 时,最大辐射方向为 $\phi = 180°$。

情况3   增强定向性端射阵

上面的讨论仅指出了在 $\delta = -d_r$ 条件下,沿 $\phi = 0°$ 有最大的场,但并未给出最大定向性。Hansen(1) & Woodyard 曾指出,将源间的相位递变量增大为

$$\delta = -\left(d_r + \frac{\pi}{n}\right) \tag{12}$$

可以获得较大的定向性。因而称式(12)为"增强定向性"条件。此时相邻源的远区场相位差为

$$\psi = d_r(\cos\phi - 1) - \frac{\pi}{n} \tag{13}$$

举例来说,四个各向同性点源增强定向性端射阵的场波瓣图示于图5.23,源间距离为 $\lambda/2$ 且

———————————

[1]   若单元的间距超过 λ,则将出现与主(中心)瓣幅度相等的旁瓣,称为栅瓣(见15.6节)。

$\delta = -(5\pi/4)$。这与具有图5.22所示的场波瓣图的阵列相比,只在源间相位差上多了$\pi/4$。比较图5.22(a)和图5.23可知,附加的相位差使沿$\phi=0°$方向的主瓣显著地锐化,但由于大间距引起的过大ψ值而导致后瓣变大。

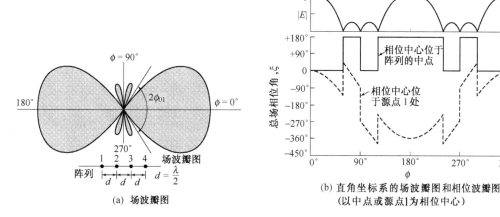

(a) 场波瓣图

(b) 直角坐标系的场波瓣图和相位波瓣图
(以中点或源点1为相位中心)

图 5.22 四个等幅各向同性点源的常规端射阵(间距$\lambda/2$,相位差$\delta = -\pi$)

为了借附加相位差来实现定向性的增强,应限制$|\psi|$在$\phi=0°$方向不超过π/n,而在$\phi=180°$方向约为π。减小间距就能满足这个要求。例如,十个等幅各向同性点源构成间距为$\lambda/4$的端射阵,图5.24(a)是按增强定向性相位条件($\delta = -0.6\pi$)配相的场波瓣图;图5.24(b)则是常规端射阵($\delta = -0.5\pi$)的场波瓣图。将两者进行比较,最大值方向相同,前者波束宽度较窄、副瓣较大,经波瓣图积分得出的定向性值从常规型的11提高为增强定向性型的19。表5.1列出了比较数据。

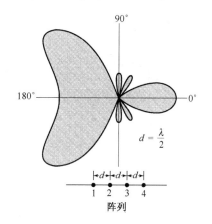

图 5.23 四个等幅各向同性点源的端射阵场波瓣图
(间距$\lambda/2$、增强定向性的相位差$\delta = -5\pi/4$)

表 5.1 端射阵的比较

	常规端射阵	增强定向性端射阵
半功率波束宽度	69°	38°
第一零点波束宽度	106°	74°
定向性	11	19

图5.24(a)的场波瓣图最大方向发生在$\phi=0°$即$\psi = -\pi/n$处。一般地,任何增强定向性端射阵沿$\psi = -\pi/n$的方向为最大辐射,其归一化场波瓣图可写成

$$E = \sin\left(\frac{\pi}{2n}\right)\frac{\sin(n\psi/2)}{\sin(\psi/2)} \tag{14}$$

情况4 任意最大辐射方向的阵列,扫瞄阵
考虑场波瓣图具有任意最大辐射方向$\phi_1 \neq k\pi/2$($k=0,1,2,3$),则式(2)变成

$$0 = d_r\cos\phi_1 + \delta \tag{15}$$

对于特定的间距 d_r，由所需的最大方向 ϕ_1，可按式(15)来确定相位差 δ；反之，改变相位差 δ 也能偏移或扫瞄波束的指向 ϕ_1。

举例来说，假定 $n=4$，$d=\lambda/2$，希望最大方向在 $\phi=60°$。则有 $\delta=-\pi/2$，其场波瓣图示于图 5.25。

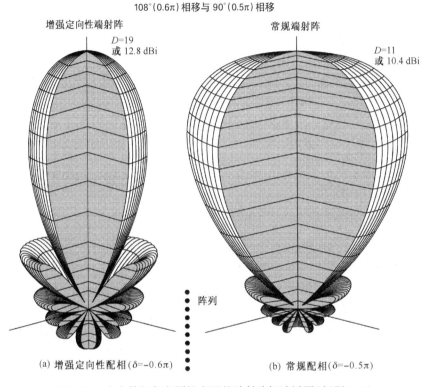

图 5.24　十个等幅各向同性点源的端射阵场波瓣图(间距 $\lambda/4$)

5.7　n 个各向同性点源的等幅等间距阵的零方向

本节讨论的是确定 5.6 节中阵列波瓣图零方向的简便方法。按照 Schelkunoff(2,3)给出的步骤，对于等间距排列的 n 个等幅各向同性点源，零方向是使 $E=0$ 而式(5.6.4)的分母不为零值的方向。由

$$\mathrm{e}^{jn\psi}=1 \qquad (1)$$

可解得

$$n\psi=\pm2K\pi \qquad (2)$$

其中 $K=1,2,3,\cdots$。

将式(5.6.2)中的 ψ 代入式(2)，得到

$$\psi=d_r\cos\phi_0+\delta=\pm\frac{2K\pi}{n} \qquad (3)$$

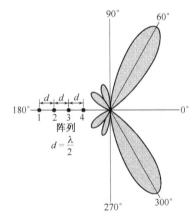

图 5.25　四个等幅各向同性点源阵的场波瓣图
(间距 $\lambda/2$，配相后最大方向 $\phi=60°$)

于是

$$\phi_0 = \arccos \left[\left(\pm \frac{2K\pi}{n} - \delta \right) \frac{1}{d_r} \right] \tag{4}$$

其中 ϕ_0 给出了波瓣图的零方向。注意，K 的取值必须排除 $K = mn, m = 1,2,3,\cdots$，即式(2)排除了会使式(5.6.4)的分母等于零的 $\psi = \pm 2m\pi$。

对于边射阵 $\delta = 0$，式(4)变成

$$\phi_0 = \arccos \left(\pm \frac{2K\pi}{nd_r} \right) = \arccos \left(\pm \frac{K\lambda}{nd} \right) \tag{5}$$

例如，图 5.21 的场波瓣图（$n = 4, d = \lambda/2, \delta = 0$）具有零方向

$$\phi_0 = \arccos \left(\pm \frac{K}{2} \right) \tag{6}$$

当 $K = 1$ 时 $\phi_0 = \pm 60°$ 和 $\pm 120°$，而当 $K = 2$ 时 $\phi_0 = 0°$ 和 $180°$。该阵列有 6 个零方向。若将式(3)中的 ϕ_0 用余角 γ_0（见图 5.18）代替，则式(5)变成

$$\gamma_0 = \arcsin \left(\pm \frac{K\lambda}{nd} \right) \tag{7}$$

如果阵列很长，符合 $nd \gg K\lambda$，则

$$\gamma_0 \approx \pm \frac{K\lambda}{nd} \tag{8}$$

最大辐射方向两侧的第一对零值发生在 $K = 1$ 时，其方向角 γ_{01} 为

$$\gamma_{01} \approx \pm \frac{\lambda}{nd} \tag{9}$$

于是，边射型长阵的主瓣之第一零点波束宽度

$$2\gamma_{01} \approx \frac{2\lambda}{nd} \tag{10}$$

对于图 5.21 中长度为 2λ 的场波瓣图，该波束宽度的准确值等于 $60°$，而式(10)给出的是 1 弧度（$57.3°$）。对于更长的阵列将会符合得更好。

对于端射阵，常规型端射阵的零方向条件为 $\delta = -d_r$，于是式(3)变成

$$\cos \phi_0 - 1 = \pm \frac{2K\pi}{nd_r} \tag{11}$$

由此可得

$$\frac{\phi_0}{2} = \arcsin \left(\pm \sqrt{\frac{K\pi}{nd_r}} \right) \tag{12}$$

或

$$\phi_0 = 2\arcsin \left(\pm \sqrt{\frac{K\lambda}{2nd}} \right) \tag{13}$$

例如，图 5.22 的场波瓣图（$n = 4, d = \lambda/2, \delta = -\pi$）具有零方向

$$\phi_0 = 2\arcsin \left(\pm \sqrt{\frac{K}{4}} \right) \tag{14}$$

当 $K = 1$ 时 $\phi_0 = \pm 60°$；当 $K = 2$ 时，$\phi_0 = \pm 90°$，依次类推。

如果阵列很长,符合 $nd \gg K\lambda$,则式(13)变成

$$\phi_0 \approx \pm\sqrt{\frac{2K\lambda}{nd}} \tag{15}$$

最大辐射方向两侧的第一对零值发生在 $K=1$ 时,其方向角 ϕ_{01} 为

$$\phi_{01} \approx \pm\sqrt{\frac{2\lambda}{nd}} \tag{16}$$

于是,常规边射型长阵的主瓣之第一零点波束宽度

$$2\phi_{01} \approx 2\sqrt{\frac{2\lambda}{nd}} \tag{17}$$

对于图 5.22 中的场波瓣图,该波束宽度的准确值等于 $120°$,而式(17)给出的是 2 弧度($115°$)。

对于 Hansen(1) & Woodyard 所提出的增强定向性端射阵,$\delta = -(d_r + \pi/n)$,于是式(3)变成

$$d_r(\cos\phi_0 - 1) - \frac{\pi}{n} = \pm 2\frac{K\pi}{n} \tag{18}$$

由此可得

$$\frac{\phi_0}{2} = \arcsin\left[\pm\sqrt{\frac{\pi}{2nd_r}(2K-1)}\right] \tag{19}$$

或

$$\phi_0 = 2\arcsin\left[\pm\sqrt{\frac{\lambda}{4nd}(2K-1)}\right] \tag{20}$$

如果阵列很长,符合 $nd \gg K\lambda$,则式(20)变成

$$\phi_0 \approx \pm\sqrt{\frac{\lambda}{nd}(2K-1)} \tag{21}$$

最大辐射方向两侧的第一对零值发生在 $K=1$ 时,其方向角 ϕ_{01} 为

$$\phi_{01} \approx \pm\sqrt{\frac{\lambda}{nd}} \tag{22}$$

于是,增强定向性边射型长阵的主瓣之第一零点波束宽度

$$2\phi_{01} \approx 2\sqrt{\frac{\lambda}{nd}} \tag{23}$$

该宽度是常规端射阵宽度的 $(1/2)^{1/2}$ 倍或 71%。例如,图 5.24(b)所示的常规端射阵波瓣图的第一零点波束宽度为 $106°$;而图 5.24(a)的增强定向性端射阵的宽度是 $74°$,即前者的 70%。

表 5.2 列出了上述不同阵列的零方向和波束宽度。第二列的零方向适用于任何长度的阵列;第三、四列的公式则只用于长阵的近似式。表中的公式已被用来计算图 5.26 所示的曲线。这些曲线分为三类阵列:边射阵、常规端射阵、增强定向性端射阵,表明了第一零点波束宽度与 nd_λ 的函数关系。量 nd_λ($= nd/\lambda$)近似等于长阵的长度与波长之比值。阵长的准确值是 $(n-1)d_\lambda$。

长边射阵的波束宽度反比于阵列长度,然而长端射阵的波束宽度反比于阵列长度的平方根。因此,长边射阵的波束宽度小于同样长度端射阵的波束宽度,如图 5.26 所示。还应当注意,虽然边射阵的碟状波瓣图在包含阵轴的平面内具有窄的波束,但在阵轴的垂直平面内是(360°波瓣的)圆形波瓣图,因此有着一圈无数个最大辐射方向;另一方面,端射阵具有在包含阵轴的所有平面内都取同一最大辐射方向的雪茄状波瓣图。

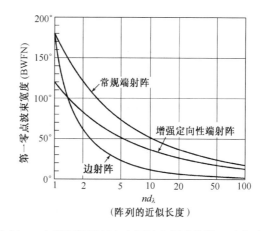

图 5.26　n 个等间距等幅各向同性点源阵的第一零点波束宽度作为 nd_λ 的函数(对于长阵,nd_λ 近似等于阵列长度)

表 5.2　n 个等间距等幅各向同性点源直线阵的第一零点波束宽度

($n \geqslant 2$;第三、四列的角度单位为弧度,转成度数时乘以 57.3)

阵的类型	零方向(任意长度阵)	零方向(长阵)	第一零点波束宽度(长阵)
一般情况	$\phi_0 = \arccos\left[\left(\dfrac{\pm 2K\pi}{n} - \delta\right)\dfrac{1}{d_r}\right]$		
边射	$\gamma_0 = \arcsin\left(\pm\dfrac{K\lambda}{nd}\right)$	$\gamma_0 \approx \pm\dfrac{K\lambda}{nd}$	$2\gamma_{01} \approx \dfrac{2\lambda}{nd}$
常规端射	$\phi_0 = 2\arcsin\left(\pm\sqrt{\dfrac{K\lambda}{2nd}}\right)$	$\phi_0 \approx \pm\sqrt{\dfrac{2K\lambda}{nd}}$	$2\phi_{01} \approx 2\sqrt{\dfrac{2\lambda}{nd}}$
增强定向性端射 (Hansen – Woodyard)	$\phi_0 = 2\arcsin\left[\pm\sqrt{\dfrac{\lambda}{4nd}(2K-1)}\right]$	$\phi_0 \approx \pm\sqrt{\dfrac{\lambda}{nd}(2K-1)}$	$2\phi_{01} \approx 2\sqrt{\dfrac{\lambda}{nd}}$

习题

5.2.1* **两个点源**。设两个等同的各向同性点源布置成同相阵,如图 P5.2.1 所示。(a)证明其相对场波瓣图为 $E(\phi) = \cos[(d_r/2)\sin\phi]$,其中 $d_r = 2\pi d/\lambda$;(b)证明该波瓣图的下列关系式($k = 0,1,2,3,\cdots$):最大方向

$$\phi = \arcsin\left(\pm\frac{k\lambda}{d}\right)$$

零方向

$$\phi = \arcsin\left[\pm\frac{(2k+1)\lambda}{2d}\right]$$

半功率点方向

$$\phi = \arcsin\left[\pm\frac{(2k+1)\lambda}{4d}\right]$$

(c)当 $d = \lambda$ 时,找出波瓣图的最大方向、零方向、半功率点方向,以及为绘出 $0° \leqslant \phi \leqslant 360°$ 时的波瓣

图 $E(\phi)$ 所需的其他方向数据（共有4个最大点、4个零点、8个半功率点）。（d）当 $d=3\lambda/2$ 时，重复（c）的内容。（e）当 $d=4\lambda$ 时，重复（c）的内容。（f）当 $d=\lambda/4$ 时，重复（c）的内容（只有2个最大点和2个半功率点即最小点，无零点）。

5.2.2　**两个点源**。设两个点源布阵同图 P5.2.1，间距 $d=3\lambda/8$；在 ϕ 平面内，源1的幅度按 $|\cos\phi|$ 而相位按 ϕ 变化，源2的幅度按 $|\cos(\phi-45°)|$ 而相位按 $(\phi-45°)$ 变化。（a）写出波瓣图 $E(\phi)$ 的表达式。（b）以阵列中点的相位为参考，绘出 $E(\phi)$ 的归一化幅度和相位波瓣图。

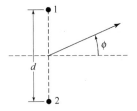

图 P5.2.1　两个点源

5.2.3*　**两源边射阵**。设两个等同的各向同性点源沿极轴布置成间距 $d=\lambda/2$ 的同相阵。（a）按场波瓣图计算其定向性：

$$E=\cos\left(\frac{\pi}{2}\cos\theta\right)$$

其中 θ 是极角。（b）证明这种边射阵的定向性与间距的关系可表示成

$$D=\frac{2}{1+(\lambda/2\pi d)\sin(2\pi d/\lambda)}$$

5.2.4　**两源端射阵**。设两个等同的各向同性点源沿极轴布置成间距 $d=\lambda/2$ 的反相阵。（a）按场波瓣图计算其定向性：

$$E=\sin\left(\frac{\pi}{2}\cos\theta\right)$$

其中 θ 是极角。（b）证明这种端射阵的定向性与间距的关系可表示成

$$D=\frac{2}{1+(\lambda/4\pi d)\sin(4\pi d/\lambda)}$$

5.2.5　**两源波瓣图**。设两个各向同性的点源组成间距为 d 的等幅同相阵。分别对两种情况：（a）$d=3\lambda/4$，（b）$d=3/2\lambda$，计算并绘出场波瓣图（极坐标），以及相位中心分别位于：（1）源点1处；（2）阵列中点时的相位波瓣图（直角坐标）。

5.2.6　**两源阵**。证明一个两源阵的场波瓣图

$$E=\frac{\sin(n\psi/2)}{\sin(\psi/2)} \qquad 和 \qquad E=2\cos\frac{\psi}{2}$$

是等效的。

5.2.7　**两不等源的阵列**。参见 5.2 节中的情况5，两个不等幅且具有任意相位差的各向同性点源，以阵列中点为相位中心。证明总场的相位角为

$$\arctan\left(\frac{a-1}{a+1}\tan\psi\right)$$

5.2.8　**四源方阵**。设四个等同的各向同性点源组成方阵（见图 P5.2.8），各源点与中心点相距 $d=3\lambda/8$；源1和源2同相，源3和源4与源1和源2反相。（a）推导场波瓣图 $E(\phi)$ 的表达式。（b）绘出近似归一化场波瓣图。

5.3.1　**各向同性点源阵的波瓣图**。设两个等幅同相的各向同性点源组阵。绘出间距 d 分别按下列取值时，总场的幅度波瓣图和相位波瓣图：（a）$\lambda/16$；（b）$\lambda/8$；（c）$\lambda/4$；（d）λ。

5.3.2　**偶极子阵的波瓣图**。重复习题 5.3.1 的计算，其中将各向同性改成 $E(\phi)=\cos\phi$ 的短偶极子。

5.3.3　**各种单元的阵列波瓣图**。同上要求，将各向同性改成：（a）$\cos^2\phi$；（b）$\cos^3\phi$；（c）$(\sin\phi)/\phi$。

5.4.1　**四塔广播阵**。某广播电台要求的水平面波瓣图如图 P5.4.1 所示。东北向最大，在正东至正北的 $90°$ 扇形范围内的跌落尽可能小，且没有零点；其余的 $270°$ 范围内可允许出现零点，正西向和西南向则必须为零点。（a）试设计四个铅垂铁塔的阵列，各塔所载电流的幅度相等，相位关系可随意调节，几何布置与间距不受限制。（b）按设计结果绘出其场波瓣图。

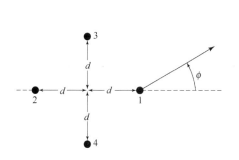

图 P5.2.8 四源方阵

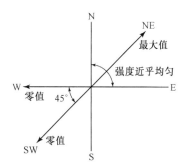

图 P5.4.1 四塔广播阵的要求

5.4.2 **两塔广播阵**。某广播阵采用两座铅垂铁塔,要求水平面波瓣图向北有很宽的主瓣,在自正北向起按逆时针度量的131°方向为零点。(a)两塔所载电流的幅度相等,试设计两塔的布置、间距和相位差。(b)计算并绘出其水平面的场波瓣图。

5.4.3 **三塔广播阵**。某广播阵采用三座排成一直线的铅垂铁塔,要求水平面波瓣图向北有很宽的主瓣,在自正北向起按逆时针度量的105°,147°,213°方向为零点。各塔的电流不必相等,为了便于分析还可将位于中间的源拆分为二,分别与阵列两端的源组成两对两源阵。(a)设计该阵列的布置、取向、间距和配相。(b)计算并绘出水平面的场波瓣图。

5.4.4 **四塔广播阵**。某广播阵采用四座铅垂铁塔,要求水平面波瓣图为对称四瓣型,以正北、正东、正南、正西四个方向的场强最大,渐减至东北、东南、西南、西北四个方向的值恰等于最大值之半。(a)设计该阵列的布置、取向、间距和配相。(b)计算并绘出水平面的场波瓣图。

5.5.1 **场/相位波瓣图**。设两个非各向同性且非相似源的总场为

$$E = \cos\phi + \sin\phi \angle \psi$$

其中$\psi = d\cos\phi + \delta = \dfrac{\pi}{2}(\cos\phi + 1)$。

取源 1 为相位中心(见图 P5.5.1)。计算并绘出其场波瓣图和相位波瓣图。

5.6.1 **n 源阵**。设 n 个等同的各向同性点源组成间距为 d 的直线阵,阵列沿方位角 $\phi = 0°$ 的方向排列。(a)推导 $E(\psi)$,其中 $\psi = f(\phi,d,\delta)$,δ 是源沿 $\phi = 0°$ 方向相邻源的相位滞后。(b)分别为 $n = 2,4,6,8,10,12$ 绘出以归一化场为纵坐标,而ψ 为横坐标($0° \leqslant \psi \leqslant 180°$)的曲线。

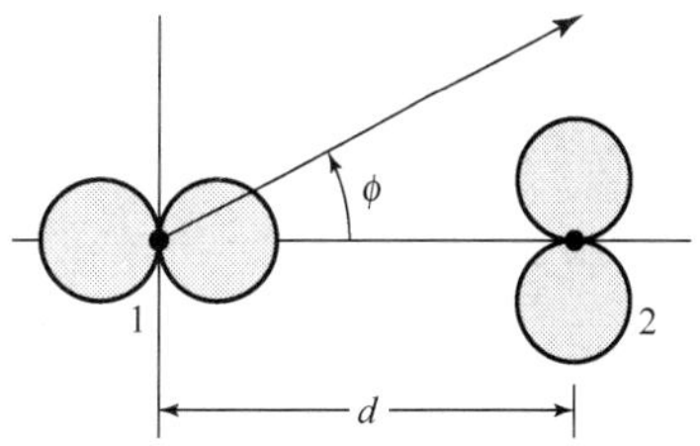

5.6.2 **十源端射阵**。10 个($n = 10$)等同的各向同性点源组成间距 $d = 3\lambda/8$ 而 $\delta = -3\pi/4$ 的端射阵。(a)绘出 $E(\phi)$。(b)改成 $\delta = -\pi[(3/4) + (1/n)]$后,重复(a)的内容。

图 P5.5.1 场/相位波瓣图

5.6.3 **场/相位波瓣图**。分别在图 5.21 和图 5.22 所示情况下,计算并绘出场波瓣图和相位波瓣图,并进行比较。

5.6.4* **八源端射阵**。设 8 个等幅的各向同性点源组成间距为 0.2λ 的直线阵。(a)若配相成常规端射阵,计算并绘出其场波瓣图。(b)若改成满足 Hansen-Woodyard 条件的增强定向性端射阵,重复(a)的内容。(c)通过对整个波瓣图作图或进行数值积分来计算上述两种情况下的定向性。

5.6.5 **十二源端射阵**。设 12 个等幅的各向同性点源组成间距为 $\lambda/4$ 的直线阵。(a)若配相成常规端射阵,计算并绘出其场波瓣图。(b)通过对整个波瓣图作图或进行数值积分来计算其定向性。注意,积分应对功率波瓣图进行;将阵列的轴线与极轴取成一致最为方便(见图 2.5),此时波瓣图仅是 θ 的函数。(c)由半功率波束宽度近似计算定向性,并与(b)的结果相比较。

5.6.6* **十二源边射阵**。设 12 个等幅同相的各向同性点源组成间距为 $\lambda/4$ 的边射直线阵。(a)计算并绘出

其场波瓣图。(b)利用对整个波瓣图作图或进行数值积分来计算其定向性,并与习题5.6.5中得到的相同尺寸的端射阵定向性相比较。(c)由半功率波束宽度近似计算定向性,并与(b)的结果比较。

5.6.7 十二源增强定向性端射阵。设 12 个等幅的各向同性点源组成间距为 $\lambda/4$ 的增强定向性端射直线阵。(a)计算并绘出其场波瓣图。(b)利用对整个波瓣图作图或进行数值积分来计算其定向性,并与习题 5.6.5 和习题 5.6.6 所得的定向性相比较。

5.6.8 n 源阵,可变相速。参见图 5.18,设 n 个各向同性点源的均匀直线阵由传输线相连、以源 1 作为馈电点,使源 2 的相位比源 1 滞后($\omega d/v$)、源 3 的相位比源 1 滞后($2\omega d/v$),依次类推(v 是传输线的相速)。(a)说明由式(5.6.8)给出的场对应了 $\psi = d_r [\cos\phi - (1/p)]$,其中 $p = v/c$ 而 c 是光速。(b)说明在端射阵情况下 $p = \infty$;最大场沿 $\phi = 60°$ 时,$p = 2$;常规端射阵情况下,$p = 1$;而增强定向性端射阵情况下,$p = 1/[1 + (1/2nd_\lambda)]$。

5.6.9 常规端射阵的定向性。证明常规端射阵的定向性可表示为

$$D = \frac{n}{1 + (\lambda/2\pi nd)\sum_{k=1}^{n-1}[(n-k)/k]\sin(4\pi kd/\lambda)}$$

    注意

$$\left[\frac{\sin(n\psi/2)}{(\psi/2)}\right]^2 = n + \sum_{k=1}^{n-1} 2(n-k)\cos 2k\frac{\psi}{2}$$

5.6.10 边射阵的定向性。证明边射阵的定向性可表示为

$$D = \frac{n}{1 + (\lambda/\pi nd)\sum_{k=1}^{n-1}[(n-k)/k]\sin(2\pi kd/\lambda)}$$

5.6.11 相位中心。证明均匀阵的相位中心位于其中点。

5.6.12 常规/增强定向性端射阵的增益。(a)利用 ARRAYPATGAIN 计算源数 $n = 5,10,15,20$,间距为 $\lambda/4$ 的常规端射阵的定向性。若记定向性公式为 $D = f\,n$,则 f 的值是多少?(b)对增强定向性端射阵重复上述计算,这种情况下 f 的值是多少?(c)两种情况的 f 值之比是多少?(d)在公式 $D = f(L/\lambda)$ 中求出 f 值,其中 $L = (n-1)\lambda/4 =$ 阵列的长度。(e)制表比较上述情况。

注:习题中涉及的计算机程序,见附录 C。

第 5 章（下） 点 源 阵

第 5 章的上半部分讨论了等幅各向同性点源的直线阵。而在下半部分中,讨论非均匀分布的更普遍情况。

这部分的主题包括:

- 非均匀幅度分布
- 最优(D-T)分布
- 幅度分布的比较
- 连续阵
- 惠更斯(Huygens)原理
- 平板的绕射
- 矩形边射阵
- 随机阵
- 边射–端射阵
- 阵列的主向

5.8 非均匀幅度分布的直线边射阵的一般性讨论

先从比较四种幅度分布(均匀分布、二项式分布、边缘分布、最优分布)的场波瓣图入手,考察五个各向同性点源的间距为 $\lambda/2$ 的直线阵。5.6 节讨论的等幅同相的均匀阵具有图 5.27(b) 所示的场波瓣图,均匀分布产生最大的定向性或增益。该波瓣图具有 23° 的半功率波束宽度,但旁瓣相对偏大。其第一旁瓣的幅度为主瓣最大值的 24% ,这在某些应用场合是不可取的。

为减小同相边射阵的旁瓣电平(SLL,Side-Lobe Level), John Stone Stone(1) 提出一种方法,令源的幅度正比于二项式级数的系数:

$$(a+b)^{n-1} = a^{n-1} + (n-1)a^{n-2}b + \frac{(n-1)(n-2)}{2!}a^{(n-3)}b^2 + \cdots \qquad (1)$$

其中 n 是源的数目。三源阵到六源阵的这种幅度分布列于表 5.3,排成帕斯卡三角的形式。

表 5.3

n	相对幅度 (帕斯卡三角)					
3			1	2	1	
4		1	3	3	1	
5	1	4	6	4	1	
6	1	5	10	10	5	1

将二项式分布应用于间距为 $\lambda/2$ 的五源阵,各源的相对幅度为 {1,4,6,4,1};其合成波瓣图连同设计的二项式分布示于图 5.27(d) ,其计算方法将在下一节中讨论。该波瓣图没有旁瓣,其代价是波束宽度增加到 31°。对于间距不超过 $\lambda/2$ 的 n 源边射阵,总可以通过二项式幅度分布消除副瓣但存在着增宽波束宽度、电流幅度比悬殊的缺点。

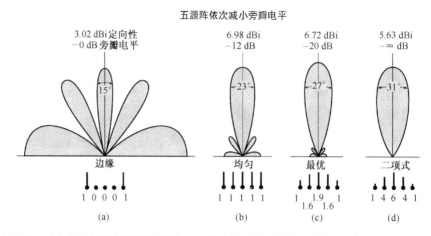

图 5.27　五个各向同性点源的间距为 λ/2 的直线边射阵的归一化场波瓣图。所有源都同
　　　　相。有四种不同的相对幅度分布:边缘、均匀、最优和二项式。只绘出
　　　　了波瓣图的上半部分。在每种情况下,五个源的相对幅度用各自点上的
　　　　线段高度以及点下的数字来表示。所有波瓣图都已调节为相同的最大值

　　另一种相反的极端情况是边缘分布,只对两端的源施加功率而其他源形同虚设。五源阵的相对幅度为 $\{1,0,0,0,1\}$,因而可退化为间距 2λ 的两源阵的场波瓣图(见图 5.27)。该波瓣图中"主瓣"(垂直于阵列方向)的半功率波束宽度为 15°,但"副瓣"的幅度与"主瓣"相等。表 5.4 比较了间距为 λ/2 的二项式分布与边缘分布这两种五源阵。

表 5. 4

幅度分布类型	半功率波束宽度	旁瓣幅度(主瓣的%)
二项式	31°	0
边缘	15°	100

　　尽管从应用的角度讲,希望兼有边缘分布的 15°波束宽度和二项式分布的零旁瓣电平,然而这是不可能实现的,但若选择一种介于二项式型与边缘型之间的分布,则可望获得波束宽度与旁瓣电平之间的折中。道尔夫(1)为同相的直线边射阵提出一种**最优化**折中的幅度分布:

对于指定的旁瓣电平,其第一零点波束宽度为最窄;反之,对于指定的第一零点波束宽度,其旁瓣电平为最低。

　　道尔夫分布利用了切比雪夫多项式的性质,并因此被称为道尔夫-切比雪夫(D-T,Dolph-Tchebyscheff)分布,或称为最优分布。

　　将道尔夫-切比雪夫分布应用于间距为 λ/2 的五源阵。若指定旁瓣电平为 – 20 dB(即副瓣幅度为主瓣的 10%)以下,则能产生最优波瓣图[见图 5.27(c)]的相对幅度分布为 $\{1,1.6,1.9,1.6,1\}$。其半功率波束宽度为 27°,比二项式分布的半功率波束宽度窄。放松对旁瓣的限制还能够减小波束宽度,其计算方法将在下一节中讨论。道尔夫-切比雪夫分布包括了介于二项式型和边缘型之间的所有分布。其实,二项式分布是主瓣与旁瓣之比趋于无穷大,而边缘分布是比值等于 1 的特例。然而,均匀分布却不是道尔夫-切比雪夫分布的特例。

　　从图 5.27 可归纳出一系列有关波瓣图与幅度分布关系的结论。当幅度向阵列两端锥削变小时（二项式分布），副瓣被削弱直至消失；当幅度从阵列两端向中心锥削至零时（边缘分布），副瓣增大以致与"主瓣"相等。由此可得出结论：旁瓣电平与幅度分布在阵列边缘处的突变性紧密相关，幅度分布中的突变不连续性会导致大副瓣的出现；而在边缘处渐变趋于零的分布能使不连续性最小，从而使得其副瓣幅度最小化。在下一节中，读者还会看到，突变不连续性会在用傅里叶级数表示的波瓣图中造成大的高次"谐"项。当分布向阵列的边缘渐变至较小值时，该高次谐项也相应变小。这是信号波形的傅里叶分析对阵列波瓣图的模拟。于是，可用具有相对大谐量的方波信号来模拟均匀分布的阵列，而用没有谐量的纯正弦波信号来模拟二项式分布的阵列。

以上讨论虽然都限定为有限间距的离散源阵列，但所得出的关于幅度分布的一般性结论可推广到由无限个点源连续分布的大型阵列，例如金属板上的连续电流分布、电磁喇叭口面上或抛物面反射镜天线口径上的连续场分布等。若连续的幅度分布服从高斯误差曲线（类似于离散源的二项式分布），则副瓣消失而波束宽度相对较大。因此，用做高增益抛物面反射镜天线的初级馈源，通常应产生向抛物面边缘渐削的无副瓣照射。在其他场合，为了折中考虑波束宽度和旁瓣电平，口径边缘的照射不应为零，而是类似于道尔夫–切比雪夫分布的适当值。

5.9　非均匀幅度分布的直线阵与道尔夫–切比雪夫最优分布

在本节中将分析非均匀幅度分布的边射直线阵，并讨论道尔夫–切比雪夫分布的发展和应用。如前所述，各向同性点源直线阵的远场波瓣图可被表示成 N 项的有限傅里叶级数。因此，可将道尔夫的处理方法描述为：用相当幂次的切比雪夫多项式来匹配傅里叶多项式，使之生成所有旁瓣都等于指定电平（SLL）的最优幅度分布。要了解如何将这些结果用于天线阵，可以快速浏览本节，然后直接学习 5.10 节中的例子。

设有偶数 n_e 个同相的各向同性点源，按等间距 d 排成直线阵，如图 5.28（a）所示。取阵列的中点为坐标原点、与阵列垂直的方向 $\theta=0$，对称于中心的各点源幅度依次为 A_0,A_1,A_2，依次类推。则在 θ 方向的远区总场是由对称的"源对"所产生的场之总和，即

$$E_{n_e} = 2A_0 \cos\frac{\psi}{2} + 2A_1 \cos\frac{3\psi}{2} + \cdots + 2A_k \cos\left(\frac{n_e-1}{2}\psi\right) \tag{1}$$

其中

$$\psi = \frac{2\pi d}{\lambda}\sin\theta = d_r\sin\theta \tag{2}$$

记 $n_e = 2(k+1)$，$k = 0,1,2,3,\cdots$，故有

$$\frac{n_e-1}{2} = \frac{2k+1}{2}$$

则式（1）变成

$$E_{n_e} = 2\sum_{k=0}^{k=N-1} A_k \cos\left(\frac{2k+1}{2}\psi\right) \qquad \textbf{偶数傅里叶级数} \tag{3}$$

其中 $N = n_e/2$。

改设奇数 n_o 个同相的各向同性点源按等间距 d 排成直线阵，如图 5.28（b）所示。幅度分布对称于中心源点，该中心源点的幅度为 $2A_0$，其次的一对源点的幅度各为 A_1，再次之各为 A_2，

依次类推。于是总场为

图 5.28　n 个各向同性点源的等距直线边射阵

$$E_{n_o} = 2A_0 + 2A_1 \cos \psi + 2A_2 \cos 2\psi + \cdots + 2A_k \cos \left(\frac{n_o - 1}{2} \psi \right) \tag{4}$$

记 $n_o = 2k + 1$，$k = 0,1,2,3,\cdots$，则式(4)变成

$$E_{n_o} = 2 \sum_{k=0}^{k=N} A_k \cos \left(2k \frac{\psi}{2} \right) \qquad \textbf{奇数傅里叶级数} \tag{5}$$

其中 $N = (n_o - 1) / 2$。

　　式(4)或式(5)所表示的级数可认为是 N 项的**有限傅里叶级数**(Wolff-1)。$k = 0$ 对应的常数项 $2A_0$ 代表了中心源的贡献，$k = 1$ 对应的项 $2A_1 \cos \psi$ 代表了中心源两侧第一对源的贡献，每个较高的 k 值对应的较高谐项也各代表一对对称布置的源。于是，总场的波瓣图就是阶次逐项递增的级数之和，这与交变电流的波形能用包含常数项、基波项和高次谐波项的有限傅里叶级数来表示相类似。对于偶数源的场波瓣图，式(1)或式(3)也是有限傅里叶级数，但没有常数项和偶次谐项。对这两种级数来说，表示幅度分布的系数 $A_0, A_1, \cdots$ 是任意取值的。

　　为了解释场波瓣图的傅里叶性质，试考虑九个等幅同相的各向同性点源排成间距 $\lambda/2$ 的直线阵，其系数分布为 $2A_0 = A_1 = A_2 = A_3 = A_4 = 1/2$，根据式(5)得到

$$E_9 = \frac{1}{2} + \cos \psi + \cos 2\psi + \cos 3\psi + \cos 4\psi \tag{6}$$

其中第一项($k = 0$)是常数，其场波瓣图是幅度为 $1/2$ 的圆，如图 5.29(a)所示；第二项($k = 1$)是傅里叶级数的基本项，表示中心两侧一对点源的场波瓣图，如图 5.29(b)所示，具有四个幅度最大值等于 1 的瓣；后一项($k = 2$)是二次谐项，表示其次一对点源的波瓣图，如图 5.29(c)所示，有八个波瓣；最后两项是第三、四次谐项，其波瓣图分别有 12 和 16 个波瓣，如图 5.29(d)和图 2.29(e)所示。上述关系可归纳成表 5.5。

　　由五项之代数和构成总的远场阵列波瓣图，如图 5.29(f)所示。若阵列的中心源为零幅度或被省略，则总波瓣图仅为四项($k = 1,2,3,4$)之和；若源对 A_1 也被省略，则点波瓣图仅为三项($k = 2,3,4$)之和；剩下的高次谐项将使旁瓣在总波瓣图中更加突出。显然，由以上的讨论可知，任何对称幅度分布的边射阵场波瓣图都可以用式(3)或式(5)来表示。

表 5.5

k	源 数	间 距	傅里叶项	波 瓣 图
0	1	0	常数项	圆形
1	2	1λ	基波项	4 瓣
2	2	2λ	二次谐项	8 瓣
3	2	3λ	三次谐项	12 瓣
4	2	4λ	四次谐项	16 瓣

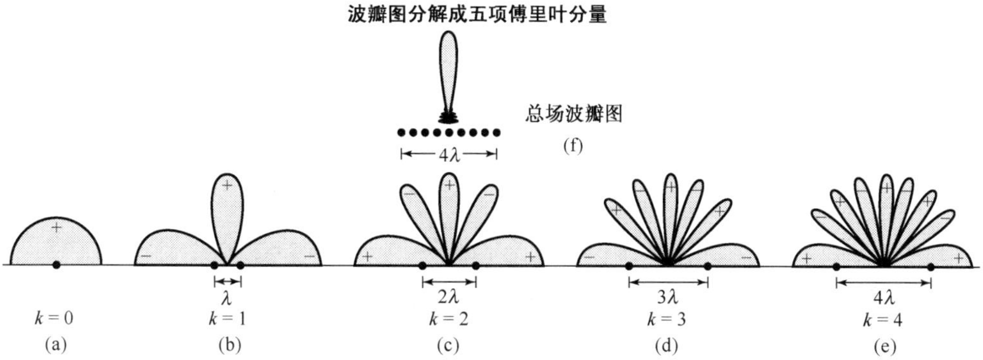

图 5.29 九个各向同性点源的阵之波瓣图分解。(a)～(e)为中心源和对称
布置各源对的傅里叶分量,(f)为整个阵列的总场相对波瓣图。波
瓣图的下半部分未绘出。注意,端射波瓣要比边射波瓣宽

接下来转入道尔夫–切比雪夫幅度分布。按指定旁瓣电平下波束宽度最小的要求,唯一地确定波瓣图级数[1]的系数。首先,将式(3)和式(5)视为(n_e-1)次和(n_o-1)次的多项式,也就是说,多项式的幂次总是比源数 n 少 1。在边射阵的情况下,$\delta=0$,故

$$\psi = d_r \sin\theta \tag{7}$$

根据欧拉公式(Moivre's theorem),有

$$e^{jm\psi/2} = \cos m\frac{\psi}{2} + j\sin m\frac{\psi}{2} = \left(\cos\frac{\psi}{2} + j\sin\frac{\psi}{2}\right)^m \tag{8}$$

取其实部,得

$$\cos m\frac{\psi}{2} = \mathrm{Re}\left(\cos\frac{\psi}{2} + j\sin\frac{\psi}{2}\right)^m \tag{9}$$

再用二项式级数展开,得

$$\cos m\frac{\psi}{2} = \cos^m\frac{\psi}{2} - \frac{m(m-1)}{2!}\cos^{m-2}\frac{\psi}{2}\sin^2\frac{\psi}{2}$$
$$+ \frac{m(m-1)(m-2)(m-3)}{4!}\cos^{m-4}\frac{\psi}{2}\sin^4\frac{\psi}{2} - \cdots \tag{10}$$

进行代换 $\sin^2(\psi/2) = 1 - \cos^2(\psi/2)$,令 m 取一些特殊的值,可将式(10)具体化如下:

$$\left.\begin{array}{ll}
m=0 & \cos m\dfrac{\psi}{2} = 1 \\[2mm]
m=1 & \cos m\dfrac{\psi}{2} = \cos\dfrac{\psi}{2} \\[2mm]
m=2 & \cos m\dfrac{\psi}{2} = 2\cos^2\dfrac{\psi}{2} - 1 \\[2mm]
m=3 & \cos m\dfrac{\psi}{2} = 4\cos^3\dfrac{\psi}{2} - 3\cos\dfrac{\psi}{2} \\[2mm]
m=4 & \cos m\dfrac{\psi}{2} = 8\cos^4\dfrac{\psi}{2} - 8\cos^2\dfrac{\psi}{2} + 1 \\[2mm]
& \cdots
\end{array}\right\} \tag{11}$$

记

$$x = \cos\frac{\psi}{2} \tag{12}$$

---

[1] 式(1)、式(3)、式(4)和式(5)。

因此,式(11)变成

$$\left. \begin{array}{ll} \cos m\dfrac{\psi}{2} = 1 & \text{当}\,m = 0 \\[2mm] \cos m\dfrac{\psi}{2} = x & \text{当}\,m = 1 \\[2mm] \cos m\dfrac{\psi}{2} = 2x^2 - 1 & \text{当}\,m = 2 \\ \qquad\cdots\cdots \end{array} \right\} \tag{13}$$

多项式(13)称为切比雪夫多项式,通常被写成

$$T_m(x) = \cos m\frac{\psi}{2} \tag{14}$$

对于特殊的 m 值,列出前八个切比雪夫多项式如下:

$$\left. \begin{array}{l} T_0(x) = 1 \\ T_1(x) = x \\ T_2(x) = 2x^2 - 1 \\ T_3(x) = 4x^3 - 3x \\ T_4(x) = 8x^4 - 8x^2 + 1 \\ T_5(x) = 16x^5 - 20x^3 + 5x \\ T_6(x) = 32x^6 - 48x^4 + 18x^2 - 1 \\ T_7(x) = 64x^7 - 112x^5 + 56x^3 - 7x \end{array} \right\} \tag{15}$$

注意,在式(15)中,多项式的幂次与 m 的值相同。

多项式的根出现在 $\cos m(\psi/2) = 0$ 处,即

$$m\frac{\psi}{2} = (2k - 1)\frac{\pi}{2} \tag{16}$$

其中 $k = 1,2,3,\cdots$。

记 x 的根为 x',则有

$$x' = \cos\left[(2k - 1)\frac{\pi}{2m}\right] \tag{17}$$

既然 $\cos(m\psi/2)$ 可以表示成 m 次多项式,则式(3)和式(5)可分别表示为 $(2k+1)$ 次和 $2k$ 次的多项式。对于偶数 n_e 个源的阵,$2k+1 = n_e - 1$;对于奇数 n_o 个源的阵,$2k = n_o - 1$。因此,式(3)和式(5)说明,对于 n 个各向同性点源组成的具有对称幅度、同相且等间距的直线阵,其波瓣图多项式的幂次总是比源数 n 少 1。

现在,可以令描述阵列波瓣图的式(3)和式(5)与相应的 $m(= n-1)$ 次切比雪夫多项式相等,然后根据同幂次项的系数对应相等的原理,得出能实现最优波瓣图的阵列幅度分布 A_0,A_1,A_2,等等。

幂次 $m = 0 \sim 5$ 的切比雪夫多项式曲线簇示于图5.30,由图可知:

1. 所有曲线都经过(1,1)点;
2. 在自变量 $-1 \leqslant x \leqslant +1$ 的范围内,多项式的值总在 $+1$ 和 -1 之间,所有的根也都在范围 $-1 \leqslant x \leqslant +1$ 内,所有的极值都等于 ± 1。

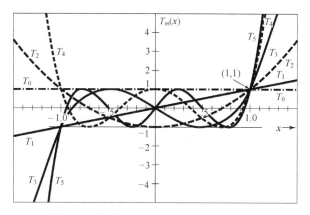

图 5.30　幂次 $m = 0 \sim 5$ 的切比雪夫多项式

为了描述应用切比雪夫多项式获得最优波瓣图的道尔夫方法,设某六源阵的波瓣图是五次多项式。令它与图 5.31 所示的五次切比雪夫多项式相等。定义 R 为主瓣最大值与副瓣最大值之比值,则 $T_5(x)$ 多项式曲线上的点 (x_0, R) 对应于主瓣的最大值,而副瓣的最大值都限定为 1。多项式的根对应了波瓣图的零值。**切比雪夫多项式的重要性质是:若指定比值 R(即指定旁瓣电平),则第一零点 $(x = x'_1)$ 的波束宽度为最窄;若指定波束宽度,则比值 R 为最大(即旁瓣电平最低)。**

归纳起来,将作为 $\psi/2$ 之函数的式(3)和式(5)重写如下:

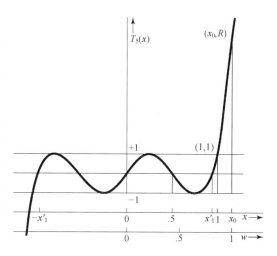

图 5.31　五次切比雪夫多项式及坐标关系

$$E_{n_e} = 2 \sum_{k=0}^{k=N-1} A_k \cos\left[(2k+1)\frac{\psi}{2}\right] \qquad (n \text{ 是偶数}) \tag{18}$$

和

$$E_{n_o} = 2 \sum_{k=0}^{k=N} A_k \cos\left(2k\frac{\psi}{2}\right) \qquad (n \text{ 是奇数}) \tag{19}$$

由于通常只对相对场波瓣图感兴趣,因此可摘去上式中的因子 2。

对于 n 个源的阵列,第一步是选取与阵列多项式(3)或式(5)同幂次($m = n - 1$)的切比雪夫多项式

$$T_{n-1}(x) \tag{20}$$

第二步是选择 R 并从下式

$$T_m(x_0) = R \tag{21}$$

中解出 x_0。由图 5.31 可见,与 $R > 1$ 对应的 x_0 大于 1,这不符合式(12)的限定($-1 \leqslant x \leqslant +1$)。为此,需改变图 5.31 的横坐标刻度,引入新的宗量 w,使得

$$w = \frac{x}{x_0} \tag{22}$$

这样,就能满足式(12)的限定 ($-1 \leqslant w \leqslant +1$)了。以 w 取代 x,令

$$w = \cos \frac{\psi}{2} \tag{23}$$

于是,波瓣图多项式,即式(18)或式(19)应表示成 w 的多项式。

最后一步是使切比雪夫多项式与阵列多项式相等,将式(23)代入式(18)或式(19),即

$$T_{n-1}(x) = E_n \tag{24}$$

由此可以解得阵列多项式的系数,再推出阵列在指定旁瓣电平时最优的道尔夫–切比雪夫幅度分布。

作为切比雪夫多项式的最优性质的证明,试比较既能经过图 5.31 中的 (x_0, R) 点、其最大的根为 x'_1、而所有较小的 x 值又都落在 $+1$ 与 -1 之间的其他任何五次多项式 $P(x)$。如果 $P(x)$ 值的纵坐标范围小于 ± 1,即该多项式给出了相同的波束宽度而较低的旁瓣电平,则 $T_5(x)$ 并不能称为是最优的。但由于 $P(x)$ 在 $-x'_1 \leqslant x \leqslant +x'_1$ 范围内,必然会在包括点 (x_0, R) 在内的至少 $(m+1=6)$ 六点与曲线 $T_5(x)$ 相交,而两个相同的 m 次多项式若相交于 $m+1$ 点则必然为同一个多项式[①],因此

$$P(x) = T_5(x)$$

即多项式 $T_5(x)$ 是最优的。

如果源的间距超过 $\lambda/2$,则必须注意,当间距接近 λ 时,会在 $\theta = \pm 90°$ 方向产生与主瓣等值的大的旁瓣。然而,若阵列的个别源是非各向同性,而又定向在 $\theta = 0°$ 时,沿 $\theta = \pm 90°$ 方向的辐射很小甚至无辐射,则经图乘法处理后得出的总波瓣图在 $\theta = \pm 90°$ 的值是能够变小的。

5.10 道尔夫–切比雪夫分布的八源阵举例

借下述例子来解释寻找道尔夫–切比雪夫分布的方法。$n = 8$ 的各向同性源按同相、$\lambda/2$ 间距组成直线阵,要求 26 dB 的旁瓣电平。求解:(a)满足该要求且产生最小第一零点波束宽度的分布;(b)半功率波束宽度;(c)增益。

根据定义,有

$$\text{低于主瓣最大值的旁瓣电平}(26\ \text{dB}) = 20\ \log_{10}R \tag{1}$$

于是有

$$R = 20 \tag{2}$$

切比雪夫多项式的幂次 $n-1 = 7$,故取 $T_7(x)$。令

$$T_7(x_0) = 20 \tag{3}$$

其中 x_0 可采用试探法由式(5.9.15)的 $T_7(x)$ 展开式得到,或按下式计算:

$$x_0 = \tfrac{1}{2}[(R + \sqrt{R^2 - 1})^{1/m} + (R - \sqrt{R^2 - 1})^{1/m}] \tag{4}$$

将 $R = 20$ 和 $m = 7$ 代入,得出

$$x_0 = 1.15 \tag{5}$$

再将式(5.9.23)代入式(5.9.18)并去掉因子 2,可写出多项式

---

① m 次多项式有 $m+1$ 个任意常数;如果指定了多项式的 $m+1$ 个点,可建立 $m+1$ 个未知量的独立方程,从而完全确定这 $m+1$ 个常数。因此,两个具有完全相同系数的多项式必然是同一的。

$$E_8 = A_0w + A_1(4w^3 - 3w) + A_2(16w^5 - 20w^3 + 5w) + A_3(64w^7 - 112w^5 + 56w^3 - 7w) \tag{6}$$

由于 $w = x/x_0$，上式又可改写成

$$E_8 = \frac{64A_3}{x_0^7}x^7 + \frac{16A_2 - 112A_3}{x_0^5}x^5 + \frac{4A_1 - 20A_2 + 56A_3}{x_0^3}x^3 + \frac{A_0 - 3A_1 + 5A_2 - 7A_3}{x_0}x \tag{7}$$

另一方面，相同幂次的切比雪夫多项式为

$$T_7(x) = 64x^7 - 112x^5 + 56x^3 - 7x \tag{8}$$

令式(7)与式(8)相等

$$E_8 = T_7(x) \tag{9}$$

于是，可逐项确定式(7)中的系数。例如，第一项

$$\frac{64A_3}{x_0^7} = 64 \tag{10}$$

得

$$A_3 = x_0^7 = 1.15^7 = 2.66 \tag{11}$$

类似地可得到

$$\left.\begin{array}{l} A_2 = 4.56 \\ A_1 = 6.82 \\ A_0 = 8.25 \end{array}\right\} \tag{12}$$

八个源的相对幅度依次为 $\{1,1.7,2.6,3.1,3.1,2.6,1.7,1\}$。

要绘出该道尔夫切比雪夫分布的场波瓣图，先追溯 $(\psi/2) = (d_r \sin\theta)/2$，$\cos(\psi/2) = w$，$w = x/x_0$，即

$$x = x_0 \cos\frac{d_r \sin\theta}{2} \tag{13}$$

将此 x 与 θ 的对应关系代入切比雪夫多项式 $T_7(x)$，即得到 $E_8(\theta)$ 的波瓣图。通常 θ 在 $[-\pi/2, +\pi/2]$ 的范围内取值，对应的 $\psi/2, w$ 和 x 的范围列于表 5.6 中。例如，x 的范围是从图 5.32 的某点 a 到达点 x_0 后再返回到点 a，其纵坐标值即为相对场强。

在本例题中，$d_r = \pi$ 而 $x_0 = 1.15$，因此，当 $\theta = \pm 90°$ 时，x 都在恰为曲线零点的坐标原点 b；在向右变化到点 $x_0(\theta = 0°)$ 并向左返回的过程中，两次经历了曲线的三个极值点(± 1)。表 5.7 列出了具体的取值范围。经逐点对应($\theta \sim x \sim E_8$)，绘出波瓣图如图 5.33(a)(直角坐标)和图 5.33(b)(极坐标)所示。

表 5.6

变量	范围		
θ	$-\dfrac{\pi}{2}$	0	$+\dfrac{\pi}{2}$
$\dfrac{\psi}{2}$	$-\dfrac{d_r}{2}$	0	$+\dfrac{d_r}{2}$
w	$\cos\dfrac{d_r}{2}$	1	$\cos\dfrac{d_r}{2}$
x	$x_0\cos\dfrac{d_r}{2}$	x_0	$x_0\cos\dfrac{d_r}{2}$

表 5.7 八源边射阵的比较

变量	范围		
θ	$-\dfrac{\pi}{2}$	0	$+\dfrac{\pi}{2}$
x	0	1.15	0

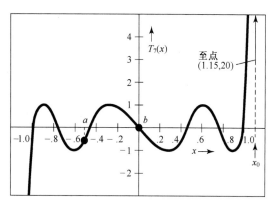

图 5.32　七次切比雪夫多项式

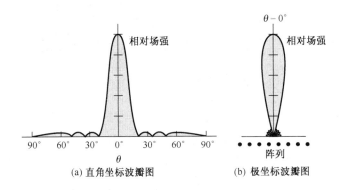

图 5.33　八个间距 λ/2 的各向同性点源边射阵的相对场波瓣图。道尔
夫-切比雪夫幅度分布给出(旁瓣主瓣) = 1/20 的最小波束
宽度。波瓣图只给出上半部分,省略了与之对称的下半部分

5.11　八源阵幅度分布的比较

上节例题中旁瓣电平取为 26 dB,这里将比较不同旁瓣电平要求下的幅度分布。图 5.34
给出了均匀分布和三种旁瓣电平 - 20 dB, - 40 dB, -∞ dB 的最优(道尔夫-切比雪夫)分布。

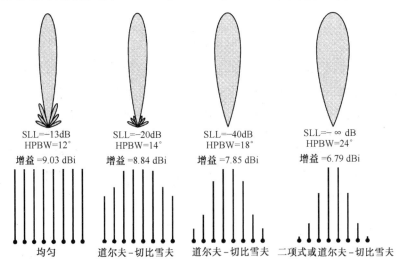

图 5.34　八个间距 λ/2 的各向同性点源阵之均匀分布和三种最优(道尔夫-切比雪夫)幅度分布及其场波瓣
图。旁瓣电平范围从均匀阵的 - 13 dB 到二项式阵的负无穷。为降低旁瓣而使分布更锥削,
导致波束宽度变大、增益减小。设计的难处是:要降低旁瓣则增益变小,要达最大增益则旁瓣变大

上图中无限大分贝的情况对应于零旁瓣,与 Stone 的二项式分布一致,此时相对幅度分布为
{1,7,21,35,35,21,7,1}(Riblet-1)。中心源与边缘源的幅度之比达到 35∶1,这实际上是很难做到
的。二项式分布和边缘分布都是道尔夫-切比雪夫分布的特例,而均匀幅度分布则不是。

上节所讨论的道尔夫-切比雪夫最优幅度分布仅当 $d \geq \lambda/2$ 才是最优的,这符合大多数边射
阵的情况。然而,此方法经推广后,也能在较小的间距下实现优化。

应当指出,切比雪夫多项式的性质不仅可以用于天线波瓣图,还可以用于其他场合。只是被优化的函数必须可以表示成多项式的形式。

本书网页 www. mhhe. com/kraus 提供了 N 源直线阵的道尔夫–切比雪夫源幅度分布的计算机程序 ARRAYPATGAIN,该程序还能绘制波瓣图,并给出半功率波束宽度和增益,详见附录 C-3(a)。

5.12　连续阵

前面讨论的离散点源阵是由有限个分立点源按有限间距组成的,现考虑由无限个点源按无限小间距"分立"组成的连续阵。按照惠更斯原理,点源的连续阵等效于连续的场分布。因此,对连续阵的讨论可延伸到包括口径场分布的辐射波瓣图,例如电磁喇叭(当已知其口径场分布时)的波瓣图。

首先为等幅同相点源的连续阵推导远场表示式,设长度为 a 的阵列平行于 y 轴,以坐标原点为中心,如图 5.35 所示。在 θ 方向的远区某点处,由距离原点 y 处的微分长度为 dy 的点源所产生的场 dE 是

$$dE = \frac{A}{r_1} e^{j\omega[t-(r_1/c)]} dy = \frac{A}{r_1} e^{j(\omega t-\beta r_1)} dy \qquad (1)$$

其中 $\beta = \omega/c = 2\pi/\lambda$, A 是包含幅度的常数。则总场 E 是式(1)在阵列长度 a 上的积分

$$E = \int_{-a/2}^{a/2} \frac{A}{r_1} e^{j(\omega t-\beta r_1)} dy \qquad (2)$$

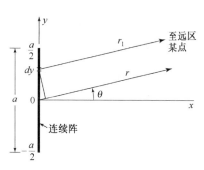

图 5.35　长度为 a 的连续点源边射阵

常数 A 和时变因子,以及幅度中的分母 $r_1 \gg a$ 都可以移出积分号,于是

$$E = \frac{A e^{j\omega t}}{r_1} \int_{-a/2}^{a/2} e^{-j\beta r_1} dy \qquad (3)$$

参考图 5.35,有

$$r_1 = r - y \sin\theta \qquad (4)$$

代入式(3)后,将常数因子 $e^{-j\beta r}$ 移出积分号,写成

$$E = A' \int_{-a/2}^{a/2} e^{j\beta y \sin\theta} dy \qquad (5)$$

其中

$$A' = \frac{A e^{j(\omega t-\beta r)}}{r_1} \qquad (6)$$

由式(5)的积分结果得到

$$E = \frac{2A'}{\beta \sin\theta} \frac{e^{j(\beta a/2)\sin\theta} - e^{-j(\beta a/2)\sin\theta}}{2j} \qquad (7)$$

进一步简化成

$$E = \frac{2A'}{\beta \sin\theta} \sin\left(\frac{\beta a}{2} \sin\theta\right) \qquad (8)$$

令

$$\psi' = \beta a \sin\theta = a_r \sin\theta \tag{9}$$

其中 $a_r = \beta a = 2\pi a/\lambda =$ 阵列的电长度(弧度)。

于是

$$E = \frac{2A'}{\beta\sin\theta}\sin\frac{\psi'}{2} \tag{10}$$

然而,由式(9),有

$$\beta\sin\theta = \frac{\psi'}{a}$$

故式(10)变成

$$E = aA'\frac{\sin(\psi'/2)}{\psi'/2} \tag{11}$$

经归一化,最后得到

$$E = \frac{\sin(\psi'/2)}{\psi'/2} \tag{12}$$

该式表示长度为 a 的等幅同相点源的连续边射阵所辐射的远场,即夫琅和费绕射波瓣图。

对于 n 个离散的等间距源,前面曾由式(5.6.9)给出过归一化总场

$$E = \frac{\sin(n\psi/2)}{n\sin(\psi/2)} \tag{13}$$

其中 $\psi = d\cos\phi + \delta$。

对于同相源,$\delta = 0$。比较图5.18和图5.35,注意两者的 $\phi = \theta + \pi/2$,故有

$$\psi = -d_r\sin\theta = -\beta d\sin\theta \tag{14}$$

对于小的 ψ 值(当 θ 和 d 中至少有一个很小时发生),式(13)可简化成

$$E = \frac{\sin(n\psi/2)}{n\psi/2} = \frac{\sin[(\beta nd/2)\sin\theta]}{(\beta nd/2)\sin\theta} \tag{15}$$

离散阵的长度

$$a = d(n-1) \tag{16}$$

其中 n 表示源的数目,d 表示间距。

如果 $n \gg 1$,使 $a \approx nd$,则式(15)变成

$$E = \frac{\sin[(\beta a/2)\sin\theta]}{(\beta a/2)\sin\theta} = \frac{\sin[(a_r/2)\sin\theta]}{(a_r/2)\sin\theta} \tag{17}$$

其中 $a_r = \beta a = 2\pi a/\lambda$。

再将式(9)的关系代入,得

$$E = \frac{\sin(\psi'/2)}{\psi'/2} \tag{18}$$

这和连续阵导出的式(12)相同。因此,有很多离散源($n \gg 1$)的边射直线阵,其波瓣图在主向附近(ψ很小)与相同长度的连续阵一样。若阵列很长,以致 $nd \gg \lambda$,则主瓣和第一旁瓣都属于小 θ 角的范围。所以对于大阵,无论是大量离散源还是连续源,其波瓣图的主要特征相同。前文所推导出的关于离散阵幅度分布的结论,也适用于电长度很大的连续阵。

连续阵波瓣图的零方向 θ_0 应得自:

$$\frac{\psi'}{2} = \pm K\pi \tag{19}$$

其中 $K = 1, 2, 3, \cdots$。

于是,有

$$\theta_0 = \arcsin\left(\pm\frac{K\lambda}{a}\right) \tag{20}$$

对于长阵,式(20)可以近似为

$$\theta_0 \approx \pm\frac{K}{a_\lambda}(\text{弧度}) \approx \pm\frac{57.3K}{a_\lambda}(\text{度}) \tag{21}$$

其中 $a_\lambda = a/\lambda$。

长阵的第一零点波束宽度($K = 1$)为

$$\textbf{第一零点波束宽度}\quad 2\theta_{01} \approx \frac{2}{a_\lambda}(\text{弧度}) \approx \frac{115}{a_\lambda}(\text{度})\quad \textbf{长阵} \tag{22}$$

注意,若用 a 取代 nd(见表 5.2),则式(20)、式(21)和式(22)都和离散源边射阵的公式一致。所以,无论是离散还是连续的长阵,其零点位置同样可通过设 $n \gg 1$ 近似得到。此外,均匀边射长阵的半功率点 θ_{HP} 可近似表示成

$$\theta_{HP} = 0.9\theta_{01} = \frac{0.9}{a_\lambda}\quad (\text{弧度}) \tag{23}$$

或

$$\theta_{HP} = \frac{51}{a_\lambda}\quad (\text{度}) \tag{24}$$

图 5.36 比较了长度分别为 $5\lambda, 10\lambda, 50\lambda$ 的连续点源阵的主瓣波瓣图。

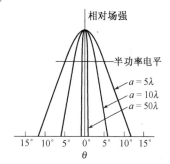

图 5.36　长 $5\lambda, 10\lambda, 50\lambda$ 的连续均匀边射阵的主瓣场波瓣图

5.13　惠更斯原理

惠更斯(1629～1695)提出的原理曾对波理论的发展起到过奠基的作用(Huygens-1；Born-1；Sommerfeld-1)。

惠更斯原理说明,某个初始波阵面[①]上的每一点都应视为新的次级球面波的源,这些次级波的包络构成了次级波阵面(见图 5.37)。

于是,发自单个点源的球面波仍以球面波方式传播,如图 5.37(a)所示;无限的平面波则作为平面波继续传播,如图 5.37(b)所示。上述物理光学原理可用来解释电磁波围绕障碍物的明显弯曲,即波的绕射。绕射线的路径是用反射或折射都解释不了的。

如图 5.38(a)所示,无限的平面电磁波投射于无限大而不透波的平片,在该平片上切割一条宽为 a 而沿纸面法向的无限长缝隙,通过缝隙的那部分波形成平片右侧各点的场。如果宽度 a 达到了很多个波长,则作为一级近似,可假设跨缝隙的场分布是均匀的,如图 5.38(b)所

---

　① 名词"wavefront"的译义有"波阵面"和"波前"两种,在本书中根据中文句法的顺畅而交替采用。——译者注

示。根据惠更斯原理,右侧各点的场来自缝隙平面上每一点所形成的新的球面波源,并且这些点源都等幅同相。因此,载有均匀场的缝隙可用点源的连续阵来取代。如图5.38(a)所示,在 xy 平面内场波瓣图的计算类似于沿 y 轴的长度为 a 的连续点源直线阵。运用上节的结论,可写出这一阵列的远场或夫琅和费绕射的波瓣图

$$E = \frac{\sin(\psi'/2)}{\psi'/2} \tag{1}$$

其中,$\psi' = (2\pi a/\lambda)\sin\theta$,$\theta$ 在 xy 平面内(见图5.35)。上述 xy 平面内的波瓣图与阵列沿 z 方向(纸面的法向)的延伸无关。

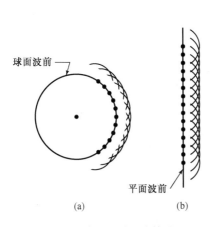

图5.37 球面和平面波前及
其惠更斯次级波

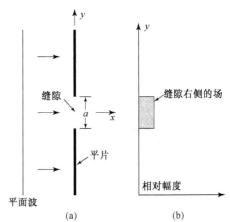

图5.38 平面波投射到带有宽度为
a 的缝隙之不透波平片

在推导式(1)即式(5.12.12)时,远区总场得自分布在长度 a 上的连续源贡献的积分在远区条件简化下的结果。但在距离较近的场点,该积分只能简化成菲涅耳积分的形式,从而得到描述缝隙附近平行直线上场变化的菲涅耳绕射波瓣图,见图5.39(a)。图5.38(b)表明缝隙上的场分布是均匀的;随着 x 的增加,菲涅耳波瓣图通过如图5.39(b)所示的一系列变化,过渡到夫琅和费远区[见图5.39(c)]的绕射波瓣图,或转化成极坐标下的场波瓣图[见图5.39(d)]。

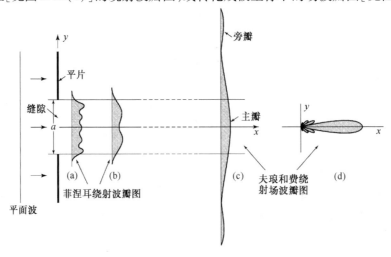

图5.39 宽度为 a 的缝隙之菲涅耳/夫琅和费波瓣图

夫琅和费区的特征是,其中任一场点与缝隙两端点的连线都可认为是平行的,通常采用如下判据:

$$r \geqslant \frac{2a^2}{\lambda} \tag{2}$$

其中,r 是场点到缝隙或口径的距离,a 是足够大的缝隙或口径宽度。因此,口径愈大或波长愈短,在测量波瓣图时就必须放置在距离愈远的地方,以避免菲涅耳绕射的效应。有关内容将在24.2.2 节中进一步讨论。

在光学中,当光束投射到一条狭缝时,就会出现上述近乎均匀的口径场分布。而在电磁学中,这种分布可以通过长颈的电磁喇叭面上的场分布来实现,如图 5.40(a)所示。由于均匀场分布的波瓣图与相同尺寸的均匀分布点源阵的波瓣图相同,因此光缝或电磁喇叭结构的另一种等效形式是均匀电流片,后者又可以用如图 5.40(b)所示的"广告牌"型阵列来近似,阵列中的大量平行偶极子载有相等的电流。

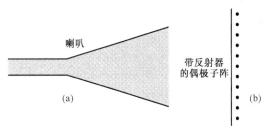

图 5.40　电磁喇叭天线和带反射器的偶极子阵

当狭缝或天线口径上的场或电流并不均匀时,曾用于计算光缝的夫琅和费绕射波瓣图、喇叭或均匀电流片的远场等表达式的积分号内,应出现幅度分布的因子。如果口径很大,则前文得出的离散源不等幅阵列的规律,也可应用于连续源阵列的情况。

惠更斯原理的应用是有前提的。它忽略了电磁场的矢量性质,还忽略了流过缝隙边缘(见图 5.38 和图 5.39)或喇叭边缘[见图 5.40(a)]的电流效应。然而,若口径足够大,且主要关注的是口径法线附近的方向,则由惠更斯原理的标量理论仍可以得出令人满意的结果。

5.14　惠更斯原理应用于平面波投射到平板的绕射与物理光学

设均匀平面波投射到一完纯导电的半平面,如图 5.41(a)所示(Kraus-1)。要求计算该半平面后方相距 r 的 P 点处的电场。由惠更斯原理,有

$$E = \int_{\text{在 } x \text{ 轴上}} dE \tag{1}$$

其中 dE 是点源在距离原点 x 处的 P 点[见图 5.41(b)]所产生的电场,有

$$dE = \frac{E_0}{r} \mathrm{e}^{-j\beta(r+\delta)} dx \tag{2}$$

所以

$$E = \frac{E_0}{r} \mathrm{e}^{-j\beta r} \int_a^\infty \mathrm{e}^{-j\beta\delta} dx \tag{3}$$

若 $\delta \ll r$,则

$$\delta = \frac{x^2}{2r} \tag{4}$$

记 $k^2 = 2/r\lambda$ 且 $u = kx$,则式(3)变成

$$E = \frac{E_0}{kr} e^{-j\beta r} \int_{ka}^{\infty} e^{-j\pi u^2/2} \, du \tag{5}$$

还可以改写成

$$E = \frac{E_0}{kr} e^{-j\beta r} \int_0^{\infty} e^{-j\pi u^2/2} \, du - \int_0^{ka} e^{-j\pi u^2/2} \, du \tag{6}$$

其中的积分为菲涅耳积分的形式,故式(6)又可以写成

$$E = \frac{E_0}{kr} e^{-j\beta r} \left\{ \frac{1}{2} + \frac{1}{2} j - [C(ka) + jS(ka)] \right\} \tag{7}$$

这里

$$C(ka) = \int_0^{ka} \cos \frac{\pi u^2}{2} \, du = 菲涅耳余弦积分 \tag{8}$$

$$S(ka) = \int_0^{ka} \sin \frac{\pi u^2}{2} \, du = 菲涅耳正弦积分 \tag{9}$$

其中 $ka = \sqrt{\dfrac{2}{r\lambda}}\, a$,无量纲。

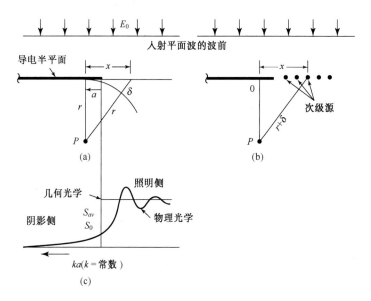

图 5.41 平面波从上方投射到一导电半平面。借助物理光学得出下方的合成功率密度变化

$C(ka)$ 和 $S(ka)$ 的图解用考纽(cornu)蜷线示于图 5.42 。由于存在 $C(-ka) = -C(ka)$ 以及 $S(-ka) = -S(ka)$ 的奇函数性质,ka 取负值的第三象限蜷线与取正值的第一象限蜷线关于原点对称。

由场强可进一步写出功率密度

$$S_{av} = \frac{EE^*}{Z} = S_0 \frac{1}{2} \left\{ \left[\frac{1}{2} - C(ka) \right]^2 + \left[\frac{1}{2} - S(ka) \right]^2 \right\} \quad (\text{W m}^{-2}) \tag{10}$$

其中

$$S_0 = \frac{E_0^2 \lambda}{2Zr} \quad (\text{W m}^{-2}) \tag{11}$$

式（10）作为 ka 之函数（r，λ 和 k 是常数）的变化如图 5.41（c）所示。假设平面波发自遥远的波源，并且：

1. 当没有障碍物时，$ka = -\infty$，有 $S_{av} = S_0$；
2. 当源、观察点和障碍物的边缘共在一直线上时，$ka = 0$，有 $S_{av} = S_0/4$；
3. 当障碍物为完全遮挡时，$ka = +\infty$，有 $S_{av} = 0$。

因此，当观察点从照明侧（$ka < 0$）进入阴影侧（$ka > 0$）时，其功率密度不会突变为零，而是逐渐发生变化的。

由式（10）和式（11），定义 ka 的相对功率密度函数为

$$S_{av}（相对） = \frac{S_{av}}{S_0} = \frac{1}{2}\left\{\left[\frac{1}{2} - C(ka)\right]^2 + \left[\frac{1}{2} - S(ka)\right]^2\right\} \tag{12}$$

参见图 5.42，以考纽蜷线上对应于全遮挡时（$ka = +\infty$）的收敛点（0.5，0.5）为参考起点，以对应于部分遮挡时（$ka < +\infty$）的标注点为终点，两者连线的长度记为 R，则式（12）中花括号的几何意义就是 R^2。半遮挡（$ka = 0$）时的 R 为无遮挡（$ka = -\infty$）时的 R 之半，故前者的功率密度为后者的 1/4。对于严重遮挡（$ka > 3$）的情况，$R \approx 1/\pi ka$，故有近似式

$$S_{av}（相对） = \frac{1}{2}\left(\frac{1}{\pi ka}\right)^2 = \frac{r\lambda}{4\pi^2 a^2} \tag{13}$$

其中，r——场点至导电半平面的距离，m

λ——波长，m

a——场点至阴影区的距离，m

由式（13）可见，绕射的功率通量密度（坡印廷矢量）与波长和（场点与障碍物的）距离成正比，与伸入阴影区的距离 a 的平方成反比。

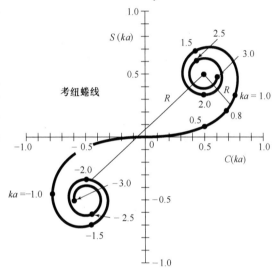

图 5.42 考纽蜷线。$C(ka)$ 和 $S(ka)$ 作为沿蜷线的 ka 值之函数。$ka = 1.0$ 时，$C(ka) = 0.780$ 而 $S(ka) = 0.338$；$ka = \infty$ 时，$C(ka) = S(ka) = 0.5$

例 5.14.1

考虑竖立在平整地面上的 25 m 高的铅垂导电墙。位于其一侧很远处的一个 10 cm 波长的发射天线架高 25 m，与其另一侧相距 100 m 的地面上有一接收天线。

试求接收点处经墙体绕射相对于无墙体直射的信号电平。

解：

常数 $k = \sqrt{2/r\lambda} = \sqrt{2/100 \times 0.1} = 0.44$ 而 $a = 25$ m，故 $ka = 11 > 3$。

可应用式（13），得到

$$S_{av}（相对） = \frac{r\lambda}{4\pi^2 a^2} = \frac{100 \times 0.1}{4\pi^2 \times 25^2} \approx \frac{1}{2500} \text{ 或 } -34\ \text{dB}$$

该铅垂墙导致了信号的 34 dB 附加衰减。

如果将图 5.41 中的半平面换成宽度为 D 的条带,则在其两个边缘上都发生绕射,场被散布到条带背后的阴影区。在条带中心线的法线方向上,来自两边缘的绕射场等幅同相(所历经的波程相同),合成绕射场的峰值。

如果将条带换成直径为 D 的圆盘,则在其边缘上所有的绕射在圆盘背后中心的法线上都同相合成为峰值,这在光学中称为轴亮斑。同理,置于抛物面碟形天线焦点处的馈源系统,也会经碟形反射器边缘的绕射而产生抛物面轴线上的后瓣。9.2 节、10.2 节、12.5 节以及 24.4d 节还将对绕射进行更多的讨论。

5.15　矩形面积的边射阵

不难将得到直线阵场波瓣图的方法推广到矩形边射阵的情况,即占据一片矩形平整面积的源阵(见图 5.43)。假设在 xy 主平面内的场波瓣图(作为 θ 的函数)只取决于阵列沿 y 维的 a 值,而 xz 主平面内的场波瓣图(作为 ϕ 的函数)只取决于阵列沿 z 维的 b 值。这意味着,阵面上沿 y 方向的场或电流分布不随 z 而改变,沿 z 方向的场或电流分布也不随 y 而改变。因此,可借助沿 y 轴的高度为 a 的单个直线阵(y 阵)来计算 xy 平面的场波瓣图,借助沿 z 轴的长度为 b 的单个直线阵(z 阵)来计算 xz 平面的场波瓣图。如果阵列还具有沿 x 维的深度和端射定向性,则其 xy 面的场波瓣图等于单个 x 阵与单个 y 阵之乘积;其 xz 面的场波瓣图等于单个 x 阵与单个 z 阵之乘积。

如果阵列所占的面积不是矩形的,则上述假设不成立。然而,在某些情况下仍可由此得出近似的场波瓣图,例如将椭圆面积近似为矩形,如图 5.44(a)所示,或将圆形面积近似为方形,如图 5.44(b)所示。

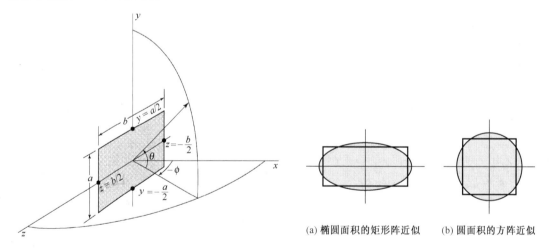

(a) 椭圆面积的矩形阵近似　　(b) 圆面积的方阵近似

图 5.43　高 a、长 b 的矩形边射阵及坐标关系　　　　　图 5.44　等效阵列

由矩形阵列的两个主平面(xy 和 xz)的场波瓣图,可得出其半功率波束宽度。如果旁瓣不大,则定向性可近似为

$$D = \frac{41\ 000}{\theta_1^\circ \phi_1^\circ} \tag{1}$$

其中,θ_1° 和 ϕ_1° 分别是 xy 和 xz 平面内的半功率波束宽度。式(1)应服从式(2.7.9)的限制。

对于高 a、长 b 的大矩形边射阵(见图 5.43),当其具有均匀幅度分布时,可严格推导出其定向性的表达式。根据式(2.7.3),得到天线的定向性为

$$D = \frac{4\pi f(\theta, \phi)_{\max}}{\iint f(\theta, \phi) \sin \theta \, d\theta \, d\phi} \tag{2}$$

其中 $f(\theta, \phi)$ 是三维功率波瓣图,即三维场波瓣图的平方。由式(5.12.17),大矩形阵的场波瓣图为

$$E(\theta, \phi) = \frac{\sin[(a_r \sin \theta)/2]}{(a_r \sin \theta)/2} \frac{\sin[(b_r \sin \phi)/2]}{(b_r \sin \phi)/2} \tag{3}$$

其中

$$a_r = 2\pi a/\lambda$$
$$b_r = 2\pi b/\lambda$$

在图 5.43 中,主瓣最大值沿 $\theta = \phi = 0$ 的方向。式(3)中的 $\theta = 0$ 处位于赤道上,而式(2)中的 $\theta = 0$ 则指向天顶。对于波束相对尖锐的大阵,式(3)中 $\sin \theta \approx \theta$,$\sin \phi \approx \phi$,而式(2)中 $\sin \theta \approx 1$。

假定阵列是单定向的(沿 $-x$ 方向上无场),则式(2)中分母的积分变成

$$\int_{-\pi/2}^{\pi/2} \int_{-\pi/2}^{\pi/2} \frac{\sin^2(\pi a\theta/\lambda)}{(\pi a\theta/\lambda)^2} \times \frac{\sin^2(\pi b\phi/\lambda)}{(\pi b\phi/\lambda)^2} \, d\theta \, d\phi \tag{4}$$

用 $-\infty$ 到 $+\infty$ 取代其积分区间 $-\pi/2$ 到 $+\pi/2$,则式(4)可近似等于 λ^2/ab。所以,具有均匀幅度分布的单定向大矩形边射阵的近似定向性为

$$D = \frac{4\pi ab}{\lambda^2} = 12.6 \times \frac{ab}{\lambda^2} \tag{5}$$

举例来说,对于高 $a = 10\lambda$,长 $b = 20\lambda$ 的边射阵,由式(5)可知其定向性等于 2520 或 34 dB。

5.16 缺源阵和随机阵

在 5.10 节中,曾以五个间距 $\lambda/2$ 的各向同性点源直线阵为例,讨论过几种幅度分布:均匀分布、二项式分布和道尔夫-切比雪夫分布。现仍考虑五源阵,已知其等幅馈电时的波瓣图,如图 5.45(a)[同图 5.29(a)]所示,当撤除其中一个源(幅度减为零)时,波瓣图将会发生什么样的变化? 若撤除的源邻近端点源,其波束宽度基本上不变,但副瓣将抬高且零点被填没,如图 5.45(b)所示;若撤除中心源,则其波束宽度变窄而副瓣更高,如图 5.45(c)所示;若撤除端点源而成为四源阵,与原来的五源阵相比,其波束宽度较大且副瓣稍高,如图 5.45(d)所示,也可以将该图与图 5.20 中 $n = 4$ 和 $n = 5$ 的曲线相比较。

如果阵列的幅度分布是锥削的,如二项式分布[见图 5.27(b)]或道尔夫-切比雪夫分布[见图 5.27(c)],则撤除端点源所带来的影响要弱于均匀幅度阵的情况。

如果故意撤除或不小心丢失了拥有大量点源的阵列中的一个或多个源,阵列波瓣图会发生什么变化? 另一方面,工程师为了减少成本,也需要知道能省略多少个源,以及省略哪些源才不至于过分影响阵列的性能。Lo(1)以及 Maher(1) & Cheng 曾指出:如果将大阵 ($L \gg \lambda$) 中的源从均匀间距改为随机布置,则减少源数不至于过分影响波束宽度,但增益仍正比于阵列的总源数 n;要保持指定的旁瓣电平,存在最小 n 的限制。

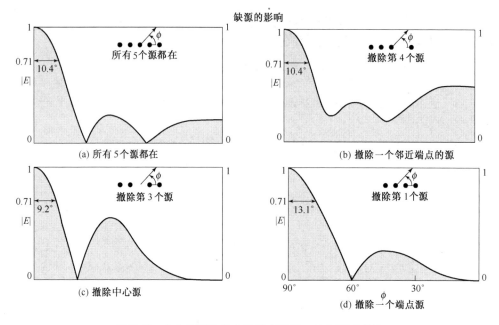

图 5.45　5 个等幅的各向同性点源的 λ/2 间距直线阵

5.17　边射-端射阵与环圈-偶极子的三维阵

假设某直线边射阵的半功率波束宽度(HPBW)近似等于第一零点波束宽度(BWFN)的一半,则由式(2.7.8)和式(5.7.10)可得定向性 D 的近似式

$$D \approx \frac{4\pi}{\theta_{HP}\,\phi_{HP}} = \frac{4\pi nd}{2\pi\lambda} = 2L_\lambda \tag{1}$$

其中, n——源的数目

　　d——源间距离,m

　　λ——波长,m

　　L_λ——阵列长度的波长数(无量纲), $L_\lambda = nd/\lambda = L/\lambda$

边射阵的碟形波瓣图对 θ 为全向性,即 $\theta_{HP} = 2\pi$,假设 $\phi_{HP} = \text{BWFN}/2 = \lambda/nd$,由于 $L_\lambda \gg 1$,故 $L \approx nd$。

根据式(5.7.17),常规端射阵的定向性近似为

$$D \approx 4\pi\frac{nd}{2\lambda} = 2\pi L_\lambda \tag{2}$$

根据式(5.7.23),增强定向性端射阵的定向性近似为

$$D \approx 4\pi\frac{nd}{\lambda} = 4\pi L_\lambda \tag{3}$$

定向性的一般表达式已由式(2.22.9)给出:

$$D = \frac{4\pi A_e}{\lambda^2} \tag{4}$$

其中 A_e 为有效口径,m^2。

如果单定向的方形边射阵或口径具有 100% 的口径效率(均匀口径分布),则

$$A_e = A_p = L^2 \qquad (\mathrm{m}^2)$$

而

$$D = 4\pi L_\lambda^2 \qquad\qquad (5)$$

如果单定向的圆形边射阵或口径具有 100% 的口径效率(均匀口径分布),则

$$D = \pi^2 d_\lambda^2 \qquad\qquad (6)$$

其中 $d_\lambda = d/\lambda$,表示阵列或口径之直径的波长数(无量纲)。

这些定向性的关系汇总于表 5.8,表中给出了半功率波束宽度,以及阵列的长度或直径为 $1 \sim 1000$ 个波长时的定向性数值。

表 5.8　阵列和口径的定向性与波束宽度 *

阵列(或口径)**	定向性公式	定向性(L_λ 或 $d_\lambda =$)				半功率波束宽度
		1	**10**	**100**	**1000**	
边射直线阵 长度 L_λ	$2L_\lambda$	2	20	200	2000	$\dfrac{50.8^\circ}{L_\lambda} \times 360^\circ$
常规端射阵 长度 L_λ	$2\pi L_\lambda$	6.3	63	630	6300	$\dfrac{108^\circ}{\sqrt{L_\lambda}}$
增强定向性端射阵 长度 L_λ	$4\pi L_\lambda$	12.6	126	1260	12 600	$\dfrac{52^\circ}{\sqrt{L_\lambda}}$
方形边射口径 边长 L_λ	$4\pi L_\lambda^2$	12.6	1260	126 000	1.26×10^7	$\dfrac{50.8^\circ}{L_\lambda} \times \dfrac{50.8^\circ}{L_\lambda}$
圆形边射口径 直径 $= d_\lambda$	$\pi^2 d_\lambda^2$	9.9	990	99 000	9.9×10^6	$\dfrac{58^\circ}{d_\lambda}$
常规端射天线的平板阵 天线长 $L_{\lambda E}$*** 平板长 L_λ	$\pi L_\lambda \sqrt{8L_{\lambda E}}$					
同上,但呈方形 $(L_{\lambda E} = L_\lambda)$***	$\pi \sqrt{8L_\lambda^3}$	8.9	281	8900	281 000	
增强定向性端射天线的平板阵 天线长 $L_{\lambda E'}$*** 平板长 L_λ	$4\pi L_\lambda \sqrt{L_{\lambda E'}}$					
同上,但呈方形 $(L_{\lambda E'} = L_\lambda)$***	$4\pi \sqrt{L_\lambda^3}$	12.6	398	12 600	398 000	

* 该定向性对阵列(边射或端射)是近似的,而对口径(方形或圆形)则是严格的。注意,若采用近似公式 $41\,000/\theta^\circ_{HP}\,\phi^\circ_{HP}$ 计算方形或圆形口径的定向性,其结果大于本表中的值。见式 (2.7.8) 和式 (2.7.9) 的近似性讨论。
　假设阵列或口径远大于波长,并具有均匀幅度分布。对于方形或圆形口径,还应假设具有 100% 的口径效率。见正文所包含的其他假定。
　方形或圆形口径的定向性等同于从更普遍的严格关系式 (4) 得到的结果,而后者可应用于任意形状的口径
* L_λ = 阵列长度的波长数
　d_λ = 阵列直径的波长数
　$L_{\lambda E}$ = 常规端射天线长度的波长数
　$L_{\lambda E'}$ = 增强定向性端射天线长度的波长数
*** 波束沿平板的边缘,而不垂直于平板

当阵列尺寸为波长数量级时,增强定向性端射阵与方形边射阵的定向性相当,但前者正比于 L_λ 而后者正比于 L_λ^2。因此,在高定向性时,端射阵需要比边射阵大得多的尺寸。例如,边长为 1000λ 的边射阵具有 12.6×10^6 的高定向性(见表 5.8),而改用端射阵时需要的长度为 10^6(增强定向性型)或 $2 \times 10^6 \lambda$(常规型)。对于如此长的阵列,即使能够实现等幅和适当相位

的馈电,过大的阵列长度在结构上仍然是一个严重的缺陷。显然,在高定向性(高增益)的应用中,一般都会优先选用边射阵或口径。实际边射口径的组成可以是 λ/2 偶极子的阵列,或者是具有单个馈点的抛物面反射镜天线口径,或者是接着将要讨论的中等长度端射天线的边射阵。

用 λ/2 偶极子组成的(间距不大于 λ/2)等幅大口径阵列,若将所有 λ/2 偶极子都换成定向性较大的端射天线,结果得益甚微。但若使每个端射天线都用若干个 λ/2 偶极子取代,反倒产生某些优点。这种用端射天线单元组成的边射阵可称为体阵或三维阵。

设由 144 个点源按 λ/2 间距排成 12×12 的边射阵,其侧视图如图 5.46(a)所示,图中显示了双定向特性。若增设一层相同的边射阵,两层相距 λ/4 ,层间等幅且有 90° 相位差,如图 5.5 所示,可借端射的机理形成单向特性,如图 5.46(b)所示。另一种简单的布置是用适当间距的导电平板反射器或接地平面取代第二层边射阵,如图 5.46(c)所示。

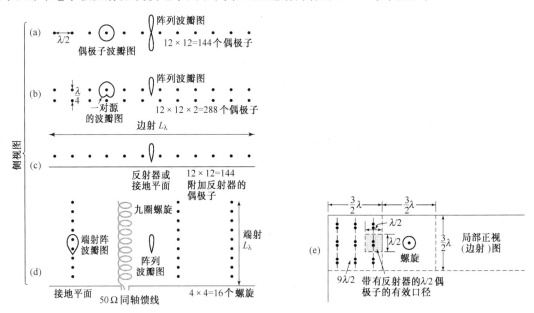

图 5.46　λ/2 偶极子边射阵和三维边射–端射阵的等效。(a) ~ (d)是侧视图,(e)是正视图

λ/2 偶极子的定向性 $D = 1.64$,附加反射器使之倍增为 3.28 ($= 2 \times 1.64$),而等效的有效口径为

$$A_e = \frac{D\lambda^2}{4\pi} = \frac{3.28}{4\pi}\lambda^2 = 0.26\lambda^2 \tag{7}$$

或近似为 $\lambda^2/4$,如图 5.46(e)所示。

该 12×12 的阵列共有 144 个馈电点。若采用具有适当定向性和有效口径的端射阵天线取代一组 λ/2 偶极子单元,可显著减少馈电点。令 9 个 λ/2 偶极子为一组,其有效口径为

$$A_e \approx \left(\frac{3}{2}\right)^2 \lambda^2 = \frac{9}{4}\lambda^2 = 2.25\lambda^2 \tag{8}$$

对于一个增强定向性端射阵,要达到与之相同的有效口径,其定向性应为

$$D(要求) = \frac{4\pi A_e}{\lambda^2} = 4\pi \times 2.25 = 28.3 \tag{9}$$

为此,要求增强定向性端射阵的长度为

$$L(\text{要求}) = \frac{D(\text{要求})\lambda}{4\pi} = \frac{4\pi \times 2.25\lambda}{4\pi} = 2.25\lambda \tag{10}$$

一种符合上述要求的有效的端射阵是九圈单绕的轴向模螺旋天线(见第 8 章),其直径为 λ/π,圈间的节距为 $\lambda/4$,长度为 $L = 9 \times \lambda/4 = 2.25\lambda$。这种端射天线具有非凡的性能,即增强定向性,宽频带(覆盖超过 $2:1$),以及相邻螺旋间非常弱的互耦。它的一端穿过接地平面由 50 Ω 或具有其他阻抗值的同轴传输线馈电,如图 5.27(d)所示。

如果用每个九圈螺旋取代九个 $\lambda/2$ 偶极子,则用 $16(= 144/9)$ 个螺旋就可以取代 144 个 $\lambda/2$ 偶极子的边射阵,这就减少了馈电系统的复杂性,并为阵列提供了宽频带工作的可能。整个阵列的有效口径是 $6\lambda \times 6\lambda = 36\lambda^2$,因此定向性

$$D = 4\pi \times 36 = 452 \text{ (或 26.6 dBi)} \tag{11}$$

可进一步将 16 个九圈螺旋用四个 36 源端射阵(36 圈螺旋)来代替。最后,这四个螺旋还可以被单个 144 源端射阵(144 圈螺旋)所代替。这个长度达 36λ 的螺旋是不实际的,其紧凑性还不如由若干短螺旋构成的阵列。归纳起来有下列情况:

1. 12×12 个背后带有反射器的 $\lambda/2$ 偶极子阵　　　　　　$12 \times 12 = 144$ 个点源
2. 4×4 个九圈螺旋端射阵　　　　　　　　　　　　　　　$4 \times 4 \times 9 = 144$ 个点源
3. 2×2 个 36 圈螺旋端射阵　　　　　　　　　　　　　　$2 \times 2 \times 36 = 144$ 个点源
4. 单个 144 圈螺旋端射阵　　　　　　　　　　　　　　　　$1 \times 144 = 144$ 个点源

上例中每圈螺旋(作为一个端射点源)有着与带反射器的 $\lambda/2$ 偶极子(作为一个边射点源)相同的定向性,但两者的极化不同(螺旋是圆极化而偶极子为线极化)。

可见,对于恒定的定向性和有效口径,无论源被布置成等幅的平整边射阵,还是三维边射端射阵,所需点源的个数都是恒定的。虽然上例中的恒定定向性和有效口径不能完全照搬用于所有的三维阵,但该例所说明了这样的原理:若给定源的个数,则各种形状可产生相似的(如果不是等同的)定向性和有效口径。

另一种边射–端射的组合是由仅有一行端射天线(螺旋)的直线阵构成的平面阵,如图 5.46(d)所示(在沿垂直于纸面的方向不再叠加其他阵列),它在一个平面内的波束宽度取决于边射长度 L_λ,而在另一平面内取决于端射长度 $L_{\lambda E}$(常规端射)或 $L_{\lambda E'}$(增强定向性端射)。

常规端射情况的定向性为

$$D(\text{常规}) = \pi L_\lambda \sqrt{8 L_{\lambda E}} \tag{12}$$

若 $L_\lambda = L_{\lambda E}$(方板阵),则

$$D(\text{常规}) = \pi \sqrt{8 L_\lambda^3} \tag{13}$$

增强定向性端射情况的定向性为

$$D(\text{增强定向性}) = 4\pi L_\lambda \sqrt{L_{\lambda E'}} \tag{14}$$

若 $L_\lambda = L_{\lambda E'}$(方板阵),则

$$D(\text{增强定向性}) = 4\pi \sqrt{L_\lambda^3} \tag{15}$$

这些关系已归纳于表 5.8。

由 Kraus 设计并建造于 1951 年的大型三维阵中的端射天线,是早期应用的实例。共有 96

个 11 圈单绕螺旋,等效为 1056 个带反射器的 λ/2 偶极子所构成的边射阵。该边射阵具有非常宽的频带(频率覆盖为 2∶1)且馈电简单。

5.18 n 个各向同性点源的等幅等间距阵的最(极)大方向

在讨论了阵列的定向性、波束宽度、旁瓣电平等波瓣图参量之后,下面讨论波瓣图最(极)大值的定向方法。通常,主瓣最大值发生在 $\psi = 0$ 的情况下,边射阵或常规端射阵都是如此。边射阵的主瓣指向 $\phi = 90°$ 和 $\phi = 270°$;而常规端射阵的主瓣至少指向 $\psi = 0°$ 和 $180°$ 中的一个。增强定向性端射阵的主瓣最大值条件为 $\psi = \pm\pi/n$,主瓣指向仍沿 $0°$ 或 $180°$。参考图 5.24(a),最大主瓣发生在式(5.6.8)中分子的第一个最大值处。

副瓣的极大值落在第一零点与较高次零点之间。Schelkunoff 曾指出,这些极大值近似地发生在式(8)中分子的最大值附近,即条件为

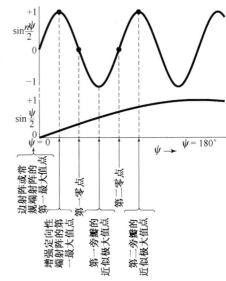

$$\sin\frac{n\psi}{2} = 1 \tag{1}$$

参考图 5.47,注意,式(5.6.8)中分子随 ψ 的变化要比分母 $\sin(\psi/2)$ 快得多,尤其是当 n 很大时。所以,虽然零点准确地发生在 $\sin(n\psi/2) = 0$ 处,极大值点也只是近似地符合 $\sin(n\psi/2) = 1$。该条件要求

$$\frac{n\psi}{2} = \pm(2K + 1)\frac{\pi}{2} \tag{2}$$

其中 $K = 1, 2, 3, \cdots$。

将式(2)中得到的 ψ 值代入式(5.6.2),得到

$$d_r \cos\phi_m + \delta = \frac{\pm(2K + 1)\pi}{n} \tag{3}$$

所以

$$\phi_m \approx \arccos\left\{\left[\frac{\pm(2K + 1)\pi}{n} - \delta\right]\frac{1}{d_r}\right\} \tag{4}$$

其中 $\phi_m =$ 副瓣的极大值方向。

图 5.47 阵因子的分子 $\sin(n\psi/2)$ 和分母 $\sin(\psi/2)$ 作为 ψ 之函数的曲线图,指出了 $n = 8$ 的场波瓣图中与最(极)大的点和零点相对应的 ψ 值

对于边射阵,$\delta = 0$,式(4)变成

$$\phi_m \approx \arccos\frac{\pm(2K + 1)\lambda}{2nd} \tag{5}$$

例如,图 5.21 所示的波瓣图($n = 4, d = \lambda/2, \delta = 0$)上的副瓣极大值发生在

$$\phi_m \approx \arccos\frac{\pm(2K + 1)}{4} \tag{6}$$

只能取 $K = 1$,得 $\phi_m = \pm 41.4°$ 和 $\pm 138.6°$,这就是该波瓣图中四个副瓣极大值的近似方向。

对于常规端射阵,$\delta = -d_r$,式(4)变成

$$\phi_m \approx \arccos\left[\frac{\pm(2K + 1)\lambda}{2nd} + 1\right] \tag{7}$$

对于增强定向性端射阵,$\delta = -(d_r + \pi/n)$,式(4)变成

$$\phi_m \approx \arccos\left\{\frac{\lambda}{2nd}[1 \pm (2K+1)] + 1\right\} \tag{8}$$

上述副瓣极大值点位置的公式见表 5.9（$K = 1$ 为第一副瓣，$K = 2$ 为第二副瓣，依次类推）。

表 5.9　n 个各向同性点源等幅等间距直线阵的副瓣极大值点方向

阵列类型	副瓣极大点的方向
一般	$\phi_m \approx \arccos\left\{\left[\frac{\pm(2K+1)\pi}{n} - \delta\right]\frac{1}{d_r}\right\}$
边射	$\phi_m \approx \arccos\dfrac{\pm(2K+1)\lambda}{2nd}$
常规端射	$\phi_m \approx \arccos\left[\dfrac{\pm(2K+1)\lambda}{2nd} + 1\right]$
增强定向性端射 (Hansen & Woodyard) 其中 $K = 1, 2, 3, \cdots$	$\phi_m \approx \arccos\left\{\dfrac{\lambda}{2nd}[1 \pm (2K+1)] + 1\right\}$

Schelkunoff 还指出，由于式(5.6.9)的分子在副瓣极大值点处近似等于 1，因此，副瓣极大值的相对幅度 E_{ML} 为

$$E_{\mathrm{ML}} \approx \frac{1}{n\sin(\psi/2)} \tag{9}$$

将式(2)的 ψ 值代入式(9)，得到

$$E_{\mathrm{ML}} \approx \frac{1}{n\sin[(2K+1)\pi/2n]} \tag{10}$$

对于由大量源所构成阵列的前几个副瓣($n \gg K$)，上式还可以进一步简化成

$$E_{\mathrm{ML}} \approx \frac{2}{(2K+1)\pi} \tag{11}$$

在边射或常规端射的大阵波瓣图中，主瓣最大值为 1，于是前几个副瓣的相对幅度约为 $\{1, 0.21, 0.13, 0.09, 0.07, 0.06, \cdots\}$。此外，从图 5.20 中 $n = 20$ 的曲线所对应副瓣的相对幅度为 $\{1, 0.22, 0.13, 0.09, 0.07, 0.06, \cdots\}$，仅第一旁瓣有略微的差异。在增强定向性端射的大阵波瓣图中，$n = 20$ 的主瓣 $\phi = 0$ 发生在 $\psi = \pi/20 = 9°$ 时，对应的阵因子值为 0.63；各副瓣极大值对主瓣的相对幅度则提升为 $\{1, 0.35, 0.21, 0.14, 0.11, 0.09, \cdots\}$。

对于由大量源所构成阵列的最小副瓣，其极大点值发生在 $2K + 1 = n$ 时，即 $\psi = 180°$ 或

$$\sin\left[\frac{(2k+1)\pi}{2n}\right] = 1 \tag{12}$$

而

$$E_{\mathrm{ML}} \approx \frac{1}{n} \tag{13}$$

该奇数 n 源阵只能在 $\psi = 180°$ 时严格满足条件 $2K + 1 = n$（见图 5.26），而偶数 n 源阵则只能在 $\psi = 180°$ 时近似满足该条件。可见，由 n 个各向同性点源组成的等幅等间距直线阵，其最小副瓣的极大值相对幅度不会小于 $1/n$。例外的情况是 ψ 的变化范围稍稍越过阵因子的某一零点，但尚未到达下一个零点，这种情况下的最小副瓣极大值可以任意地小。

参考文献

Born, Max (1): *Optik,* Springer-Verlag, 1933.

Brown, G. H. (1): "Directional Antennas," *Proc. IRE,* **25,** January 1937.

Dolph, C. L. (1): "A Current Distribution for Broadside Arrays Which Optimizes the Relationship between Beam Width and Side-Lobe Level," *Proc. IRE, 34,* no. 6, 335–348, June 1946.

Hansen, W. W. (1), and J. R. Woodyard: "A New Principle in Directional Antenna Design," *Proc. IRE, 26,* 333–345, March 1938.

Huygens, C. (1): *Traité de la Lumière,* Leyden, 1690.

Kraus, J. D. (1): *Radio Astronomy,* 2d ed., Cygnus-Quasar Books, 1986.

Lo, Y. T. (1): "A Probabilistic Approach to the Design of Large Antenna Arrays," *IEEE Trans. Ants. Prop.,* **AP-11,** 95–96, 1963.

Maher, T. M. (1), and D. K. Cheng: "Random Removal of Radiators from Large Linear Arrays," *IEEE Trans. Ants. Prop.,* **AP-11,** 106–112, 1963.

Riblet, H. J. (1): *Proc. IRE,* no. 5, 489–492, May 1947.

Schelkunoff, S. A. (1): *Electromagnetic Waves,* p. 342, Van Nostrand, New York, 1943.

Schelkunoff, S. A. (2): *Electromagnetic Waves,* p. 343, Van Nostrand, New York, 1943.

Schelkunoff, S. A. (3): "A Mathematical Theory of Arrays," *Bell System Tech. J., 22,* 80–107, January 1943*c.*

Smith, C. E. (1): *Directional Antennas,* Cleveland Institute of Radio Electronics, Cleveland, Ohio, 1946.

Sommerfeld, Arnold (1): "Theorie der Beugung," in Frank and von Mises (eds.), *Differential und Integralgleichungen der Mechanik und Physik,* Vieweg, 1935.

Stone, John Stone (1): U.S. Patents 1,643,323 and 1,715,433.

Stratton, J. A. (1): *Electromagnetic Theory,* p. 451, McGraw-Hill, New York, 1941.

Terman, F. E. (1): *Radio Engineers' Handbook,* p. 804, McGraw-Hill, New York, 1943.

Wolff, Irving (1): "Determination of the Radiating System Which Will Produce a Specified Directional Characteristic," *Proc. IRE,* **25,** 630–643, May 1937.

习题

5.8.1 **三个不等幅源**。设有三个各向同性点源按间距 $\lambda/4$ 排成一线,中间源的幅度为两端点源的 3 倍;三个源的相位依次为 $+90°,0°,-90°$。绘出其归一化场波瓣图的曲线。

5.8.2 **长边射阵**。记 $L_\lambda = L/\lambda =$ 直线阵长度的波长数,证明很长的均匀边射直线阵的半功率波束宽度等于(未进行近似)$50.8°/L_\lambda$。

5.8.3 **两源阵的相位中心**。设有两个各向同性点源构成的阵列,其中一个点源位于原点,另一个位于 $x = \lambda/2$ 处,前者的幅度为后者的 2 倍。试求该阵列相位中心的位置。取 $\phi = 0$ 为边射方向。

5.8.4* **四源边射阵**。设有四个等同的各向同性点源组成间距 $5\lambda/8$ 的同相边射直线阵,取 $\phi = 0$ 为边射方向。(a)推导等幅情况下 $E(\phi)$ 的表达式;(b)绘出(近似)其归一化场波瓣图($0° \leqslant \phi \leqslant 360°$);(c)若幅度按二项式系数分布,重复(a)和(b)的内容。

5.8.5 **二项式分布**。试利用图乘法原理来说明二项式幅度分布的直线阵没有旁瓣。

5.8.6 **二项式阵波瓣图**。设有七个各向同性点源的二项式阵。(a)计算并绘出其场波瓣图;(b)求该阵的半功率波束宽度;(c)利用式(2.7.9)估算其定向性。

5.8.7 **杂散因子和定向增益**。主波束立体角 Ω_M 与(总的)波束立体角 Ω_A 之比为主波束效率;副瓣立体角 Ω_m 与(总的)波束立体角 Ω_A 之比为杂散因子,服从关系 $\Omega_m/\Omega_A + \Omega_M/\Omega_A = 1$;定向增益等于定向性乘以归一化功率波瓣图 $[=DP_n(\theta,\phi)]$,是最大值等于 D 的方向角之函数。试证明沿高定向性天线所有副瓣的平均定向增益近似等于其杂散因子。

5.9.1 **切比雪夫 $T_3(x)$ 和 $T_6(x)$**。(a)计算并绘出以 $\cos\theta$ 为 x 轴($-1 \leqslant x \leqslant +1$),$\cos 3\theta$ 为 y 轴的曲线,并

与 $T_3(x)$ 的曲线进行比较;(b) 计算并绘出以 $\cos\theta$ 为 x 轴($-1 \leqslant x \leqslant +1$),$\cos 6\theta$ 为 y 轴的曲线,并与 $T_6(x)$ 的曲线进行比较。

5.9.2* **三源阵**。设三个各向同性点源组成间距为 $\lambda/2$ 的直线阵,令中间源的幅度为1,若按旁瓣与主瓣幅度之比为 0.1 的要求设计道尔夫-切比雪夫分布,则端点源的幅度应是多少?

5.9.3* **五源道尔夫-切比雪夫分布**。设五个同相的各向同性点源组成间距 $\lambda/2$ 的边射直线阵,取 $\phi = 0$ 为边射方向,要求其旁瓣电平低于 -20 dB 。(a) 按最小波束宽度设计道尔夫-切比雪夫电流分布;(b) 求所有零点和副瓣极大值点的位置;(c) 绘出其(近似)归一化场波瓣图($0° \leqslant \phi \leqslant 360°$);(d) 求其半功率波束宽度。

5.9.4 **八源道尔夫-切比雪夫分布**。设八个同相的各向同性点源组成间距 $\lambda/4$ 的边射直线阵,取 $\phi = 0$ 为边射方向,要求其旁瓣电平低于 -40 dB 。(a) 按最小波束宽度设计道尔夫-切比雪夫电流分布;(b) 求所有零点和副瓣极大值点的位置;(c) 绘出其(近似)归一化场波瓣图($0° \leqslant \phi \leqslant 360°$);(d) 求其半功率波束宽度。

5.9.5* **道尔夫-切比雪夫六源阵**。为六源边射阵分别设计 $R = 5, 7, 10$ 的道尔夫-切比雪夫分布,并解释其变化。

5.9.6* **五源阵**。设五个等同的各向同性点源按间距 $d(\leqslant \lambda/2)$ 排成直线阵,其相位按 δ 依次递增。(a) 试写出其场波瓣图的表达式;(b) δ 应为多少,阵列才能成为边射阵;(c) 在此边射情况下,怎样的幅度分布才能实现:(1) 最大定向性;(2) 无副瓣;(3) 副瓣的幅度等于主瓣。

5.12.1* **矩形电流片**。设在尺度为 $10\lambda \times 20\lambda$ 的矩形片载有均匀密度(等幅、同相且同向)的电流。(a) 计算并绘出在两个与该片正交之主平面上的波瓣图;(b) 估算其近似定向性。

5.12.2 **连续阵,可变相速**。用长度为 L 的连续阵取代图 5.18 中的离散源的阵,仍如习题5.6.8 那样馈电。(a) 证明沿连续阵每单位距离存在任意相位滞后 δ' 的一般情况下,可用式(5.12.18)表示其远扬,但其中 $\psi' = L_r \cos\phi - \delta'L = L_r[\cos\phi - (1/p)]$,$p = v/c$ 与习题 5.6.8 相同。(b) 证明在习题 5.6.8 中所考虑的四种情况下,p 值仍相同,只是在增强定向性端射阵情况下需改写成 $p = 1/[1 + (1/2L_\lambda)]$。

5.17.1* **24 源端射阵**。设 24 个各向同性点源组成间距 $\lambda/2$ 的均匀直线阵,具有常规端射条件的相位差 $\delta = -\pi/2$ 。试严格计算:(a) 半功率波束宽度;(b) 第一旁瓣电平;(c) 波束立体角;(d) 波束效率;(e) 定向性;(f) 有效口径。

5.18.1* **两个同相源**。设两个等幅同相的各向同性点源间距为 2λ 。(a) 绘出场波瓣图的曲线;(b) 作表列出其最(极)大辐射方向和零辐射方向的角度。

5.18.2 **两个反相源**。设两个等幅反相的各向同性点源间距为 1.5λ ,找出其所有的最(极)大辐射方向和零辐射方向的角度。

5.18.3 **均匀阵的波束宽度与增益**。设 4, 16, 48 个各向同性点源组成相距 $\lambda/2$ 的均匀直线阵,旁瓣电平为 -15 dB 。试利用计算机程序 ARRAYPATGAIN 求出每一种阵列的:(a) 半功率波束宽度;(b) 增益 (dBi)。

注:习题中涉及的计算机程序,见附录 C。

第6章 电偶极子和细直天线

本章包含下列主题：

- 短电偶极子的场
- 短电偶极子的辐射电阻
- 细直天线：$\lambda/2, \lambda, 3\lambda/2$
- $\lambda/2$ 偶极子的辐射电阻
- 两个 $\lambda/2$ 偶极子的阵列
- 边射、端射和密排阵
- 非电流最大点的辐射电阻
- 行波天线

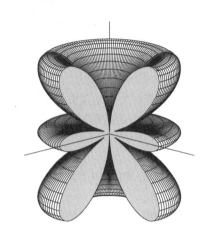

6.1 短电偶极子

因为任何直天线都可认为是由大量很短的导体串接而成的，所以需要首先阐明短导体的辐射性能，然后再研究实际使用的长直导体。短的直导体通常称为短偶极子，尽管很短但仍是有限长度的。对于短而趋零的情况，则称无限小偶极子。

考虑图 6.1(a) 所示的短电偶极子，其长度 L 远小于波长 $(L \ll \lambda)$，其两头有一对端板提供电容加载。由于长度较短及电容板的作用，使偶极子上的电流 I 沿长度 L 呈均匀分布。该偶极子由平衡的传输线馈电。假设不辐射的传输线可不予考虑，电容板的辐射也可以忽略，且偶极子的直径 d 远小于其长度 $(d \ll L)$。于是，为了便于分析，将电偶极子处理成图 6.1(b) 所示的长度为 L、载有均匀电流 I 和末端电荷 q 的细导体，其电流与电荷之间存在关系

$$\frac{dq}{dt} = I \qquad (1)$$

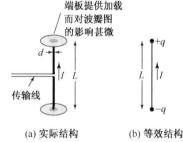

图 6.1 短电偶极子天线

6.2 短电偶极子的场

设在 z 轴上有长度为 L 的偶极子，其中心与原点重合，如图 6.2 所示。设包围偶极子的媒质是空气或真空，求在任意点处电场分量 E_r, E_θ 和 E_ϕ 的表达式。

在分析天线或辐射系统时，波从源点到场点的传播时间是极其重要的。图 6.3 中说明偶极子上各点的电流并非同时作用于场点 P，而是存在着由射

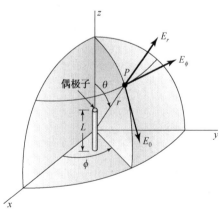

图 6.2 偶极子与坐标系

径与距离 r 之差引起的时延。在第 5 章中讨论点源阵的波瓣图时,读者已对此有所认识,这里将更详细地描述这种滞后效应。

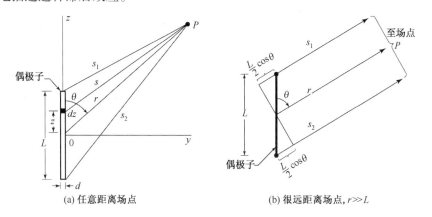

图 6.3　短偶极子的几何关系

相应地,将电流 I 表示成瞬时形式[①]

$$I = I_0 e^{j\omega t} \tag{1}$$

该电流的瞬时传播效应可采用洛伦兹(Lorentz)的传播(或滞后)时间表示法,写成

$$[I] = I_0 e^{j\omega[t-(r/c)]} \tag{2}$$

其中 $[I]$ 称为滞后电流。时间滞后 r/c 导致相位滞后 $\omega r/c = 2\pi f\, r/c$(弧度)$= 360°t/T$,这里 $T = 1/f = $ 一个周期所历经的时间(s),$f = $ 频率(Hz,等于每秒的周期数)。式(2)中所加的方括号表明该量是电流的滞后效应。

式(2)说明了这样的事实:在距离电流元 r 处,时刻 t 的电场波动是由先前时刻 $t - r/c$ 的电流 $[I]$ 所造成的,而 r/c 则是波以光速($= 300\ \text{Mm s}^{-1}$)行进距离 r 所历经的时间间隔。

偶极子所产生的电场和磁场可分别展开成矢量位与标量位。由于这里不仅要讨论偶极子附近的场,还会涉及与偶极子相距远大于波长处的场,故必须用到滞后位,即表达其中含有 $t - r/c$。对于如图 6.2 或图 6.3(a)所示的偶极子,电流的滞后矢量位只有一个分量 A_z,其值为

$$A_z = \frac{\mu_0}{4\pi} \int_{-L/2}^{L/2} \frac{[I]}{s}\, dz \tag{3}$$

其中 $[I]$ 是滞后电流

$$[I] = I_0 e^{j\omega[t-(s/c)]} \tag{3a}$$

在式(3)和式(3a)中,z 为原点至导体上一点的距离,I_0 为电流的时间峰值(沿偶极子均匀分布),μ_0 为自由空间的磁导率,$\mu_0 = 4\pi \times 10^{-7}\ \text{H m}^{-1}$。

若场点与偶极子相距远大于其长度($r \gg L$),且波长也远大于其长度($\lambda \gg L$),可令 $s = r$ 而忽略导体不同部分所贡献场的相位差异,则式(3)中的被积函数可认为是常数,积分结果变为

$$A_z = \frac{\mu_0 L I_0 e^{j\omega[t-(r/c)]}}{4\pi r} \tag{4}$$

---

① 假设实际电流取因子 $e^{j\omega t}$ 的实部($\cos\omega t$)或虚部($\sin\omega t$)。

类似地,电荷分布的滞后标量位 V 可写成

$$V = \frac{1}{4\pi\,\varepsilon_0} \int_V \frac{[\rho]}{s}\, d\tau \tag{5}$$

其中$[\rho]$是滞后电荷密度

$$[\rho] = \rho_0 \mathrm{e}^{j\omega[t-(s/c)]} \tag{6}$$

而 $d\tau$ 为无限小的体积单元,ε_0 为自由空间的介电常数,$\varepsilon_0 = 8.85 \times 10^{-12}\ \mathrm{F\,m^{-1}}$。

由于偶极子情况下,电荷集中在如图6.1(b)所示的端点区域,式(5)可简化成

$$V = \frac{1}{4\pi\,\varepsilon_0} \left\{ \frac{[q]}{s_1} - \frac{[q]}{s_2} \right\} \tag{7}$$

由式(6.1.1)和式(3a),有

$$[q] = \int [I]\, dt = I_0 \int \mathrm{e}^{j\omega[t-(s/c)]}\, dt = \frac{[I]}{j\omega} \tag{8}$$

将此式代入式(7),得

$$V = \frac{I_0}{4\pi\,\varepsilon_0 j\omega} \left[\frac{\mathrm{e}^{j\omega[t-(s_1/c)]}}{s_1} - \frac{\mathrm{e}^{j\omega[t-(s_2/c)]}}{s_2} \right] \tag{9}$$

参照图6.3(b),当 $r \gg L$ 时,连接偶极子端点与场点 P 的直线可认为是平行的,其长度分别为

$$s_1 = r - \frac{L}{2}\cos\theta \tag{10}$$

和

$$s_2 = r + \frac{L}{2}\cos\theta \tag{11}$$

将式(10)和式(11)代入式(9)(电场的位函数展开式),可推出短电偶极子的电场表达式

短电偶极
子的电场
$$E_r = \frac{I_0 L \cos\theta\, \mathrm{e}^{j\omega[t-(r/c)]}}{2\pi\,\varepsilon_0} \left(\frac{1}{cr^2} + \frac{1}{j\omega r^3} \right) \tag{12}$$
一般情况
$$E_\theta = \frac{I_0 L \sin\theta\, \mathrm{e}^{j\omega[t-(r/c)]}}{4\pi\,\varepsilon_0} \left(\frac{j\omega}{c^2 r} + \frac{1}{cr^2} + \frac{1}{j\omega r^3} \right) \tag{13}$$

其中利用了关系 $\mu_0\varepsilon_0 = 1/c^2$,而 c 为光速。

下面考虑磁场,它正比于 A 的旋度演算

$$\nabla \times \mathbf{A} = \frac{\hat{\mathbf{r}}}{r\sin\theta} \left[\frac{\partial(\sin\theta)A_\phi}{\partial\theta} - \frac{\partial(A_\theta)}{\partial\phi} \right] + \frac{\hat{\theta}}{r\sin\theta} \left[\frac{\partial A_r}{\partial\phi} - \frac{\partial(r\sin\theta)A_\phi}{\partial r} \right] $$
$$+ \frac{\hat{\phi}}{r} \left[\frac{\partial(rA_\theta)}{\partial r} - \frac{\partial A_r}{\partial\theta} \right] \tag{14}$$

其中第一、四项因 $A_\phi = 0$ 而为零,第二、三项因 A_r 和 A_θ 都与 ϕ 无关也等于零。于是只留下最后两项,故 $\nabla \times A$ 从而 $\mathbf{H}$ 也只有 ϕ 分量,即

短电偶极
子的磁场
$$|\mathbf{H}| = H_\phi = \frac{I_0 L \sin\theta\, \mathrm{e}^{j\omega[t-(r/c)]}}{4\pi} \left(\frac{j\omega}{cr} + \frac{1}{r^2} \right) \tag{15}$$
一般情况
$$H_r = H_\theta = 0 \tag{16}$$

因此,电偶极子的场共有三个分量 E_r,E_θ 和 H_ϕ,而分量 E_ϕ,H_r 和 H_θ 处处为零。对于 r 非常大的场点,式(12),式(13)和式(15)中的 $1/r^2$ 和 $1/r^3$ 项相比于 $1/r$ 项可以忽略,故远场的 $E_r \approx 0$,因此只有两个有效的场分量 E_θ 和 H_ϕ,即

电场　　　　$E_\theta = \dfrac{j\omega I_0 L \sin\theta\, \mathrm{e}^{j\omega[t-(r/c)]}}{4\pi\varepsilon_0 c^2 r} = j\,\dfrac{I_0\beta L}{4\pi\varepsilon_0 cr}\sin\theta\, \mathrm{e}^{j\omega[t-(r/c)]}$　　　　　　　　　(17)

短电偶极
子的磁场　$H_\phi = \dfrac{j\omega I_0 L \sin\theta\, \mathrm{e}^{j\omega[t-(r/c)]}}{4\pi cr} = j\,\dfrac{I_0\beta L}{4\pi r}\sin\theta\, \mathrm{e}^{j\omega[t-(r/c)]}$　　　　远场情况　　(18)

取 E_θ 对 H_ϕ 的比值,可得

$$\frac{E_\theta}{H_\phi} = \frac{1}{\varepsilon_0 c} = \sqrt{\frac{\mu_0}{\varepsilon_0}} = \mathbf{376.7\ \Omega} \qquad\qquad 空间阻抗 \qquad (19)$$

这就是**自由空间的本征阻抗**(纯电阻),一个非常重要的常数。

　　比较式(17)和式(18),注意到远场的 E_θ 和 H_ϕ 在时间上同相,波瓣图都正比于 $\sin\theta$ 而独立于 ϕ。其立体波瓣图呈饼圈形,由图 6.4(a)的图形绕偶极子的轴回转而成。参阅式(12)、式(13)和式(15)的近场表达式,注意到 r 很小时电场的两个分量 E_r 和 E_θ 都在时间上与磁场的相位正交,这就类似于一只谐振器。在中等距离上,E_θ 和 E_r 在时

偶极子　　　　　　　　　偶极子

(a) E_θ 和 H_ϕ 分量的近场与远场　　(b) E_r 分量的近场

图 6.4　短电偶极子的波瓣图

间上近乎相位正交,合成的总电场矢量在平行于传播方向的平面中旋转,呈现交叉场的现象。对于 E_θ 和 H_ϕ 分量,近场波瓣图与远场波瓣图相同,都正比于 $\sin\theta$,如图 6.4(a)所示。而 E_r 的近场波瓣图却正比于 $\cos\theta$,如图 6.4(b)所示,其立体波瓣图由此图绕偶极子的轴回转而成。

　　现考虑频率非常低的准静态或直流情况,由于

$$[I] = I_0 \mathrm{e}^{j\omega[t-(r/c)]} = j\omega[q] \qquad\qquad (20)$$

故式(12)和式(13)可改写成

$$E_r = \frac{[q]L\cos\theta}{2\pi\varepsilon_0}\left(\frac{j\omega}{cr^2} + \frac{1}{r^3}\right) \qquad\qquad (21)$$

和

$$E_\theta = \frac{[q]L\sin\theta}{4\pi\varepsilon_0}\left(-\frac{\omega^2}{c^2 r} + \frac{j\omega}{cr^2} + \frac{1}{r^3}\right) \qquad\qquad (22)$$

则式(15)所给出的磁场为

$$H_\phi = \frac{[I]L\sin\theta}{4\pi}\left(\frac{j\omega}{cr} + \frac{1}{r^2}\right) \qquad\qquad (23)$$

　　在低频情况下 ω 趋于零,分子中凡含有因子 ω 的项都可以忽略,还可有

$$[q] = q_0 \mathrm{e}^{j\omega[t-(r/c)]} = q_0 \qquad\qquad (24)$$

且

$$[I] = I_0 \qquad\qquad (25)$$

于是,准静态情况或直流情况下的场分量从式(21)、式(22)和式(23)变为(在条件 $r \gg L$ 的限制下)

$$E_r = \frac{q_0 L\cos\theta}{2\pi\varepsilon_0 r^3} \qquad\qquad (26)$$

短电偶极子的
电场和磁场　　　$E_\theta = \dfrac{q_0 L\sin\theta}{4\pi\varepsilon_0 r^3}$　　　　　　低频情况　　(27)

$$H_\phi = \frac{I_0 L\sin\theta}{4\pi r^2} \qquad\qquad (28)$$

该电场表达式,即式(26)和式(27),等同于静电学中一对相距 L 的点电荷 $+q_0$ 和 $-q_0$ 所产生的场。而磁场表达式(28),则是稳态或慢变化的短电流段所产生磁场的毕奥–萨伐尔(Biot-Savart)关系式。由于准静态情况的这些场分量都随 $1/r^2$ 或 $1/r^3$ 减小,因此都被限制在偶极子附近,所以可以忽略其辐射。在一般表达式,即式(21)、式(22)和式(23)中,含 $1/r$ 的项则是远场辐射应考虑的主要成分。

上述短电偶极子的场分量表达式见表 6.1。

表 6.1　短电偶极子的场分量[*]

分量	一般表达式	远场	准静态
E_r	$\dfrac{[I]L\cos\theta}{2\pi\varepsilon_0}\left(\dfrac{1}{cr^2}+\dfrac{1}{j\omega r^3}\right)$	0	$\dfrac{q_0 L\cos\theta}{2\pi\varepsilon_0 r^3}$
E_θ	$\dfrac{[I]L\sin\theta}{4\pi\varepsilon_0}\left(\dfrac{j\omega}{c^2 r}+\dfrac{1}{cr^2}+\dfrac{1}{j\omega r^3}\right)$	$\dfrac{[I]Lj\omega\sin\theta}{4\pi\varepsilon_0 c^2 r}=\dfrac{j60\pi[I]\sin\theta}{r}\dfrac{L}{\lambda}$	$\dfrac{q_0 L\sin\theta}{4\pi\varepsilon_0 r^3}$
H_ϕ	$\dfrac{[I]L\sin\theta}{4\pi}\left(\dfrac{j\omega}{cr}+\dfrac{1}{r^2}\right)$	$\dfrac{[I]Lj\omega\sin\theta}{4\pi cr}=\dfrac{j[I]\sin\theta}{2r}\dfrac{L}{\lambda}$	$\dfrac{I_0 L\sin\theta}{4\pi r^2}$

[*] 限制条件为 $r\gg L$ 和 λ。表内各量都用SI单位,如 $E(\text{V m}^{-1})$, $H(\text{A m}^{-1})$, $I(\text{A})$, $r(\text{m})$ 等。$[I]$ 得自式(20)。短电偶极子的另外三个场分量处处为零, $E_\phi = H_r = H_\theta = 0$

令　　$|A|=\dfrac{1}{2r_\lambda}$

　　　$|B|=\dfrac{1}{4\pi r_\lambda^2}$

　　　$|C|=\dfrac{1}{8\pi^2 r_\lambda^3}$

表示 E_θ 的三个分项,它们随距离的变化如图 6.5 所示。当 r_λ 大于弧度距离 $1/2\pi$ 时,电场以 A 项为主。而当 r_λ 小于弧度距离时,电场以 C 项为主。而在弧度距离上只有 B 项的贡献($=\pi$),因为此时虽有 $|A|=|B|=|C|=\pi$,但 A 和 C 两项恰好反相抵消。

对于 $\theta=90°$ (垂直于偶极子的 xy 平面)的特殊情况,当 $r_\lambda \gg 1/2\pi$ 时,有

$$|H_\phi|=\frac{I_0 L_\lambda}{2r}\qquad(\text{A m}^{-1})\qquad(29)$$

而当 $r_\lambda \ll 1/2\pi$ 时,有

$$|H_\phi|=\frac{I_0 L}{4\pi r^2}\qquad(30)$$

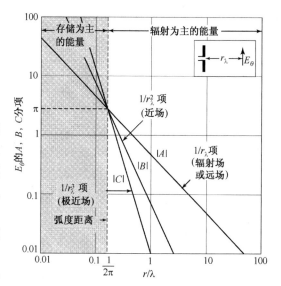

图 6.5　短电偶极子 E_θ 分项的大小随距离的(r/λ)变化。在弧度距离($r/\lambda=1/2\pi$)处各分项的大小都等于 π 。较远距离以辐射能量为主,较近距离以存储能量为主

式(30)与垂直于载有直流的短导体的磁场关系式等同。于是,载有直流的无限直导体在任何距离 r 处产生的磁场,可由对式(30)的积分得出:

$$H_\phi=\frac{I_0}{2\pi r}\qquad\qquad\qquad(31)$$

这就是安培定律。

值得注意的是,振荡的半波长偶极子的远场,在赤道平面($\theta=90°$)内所产生磁场的大小

也与式(31)(安培定律)相同。这里假设了该半波长偶极子上的电流为正弦律分布,这将在6.4 节中详细讨论。

重新安排表6.1中短电偶极子的三个场分量,有

$$E_r = \frac{[I]L_\lambda Z \cos\theta}{\lambda}\left[\frac{1}{2\pi r_\lambda^2} - j\frac{1}{4\pi^2 r_\lambda^3}\right] \tag{32}$$

$$E_\theta = \frac{[I]L_\lambda Z \sin\theta}{\lambda}\left[j\frac{1}{2r_\lambda} + \frac{1}{4\pi r_\lambda^2} - j\frac{1}{8\pi^2 r_\lambda^3}\right] \tag{33}$$

$$H_\phi = \frac{[I]L_\lambda \sin\theta}{\lambda}\left[j\frac{1}{2r_\lambda} + \frac{1}{4\pi r_\lambda^2}\right] \tag{34}$$

注意,方括号中各项常数因子恰与相邻项相差一个因子 2π。

在弧度距离上($r_\lambda = 1/2\pi$),式(32)、式(33)和式(34)可简化成

$$E_r = \frac{2\sqrt{2}\pi[I]L_\lambda Z \cos\theta}{\lambda}\underline{/-45°} \tag{35}$$

$$E_\theta = \frac{\pi[I]L_\lambda Z \sin\theta}{\lambda} \tag{36}$$

$$H_\phi = \frac{\sqrt{2}\pi[I]L_\lambda \sin\theta}{\lambda}\underline{/45°} \tag{37}$$

由此得到沿 θ 方向的平均功率流或坡印廷矢量的大小应为

$$S_\theta = \tfrac{1}{2}\operatorname{Re} E_r H_\phi^* = \tfrac{1}{2}E_r H_\phi \operatorname{Re} 1\underline{/-90°} = \tfrac{1}{2}E_r H_\phi \cos(-90°) = 0 \tag{38}$$

说明没有功率传输。然而,乘积 $E_r H_\phi$ 表示虚的无功能量从电能到磁能按每周期两次往返振荡。

类似地,沿 r 方向的平均功率流或坡印廷矢量的大小由下式得到:

$$S_r = \tfrac{1}{2}E_\theta H_\phi \cos(-45°) = \frac{1}{2\sqrt{2}}E_\theta H_\phi \tag{39}$$

上式给出了沿 r 方向的能流。

在更接近偶极子($r_\lambda \ll 1/2\pi$)处,式(32)、式(33)和式(34)近似地简化成

$$E_r = -j\frac{[I]L_\lambda Z \cos\theta}{4\pi^2\lambda r_\lambda^3} \tag{40}$$

$$E_\theta = -j\frac{[I]L_\lambda Z \sin\theta}{8\pi^2\lambda r_\lambda^3} \tag{41}$$

$$H_\phi = \frac{[I]L_\lambda \sin\theta}{4\pi\lambda r_\lambda^2} \tag{42}$$

根据这些式子可以得到 $S_r = S_\theta = 0$,而乘积 $E_r H_\phi$ 和 $E_\theta H_\phi$ 表示虚的无功能量的往返振荡。因此,紧邻偶极子的是一个几乎完全储能(complete energy storage)的区域。

在远离偶极子($r_\lambda \gg 1/2\pi$)处,式(32),式(33)和式(34)近似地简化成

$$E_r = 0 \tag{43}$$

$$E_\theta = j\frac{[I]L_\lambda Z \sin\theta}{2\lambda r_\lambda} \tag{44}$$

$$H_\phi = j\frac{[I]L_\lambda \sin\theta}{2\lambda r_\lambda} \tag{45}$$

由于 $E_r = 0$,所以没有沿 θ 方向的能流($S_\theta = 0$)。然而,由于 $E_\theta H_\phi$ 在时间上同相,该乘积

表示了沿径向朝外辐射的实功率流。

　　许多天线都像偶极子那样在紧邻区域具有大量的储能。

　　天线在近区储能(无功功率)而远区辐射,半径为 $r_\lambda = 1/2\pi$ 的弧度球标志着两种区域之间的过渡带,具有近于等分的虚功率和实(辐射)功率。邻近偶极子的区域就像是一只俘获脉动能量的球形谐振器,但有一些辐射泄漏。该区域并不存在明确的边界,在图6.6中以弧度球为界来表示。

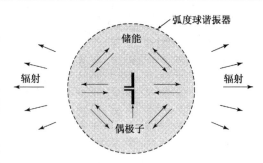

图6.6　弧度球(半径 $r = \lambda/2\pi = 0.16\lambda$)的原理示意图。谐振器内有高密度的脉动能量,且有泄漏辐射

6.3　短电偶极子的辐射电阻

　　图6.1(b)所示短电偶极子的辐射电阻按下列步骤计算:将远场的坡印廷矢量沿一个大球面积分,得出总的辐射功率,该功率等效为电流在电阻上的消耗 I^2R;取 I 为偶极子上电流的均方根值,则 R 称为偶极子的辐射电阻。

　　平均坡印廷矢量得自下式:

$$S = \tfrac{1}{2}\,\mathrm{Re}(\boldsymbol{E} \times \boldsymbol{H}^*) \tag{1}$$

远场分量是 E_θ 和 H_ϕ,故坡印廷矢量的径向分量为

$$S_r = \tfrac{1}{2}\,\mathrm{Re}\,E_\theta H_\phi^* \tag{2}$$

其中 E_θ 和 H_ϕ^* 是复量。

　　又因远场分量间有着媒质本征阻抗的联系,即

$$E_\theta = H_\phi Z = H_\phi \sqrt{\frac{\mu}{\varepsilon}} \tag{3}$$

因此式(2)变成

$$S_r = \tfrac{1}{2}\,\mathrm{Re}\,Z H_\phi H_\phi^* = \tfrac{1}{2}|H_\phi|^2\,\mathrm{Re}\,Z = \tfrac{1}{2}|H_\phi|^2 \sqrt{\frac{\mu}{\varepsilon}} \tag{4}$$

于是,总的辐射功率为

$$P = \iint S_r\,ds = \frac{1}{2}\sqrt{\frac{\mu}{\varepsilon}} \int_0^{2\pi} \int_0^\pi |H_\phi|^2 r^2 \sin\theta\,d\theta\,d\phi \tag{5}$$

式中的角度如图6.2所示,$|H_\phi|$ 是式(6.2.18)所给出的磁场绝对值

$$|H_\phi| = \frac{\omega I_0 L \sin\theta}{4\pi c r} \tag{6}$$

将此式代入式(5),则有

$$P = \frac{1}{32}\sqrt{\frac{\mu}{\varepsilon}} \frac{\beta^2 I_0^2 L^2}{\pi^2} \int_0^{2\pi} \int_0^\pi \sin^3\theta\,d\theta\,d\phi \tag{7}$$

其中的双重积分值等于 $8\pi/3$,于是式(7)变成

$$P = \sqrt{\frac{\mu}{\varepsilon}} \frac{\beta^2 I_0^2 L^2}{12\pi} \tag{8}$$

这就是平均功率,或能量从包围偶极子的球面内流出的速率,因而也就等于辐射功率。倘若没

有损耗,这也等于偶极子传递的功率。所以,P 必须等于偶极子上电流均方根值的平方乘以偶极子的辐射电阻 R_r,于是

$$\sqrt{\frac{\mu}{\varepsilon}}\frac{\beta^2 I_0^2 L^2}{12\pi} = \left(\frac{I_0}{\sqrt{2}}\right)^2 R_r \tag{9}$$

由此解得 R_r 为

$$R_r = \sqrt{\frac{\mu}{\varepsilon}}\frac{\beta^2 L^2}{6\pi} \tag{10}$$

对于空气或真空,$\sqrt{\mu/\varepsilon} = \sqrt{\mu_0/\varepsilon_0} = 377 = 120\pi~\Omega$,则式(10)可简化为[①]

均匀电流
的偶极子　　　$R_r = 80\pi^2\left(\frac{L}{\lambda}\right)^2 = 80\pi^2 L_\lambda^2 = 790 L_\lambda^2$　(Ω)　辐射电阻 (11)

例如,$L_\lambda = 0.1$ 时 $R_r = 7.9~\Omega$;$L_\lambda = 0.01$ 时 $R_r = 0.08~\Omega$。可见短偶极子的辐射电阻很小。

为了得出式(11),在推导短偶极子的场表达式时,曾做了 $\lambda \gg L$ 的限制,从而忽略了偶极子不同部分所贡献的场之间的相位差。若违反此项限制,对 $L_\lambda = 0.5$ 仍用式(11)进行计算,得出 $R_r = 197~\Omega$,而正确值应是 $168~\Omega$(见习题 6.5.1),足见违反限制所致的误差程度。

此外,还曾假设末端加载,如图 6.1(a)所示,使偶极子有均匀的电流分布。显然,不加载偶极子的末端电流必须为零,短偶极子上的电流几乎呈线性地从中点的最大值锥削到末端的零值,如图 2.12 所示,其平均值恰为最大值之半。对于一般情况的非均匀电流的偶极子,需对式(8)进行修正,其辐射功率为

$$P = \sqrt{\frac{\mu}{\varepsilon}}\frac{\beta^2 I_{av}^2 L^2}{12\pi} \qquad \text{(W)} \tag{12}$$

其中 I_{av} 为偶极子上平均电流的幅度(时间峰值)。

如前所述,向偶极子传递的功率为

$$P = \frac{1}{2}I_0^2 R_r \qquad \text{(W)} \tag{13}$$

其中 I_0 为中点馈电偶极子的馈端电流幅度(时间峰值)。令式(12)所示的辐射功率等于式(13)所示的传递功率,对于自由空间($\mu = \mu_0, \varepsilon = \varepsilon_0$),可得辐射电阻

$$R_r = 790\left(\frac{I_{av}}{I_0}\right)^2 L_\lambda^2 \qquad \text{(Ω)} \tag{14}~[②]$$

对于末端未经加载的短偶极子,有 $I_{av} = I_0/2$,则式(14)应改为

$$R_r = 197 L_\lambda^2 \qquad \text{(Ω)} \tag{15}$$

6.4　细直天线

本节将阐述细直天线的远场波瓣图。假设在天线的中点由平衡的双导线传输线对称馈电,天线的长度是任意的,其电流分布为正弦律(电流分布的测量指出:当天线很细,即导体的直径小于 $\lambda/100$ 时,这是很好的假设;正弦电流分布近似于细天线的自然分布)。在一系列不同长度的中馈、细直天线上近似自然电流分布的示例绘于图 6.7。每一 $\lambda/2$ 段上的电流同相,

---

① 　$\sqrt{\mu_0/\varepsilon_0} = 376.73~\Omega$, 377 和 120π 是惯用的近似值。

② 　已由式(2.10.9)给出。

两相邻段的电流则反相。

下面参照图6.8来推导长度为 L 的中馈、对称、细直天线的远场公式。天线上任意 z 点处电流的滞后值为

$$[I] = I_0 \sin\left[\frac{2\pi}{\lambda}\left(\frac{L}{2} \pm z\right)\right] e^{j\omega[t-(r/c)]} \tag{1}$$

在式(1)中,函数

$$\sin\left[\frac{2\pi}{\lambda}\left(\frac{L}{2} \pm z\right)\right] \tag{2}$$

是天线上电流的形式因子。其中,$(L/2)+z$ 用于 $z<0$ 的情况,$(L/2)-z$ 用于 $z>0$ 的情况。考虑到天线由一串长度为 dz 的无限小偶极子所组成,整个天线的场可得自对所有偶极子场的积分,其结果为[①]

中馈偶极子的远场

$$H_\phi = \frac{j[I_0]}{2\pi r}\left[\frac{\cos[(\beta L\cos\theta)/2] - \cos(\beta L/2)}{\sin\theta}\right] \tag{2}$$

$$E_\theta = \frac{j60[I_0]}{r}\left[\frac{\cos[(\beta L\cos\theta)/2] - \cos(\beta L/2)}{\sin\theta}\right] \tag{3}$$

其中 $[I_0] = I_0 e^{j\omega[t-(r/c)]}$,而

$$E_\theta = 120\pi H_\phi \tag{3a}$$

远场波瓣图的形状由方括号中的因子给出。式(2)和式(3)所给的是场作为天线电流和距离 r 之函数的瞬时大小。当 $[I_0]$ 取电流最大点处的电流均方根值时,就得到场的均方根值。式(2)和式(3)中未包含相位因子,这是由于选取了对称天线结构的中点作为相位中心。然而,当波瓣图因子改变正负号时,场作为方向 θ 的函数,将发生 180° 的相位跃变。

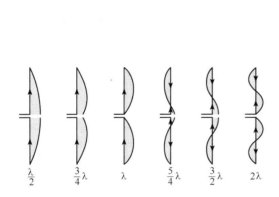

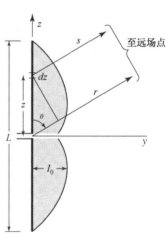

图6.7　各种长度的中馈、细直天线
上的近似自然电流分布

图6.8　长度为 L 的中馈、对称、
细直天线的几何关系

下面以中馈直天线的远场波瓣图为例,比较三种不同长度的天线。由于式中的幅度因子与天线长度无关,故只考虑其相对的场波瓣图因子。

---

① 完整的推导可参见本书英文版第二版,第 220～221 页。

例 6.4.1　半波(λ/2)天线

当 $L = \lambda/2$ 时,波瓣图因子变成

$$E = \frac{\cos[(\pi/2)\cos\theta]}{\sin\theta} \tag{4}$$

此波瓣图如图 6.9(a)所示,与无限小或短偶极子波瓣图 $\sin\theta$ 相比,仅定向性稍有增加。半波天线的半功率波束宽度为 78°,而短偶极子的半功率波束宽度则为 90°。

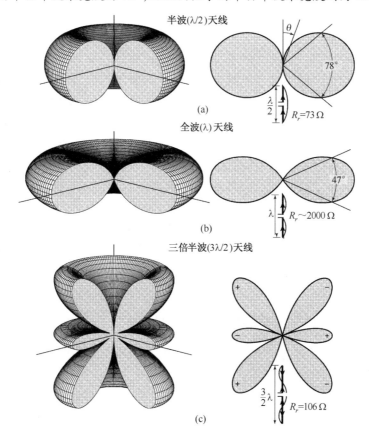

图 6.9　半波、全波和三倍半波天线的三维波瓣图和极坐标图。假设天线电流按正弦律分布,中点馈电

例 6.4.2　全波(λ)天线

当 $L = \lambda$ 时,波瓣图因子变成

$$E = \frac{\cos(\pi\cos\theta) + 1}{\sin\theta} \tag{5}$$

此波瓣图如图 6.9(b)所示,其半功率波束宽度为 47°。

例 6.4.3　三倍半波(3λ/2)天线

当 $L = 3\lambda/2$ 时,波瓣图因子变成

$$E = \frac{\cos\left(\frac{3}{2}\pi\cos\theta\right)}{\sin\theta} \tag{6}$$

此波瓣图如图 6.9(c)所示。取天线的中点为相位中心,每个零点处相移 180°,波瓣的相对相位用"＋"号和"－"号标示。(a),(b),(c)三种情况的立体波瓣图都是绕天线轴的回转图形。

例6.4.4 从中馈偶极子至任意距离的场

设长度为 L 载有正弦电流分布的中馈对称偶极子到达场点 P 的几何关系如图6.10所示，最大电流为 I_0，则在 P 点的电场 z 分量可写成

$$E_z = \frac{-jI_0Z}{4\pi} \left[\frac{e^{-j\beta s_1}}{s_1} + \frac{e^{-j\beta s_2}}{s_2} - 2\cos\frac{\beta L}{2}\frac{e^{-j\beta r}}{r} \right] \tag{7}$$

在 P 点处磁场的 ϕ 分量(见图6.10)可写成

$$H_\phi = \frac{jI_0}{4\pi r\sin\theta}\left(e^{-j\beta s_1} + e^{-j\beta s_2} - 2\cos\frac{\beta L}{2}e^{-j\beta r} \right) \tag{8}$$

虽然本章中其他的场表达式只限于 $\lambda \gg L$ 和 $r \gg L$ 的情况，但应用式(7)和式(8)并无距离的限制。如果 P 点位于 y 轴上($\theta = 90°$)，而偶极子长度为 $\lambda/2$，则式(7)变成

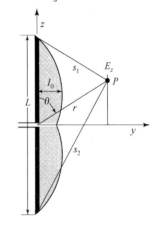

$$E_z = \frac{I_0Z}{2\pi\lambda\sqrt{\frac{1}{16}+r_\lambda^2}} \left/ \underline{-360°\sqrt{\frac{1}{16}+r_\lambda^2}-90°}\right. \quad (\text{V m}^{-1})$$

$$\tag{9}$$

而式(8)变成

$$H_\phi = \frac{I_0}{2\pi r} \left/ \underline{-360°\sqrt{\frac{1}{16}+r_\lambda^2}+90°}\right. \quad (\text{A m}^{-1}) \tag{10}$$

图6.10 载有正弦电流分布的中馈对称偶极子。位于任意距离的场分量 E_z 可表示成从偶极子的中点和两端点所辐射的三个分项之和

其中，$r_\lambda = r/\lambda$，$Z = 377\ \Omega$，I_0 为最大电流，等于馈端电流。

在远区，式(9)给出的 E_z 与式(10)给出的 H_ϕ 之比为

$$\frac{E_z}{H_\phi} = Z = 377\ \Omega = \text{空间的本征阻抗(电阻)} \tag{11}$$

H_ϕ 的大小则是

$$|H_\phi| = \frac{I_0}{2\pi r} \quad (\text{A m}^{-1}) \tag{12}$$

6.5 半波天线的辐射电阻

为了求得辐射电阻，先要在包围天线的大球面上对坡印廷矢量积分，得出辐射功率，然后令它等于 $(I_0\sqrt{2})^2 R_0$。这里 R_0 就是归算于天线上电流最大点的辐射电阻，而 I_0 是该点电流的时变峰值。式(6.3.5)[①]曾给出了用绝对值 $|H_\phi|$ 表示的短偶极子的辐射功率，而直天线的 H_ϕ 值则得自式(6.4.2)，且 $|j[I_0]| = I_0$。将其代入式(6.3.5)，可得出

$$P = \frac{15I_0^2}{\pi} \int_0^{2\pi}\int_0^\pi \frac{\{\cos[(\beta L/2)\cos\theta] - \cos(\beta L/2)\}^2}{\sin\theta}\,d\theta\,d\phi \tag{1}$$

----

① $P = \iint S \cdot ds = \frac{1}{2}\sqrt{\mu/\varepsilon}\iint |H_\phi|^2 ds$。

$$= 30I_0^2 \int_0^\pi \frac{\{\cos[(\beta L/2)\cos\theta] - \cos(\beta L/2)\}^2}{\sin\theta} d\theta \tag{2}$$

令此辐射功率等于 $I_0^2 R_0/2$，即

$$P = \frac{I_0^2 R_0}{2} \tag{3}$$

故有

$$R_0 = 60 \int_0^\pi \frac{\{\cos[(\beta L/2)\cos\theta] - \cos(\beta L/2)\}^2}{\sin\theta} d\theta \tag{4}$$

这就是以电流最大点为参考的辐射电阻 R_0。在半波偶极子的情况下，该点既是天线的中点，也是传输线的馈电端（见图 6.7）。

用式(4)计算辐射电阻，需借助于正弦积分函数 $\mathrm{Si}(x)$ 和余弦积分函数 $\mathrm{Ci}(x)$，由此导出的半波偶极子辐射电阻

$$R_r = 30\,\mathrm{Ci}(2\pi) = 30 \times 2.44 = \textbf{73 } \Omega \tag{5}$$

这是读者熟知的载有正弦电流分布的中馈、细直、半波天线的辐射电阻。在第 13 章中还将讨论馈端阻抗所包含的感抗值，即

$$Z = 73 + j42.5 \ \Omega \tag{6}$$

为了使天线谐振而电抗为零，要求天线比半波长略短，同时辐射电阻降为 65 Ω。

6.6　非电流最大点的辐射电阻

采用上述方法计算图 6.7 所示的 $3\lambda/4$ 或其他非 $\lambda/2$ 奇数倍长度的偶极子，所得到的是以电流最大点为参考的辐射电阻值，并非在连接传输线的馈点处的值。若忽略天线的损耗，该辐射电阻 R_0 可认为是接入天线电流最大点处的传输线终端，也可按参考电流值变换成接于天线馈点处的传输线终端电阻值。

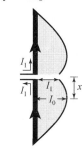

图 6.11　传输线馈端电流 I_1 与天线电流最大点电流的关系

式(6.5.3)的辐射功率应等于传输线所提供的功率 $I_1^2 R_1/2$，其中 I_1 是馈端的电流幅度，而 R_1 是以该点电流为参考的辐射电阻（见图 6.11）。于是

$$\frac{I_1^2}{2} R_1 = \frac{I_0^2}{2} R_0 \tag{1}$$

其中 R_0 和 R_1 分别是以天线电流最大点和以馈点为参考的辐射电阻，其变换关系式为

$$R_1 = \left(\frac{I_0}{I_1}\right)^2 R_0 \tag{2}$$

设距离原点(馈点)最近的电流最大点位置为 x，由图 6.11 可知

$$I_1 = I_0 \cos\beta x \tag{3}$$

其中，I_1——馈端电流

　　　I_0——最大点电流

因此，式(2)可表示成

$$R_1 = \frac{R_0}{\cos^2 \beta x} \qquad\qquad (4)$$

当 $x = 0$ 时, $R_1 = R_0$; 当 $x = \lambda/4$ 且 $R_0 \neq 0$ 时, $R_1 = \infty$。实际上电流最小点($x = \lambda/4$)处的电流不是零值,辐射电阻也不会无限大,因为天线并非无限细。然而,以电流最小点为参考的辐射电阻值却很大,可达到几千欧。

6.7　两个半波偶极子:边射和端射

作为后续章节中大阵列的导论,本节讨论两种由两根细直半波偶极子组成的简单阵列。

第一种情况:两个水平的中馈半波偶极子具有等幅同相的电流,上下叠置,相距 $\lambda/2$,如图 6.12(a)所示,组成边射阵。

第二种情况:两个水平的中馈半波偶极子具有等幅反相的电流,边靠边齐置,相距 $\lambda/8$,如图 6.12(b)所示,组成端射(W8JK)阵。

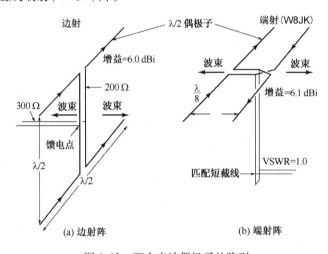

图 6.12　两个半波偶极子的阵列

第一种情况　边射阵

该阵列用双导线馈电,按上下对称方式接入,如图 6.12(a)所示。其水平(x-y)面波瓣图与单个偶极子的情况相同。一个孤立 $\lambda/2$ 偶极子的自阻抗由式(13.5.7)给出,为

$$Z = 73 + j43 \ \Omega$$

由于另一个偶极子的存在而附加的互阻抗为

$$Z_m = -13 - j29 \ \Omega$$

因此,总的阻抗为

$$Z = 73 - 13 + j(43 - 29) = 60 + j14 \ \Omega$$

可采用串联电容器调谐其电抗,再用一段 $\lambda/4$ 长的 $200 \ \Omega$ 的双导线将 $60 \ \Omega$ 变换到馈端处的

$$Z = 200^2/60 = 667 \ \Omega$$

这是阵列上半部分或下半部分的阻抗值。两半部分相并联,得到馈点阻抗为 $667/2 = 333 \ \Omega$。

例 6.7.1　边射阵的 VSWR(电压驻波比)和增益

若图 6.12(a)所示边射阵的馈电点经一对 $300 \ \Omega$ 的双导线连接到发射机或接收机。求:

（a）300 Ω 线上的 VSWR；（b）该阵列相对于简单半波偶极子的增益；（c）该阵列相对于各向同性源的增益。

解：

（a）反射系数

$$\rho_v = (333 - 300)/(333 + 300) = 0.052$$

而

$$VSWR = (1 + 0.052)/(1 - 0.052) = 1.11$$

（b）相对于 $\lambda/2$ 偶极子的增益 $= \left[\sqrt{(2 \times 73)/(73 - 13)}\right]^2 = 1.56^2$ 或 3.9 dB。

（c）相对于各向同性源的增益 $= 1.56^2 \times 1.64 = 4.0$ 或 6.0 dBi。

该阵列的 300 Ω 双导线馈电也可代之以较低阻抗的同轴线,并通过巴仑馈电(见图 23.20)。

密排端射(W8JK)阵的故事

John Kraus

当我在 1932 年参加无线电工程师协会(IRE,Institute of Radio Engineers,即 IEEE 的前身)时,刚完成关于密歇根州安-阿伯地区 60 MHz 波传播的博士学位论文,该论文随后又发表于 Proc. of IRE 会刊上。调频和电视广播在许多年之后才出现,那时还没人利用这种"高频",除了偶然出现的一位业余爱好者。

我很感兴趣地阅读每一期会刊。在 1937 年 1 月号上,由美国无线电公司(RCA)的 George H. Brown 所撰写的"Directional Antennas"(定向天线)一文(Brown-1)具有里程碑的意义。经过研读和计算,我惊讶地发现,两根间距 $\lambda/8$ 或更近的直偶极子之增益要高于较大间距的常规情况。在收到会刊一周内,我就为我的业余台 W8JK 设计并制作了一付密排的四根 $\lambda/2$ 偶极子的阵列,工作在 20 m 波长时非常有效。我发表了这一设计,并将此推广成一整族密排阵的系列文章。我称它们为"flat-top beams"(平顶波束阵),但别人都按我的业余台呼号称它们为 W8JK 阵。它们随即被数以千计的业余台以及世界各地的商业短波台所采用(Kraus-1,6)。

在 1937 年,密排阵是新的革命性概念。George H. Brown 在他后来的自传中写道(Brown-2):

具有讽刺意义的是,我的那篇其部分内容被 John Kraus 利用得如此有效的文章原来只是一篇短文,于 1932 年向会刊投稿时遭拒,评阅人认为它不合理。后来在撰写"Directional Antennas"一文时,我又将这些素材塞进篇幅较多的中间部分,看来并未曾引起评阅者的注意。

George H. Brown 的计谋成功了,他的学术思想已为世界所公认,可惜那是在他由于体衰而陷入神志迷惘的五年之后! George H. Brown 的新概念是基于常数功率来计算天线增益,取代了常数电流的假设。

第二种情况　端射(W8JK)阵

两根 $\lambda/2$ 偶极子以图 6.12(b)所示的方式布置,馈电电流等幅反相。当偶极子的间距为 $\lambda/2$ 时,其增益为 4.4 dBi。然而,当间距为 $\lambda/8$ 时,增益却变大。其原因在于,两偶极子在间距

为 λ/8 时的互阻抗(将由第 13 章给出)为

$$Z_m = 64.4 - j5 \ \Omega$$

因此,偶极子的总阻抗为

$$Z = 73 + j43 - (64.4 - j5) = 9 + j48 \ \Omega \qquad (1)$$

该阵列是从双线的中点馈电的,并因双线的交叉而对两偶极子反相馈电。

例 6.7.2   端射(W8JK)阵的增益

求 λ/8 间距的 W8JK 阵的增益。

解:

由式(16.5.8),相对于 λ/2 偶极子的增益为

$$D = \left[\sqrt{(2 \times 73)/(73 - 64.4)} \sin(\pi/8) \right]^2 = 1.57^2 \ \text{或 3.9 dB}$$

相对于各向同性源的增益为

$$1.57^2 \times 1.64 = 4.04 \ \text{或 6.1 dBi}$$

该增益假设了 100% 的效率。随着偶极子间距的减小,固定功率输入的偶极子电流将增大,此时就必须考虑效率了(见 16.5 节)。小间距还使阵列的 Q 值增大,从而使可用频带缩小。然而,合理架设的 W8JK 阵已被有效地应用于许多场合。

该 W8JK 阵可采用通常阻抗值的双导线加调配短截线馈电,如图 6.12(b)所示,这样阵列与发射机或接收机就可以调配得非常好,使 VSWR = 1.0。此外,也可用同轴线加巴仑馈电(见图 23.20)。

1 Ω 的损耗电阻会使增益减少 0.3 dB。但若采用合适规格的铜线且架设合理,则该阵列的损耗电阻应当远小于 1 Ω。

如果边射阵和端射(W8JK)阵的最大高度相同(见图 6.12),则 W8JK 阵离地高度要比边射阵的中心高出 λ/4,这使得 W8JK 阵的最大辐射角较低,更适合于长途通信。

6.8   载有均匀行波的细直天线的场

正弦电流分布可视为由两列沿天线等幅而相向运动的均匀(不衰减的)行波所合成的驻波。如果只有这种波之一存在,则沿天线的电流分布是均匀的,其幅度是常数,相位随距离呈线性变化(见图 6.13)。

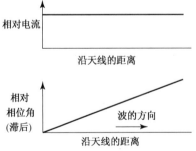

图 6.13   沿着载有单一均匀行波之天线的电流幅度与相位的关系

在天线上分布均匀行波的条件是十分重要的。如图 6.14(a)所示,一根单导线天线终端连接其特性阻抗,可基本上实现载有均匀行波分布①,这种结构常称为贝弗瑞(Beverage)行波天线。终端接负载的菱形天线也基本载有单一行波,如图 6.14(b)所示。这两种天线将在第 16 章中进一步讨论。其他近似行波分布的天线型式还有单绕轴向模的长螺旋天线和长的粗直天线,如图 6.14(c)和图 6.14(d)所示。这几种天线并没有接终端阻抗,而只是简单地截断了天线。因此,一段粗直导体上的电流分布类似于一根终端连接负载的细直导体,在导体直径不太大的情况下,它们的波瓣图很相似。在第 8 章中,行波直导体的结果将被应用于由大量短直线段组成的螺旋。

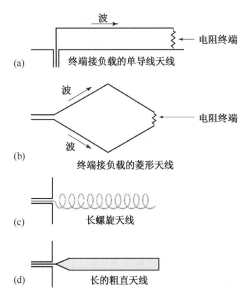

图 6.14　各种基本上载有单一行波的天线

在直天线上,行波的相速实际上就等于光速。然而,沿单绕轴向模螺旋天线的导线,可估计出其相速有别于光速。因此,为了使分析结果能应用于图 6.14 中的任一种天线型式,设一般的行波沿天线导体的相速可随意取值 v,并据此推导行波天线的场(Alford-1;Kraus-7;Grosskopf-1)。

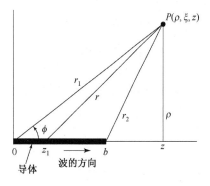

图 6.15　长度为 b 且载有单一行波的导体与圆柱坐标系的关系

首先求细直导体上的行波所辐射的场,设长度为 b 的导体与 z 轴重合,且其一端恰位于圆柱坐标系 (ρ,ξ,z) 的原点(见图 6.15),单一均匀行波沿导体向右行进。

由于电流总是 z 方向的,因此磁场只有一个分量 H_ξ。图 6.15 中 P 点处的 ξ 方向垂直地穿出纸面。该磁场 H_ξ 可由赫兹矢量 Π 得到,Π 也只有一个 z 分量。于是

----

① 因为天线的场并非局限在天线的附近,不可能借助集总的阻抗来提供完全无反射的终端负载。然而,接一个集总阻抗可以在很大程度上减少反射。

$$= 30I_0^2 \int_0^\pi \frac{\{\cos[(\beta L/2)\cos\theta] - \cos(\beta L/2)\}^2}{\sin\theta} d\theta \tag{1}$$

其中 Π_z 是 P 点处滞后的赫兹矢量的 z 分量,由积分表达式得到:

$$\Pi_z = \frac{1}{4\pi j\omega\varepsilon} \int_0^b \frac{|I|}{r} dz_1 \tag{2}$$

其中

$$[I] = I_0 \sin\omega\left(t - \frac{r}{c} - \frac{z_1}{v}\right) \tag{3}$$

这里 z_1 为导体上的某一点,而

$$v = pc \quad \text{或} \quad p = \frac{v}{c} \tag{4}$$

p 是沿导体的相速 v 与光速 c 之比,称为相对相速。

在式(1)~式(4)中,应当保持计算直导体上单一行波产生磁场时所要求的全部条件。也就是说,将式(3)中的 $[I]$ 代入式(2),得到 Π_z,再代入式(1),最后得出磁场 H_ξ 如下:

$$H_\xi = \frac{I_0 p}{2\pi r_1} \left\{ \frac{\sin\phi}{1 - p\cos\phi} \sin\left[\frac{\omega b}{2pc}(1 - p\cos\phi)\right] \right\}$$
$$\Big/ \left[\omega\left(t - \frac{r_1}{c}\right) - \frac{\omega b}{2pc}(1 - p\cos\phi)\right] \tag{5}$$

式(5)给出了载有幅度为 I_0 的单一行波的直天线在远距离 r_1、方向角 ϕ 处辐射的瞬时磁场。其中 p 是相对相速,ω 是角频率,b 是导体长度,c 是光速,t 是时间。远区电场 E_ϕ 可由 $E_\phi = H_\xi Z$ 得自 H_ξ,其中 $Z = 377 \Omega$。

式(5)中,花括号 $\{\}$ 内为场波瓣图的表示式,而角号 $\angle$ 内的表达式给出了场滞后于坐标系原点即相位中心的相位(见图6.15)。按常数距离确定的相对相位波瓣图由 $\angle$ 中的右边项给出,即 $[\omega b/(2pc)](1 - p\cos\phi)$。

现通过若干例子说明载有均匀行波之直导体的波瓣图性质。

例6.8.1 $\lambda/2$ 直天线

设某直天线的长度为自由空间半波长,沿天线的相速等于光速,$p = 1$。按式(5)计算的波瓣图如图6.16(a)所示,与图6.9(a)中的正弦电流分布(驻波)的半波偶极子相比,前者的波瓣朝行波方向倾斜,最大辐射方向偏25°,半功率波束宽度由78°减小到60°。随着 $\lambda/2$ 直天线上行波相速的减小,波瓣倾角增大而波束宽度变窄。图6.16(b)和图6.16(c)分别对应了 $p = 0.8, 0.6$ 的情况。

例6.8.2 长 5λ 的直天线

载有单一行波的 5λ 直天线之场波瓣图如图6.17所示($p = 1$ 即 $v = c$ 的情况)。这是终端接负载的长天线的典型波瓣图,形成以天线为轴的前倾圆锥波束。该天线的倾角为68°。

例6.8.3 长 $\lambda/2 \sim 25\lambda$ 的直天线

随着天线长度的增加,波束倾角进一步增大,当天线长度达到 20λ($p = 1$)时,波束倾角达到78°左右(与天线轴夹角为12°),其变化的函数关系如图6.18所示。注意,圆锥角 α 与波束倾角 τ 互为余角,$\alpha = 90° - \tau$。

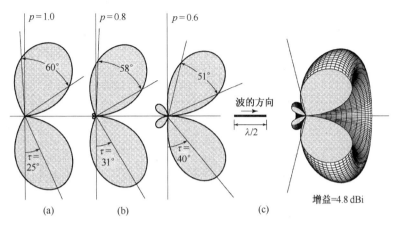

图 6.16 载有均匀行波(向右)的 λ/2 直天线之远场波
瓣图。三种相对相速条件($p = 1.0, 0.8, 0.6$)

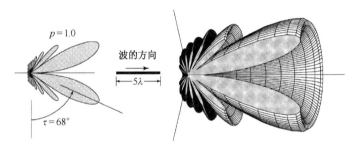

图 6.17 载有均匀行波($p = 1$)的 5λ 直天线之远场波瓣图。左
图为极坐标图,右图为三维立体图。增益 = 10.7 dBi

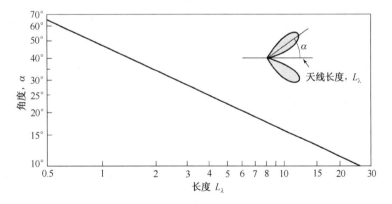

图 6.18 从行波直天线到主波束最大方向的角度 α 作为天线长度的
波长数 L_λ 之函数。天线长度为 λ/2 ~ 25λ, $v = c$ ($p = 1$)

第 17 章中有更多关于行波天线的讨论。表 6.2 给出了基本天线类型和简单阵列的波瓣
图、定向性和增益(Kraus-8)。

表6.2 基本天线类型(左):两根λ/2偶极子阵(中);四根λ/2偶极子阵(右)

基本类型

天线	场波瓣图	定向性	绝对增益 (dBi)
各向同性(假想的)	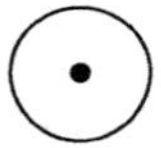	1.00	0
短偶极子 HPBW=90°		1.50	1.76
λ/2偶极子 HPBW=78°		1.64	2.15
半球辐射器		2.00	3.0
短单极子		3.00	4.8
λ/4单极子		3.28	5.2
λ/2单极子		4.80	6.8
小环 HPBW=90°	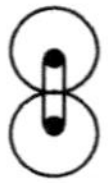	1.50	1.76
方环(周长=λ)	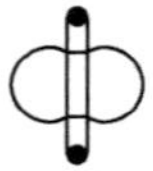	1.9	2.8

两根λ/2偶极子

天线	场波瓣图	定向性	阵因子增益 (dB)	绝对增益 (dBi)
两根λ/2偶极子共线,同相 δ=0°	 HPBW =47°	2.40	1.7	3.8
两根λ/2偶极子 S=λ/2 δ=0°	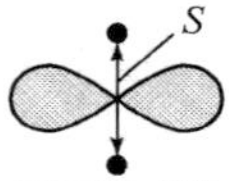 HPBW =57°	1.56	3.8	6.0
两根λ/2偶极子 S=λ/8 δ=180° W8JK	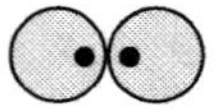 HPBW=90°	1.57	3.9	6.1
两根λ/2偶极子 S=λ/4 δ=180°	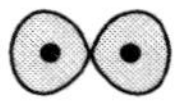	1.51	3.6	5.7
两根λ/2偶极子 S=λ/4 δ=90°	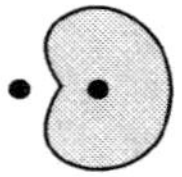	1.41	3.0	5.2
两根λ/2偶极子 S=λ/2 δ=180°	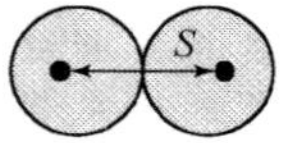	1.30	2.3	4.5

四根λ/2偶极子

天线	场波瓣图	定向性	阵因子增益 (dB)	绝对增益 (dBi)
四根λ/2偶极子共线,同相 δ=0°	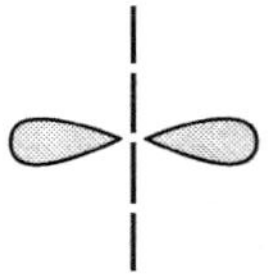	4.38	4.3	6.4
四根λ/2偶极子 S=λ/2 δ=0°	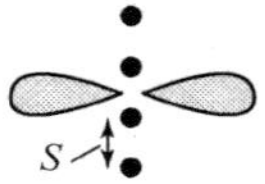	8.47	7.1	9.3
四根λ/2偶极子 S=λ/4 δ=0° 常规端射	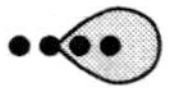	5.59	5.3	7.5
四根λ/2偶极子 S=λ/4 δ=45° 增强定向性端射		9.29	7.5	9.7

注:两根λ/2偶极子阵得的最高增益得自最紧凑的外形(用于W8JK天线)

参考文献

Alford, A. (1): "A Discussion of Methods Employed in Calculations of Electromagnetic Fields of Radiating Conductors, "*Elec. Commun.,* **15,** 70–88, July 1936. Treats case where velocity is equal to light.

Brown, G. H. (1): "Directional Antennas," *Proc. IRE,* **25,** 78–145, January 1937.

Brown, G. H. (2): "And Part of Which I Was," Angus Cupar, 117 Hunt Drive, Princeton, NJ 08540, 1982.

Grosskopf, J. (1): "Über die Verwendung zweier Lösungsansätze der Maxwellschen Gleichungen bei der Berechnung der electromagnetischen Felder strahlender Leiter," *Hochfrequenztechnik und Electroakustik,* **49,** 205–211, June 1937. Treats case where velocity is equal to light.

Kraus, J. D. (1): "A Small but Effective Flat Top Beam Antenna," *Radio,* no. 213, 56–58, March 1937 and no. 216, 10–16, June 1937.

Kraus, J. D. (2): "Rotary Flat Top Beam Antennas," *Radio,* no. 222, 11–16, December 1937.

Kraus, J. D. (3): "Directional Antennas with Closely-Spaced Elements," *QST,* **22,** 21–23, January 1938.

Kraus, J. D. (4): "Characteristics of Antennas with Closely-Spaced Elements," *Radio,* no. 236, 9–19, February 1939.

Kraus, J. D. (5): "Antenna Arrays with Closely-Spaced Elements," *Proc. IRE,* **28,** 76–84, February 1940.

Kraus, J. D. (6): "W8JK 5-Band Rotary Beam Antenna," *QST,* **54,** 11–14, July 1970.

Kraus, J. D. (7), and J. C. Williamson: "Characteristics of Helical Antennas Radiating in the Axial Mode," *J. App. Phys.,* **19,** 87–96, January 1948. Treats general case.

Kraus, J. D. (8): "Antennas, Our Electronic Eyes and Ears," *Microwave Jour.,* 77–92, January 1989.

习题

6.2.1* **电偶极子。**设相距 L 的两等值反号静电荷构成静电偶极子。（a）证明距离该偶极子 r 处的电位等于

$$V = \frac{QL\cos\theta}{4\pi\varepsilon r^2}$$

其中 Q 是电荷值，θ 是 r 与电荷连线（偶极子轴）之间的角度，假设 $r \gg L$。（b）利用电位梯度的表示式，求出该静电偶极子在远场点处的电场 E。

6.2.2* **短偶极子的场。**某长度为 5 cm 的偶极子天线工作在 100 MHz 的频率上，具有馈端电流 $I_0 = 120$ mA。求时刻 $t = 1$ s，在角度 $\theta = 45°$ 且距离 $r = 3$ m 处的：（a）E_r；（b）E_θ；（c）H_ϕ。

6.2.3 **短偶极子远场。**对于上题中的偶极子天线，在距离 $r = 1$ m 处，采用表 6.1 中的一般表示式，求：（a）E_r；（b）E_θ；（c）H_ϕ。并与用表 6.1 中的远场表示式所得的结果相比较。

6.2.4* **短偶极子似稳场。**对于习题（6.2.2）中的偶极子天线，在距离 $r = 100$ m 处，采用表 6.1 中的一般表示式，求：（a）E_r；（b）E_θ；（c）H_ϕ。并与用表 6.1 中的远场表示式所得的结果相相较。

6.2.5 **短偶极子的场。**设有 1 m 长的偶极子天线，工作在 15 MHz 频率上，问相距多远处，其场 E_θ 和 H_ϕ 的幅度与远场值相差在 1% 以内？

6.3.1* **各向同性天线，辐射电阻。**某全向（各向同性）天线具有场波瓣图 $E = 10I/r$（V m^{-1}），其中 I 是馈端电流（A），r 是距离（m）。求辐射电阻。

6.3.2* **短偶极子的功率。**设有 10 cm 长的偶极子天线工作在 50 MHz 频率上，载有平均电流 5 mA。（a）求辐射功率；（b）辐射 1 W 功率需要多大的平均电流？

6.3.3 **短偶极子的辐射电阻。**设有 10 m 长的偶极子天线工作在 500 kHz 频率上（$I_{av} = I_o/2$）。（a）求辐射电阻；（b）天线为多长时，其辐射电阻等于 1 Ω？

6.3.4 **短偶极子。**设有 $\lambda/15$ 长的中馈细偶极子天线，所载电流按线性锥削至末端为零值，损耗电阻为 1 Ω。求：（a）定向性 D；（b）增益 G；（c）有效孔径 A_e；（d）波束立体角 Ω_A；（e）辐射电阻 R_r。

6.3.5* **圆锥波瓣图。**某天线的圆锥波瓣图与方位角 ϕ 无关，在 0° ~ 60° 的天顶角范围内均为均匀场，而在 60° ~ 180° 的天顶角范围内的场为零。试精确求出：（a）波束立体角；（b）定向性。

6.3.6   **圆锥波瓣图。**某天线的圆锥波瓣图与方位角 ϕ 无关,在 0°~45° 的天顶角范围内为均匀场,而在 45°~180° 的天顶角范围内的场为零。试精确求出:(a) 波束立体角;(b) 定向性;(c) 有效口径;(d) 若馈端电流 $I = 2\,A(rms)$ 时,在 50 m 距离处产生的场强为 $E = 5\,V\,m^{-1}$,求辐射电阻。

6.3.7*   **θ 和 ϕ 的定向波瓣图。**某天线在天顶角 $\theta = 45°~90°$ 而方位角 $\phi = 0°~120°$ 范围内具有均匀波瓣图(其他方向都为零),馈端电流 $I = 5\,A(rms)$ 时在 500 m 距离处场强 $E = 3\,V\,m^{-1}$,求辐射电阻。

6.3.8*   **θ 和 ϕ 的定向波瓣图。**某天线在天顶角 $\theta = 30°~60°$ 而方位角 $\phi = 0°~90°$ 范围内具有均匀波瓣图(其他方向都为零),馈端电流 $I = 3\,A(rms)$ 时在 100 m 距离处场强 $E = 2\,V\,m^{-1}(rms)$,求:(a) 定向性;(b) 有效口径;(c) 辐射电阻。

6.3.9*   **带有后瓣的定向波瓣图。**某天线的场波瓣图与方位角 ϕ 无关,随天顶角 θ 的变化如下:0°~30° 的主瓣范围内归一化场为 $E_n = 1$,30°~90° 范围内 $E_n = 0$,90°~180° 的后瓣范围内 $E_n = 1/3$。(a) 求精确的定向性;(b) 馈端电流 $I = 4\,A(rms)$ 时在 $\theta = 0°$ 方向的 200 m 距离处场强 $E = 8\,V\,m^{-1}(rms)$,求辐射电阻。

6.3.10   **短偶极子。**设载有均匀电流分布的短偶极子,其辐射场为 $|E| = 30\beta l(I/r)\sin\theta$,其中 l 为长度,I 为电流,r 为距离,θ 为波瓣角。求辐射电阻。

6.3.11   **辐射电阻与波束范围的关系。**证明天线的辐射电阻是其波束范围 Ω_A 的函数

$$R_r = \frac{Sr^2}{I^2}\Omega_A \tag{1}$$

其中 S 为沿波瓣图最大方向、距离为 r 处的坡印廷矢量值,I 为馈端电流。

6.3.12* **辐射电阻。**按 500 m 距离测得某天线的远场波瓣图为 $|E| = E_o(\sin\theta)^{3/2}$,且与方位角 ϕ 无关,若 $E_o = 1\,V\,m^{-1}$,$I_o = 650\,mA$,求该天线的辐射电阻。

6.4.1   **载有驻波的全波天线。**计算并绘出图 P6.4.1 所示全波(1λ)天线的平面波瓣图,设所有电流都同相,并沿导线按正弦律分布。

6.5.1*   **半波天线。**设半波长细直天线沿整个长度有等幅同相的电流。(a) 计算并绘出其远场波瓣图;(b) 求辐射电阻;(c) 列表比较:(1) 在(b)中所得的辐射电阻;(2) 半波长细直天线所载的电流为同相且具有正弦幅度分布时,以电流最大点为参考的辐射电阻;(3) 对半波长偶极子按短偶极子公式计算所得的辐射电阻;(d) 对上述列表中的结果进行讨论,说明产生差异的原因。

6.6.1   **倍波天线。**设中心馈电的倍波(2λ)细直天线载有如图 P6.6.1 所示的正弦电流分布。(a) 计算并绘出其远场波瓣图;(b) 计算以电流最大点为参考的辐射电阻;(c) 计算以馈端电流为参考的辐射电阻;(d) 计算以距电流最大点 $\lambda/8$ 处的电流值为参考的辐射电阻。

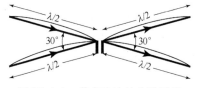

图 P6.4.1   载有驻波的全波天线

图 P6.6.1   倍波天线

6.7.1   **梯次排列的两根半波天线。**设两根细直半波天线所载电流为同相,且具有相同的正弦幅度分布,其空间布置如图 P6.7.1 所示。计算并绘出在图示平面上的辐射场波瓣图。

6.8.1*   **载有行波的全波天线和 10 波长天线。**设长度为 l 的细直天线载有简单的均匀行波,其相对相速为 p,计算并绘出下列情况下天线所在平面的远场波瓣图:(a) $l = 1\lambda$,$p = 1$ 或 0.5;(b) $l = 10\lambda$,$p = 1$。

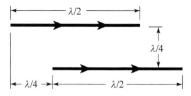

图 P6.7.1   梯次排列的两个半波天线

6.8.2   **波瓣图因子的等效。**证明将偶极子场波瓣图 $\sin\phi$ 与式(5.6.8)相乘所得的大量共线短偶极子常规端射阵的场波瓣图,等效于式(6.8.5)所示载有 $p = 1$ 行波之长直导体的场波瓣图。

注:习题中涉及的计算机程序,见附录 C。

第7章 环 天 线

本章包含下列主题：

- 小环
- 小环和短偶极子的比较
- 环天线的一般情况
- 环天线的波瓣图
- 环的辐射电阻和定向性
- 方环
- 环的效率、Q 值、频带宽度和信噪比
- 铁氧体加载的环

7.1 电小环

为了分析环天线的波瓣图，半径为 a 的小圆环可简单地等效成面积相同的方环：

$$d^2 = \pi a^2 \tag{1}$$

其中 d 为方环的边长，如图 7.1 所示。

假设环的尺寸远小于波长，则相同面积的圆环或方环具有相同的远场波瓣图。但对于尺寸与波长相当的环则不然。

若环的取向如图 7.2 所示，其远区电场仅有 E_ϕ 分量。为了求得 yz 平面的远场波瓣图，只需考虑四小段直偶极子

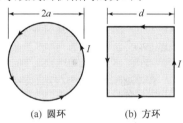

图 7.1 相同面积的环

中与 yz 平面正交的一对（2 和 4），如图 7.3 所示。由于这两小段偶极子在 yz 平面内都是非定向性的，因此环的场波瓣图等同于 5.2 节中的两个各向同性点源：

$$E_\phi = -E_{\phi 0} \, \mathrm{e}^{j\psi/2} + E_{\phi 0} \, \mathrm{e}^{-j\psi/2} \tag{2}$$

其中 $E_{\phi 0}$ 为由各别偶极子产生的电场，所含的程差相位因子

$$\psi = \frac{2\pi d}{\lambda} \sin\theta = d_r \sin\theta \tag{3}$$

且

$$E_\phi = -2j E_{\phi 0} \sin\left(\frac{d_r}{2} \sin\theta\right) \tag{4}$$

式（4）中的因子 j 表明，总场 E_ϕ 与各别偶极子的电场在相位上正交，这可借助图 5.1(b) 中的向量关系来说明。已知 $d \ll \lambda$，$d_r = 2\pi d/\lambda \ll 2\pi$，故式（4）可简化为

$$E_\phi = -j E_{\phi 0} d_r \sin\theta \tag{5}$$

其中各别偶极子 2 和 4（或 1 和 3）的远场已在表 6.1 中列出，只是其中的 z 方向在环天线情况下改成了 x（或 y）方向（见图 7.2 和图 7.3）；从偶极子轴起计的角度 θ 总是取 90°。式（5）中的

θ 表示的意义与图 7.2 和图 7.3 所示的不同。因此,各别偶极子的远场 $E_{\phi0}$ 为

$$E_{\phi0} = \frac{j60\pi[I]L}{r\lambda} \tag{6}$$

其中 $[I]$ 是偶极子上的滞后电流,r 是来自偶极子的距离。各别偶极子的长度 L 等同于间距 d,$d_r = 2\pi d/\lambda$。将此连同式(6)一起代入式(5),即得到该小环的远场 E_ϕ 为

$$E_\phi = \frac{60\pi[I]Ld_r\sin\theta}{r\lambda} \tag{7}$$

记方环(也就是圆环)的面积为 $A = d^2 = 2\pi a^2$,则式(7)变成

$$小环 \qquad E_\phi = \frac{120\pi^2[I]\sin\theta}{r}\frac{A}{\lambda^2} \qquad 远场 \tag{8}$$

这就是面积为 A 的小环的远场 E_ϕ 分量的瞬时值。若用环上电流的时间峰值 I_0 取代 $[I]$,则得到场的峰值。小环远场的另一个分量 H_θ 可由式(8)与媒质(自由空间)的本征阻抗相除而得到,为

$$H_\theta = \frac{E_\phi}{120\pi} = \frac{\pi[I]\sin\theta}{r}\frac{A}{\lambda^2} \tag{9}$$

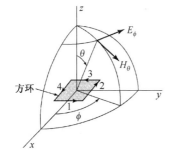

图 7.2　方环与坐标系的关系

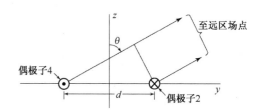

图 7.3　方环偶极子段 2 和 4 的结构

7.2　小环与短偶极子的远场比较

将上述小环与短电偶极子的远场表达式对照比较是很有意义的,如表 7.1 所示。

表 7.1　短电偶极子与小环的远场

场强	电偶极子	环
电场	$E_\theta = \dfrac{j60\pi[I]\sin\theta}{r}\dfrac{L}{\lambda}$	$E_\phi = \dfrac{120\pi^2[I]\sin\theta}{r}\dfrac{A}{\lambda^2}$
磁场	$H_\phi = \dfrac{j[I]\sin\theta}{2r}\dfrac{L}{\lambda}$	$H_\theta = \dfrac{\pi[I]\sin\theta}{r}\dfrac{A}{\lambda^2}$

表 7.1 中,偶极子式含有虚数因子,而环式却没有,这说明了偶极子和环两者在相同电流馈电下所辐射的场在时间-相位上正交。这是两种天线的基本差异(见习题 7.2.1)。

表 7.1 中的公式适用于环按图 7.2 的布置取向,而偶极子平行于 z 轴取向的情况。这些公式只有对尺寸趋于零的小环和短偶极子来说才是精确的。对于尺寸(直径或长度)不及 $\lambda/10$ 的环和偶极子,上述公式也能提供很好的近似。

7.3 环天线的一般情况

现讨论环天线载有均匀同相电流的一般情况。环的尺寸可任意取值,不受上一节中必须小于波长的限制。采用 Foster(1) & Glinski(1)分析小半径环的处理方法,将半径为 a 的圆环中心置于坐标系的原点(见图7.4),假设沿环绕行的电流为均匀同相。虽然小环能适应这种假设,但集总点馈的大环却不是自然就能符合的。当环的周长超过 $\lambda/4$ 时,必须沿圆周间隔地接入某种型式的相移器,才能实现近似的均匀同相电流。

现借助电流的矢量位积分推导其远场表达式。先考虑同一直径两端的一对长度为 $a\,d\phi$ 的短电偶极子的矢量位(见图7.4),然后沿环积分得出总矢量位,再由此推导出远场分量。

由于电流被束缚在导线环上,其矢量位只有 A_ϕ 分量,而其他分量 $A_\theta = A_r = 0$。对径两无限短偶极子在 P 点所产生的矢量位贡献为

$$dA_\phi = \frac{\mu\,dM}{4\pi\,r} \tag{1}$$

其中 dM 是该长度为 $a\,d\phi$ 的对径短偶极子所构成的电流矩。在 $\phi = 0$ 的平面内,单个偶极子的滞后电流矩之 ϕ 分量为

$$[I]a\,d\phi\cos\phi \tag{2}$$

其中 $[I] = I_0 e^{j\omega[t-(r/c)]}$,$I_0$ 是环上电流的时间峰值。

图7.5 取自图7.4的 xz 剖面,可见对径偶极子的合成电流矩为

$$dM = 2j[I]a\,d\phi\cos\phi\sin\frac{\psi}{2} \tag{3}$$

其中 $\psi = 2\beta a\cos\phi\sin\theta$ 弧度,将其代入式(3)即得

$$dM = 2j[I]a\cos\phi[\sin(\beta a\cos\phi\sin\theta)]\,d\phi \tag{4}$$

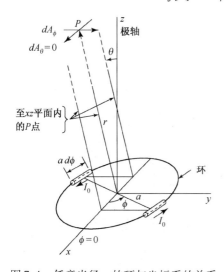

图7.4 任意半径 a 的环与坐标系的关系

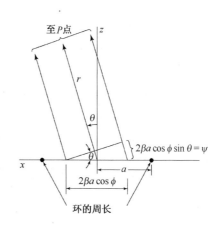

图7.5 图7.4的 xz 剖面

现将式(4)代入式(1),并沿半个圆周积分,即

$$A_\phi = \frac{j\mu[I]a}{2\pi\,r}\int_0^\pi \sin(\beta a\cos\phi\sin\theta)\cos\phi\,d\phi \tag{5}$$

得出

$$A_\phi = \frac{j\mu[I]a}{2r}J_1(\beta a \sin\theta) \tag{6}$$

其中 $J_1(\cdot)$ 是一阶贝塞尔函数,其宗量为 $\beta a\sin\theta$。在式(5)中,表示各对径偶极子的被积函数都座落于原点,但随 ϕ 角而取向不同。滞后电流 $[I]$ 是以原点为参照的,在积分中保持不变。

　　该环的远区电场仅有 ϕ 分量

$$E_\phi = -j\omega A_\phi \tag{7}$$

将式(6)的 A_ϕ 代入式(7),得到

$$E_\phi = \frac{\mu\omega[I]a}{2r}J_1(\beta a \sin\theta) \tag{8}$$

　　　　　　对所有圆环　　　　　　　　　　　　　　　　　　远场

$$或\; E_\phi = \frac{60\pi\beta a[I]}{r}J_1(\beta a \sin\theta) \tag{9}$$

此式给出了任意半径 a 的圆环辐射至很远距离 r 处的瞬时电场。E_ϕ 的峰值可通过将上式中的 $[I]$ 换成环上电流的时间峰值 I_0 而得到。与电场 E_ϕ 相关的磁场 H_θ 可根据媒质(自由空间)的本征阻抗得出,为

$$H_\theta = \frac{\beta a[I]}{2r}J_1(\beta a \sin\theta) \tag{10}$$

此式给出了任意半径 a 的圆环辐射至很远距离 r 处的瞬时磁场。

7.4　载有均匀电流的圆环天线的远场波瓣图

　　任意尺寸圆环的远场波瓣图已由式(7.3.9)或式(7.3.10)给出,当给定尺寸时,βa 不变,远场波瓣图仅为 θ 的函数

$$J_1(C_\lambda \sin\theta) \tag{1}$$

其中 C_λ 是以波长度量的圆环周长,即

$$C_\lambda = \frac{2\pi a}{\lambda} = \beta a \tag{2}$$

函数 $\sin\theta$ 的值介于 0 和 1 之间。当 $\theta = 90°$ 时,即 xz 平面内的相对场为 $J_1(C_\lambda)$;随着 θ 的减小,该相对场渐趋于零,这可由图 7.6 的曲线说明。

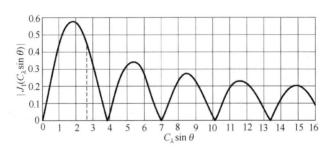

图 7.6　表示圆环波瓣图的一阶贝塞尔函数

例 7.4.1　1λ 直径圆环的馈电系统

　　图 7.7 的波瓣图中都假定具有均匀同相电流分布,为此需要设计合适的馈电系统。设圆环的直径等于(a) 1λ;(b) 0.212λ。

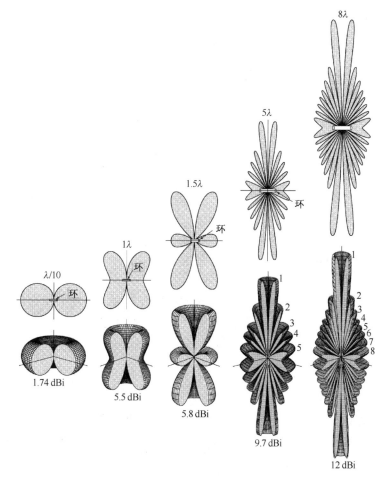

图 7.7　直径分别为 0.1λ,1λ,1.5λ,5λ,8λ 的圆环之远场波瓣图。(上) 极
坐标;(下) 三维立体(设均匀同相电流分布,定向性以 dBi 表示)

解:

(a) 图 7.8(a) 的设计提供同相而幅度按正弦律变化的电流。所有 6 个 λ/2 偶极子具有一对公共馈点。虽然未能提供均匀电流,但可作为不甚确切的解答。

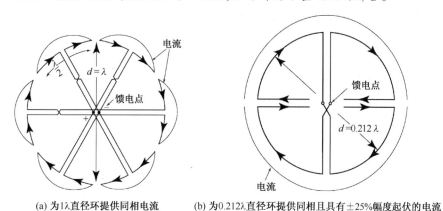

(a) 为 1λ 直径环提供同相电流　　(b) 为 0.212λ 直径环提供同相且具有 ±25% 幅度起伏的电流

图 7.8　圆环天线的馈电系统

（b）图 7.8（b）的设计提供同相而幅度有 ±25% 起伏的近似均匀电流。图 7.9 的环也有一对公共馈点，当直径小于 0.1λ 时可视为基本同相均匀的电流。

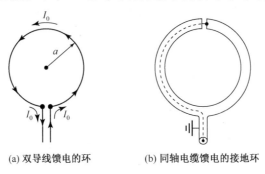

(a) 双导线馈电的环　　　　　(b) 同轴电缆馈电的接地环

图 7.9　圆环天线的馈电

7.5　作为特例的电小环

式（7.3.9）和式（7.3.10）可应用于任意尺寸的圆环。对于小环的特殊情况，这些表达式恰简化成前述形式。小宗量的一阶贝塞尔函数有如下近似表达式[①]：

$$J_1(x) = \frac{x}{2} \tag{1}$$

当 $x = 1/3$ 时，上式的近似仅存在约 1% 的误差；当 $x \to 0$ 时，上式变为精确式。因此，若环的周长不超过 λ/3，即 $C_\lambda < 1/3$，则式（7.3.9）和式（7.3.10）可很好地近似为

小环

$$E_\phi = \frac{60\pi \beta a[I]\beta a \sin\theta}{2r} = \frac{120\pi^2[I]\sin\theta}{r}\frac{A}{\lambda^2} \tag{2}$$

远场

$$H_\theta = \frac{\beta a[I]\beta a \sin\theta}{4r} = \frac{\pi[I]\sin\theta}{r}\frac{A}{\lambda^2} \tag{3}$$

此式与表 7.1 中的公式相同。

7.6　环的辐射电阻

为了求得环天线的辐射电阻，将坡印廷矢量沿大球面积分得到辐射的总功率 P，使之等于有效电流 I_0 的平方乘以辐射电阻 R_r（Foster-1），即

$$P = \frac{I_0^2}{2}R_r \tag{1}$$

其中 I_0 为环上电流的时间峰值。双线或同轴线的负载，如图 7.9（a）或图 7.9（b）所示。这里对任意半径 a 的环，都假设载有均匀同相电流，这需要借助移相器、多点馈电或其他器件（见图 7.8）来实现。远场的平均坡印廷矢量为

$$S_r = \frac{1}{2}|H|^2\,\text{Re}\,Z \tag{2}$$

其中 $|H|$ 是磁场的绝对值，Z 是媒质（自由空间）的本征阻抗。用式（7.3.10）中 H_θ 的绝对值代替式（2）的 $|H|$，可得

---

① 对于小宗量，$J_1(x)$ 的曲线近似为直线（见图 7.6）。当 $|x| \ll 1$ 时，任意 n 阶贝塞尔函数的一般近似式为 $J_n(x) \approx x^n/n!\,2^n$。

$$S_r = \frac{15\pi (\beta a I_0)^2}{r^2} J_1^2(\beta a \sin\theta) \tag{3}$$

辐射的总功率 P 是 S_r 沿大球面的积分

$$P = \iint S_r \, ds = 15\pi (\beta a I_0)^2 \int_0^{2\pi} \int_0^{\pi} J_1^2(\beta a \sin\theta) \sin\theta \, d\theta \, d\phi \tag{4}$$

或

$$P = 30\pi^2 (\beta a I_0)^2 \int_0^{\pi} J_1^2(\beta a \sin\theta) \sin\theta \, d\theta \tag{5}$$

当环的周长与波长之比很小,小到可以取式(7.5.1)的近似时,上式简化为

$$P = \frac{15}{2}\pi^2 (\beta a)^4 I_0^2 \int_0^{\pi} \sin^3\theta \, d\theta = 10\pi^2 \beta^4 a^4 I_0^2 \tag{6}$$

又因为面积 $A = \pi a^2$,上式变成

$$P = 10\beta^4 A^2 I_0^2 \tag{7}$$

假设天线是无耗的,则此功率就等于施加到环馈端上的功率,如式(1)所示,因此

$$R_r \frac{I_0^2}{2} = 10\beta^4 A^2 I_0^2 \tag{8}$$

而辐射电阻为

$$R_r = 31\ 171 \left(\frac{A}{\lambda^2}\right)^2 = 197 C_\lambda^4 \qquad (\Omega) \tag{9}$$

小环　　　　　　　　　　　　　　　　　　　　　　　　　辐射电阻

$$或 \quad R_r \approx 31\ 200 \left(\frac{A}{\lambda^2}\right)^2 \qquad (\Omega) \tag{10}$$

这是载有均匀同相电流之单圈小圆环或方环的辐射电阻,在环周长为 λ/3 即直径约 λ/10 时的误差约为 2%,由式(10)得出的辐射电阻近似为 2.5 Ω。

多圈小环天线的辐射电阻(Alford-1),在圈数为 n 时有

小环　　　　$$R_r = 31\ 200 \left(n \frac{A}{\lambda^2}\right)^2 \qquad (\Omega) \tag{10a}$$　　　　辐射电阻

现转而推导任意半径 a 的圆环天线的辐射电阻,将式(5)的积分按下式改写(Watson-1):

$$\int_0^{\pi} J_1^2(x \sin\theta) \sin\theta \, d\theta = \frac{1}{x} \int_0^{2x} J_2(y) \, dy \tag{11}$$

其中 y 可为任意变量。将式(11)代入式(5),得到

$$P = 30\pi^2 \beta a I_0^2 \int_0^{2\beta a} J_2(y) \, dy \tag{12}$$

再利用式(1),并记 $\beta a = C_\lambda$,得到

$$R_r = 60\pi^2 C_\lambda \int_0^{2C_\lambda} J_2(y) \, dy \qquad (\Omega) \tag{13}$$

这是由 Foster 给出的载有均匀同相电流之任意周长 C_λ 单圈圆环的辐射电阻。

当环很大($C_\lambda \geqslant 5$)时,有近似关系式

$$\int_0^{2C_\lambda} J_2(y) \, dy \approx 1 \tag{14}$$

于是式(13)简化成

$$\begin{matrix} \text{大环} \\ C_\lambda \geqslant 5 \end{matrix} \qquad R_r = 60\pi^2 C_\lambda = 592 C_\lambda = 3720\frac{a}{\lambda} \qquad \text{辐射电阻} \qquad (15)$$

对于周长为 10λ 的圆环，由式（15）得出其辐射电阻近似为 $6000\ \Omega$。

当周长介于 $\lambda/3$ 和 5λ 之间时，式（13）中的积分可利用变换式

$$\int_0^{2C_\lambda} J_2(y)\,dy = \int_0^{2C_\lambda} J_0(y)\,dy - 2J_1(2C_\lambda) \qquad (16)$$

以及式（16）右边项的函数表（Lowan-1）来计算。

周长超过 5λ（$C_\lambda \geqslant 5$）时，还可以利用渐近式计算，记 $x = \beta a = C_\lambda$，有

$$\int_0^{2x} J_2(y)\,dy \approx 1 - \frac{1}{\sqrt{\pi x}}\left[\sin\left(2x - \frac{\pi}{4}\right) + \frac{11}{16x}\cos\left(2x - \frac{\pi}{4}\right)\right] \qquad (17)$$

周长较小时，还可以对 J_2 的升幂级数展开式进行积分，得到

$$\int_0^{2x} J_2(y)\,dy = \frac{x^3}{3}\left(1 - \frac{x^2}{5} + \frac{x^4}{56} - \frac{x^6}{1080} + \frac{x^8}{31\,680} - \cdots\right) \qquad (18)$$

当 $x = C_\lambda = 2$（周长为 2λ）时，截取四项得到的结果约存在 2% 的误差，与周长为 $\lambda/3$ 时的近似式相当。

图 7.10 给出了载有均匀同相电流之单圈圆环的辐射电阻与周长/波长比值的曲线，实线对应于上述 Foster 公式的数据，虚线对应于小环和大环的近似公式。

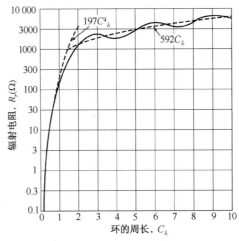

图 7.10　载有均匀同相电流之单圈圆环的辐射电阻作为环的周长与波长比值 C_λ 的函数

7.7　载有均匀电流的圆环天线的定向性

第 2 章末的汇总表中曾指出，天线的定向性 D 是其最大辐射强度与平均辐射强度之比。圆环的最大辐射强度为 r^2 乘以式（7.6.3），而平均辐射强度为式（7.6.5）除以 4π，于是圆环的定向性为

$$D = \frac{2C_\lambda\left[J_1^2(C_\lambda \sin\theta)\right]_{max}}{\int_0^{2C_\lambda} J_2(y)\,dy} \qquad (1)$$

这是载有均匀同相电流而具有任意周长 C_λ 的圆环之定向性的 Foster 表达式，其中角度 θ 取辐射场最大的方向。

在小环（$C_\lambda \leqslant 1/3$）情况下,式(1)简化为

小环 $C_\lambda \leqslant \mathbf{1/3}$ $D = \dfrac{3}{2}\sin^2\theta = \dfrac{3}{2}$ 定向性   (2)

此时最大辐射方向总是沿 $\theta = 90°$。小环的定向
性值为 $3/2$,和短电偶极子相同,这是两者波瓣
图相同的必然结果。

在大环（$C_\lambda \geqslant 5$）情况下,式(1)简化为

$$D = 2C_\lambda J_1^2(C_\lambda \sin\theta) \qquad (3)$$

由图 7.6 可见,凡 $C_\lambda \geqslant 1.84$ 的圆环,其最大值
（方向 θ 随 C_λ 而异）总是 $J_1(C_\lambda \sin\theta) = 0.582$。
因此,式(3)所示的大圆环定向性为

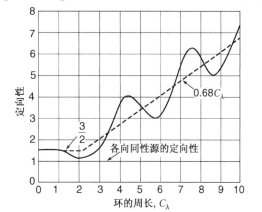

大环 $C_\lambda \geqslant 2$ $D = 0.68C_\lambda$ 定向性 (4)

圆环天线的定向性作为环的周长/波长比值 C_λ
之函数示于图 7.11,虚线表示式(2)所示小环、
式(4)所示大环的近似关系。

图 7.11　载有均匀同相电流之圆环的定向性作为环的周长/波长比值C_λ之函数（引自Foster-1）

例 7.7.1　直径为 $\lambda/10$ 的环

虽然小环通常可用于测向,但其波瓣图有两个零方向,会造成 $180°$ 的疑惑。然而,只需附
加一个接地平面,就不再存此疑惑。据此,图 7.12(a)中将 $\lambda/10$ 直径的环置于足够大
（$\approx\lambda$）的接地平面前 $\lambda/10$ 处,可得到图 7.12(c)所示的场波瓣图。试求:(a) 该环在无
耗假定下的定向性或增益;(b) 附有接地平面的环在无耗假定下的定向性或增益。

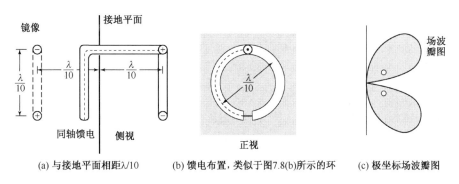

(a) 与接地平面相距λ/10　　(b) 馈电布置,类似于图7.8(b)所示的环　　(c) 极坐标场波瓣图

图 7.12　直径为 $\lambda/10$ 的圆环

解:

(a) 对于孤立的环,由式(2)可知 $D = 1.5$ 或 1.76 dBi。

(b) 对于附有接地平面的环,由表 10.1 中的式(1),有

$$D = \left[2\sqrt{R_r/(R_r - R_m)}\,\sin(2\pi/10)\right]^2 \times 1.5 \qquad (5)$$

其中,R_r 为环的自电阻,Ω;R_m 为两个环间的互电阻,Ω。

由式(7.6.9),有 $R_r = 197C_\lambda^4 = 197(0.1\pi)^4 = 1.92\ \Omega$;另外,有 $R_m = 1.60\ \Omega$。将此代
入式(5),即得

$$D = \left[2\sqrt{1.92/(1.92 - 1.60)}\,\sin 36°\right]^2 \times 1.5 = 8.3 \times 1.5 = 12.45 \text{ 或 } 11 \text{ dBi}$$

例7.7.2　直径为 λ/π 的环

考虑直径为 λ/π 而周长恰为 1λ 的环。图 7.13 中列出了:(a) 圆环;(b) 等效的方环;(c) 折合的 λ/2 偶极子。所有这些天线都接近谐振(电抗近似为零)而辐射电阻 $R_r = 200 \sim 300\,\Omega$。进一步将环置于接地平面前 λ/10 处,其辐射电阻 $R_r \approx 50\,\Omega$ 而电抗 $R_x \approx 0$,采用图 7.14 所示的 50 Ω 同轴电缆馈电。试求这些环附有接地平面时的定向性。

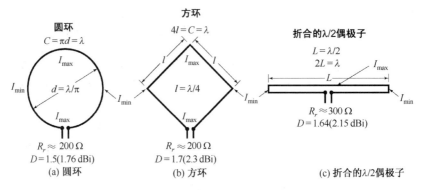

图 7.13　周长 1λ(直径 0.318λ)的环

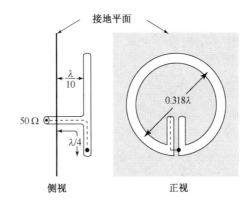

图 7.14　置于接地平面前 λ/10 处的周长为 1λ 的环用 50 Ω 同轴电缆馈电

解:

由表 10.1 中的式(1),有

$$D = \left[2\sqrt{R_r/(R_r - R_m)}\,\sin(2\pi/10)\right]^2 \times 1.5 \tag{6}$$

由式(7.6.9),有 $R_r = 197\,\Omega$;另外,有 $R_m = 1.60\,\Omega$;

将此代入式(5),即得

$$D = \left(2\sqrt{197/40}\,\sin 36°\right)^2 \times 1.5 = 10.2 \quad \text{或} \quad 10.1\,\text{dBi}$$

尽管上述直径为 0.318λ 的环与例 7.7.1 中直径为 0.1λ 的环相比,增益约低 1 dB,但其辐射电阻要大得多,从而可得到较小的 Q 值、较宽的频带以及较小的损耗敏感性。

7.8　环的公式列表

将前面几节所导出的公式汇总于表 7.2 中。大圆环的一般公式引自 Foster 的结果。

表 7.2 载有均匀电流之圆环的公式

（A = 环的面积，C_λ = 环的周长/波长）

物理量	一般公式 （任意尺寸的环）	小环* $A<\lambda^2/100$，$C_\lambda \leqslant 1/3$	大环 $C_\lambda \geqslant 5$
远场 E_ϕ	$\dfrac{60\pi[I]C_\lambda J_1(C_\lambda \sin\theta)}{r}$	$\dfrac{120\pi^2[I]\sin\theta}{r}\dfrac{A}{\lambda^2}$	同一般式
远场 H_θ	$\dfrac{[I]C_\lambda J_1(C_\lambda \sin\theta)}{2r}$	$\dfrac{\pi[I]\sin\theta}{r}\dfrac{A}{\lambda^2}$	同一般式
辐射电阻(Ω)	$60\pi^2 C_\lambda \displaystyle\int_0^{2C_\lambda} J_2(y)\,dy$	$31\,200\left(\dfrac{A}{\lambda^2}\right)^2 = 197C_\lambda^4$	$3720\dfrac{a}{\lambda} = 592C_\lambda$
定向性	$\dfrac{2C_\lambda J_1^2(C_\lambda \sin\theta)}{\displaystyle\int_0^{2C_\lambda} J_2(y)\,dy}$	$\dfrac{3}{2}$	$4.25\dfrac{a}{\lambda} = 0.68C_\lambda$

* 小环公式不仅能用于圆环，也可以用于相同面积的方环，以及相同面积的任意形状的环。但含有 C_λ 的公式只适用于圆环

7.9 方环[①]

7.3 节中曾经指出，对于面积 $A < \lambda^2/100$ 的小环，无论是圆环还是方环，其远场波瓣图都是相同的。广义地说，小环的特性仅依赖于面积，而不受环的形状所影响。然而，这个结论并不适用于大环。载有均匀同相电流的任意尺寸圆环，其波瓣图不依赖于 ϕ 角，而仅是 θ 的函数（见图 7.2）。另一方面，大方环的波瓣图同时是 θ 和 ϕ 的函数。如图 7.15 所示，在垂直于纸面而平行于两条边（1 和 3）的剖面 AA' 内，具有表示环边 2 和 4 两个点源的波瓣图；在垂直于纸面而经过对角的剖面 BB' 内，则具有不同的波瓣图。波

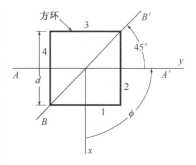

图 7.15 方形大环

瓣图随 ϕ 的全部变化，是图 7.15 中 AA' 与 BB' 间的 45°范围内的变化的重复。

圆形和方形大环在对 θ 的波瓣图上存在着差异。图 7.7(5λ)给出了直径为 5λ 的圆环作为 θ 之函数的波瓣图。图 7.16 则给出了相同面积的边长 4.44λ 的方环在 AA' 面内的波瓣图。

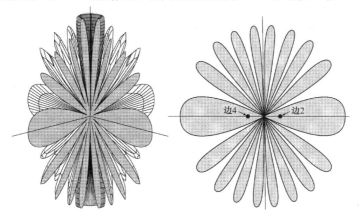

图 7.16 载有均匀同相电流之方环的三维立体和极坐标波瓣图。环每边长 4.44λ，
增益 = 9.5dBi。极坐标图取自图 7.15 中垂直于纸面而经过 AA' 的剖面

---

① 多种形状的 1λ 周长的环在 Ben Munk 所著的第 18 章中被用做频率选择表面的基本单元。

比较两者可见,圆环的波瓣峰值随 $\theta \rightarrow 90°$ 而趋零,而方环的波瓣峰值则保持相等。这正说明了圆环的贝塞尔函数与方环的三角函数的差别。以上讨论都假定了环上载有均匀同相的电流分布。

7.10　辐射效率、品质因数、频带宽度和信噪比

在 2.7 节中曾指出,当天线除辐射之外不存在损耗时,其相对于各向同性源的增益就等于其定向性。但在一般情况下,存在式(2.7.6)所示的关系

$$G = kD \tag{1}$$

其中 k = 效率因子($0 \leqslant k \leqslant 1$),无量纲。对于无耗天线,$k=1$;对于有欧姆损耗的天线,$k<1$。

若天线的辐射电阻为 R_r 而损耗电阻为 R_L,则其(辐射)效率因子

$$k = \frac{R_r}{R_r + R_L} \tag{2}$$

而增益

$$G = \frac{R_r}{R_r + R_L} \frac{4\pi A_{em}}{\lambda^2} = \frac{4\pi A_{em} k}{\lambda^2} \tag{3}$$

对小于波长的天线,其辐射电阻 R_r 也很小,如果有显著的欧姆损耗 R_L,则辐射效率将降低。因此,短偶极子和小环在有耗情况下都是效率不高的辐射器。例如,$R_r = R_L$ 时的辐射效率为 50%,即只有一半的输入功率被天线辐射,而另一半在天线上耗散成热量。

射频波进入导体而被衰减到表面值之 $1/e$ 处的深度 δ 为(Kraus-1)

$$\delta = \frac{1}{\sqrt{f\pi\mu\sigma}} = \text{透入深度} \tag{4}$$

其中,f——频率,Hz

μ——媒质的磁导率,H m^{-1}

σ——媒质的电导率,℧ m^{-1},而且假定是良导体,即 $\sigma \gg \omega\varepsilon$

导体中的感应电流密度也按此规律衰减,这意味着电流密度绝大部分沿导体表面以波的方式行进,即所谓的趋肤效应(skin effect)。物理量 δ 表示 $1/e$ 的透入深度。因此,圆线或圆柱导体的射频电阻可等效成相同材料而壁厚为 δ 之空管的直流电阻。假定该线或导体的直径远大于壁厚 δ,以及圆线或圆柱导体的周长 L 远小于波长。于是,绕着环导体横截面的基本上是均匀电流,小环天线的欧姆(或损耗)电阻为

$$R_L = \frac{L}{\sigma\pi d\delta} = \frac{L}{d}\sqrt{\frac{f\mu_0}{\pi\sigma}} \qquad (\Omega) \tag{5}$$

其中,L——环的长度(周长),m

d——线或导体的直径,m

由式(7.6.9),小环的辐射电阻为

$$R_r \approx 31\,200 \left(\frac{A}{\lambda^2}\right)^2 \approx 197 C_\lambda^4 \tag{6}$$

其中,A——(正方形或圆形)环的面积,m^2

C_λ——C/λ,而 C = 圆环的周长

假设该环的感抗用电容器来平衡,其馈端呈电阻性,且等于

$$R_T = R_r + R_L \tag{7}$$

则辐射效率,即辐射功率与输入功率之比,为

$$k = \frac{1}{1 + (R_L/R_r)} \tag{8}$$

对于空气中的单圈铜导体($\sigma = 5.7 \times 10^7 \ \mho \ m^{-1}$, $\mu_0 = 4\pi \times 10^{-7} \ H \ m^{-1}$)的圆环,周长 $L = C$ 时,有

$$\frac{R_L}{R_r} = \frac{3430}{C^3 f_{MHz}^{3.5} d} \tag{9}$$

其中,C——环的周长,m

f_{MHz}——频率,MHz

d——线(或导体)的直径,m

对于边长为 l 的小方环($L = 4l$),可取 $C = 3.5l$。

例 7.10.1

考虑由直径 10 mm 的铜线构成的直径为 1 m 的圆环($C = \pi$ m),计算其在频率为(a) 1 MHz;
(b) 10 MHz 时的辐射效率。

解:

(a)由式(9)可得

$$\frac{R_L}{R_r} = \frac{3430}{\pi^3 \times 1 \times 10^{-2}} = 11\,000 \tag{10}$$

而辐射效率为

$$k = \frac{1}{1 + 11\,000} = 9 \times 10^{-5} \ (\text{或} -40.5 \text{ dB}) \tag{10a}$$

(b)同理可得,10 MHz 时,有

$$k = 0.22 \ (\text{或} -6.6 \text{ dB}) \tag{11}$$

图 7.17 显示了空气中单圈小铜环之辐射效率作为频率的函数。其中假设环的周长远小于波长($C \ll \lambda$),线或导体的直径远小于周长($d \ll C$),且介质无耗。尽管小环的效率很低,但在很多应用中,小环作为接收天线能提供可观的信噪比,参见本节的式(19)。

对于 n 圈的环,R_r 正比于 n^2,R_L 正比于 n,因而式(9)在多圈环情况下变成

$$\frac{R_L}{R_r} = \frac{3430}{C^3 f_{MHz}^{3.5} nd} \tag{12}$$

而辐射效率 k 在 R_L/R_r 值很大时能提高约 n 倍。此式忽略了圈间电容的影响,但在圈间有足够距离而且圈数不多的情况下,式(12)的近似还是有用的。

多圈环(或称线圈天线)的辐射效率可借助插入图 7.18 所示的铁氧体杆(ferrite rod)而提高。该线圈(水平放置以接收铅垂极化波)既能作为天线,又能(与一串联电容器)构成广播接收机(500 ~ 1600 kHz)前端(混频级)的谐振电路。

铁氧体加载环或线圈的辐射电阻 R_r 和由铁氧体杆引起的损耗电阻 R_f 分别为

$$\text{辐射电阻} \quad R_r = 31\,200 \mu_{er}^2 n^2 \left(\frac{A}{\lambda^2}\right)^2 = 197 \mu_{er}^2 n^2 C_\lambda^4 \quad (\Omega) \quad \begin{matrix} \text{铁氧体} \\ \text{加载环} \end{matrix} \tag{13}$$

和

$$R_f = 2\pi f \mu_{er} \frac{\mu_r''}{\mu_r'} \mu_0 n^2 \frac{a}{l} \quad (\Omega) \tag{14}$$

其中, f——频率, Hz

　　　μ_{er}——铁氧体杆的有效相对磁导率, 无量纲

　　　μ'_r——铁氧体材料的相对磁导率之实部, 无量纲

　　　μ''_r——铁氧体材料的相对磁导率之虚部, 无量纲

　　　$\mu_0 = 4\pi \times 10^{-7}$, H m^{-1}

　　　n——圈数

　　　a——铁氧体杆的截面积, m^2

　　　l——铁氧体杆的长度, m

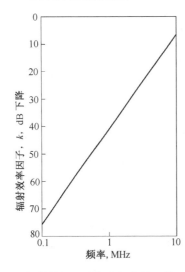

图 7.17　辐射效率因子作为频率的函数。空气中
1 m 直径的单圈铜环($C = \pi$ m, $d = 10$ mm)

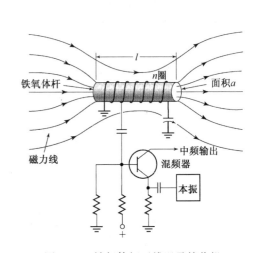

图 7.18　铁氧体杆天线以及接收机
前端混频级的调谐电路

　　　铁氧体杆由于其两端断开(相对于闭合的磁性环而言), 相对磁导率为 μ_r 时的有效相对磁导率 μ_{er}(由于退磁化效应)变小。典型的杆料 $\mu_r = 250$, 当杆的长度与直径的比值等于 10 时, 其有效相对磁导率 $\mu_{er} \approx 50$。

　　　线圈的欧姆损耗电阻 R_L 已由式(5)给出, 因此含铁氧体杆线圈天线的辐射效率因子为

$$k = \frac{R_r}{R_r + R_L + R_f} = \frac{1}{1 + [(R_L + R_f)/R_r]} \tag{15}$$

　　　知道了该天线的总电阻 $R_r + R_L + R_f$, 就可以计算其 Q 值以及调谐电路的频带宽度。Q 值又称品质因数, 是储能与每振荡一周的耗能之比, 即

$$Q = \frac{2\pi f_0 L}{R_r + R_L + R_f} = \frac{f_0}{\Delta f_{\text{HP}}} \tag{16}$$

其中, f_0——中心频率, Hz

　　　$L = \mu_{er} n^2 a \mu_0 / l$, 电感, H[①]

　　　Δf_{HP}——半功率频带宽度, Hz

---

① 注意区分式(16)中的电感 L 和式(5)中的长度 L。

例 7.10.2

设有广播接收机的铁氧体杆线圈天线,在 1 cm 直径、10 cm 长的铁氧体杆上绕着 10 圈 1 mm直径的漆包铜线,铁氧体的相对磁导率 $\mu_r = \mu'_r - j\mu''_r = 250 - j\,2.5$。取有效相对磁导率 $\mu_{er} = 50$,频率 $f = 1$ MHz,试求:(a) 辐射效率;(b) Q 值;(c) 半功率频带宽度。

解:

(a) 由式(13),有 $R_r = 1.91 \times 10^{-4}\ \Omega$;由式(14),有 $R_f = 0.31\ \Omega$;由式(4),则有 $\delta = 7 \times 10^{-5}$ m, 经判别,比值 $d/\delta = 14.3$,可以利用式(5),并乘以圈数 $n = 10$,得到 $R_L = 0.026\ \Omega$。据此,$(R_L + R_f)/R_r = 1790$,而 $k = 1/1790 = 5.6 \times 10^{-4}$(忽略了空气的介质损耗)。

(b) 由式(16)可得 $Q = 162$。

(c) 由式(16)可得 $\Delta f_{HP} = 6.170$ kHz。

虽然对于广播波段的 10 kHz 频道间隔来说,前端选择性有 6.17 kHz 已经足够了,但低于 0.06% 的口径效率带来困惑,为此需要计算其在典型应用时的信噪比。从弗里斯传输公式,即式(2.11.5)出发,对于功率为 P_t 的发射机,在距离 r 处所接收的功率为

$$P_r = \frac{P_t A_{et} A_{er}}{r^2 \lambda^2} \quad \text{(W)} \tag{17}$$

其中,A_{et} 和 A_{er} 分别是发射天线和接收天线的有效口径,m^2。

对于小环接收天线,$D = 3/2$,故

$$A_{er} = \frac{1.5\lambda^2 k}{4\pi} \quad \text{(m}^2) \tag{18}$$

其中 k = 辐射效率因子。

信噪比(S/N)则为

$$\frac{S}{N} = \frac{P_r}{N} \quad \text{(无量纲)} \tag{19}$$

表7.3 列出了环天线的各种公式。

表 7.3 小环天线的公式汇总:辐射电阻、损耗电阻、辐射效率,以及 Q 值、频带宽度、信噪比[*]

物理量	公式	参考
单圈的辐射电阻	$R_r = 31\,200\left(\dfrac{A}{\lambda^2}\right)^2\ (\Omega)$	式(7.10.6)
单圈的辐射电阻	$R_r = 197 C_\lambda^4\ (\Omega)$	式(7.10.6)
n 圈的损耗电阻	$R_L = \dfrac{nL}{d}\sqrt{\dfrac{f\mu_0}{\pi\sigma}}\ (\Omega)$	式(7.10.5)
n 圈的辐射效率	$k = \dfrac{1}{1 + (R_L/R_r)}$	式(7.10.8)
n 圈铜线的 R_L/R_r 比值	$\dfrac{R_L}{R_r} = \dfrac{3430}{C^3 f_{MHz}^{3.5} nd}$	式(7.10.9)
铁氧体杆 n 圈天线的损耗电阻	$R_f = 2\pi f\mu_{er}\dfrac{\mu''_r}{\mu'_r}\mu_0 n^2 \dfrac{a}{l}\ (\Omega)$	式(7.10.14)
铁氧体杆 n 圈天线的辐射效率	$k = \dfrac{1}{1 + [(R_L + R_f)/R_r]}$	式(7.10.15)
Q 值	$Q = \dfrac{2\pi f_0 L}{R_r + R_L + R_f}$	式(7.10.16)
频带宽度	$\Delta f_{HP} = \dfrac{f_0}{Q}$	式(7.10.16)
信噪比	$\dfrac{S}{N} = \dfrac{P_r}{N} = \dfrac{P_t A_{et} A_{er}}{r^2\lambda^2 kT_s\Delta f_{HP}}$	式(7.10.17) 和式(7.10.19)

[*] 第三行损耗电阻公式中的 L 是环的周长,而第八行 Q 值式中的 L 是电感

参考文献

Alford, A. (1), and A. G. Kandoian: "Ultrahigh-Frequency Loop Antennas," *Trans. AIEE,* **59,** 843–848, 1940.

Foster, Donald (1): "Loop Antennas with Uniform Current," *Proc. IRE,* **32,** 603–607, October 1944.

Glinski, G. (1): "Note on Circular Loop Antennas with Nonuniform Current Distribution," *J. Appl. Phys.,* **18,** 638–644, July 1947.

Kraus (1) and Fleisch: *Electromagnetics with Applications,* 5th ed., McGraw-Hill, New York, p. 183.

Lowan, A. N. (1), and M. Abramowitz: *J. Math. Phys.,* **22,** 2–12, May 1943. The integral involving J_0 for the interval $0 \leq x \leq 5$ (where $x = C_\lambda$) is given; and given also by *Natl. Bur. Standards Tech. Memo* 20.

Watson, G. N. (1): *A Treatise on the Theory of Bessel Functions,* Cambridge University Press, London, 1922.

习题

7.2.1   **圆极化的环/偶极子组合**。若有一根电偶极子天线置于一个小环天线中的极轴上(见图7.3),并向偶极子与环馈送同相且相等的功率。试阐明该组合的波瓣图为如同图 7.7 所示的直径为 0.1λ 的小环波瓣图,且处处辐射圆极化波。

7.4.1   **直径为 3λ/4 的环**。设直径为 3λ/4 的圆环载有均匀同相的电流分布,试计算并绘出垂直于环平面的远场波瓣图。

7.6.1*   **环的辐射电阻**。求习题 7.4.1 中圆环的辐射电阻。

7.6.2   **小环的电阻**。(a)利用坡印廷矢量的积分,推导小环的辐射电阻 $= 320\pi^4 (A/\lambda^2)^2 \ \Omega$,其中 A 为环的面积 (m^2);(b)推导各向同性天线的有效口径等于 $\lambda^2/4\pi$。

7.7.1   **直径为 λ/10 的环**。设直径为 0.1λ 的细环天线载有均匀同相的电流分布,其最大有效口径是多少?

7.8.1   **环的波瓣图、辐射电阻和定向性**。设直径为 d 的圆环天线载有均匀同相的电流。(a)计算并绘出其远场波瓣图;(b)求其辐射电阻;(c)求 $d = \lambda/4, 1.5\lambda, 8\lambda$ 三种情况下的定向性。

7.8.2*   **圆环**。设直径为 d 的圆环天线载有均匀同相的电流。(a)计算并绘出其远场波瓣图;(b)求其辐射电阻;(c)求 $d = \lambda/3, 0.75\lambda, 2\lambda$ 三种情况下的定向性。

7.9.1*   **边长 1λ 的方环**。设边长为 1λ 的方环载有均匀同相的电流。计算并绘出其垂直于环平面而平行于一对边的远场波瓣图。

7.9.2   **小方环**。将载有均匀电流的小方环分解成四段短偶极子,阐明其环平面内的波瓣图是一个圆。

7.10.1   **波长 2 m 的测向天线**。某业余无线电操作员想加入测向搜寻发射台的业余爱好者组织,该台工作在 146 MHz,具有 0.1 MHz 的频带宽度,采用 10 W 功率的半波长偶极子。(a)为该爱好者设计一付测向用环天线(测向原理是天线波瓣图零点的信号最小化)。要能检测到的条件是信噪比优于 10 dB,问该爱好者离发射台的距离可达多远?(b)在测向时采用环或类似天线的主要缺点是什么?见习题 21.9.3。

注:习题中涉及的计算机程序,见附录 C。

第8章(上) 端射天线:螺旋聚束天线[①]和八木-宇田天线

本章包含下列主题:

- 螺旋聚束天线的故事
- 螺旋的几何表示
- 螺旋天线设计
- 不带接地板的螺旋
- 含有寄生单元的偶极子阵
- 八木-宇田阵的故事
- 八木-宇田阵的理论

8.1 螺旋聚束天线的故事[②]

1946 年当我就职于俄亥俄州立大学不久,出席了一位来校访问的著名科学家关于行波管的讲座。该行波管中的电子束被约束在一个很长的导线螺旋内,借以放大沿螺旋行进的微波,直径比波长小得多的螺旋起着导波结构的作用。讲座后我提问:"螺旋能否用做天线?",回答是:"不能! 我已经试过,但它不能工作"。该回答之斩钉截铁令我深思。我总觉得,如果螺旋的直径大于行波管的直径,或许会有某种辐射,但尚不明其缘由。于是我决定研究这一问题。

当晚我在住宅的地窖里,用导线绕制了一个周长为 1λ 的七圈螺旋,从 12 cm 波长的振荡源经由同轴电缆和接地板馈电。令我激动不已的是,该螺旋从开口的末端产生出圆极化的锐波束辐射。接着我又绕制了不同直径的其他螺旋,注意到其功能变化不大。然而,增加圈数会使波束变窄。虽然我的发明或发现来得如此快捷,但后来为了理解这种非凡的天线,着实花费了很多功夫。事实上,我为此进行了好几年的广泛测试和计算。第一篇论文"The Helical Beam Antenna"(螺旋聚束天线)刊登于 Electronics 的 1947 年 4 月号。此后我指派了几名学生参与研究该天线的特性,陆续发表了很多文章(Kraus-1,5;Glasser-1;Tice-1)。

为了揭露螺旋天线的奥秘,大致经历了如下过程。测量输入阻抗,发现螺旋天线在很宽的频带上基本呈电阻性,这说明螺旋可用做传输线的(匹配)终端。这一性质曾经令我十分费解,因为螺旋的末端是完全开路的。然而,当我测量了沿螺旋的电流分布之后,便顿然领悟。实验装置是将螺旋随同接地板一起旋转,而保持位于螺旋导体下用做电流探头的小环(见图 8.1)不动。在较低频率(螺旋的每圈周长约为 λ/2)时,电流沿螺旋几乎是纯驻波(VSWR→∞),流出的和反射的波近乎等值,如图 8.2(a)所示。但随着频率的提高,电流分布也发生戏剧性的

[①] 又称"轴向模螺旋天线"。本章稍后还将讨论法向、双绕、四瓣和其他模式。

[②] 作者:John Kraus。

改变。对于周长约为1λ的螺旋,会出现三个区域:接近输入端的电流呈指数律衰减;接近开路端的短距离内电流呈驻波;在这两端区之间的电流幅度显示出相对均匀的分布,且 VSWR 很小,如图 8.2(b)所示。在输入端区域的衰减,可理解为螺旋–接地板模式与纯螺旋模式之间的过渡,此处由流出波经开路端反射而返回的波已被指数律衰减得很小了,因此占螺旋大部分的中间区域上以流出波为主 VSWR 很小。利用该 VSWR 的小波纹足以测量沿螺旋的相对相速($=\lambda_h/\lambda_0$),这将有助于理解其辐射波瓣图。可分解成如图 8.2(c)所示的流出波和反射波之电流分布[Kraus(2) & Willamson]。

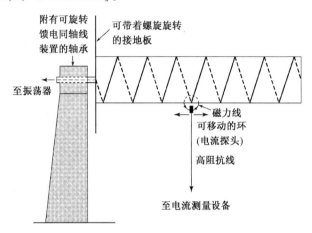

图 8.1　螺旋和接地板安装成可绕螺旋轴旋转的状态。用环形探头测量
电流分布,从而确定沿螺旋的相速[引自Kraus(2) & Williamson]

我们对波瓣图的广泛测量表明,在以周长 1λ 为中心的2:1 频率范围内保持着端射波束。所以我当初为第一个螺旋所选的直径恰好是最佳的。

尽管螺旋的结构是连续的,但仍可以认为是周期结构。于是,一个 n 圈的螺旋可作为一个 n 元的端射阵来处理。起初我采用的是常规端射阵的式(5.6.9)来计算其波瓣图,惊奇地发现实测所得的波束显得更窄。是否螺旋天线工作在增强定向性端射的条件下呢? 改用式(5.6.14)重算的结果,恰得出与实测相符的波瓣图。进一步说,该条件可在很宽的频带上维持,预示着沿螺旋的相速变化恰好适合去维持增强定向性条件。我们所做的相速测量验证了这个结论:该螺旋连续自动地将增强定向性条件锁定在整个频带上。

螺旋天线不仅在宽频带上具有近乎一致的电阻性输入阻抗,而且在同样的频带上

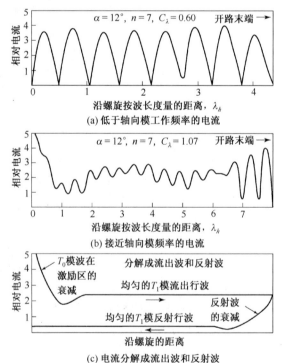

图 8.2　典型的实测电流分布(Kraus–2 & Williamson)

按"超增益"(super gain)端射阵的波瓣图工作! 进一步说,它的性能对导线尺寸和螺旋节距不敏感;它的互阻抗几乎可以忽略,因此很容易用来组阵。

螺旋天线很快就得到了应用。1951 年我设计并与学生一起建造了用于射电望远镜的大型阵列,共采用了 96 支 11 圈螺旋。该阵列的工作频率为 200～300 MHz,全长达50 m,增益为 35 dB。我们曾利用它首次测绘出最广幅的射电天文图(Kraus-6)。螺旋的其他应用能够适应宽广的频域,甚至低至 10 MHz。

随着苏联的人造卫星升空,螺旋天线作为电话、电视和数据空间通信的重要工具,同时为卫星和地面站所采用。许多美国的卫星,包括气象卫星、通信卫星(Comsat)、舰队通信卫星(Fleetsatcom)、全球环境卫星(GOES)、租赁卫星(Leasat)、全球定位卫星(GPS)、西联卫星(Westar)以及跟踪与数据中继卫星,全都装有螺旋天线,后者还装置了 30 个螺旋的阵列。俄国的卫星也装有螺旋天线,每一种荧光屏(Ekran)级卫星都配置了 96 支螺旋的阵列。螺旋天线被带往月球和火星,还用于对其他行星和彗星的探测器,它们被单独使用或组阵,或用做抛物面反射镜的馈源,其圆极化、高增益和简单性对空间应用来说独具吸引力[①]。

这段简短的记载作为螺旋天线的引言,勾画出为理解其原理而经历的实验和分析步骤。这里的螺旋被狭义地描述为一种单绕(单导线)的轴向模螺旋天线。

8.2　螺旋的几何表示

螺旋是一种基本的三维几何形式。一根绕在均匀柱体表面的螺旋导线,当柱面展开成平面时就变成了一条直导线。若向着端面望去,则一根螺旋投影成一个圆。因此,螺旋结合了直线、圆以及柱体的几何形式。此外,螺旋还具有旋向,既可以是左旋的,也可以是右旋的。

对螺旋进行几何描述需要用到下列参量(见图 8.3):

D——螺旋的直径(导体的中心至中心)

C——螺旋的周长,$C = \pi D$

S——螺旋邻圈之间的节距(导体的中心至中心)

α——螺旋节距的升角,$\alpha = \arctan(S/\pi D)$

L——每圈的长度

n——圈数

A——螺旋的轴长,$A = nS$

d——螺旋导体(线)的直径

直径 D 和周长 C 按通过螺旋导体中心线的虚构柱面来定义。若用下标 λ 表示某尺寸,即按自由空间波长进行度量的值,例如 $D_\lambda = D/\lambda$。

如果将圆螺旋的一圈展开成平面,则节距 S、周长 C、圈长 L 之间的关系可用图 8.4 所示的三角形来说明。螺旋的尺寸习惯上表示成直径-节距图,或如图 8.5 所示的周长-节距图。此图中螺旋的尺寸既可用节距 S_λ 和周长 C_λ 在直角坐标系中表示,又可用圈长 L_λ 和升角 α 在极坐标系中表示。当节距为零即 $\alpha = 0$ 时,螺旋变成一个环。另一方面,当螺旋的直径为零即 $\alpha = 90°$ 时,螺旋变成一根直导体。于是在图 8.5 中,纵轴表示环,而横轴表示直导体,两轴之

---

① 关于螺旋天线早期工作的详细个人记载见 John Kraus 的著作"Big Ear II",1995,Cygnus-Quasar Books。

间的整个范围表示了螺旋的一般情况。

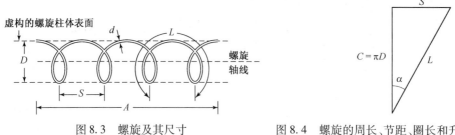

图 8.3　螺旋及其尺寸　　　　　　　图 8.4　螺旋的周长、节距、圈长和升角之间的关系

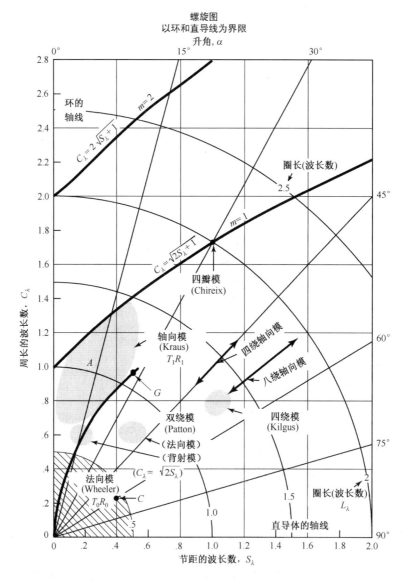

图 8.5　螺旋图显示了不同工作模的位置作为螺旋尺寸(直径、节距和升角)的函数。螺旋
　　　作为频率的函数沿升角为常数的直线(环沿铅垂轴、直导体沿水平轴)移动。四瓣、
　　　四绕、双绕和法向模等内容将在第8章(下)中讨论,C点是双绕模的位置(见8.25节)

考虑一个圈长为 1λ（即 $L_\lambda = 1$）的单圈螺旋，当 $\alpha = 0$ 时成为周长为 1λ 或直径为 λ/π 的环。随着升角 α 的增大，周长减小。螺旋的尺寸沿图 8.5 中 $L_\lambda = 1$ 的曲线移动，直至 $\alpha = 90°$ 时，"螺旋"成为长度为 1λ 的直导体。

各种工作模对应的螺旋尺寸都标注在图 8.5 上，本章通篇都将引用这些尺寸。

8.3　单绕轴向模螺旋天线的实际设计考虑

在对天线的各方面进行详细分析之前，先描述某些实际设计所达到的总体性能。

单绕轴向模螺旋天线对尺寸非常不敏感，是所有天线中最容易建造的。但若仔细研究，还可以实现其性能的最优化。该天线的重要参量有：

1. 波束宽度
2. 增益
3. 阻抗
4. 轴比

增益和波束宽度，两者相互依赖 $[G \propto (1/\text{HPBW}^2)]$，而其他参量都是圈数、节距（或升角）和频率的函数。当圈数给定时，由波束宽度、增益、阻抗和轴比的性态确定其可用的频带宽度。该频带宽度的名义上的中心频率对应了约为 1λ（即 $C_\lambda = 1$）的螺旋周长。对于给定的频带宽度，所有四个参量都必须在整个频带上满足要求，才是完善的设计。

这些参量同时还是接地面的尺寸和形状、螺旋导体的直径、螺旋的支撑结构以及馈电布置等的函数。接地面可以是直径或边长至少为 3λ/4 的（圆形或方形）平板，也可以是杯状浅底腔（见图 8.6），甚至用环来取代（见 8.4 节）。

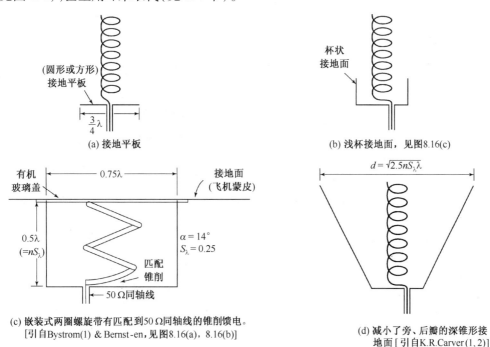

(a) 接地平板

(b) 浅杯接地面，见图8.16(c)

(c) 嵌装式两圈螺旋带有匹配到50Ω同轴线的锥削馈电。
［引自Bystrom(1) & Bernst-en，见图8.16(a)，8.16(b)］

(d) 减小了旁、后瓣的深锥形接地面 [引自 K.R.Carver(1, 2)]

图 8.6　单绕轴向模螺旋天线的接地面结构

由 Bystrom(1) & Bernsten 为飞机设计的两圈嵌装式螺旋天线,如图8.6(c)所示,具有令人满意的波瓣图和阻抗特性,改用深腔和更多的圈数并无显著的性能改进,因为敞开的口径尺寸保持未变(类似于圆波导开口端)。但若采用图8.6(d)所示的深锥形腔,则可有效地减小旁瓣和后瓣辐射[Carver(1,2)]。用导体环取代接地面的螺旋也可以发射波束(见8.4节)并产生后瓣波束,用来对碟形天线馈电。

绕制螺旋的导体尺寸并不重要(Tice-1),其可取范围从0.005λ或更小直至0.05λ或更大(见图8.7)。螺旋可用少量径向绝缘子固定在直径仅为波长的百分之几的(一根或沿周向排列的多根)轴向介质或金属杆(或管)上,也可直接绕在薄壁的介质管上。后者的工作频带将向低频移动,即对应于给定频率的天线尺寸变小。图8.8示意几种装配方式。

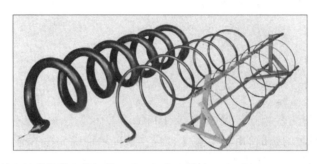

图 8.7　周向馈电的单绕轴向模螺旋天线。螺旋导体直径分别为0.055λ,0.017λ,0.0042λ。中心频率400 MHz,实测性能受导体直径的影响很小[引自T. E. Tice(1)& J. D. Kraus]。其中直径0.055λ(4.1 cm)的管材是能弯成半径11cm(=λ/2π)的最粗规格

螺旋可以轴向地、周向地或从接地面结构的任何方便位置连接同轴线的内导体实现馈电,而将外导体焊在接地面上。

轴向馈电时的馈端阻抗(电阻性)在20%的误差范围内可写成

$$R = 140C_\lambda \qquad (\Omega) \qquad (1)$$

而周向馈电时[Baker(1)]的馈端阻抗在10%的误差范围内可写成

$$R = \frac{150}{\sqrt{C_\lambda}} \qquad (\Omega) \qquad (2)$$

上列计算式适用于$0.8 \leqslant C_\lambda \leqslant 1.2, 12° \leqslant \alpha \leqslant 14°$和$n \geqslant 4$的尺寸情况。

借助适当的匹配段,可使馈端阻抗(电阻性)

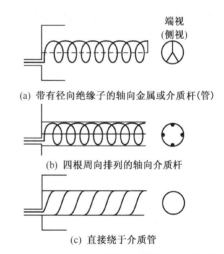

端视
(侧视)

(a) 带有径向绝缘子的轴向金属或介质杆(管)

(b) 四根周向排列的轴向介质杆

(c) 直接绕于介质管

图 8.8　单绕轴向模螺旋天线的支撑结构

按需要在低于50 Ω至高于150 Ω的范围内取值。为此,留出螺旋最底部的1/4圈,制成平行于接地面的锥削过渡段,将140~150 Ω的螺旋阻抗变换为50 Ω的同轴线阻抗。这种措施对轴向馈电或周向馈电的螺旋都适用,但用周向馈电更为方便,其结构细节如图8.9(a)和图8.9(b)所示。螺旋的管状导体在接近接地面时要逐渐压扁,直至在馈端处成为完全扁平的形状,用介质垫片使它与接地面的间距(片厚)h保持为

$$h = \frac{w}{\left[377 / \left(\sqrt{\varepsilon_r} Z_0 \right) \right] - 2} \tag{3}$$

其中，w——馈点处导体的宽度

　　　h——导体离接地面的高度(即介质垫片的厚度)，单位同 w

　　　ε_r——介质垫片的相对介电常数

　　　Z_0——同轴线的特性阻抗

例 8.3.1

如果被压扁的导体管宽 5 mm，为了与 50 Ω 的同轴传输线相连接，应选用多厚的聚苯乙烯片($\varepsilon_r = 2.7$)？

解：

由式(3)，可得

$$h = \frac{5}{\left[377 / \left(\sqrt{2.7 \times 50} \right) \right] - 2} = 1.9 \text{ mm}$$

一种典型的周向馈电单绕轴向模螺旋天线带有杯状接地面，并采用如图 8.9(a)和图 8.9(b)所示的与 50 Ω 缆线匹配的激励器，其结构尺寸示于图 8.9(c)，可采用一根带径向绝缘子的轴向杆或多根沿周向排列的轴向介质杆支撑，如图 8.8(a)和图 8.8(b)所示。

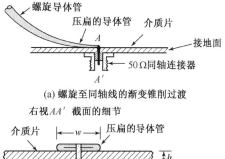

(a) 螺旋至同轴线的渐变锥削过渡

右视 AA' 截面的细节

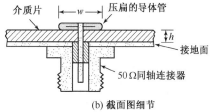

(b) 截面图细节

图 8.9　螺旋天线的馈点结构

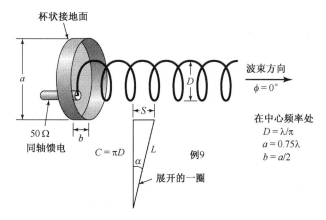

图 8.9(c)　典型的周向馈电单绕轴向模螺旋天线带有杯状接地面并匹配到 50 Ω 同轴传输线。对中心频率，节距 $S = 0.225\lambda$；周长 $C = \lambda$；相对相速 p 自动地改变，使得在一个倍频程内恰好符合端射超增益的条件。杯状接地面的典型尺寸为 $a = 0.75\lambda$；$b = a/2$

　　6 圈螺旋的实测波瓣图作为频率的函数示于图 8.10，而在中心频率($C_\lambda = 1$)处波瓣图作为螺旋长度(圈数)的函数则示于图 8.11。

　　基于 Kraus 在 1948 ~ 1949 年间对大量螺旋天线所进行的波瓣图测量，归纳出波束宽度的准经验公式如下：

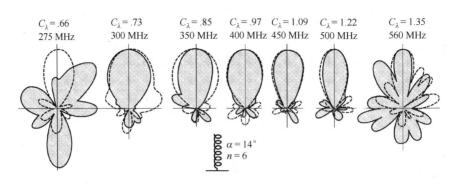

$C_\lambda = .66$ 275 MHz $C_\lambda = .73$ 300 MHz $C_\lambda = .85$ 350 MHz $C_\lambda = .97$ 400 MHz $C_\lambda = 1.09$ 450 MHz $C_\lambda = 1.22$ 500 MHz $C_\lambda = 1.35$ 560 MHz

$\alpha = 14°$
$n = 6$

图 8.10　6圈14°升角之单绕轴向模螺旋天线的实测场波瓣图。在周长范围 0.73λ ~ 1.22λ内以轴向辐射为特征。实线为水平极化分量(E_ϕ),虚线为 铅垂极化分量(E_θ),绘图时已将两者调整到最大值相同(引自Kraus)

$$\text{HPBW (半功率波束宽度)} \approx \frac{52}{C_\lambda \sqrt{nS_\lambda}} \quad \text{(度)} \qquad (4)$$

$$\text{BWFN (第一零点波束宽度)} \approx \frac{115}{C_\lambda \sqrt{nS_\lambda}} \quad \text{(度)} \qquad (5)$$

式(4)所给出的 HPBW 示于图 8.12,用 41 253(平方度)除以 HPBW 的平方,就能 得出螺旋天线的定向性近似关系式[①]:

$$D \approx 15C_\lambda^2 nS_\lambda \qquad (6)$$

在上述计算中未曾考虑副瓣的影响和波瓣 图形状的细节,更符合实际的关系式为

定向性　　　$D \approx 12C_\lambda^2 nS_\lambda$ 　　(7)

式(4) ~ 式(7)的应用范围限于$0.8 < C_\lambda < 1.15; 12° < \alpha < 14°$以及$n > 3$。

King(1) & Wong 为 $\alpha = 12.8°$ 的单绕 轴向模螺旋天线测得的增益,是螺旋长度 ($L_\lambda = nS_\lambda$)和频率的函数如图 8.13 所示。 虽然增加圈数能达到较高的增益,但会使 频带变窄。最高的增益发生在比中心频率

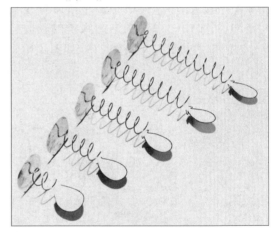

图 8.11　圈数对实测场波瓣图的影响。螺旋的升角为 12.2°;圈数为2,4,6,8,10等五种情况。图中所示 的波瓣图为实测E_θ和E_ϕ的平均值(引自Kraus)

($C_\lambda = 1$)高出 10% ~ 20%处。图 8.13 中测量的增益值略低于按式(7)计算出的值,这是由于 待测螺旋的轴上附有一根直径为0.08λ 的金属管的缘故。

尽管适用的螺旋升角可以小到如 MacLean(1) & Kouyournjian 所记载的2°,也可以大到如 Kraus 所记载的25°,但其最佳范围是 12° ~ 14°(相当于$C_\lambda = 1$ 时的节距 $S_\lambda = 0.21 ~ 0.25$)。 King & Wong 发现:对于附有轴向金属管的螺旋,较小的升角(接近 12°)与较大的升角(接近 14°)相比,增益(1 dB)稍高而频带较窄。

---

① 这里假设两个场分量的波瓣图是相同的绕螺旋回转的图形。

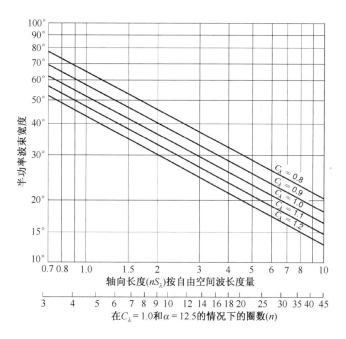

图8.12　单绕轴向模螺旋天线的半功率波束宽度曲线。作为轴向长度和周长的函数,以及当$\alpha = 12.5°$和$C_\lambda = 1.0$时作为圈数的函数(底线刻度)(引自Kraus)

以6圈14°升角的单绕轴向模螺旋天线为例,考察其他参量如波瓣图、轴比、阻抗(VSWR)等作为频率的函数,归纳于图8.14(波瓣图已在图8.10中给出)。这里半功率波束宽度取自半功率点,但对于它出现在主瓣还是副瓣上未加鉴别,这种定义显然对非聚束模式的频率时波瓣图分裂成许多大幅度瓣的情况不适用。凡大于180°的波束宽度就按180°绘出。轴比是指螺旋轴方向上的测量值。驻波比是53 Ω 同轴线上的测量值,用中心频率上的长为λ/4 的变换器将螺旋的馈端电阻从大约130 Ω 变换到53 Ω。总而言之,在很宽的频率范围内,圆极化聚束天线具有非常好的波瓣图、极化和阻抗性能。

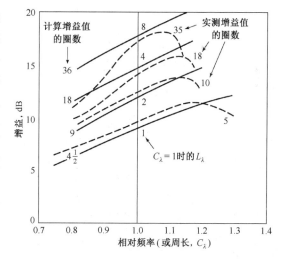

图8.13　单绕轴向模螺旋天线的实测(虚线)增益曲线。作为圈数和相对频率的函数。螺旋的升角为$\alpha = 12.8°$[引自H. E. King(2) & J. L Wong]。同时给出了计算(实线)增益曲线

显然,轴向模工作区始于相对频率约为0.7,且延伸到(对 VSWR 来说至少而对于波瓣图来说几乎)一个倍频程。螺旋的轴比取决于圈数 n,可有

$$轴比 = (2n + 1)/2n \qquad\qquad (8)$$

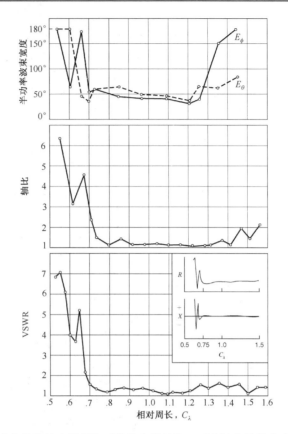

图 8.14　6 圈 14°升角单绕轴向模螺旋天线的实测性能。两个场分量的半功率波束宽度、轴比、在53 Ω传输线上的 VSWR，作为相对频率(或周长 C_λ)的函数。(相对)电阻 R 和电抗 X 的性态附于 VSWR 图中。注意，当 $C_\lambda > 0.7$ 时，R 相对恒定而 X 很小(引自 Kraus)

例 8.3.2　16 圈的螺旋聚束天线

某 16 圈的螺旋聚束天线(见图 8.15)具有 1λ 的周长和 λ/4 的节距。试求其:(a) 半功率波束宽度;(b) 轴比;(c) 增益;(d) 功率波瓣图。

解:

该螺旋天线可表示为每圈抽象成点源而间距为 λ/4 的端射阵。对于常规端射阵，当源间相位差为 −90°时，所有源沿轴向产生的场同相叠加。然而，轴向模螺旋聚束天线的"自规划"效应使得该相位差 $\delta = -101.25°$，其轴向场虽非同相叠加，却使波束变窄而增益较高，并且这种改进能够维持在几乎 2:1 的频段内。

(a) 由式(8.3.4)得 HPBW = 26°;

(b) 由式(8.3.8)得 AR = 33/32 = 1.03(相对于纯圆极化仅有 3% 的偏差);

(c) 由波瓣图的积分可得增益 $G = 15.4$ dBi;

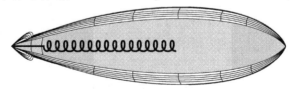

图 8.15　16 圈的螺旋聚束天线及其波瓣图

(d) 波瓣图如图 8.15 所示。

例 8.3.3　四螺旋地球站天线的设计

图 8.16 显示了一架由四支右旋轴向模螺旋天线组成的阵列,用于对卫星的通信。由于场受圈于螺旋,相邻螺旋间的耦合很弱,各螺旋的馈端阻抗与其单独存在时一样(近似为 50 Ω)。试确定:(a) 由螺旋有效口径确定的的最佳间距;(b) 阵列的定向性;(c) 各阵元等幅同相的连接方式。

解:

当轴向模螺旋的周长等于中心频率的波长时,其定向性
$$D = 12nS_\lambda$$

其中 n 是圈数,而 S_λ 是节距的波长数。

(a) 设每个螺旋有 $n = 10$ 圈,节距 $S_\lambda = 0.236$,则
$$D = 12 \times 10 \times 0.236 = 28.3$$

而每个螺旋的有效口径
$$A_e = \frac{D\lambda^2}{4\pi} = \frac{28.3}{4\pi}\lambda^2 = 2.25\lambda^2$$

设定口径是方形的,则其边长应为 $\sqrt{2.25} = 1.5\lambda$,所以螺旋间的距离也宜取为 1.5λ。较小的间距会使相邻螺旋的有效口径交叠,从而减小增益;较大的间距并不能增加总的口径或增益,反倒会引起栅瓣。

(b) 四个相距 1.5λ 的螺旋所具有的总有效口径是单个螺旋的 4 倍,即 $2.25 \times 4 = 9\lambda^2$。因此,阵列的定向性为
$$D = \frac{4\pi A_e}{\lambda^2} = 113 \ (20.5 \text{ dBi})$$

(c) 设计带线馈电系统如图 8.16(b) 所示,其中有 50 Ω 至 200 Ω 的锥削过渡,经功率合成器接到 50 Ω 带线的馈端。该锥削过渡具有很宽的频带,保持了螺旋的 2:1 频率覆盖。

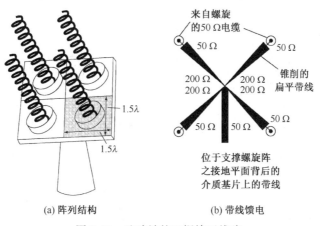

(a) 阵列结构　　　(b) 带线馈电

图 8.16　地球站的四螺旋天线阵

8.4　用环取代接地平面的螺旋聚束天线

虽然轴向模螺旋聚束天线习惯于采用接地面馈电,但也可以采用如图 8.17 所示的方式,用两个环(取代接地面)来馈电(Kraus-7)。

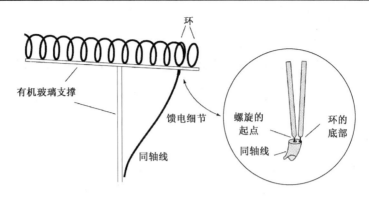

图 8.17　用两个环代替接地面的 10 圈轴向模螺旋天线。环 1
与馈点相接(见插图);环2与馈点相距λ/3 ~ λ/2

8.5　含有寄生单元的偶极子阵

　　早先所讨论过的所有阵列(除了 8.4 节中螺旋天线的环反射器)全都由受激单元组成,借助传输线提供功率。然而,天线也可以含有"寄生单元",其电流由受激单元的场感应产生,这种单元不与传输线相连接。

　　尽管螺旋也可作为寄生单元来应用(见 17.9 节),但本节只讨论用偶极子作为寄生单元的阵列。

　　考虑自由空间中由一个受激 λ/2 偶极子单元(#1)与一个寄生单元(#2)组成的阵列。以下采用 Brown(1) 的假定:两个单元都属铅垂齐置;且限于讨论水平面内的辐射。先写出单元间的电路关系

$$V_1 = I_1 Z_{11} + I_2 Z_{12} \tag{1}$$

$$0 = I_2 Z_{22} + I_1 Z_{12} \tag{2}$$

由式(2)可得#2 的电流为

$$I_2 = -I_1 \frac{Z_{12}}{Z_{22}} = -I_1 \frac{|Z_{12}|\underline{/\tau_m}}{|Z_{22}|\underline{/\tau_2}} = -I_1 \left| \frac{Z_{12}}{Z_{22}} \right| \underline{/\tau_m - \tau_2} \tag{3}$$

或

$$I_2 = I_1 \left| \frac{Z_{12}}{Z_{22}} \right| \underline{/\xi} \tag{4}$$

其中 $\xi = \pi + \tau_m - \tau_2$,

$$\tau_m = \arctan \frac{X_{12}}{R_{12}}$$

$$\tau_2 = \arctan \frac{X_{22}}{R_{22}}$$

其中,$R_{12} + jX_{12} = Z_{12}$,为#1 和#2 之间的互阻抗,Ω

　　$R_{22} + jX_{22} = Z_{22}$,为寄生单元#2 的自阻抗,Ω

　　阵列在远区辐射的电场强度作为 φ 的函数为

$$E(\phi) = k\left(I_1 + I_2 \underline{/d_r \cos \phi} \right) \tag{5}$$

其中 $d_r = \beta d = 2\pi d/\lambda$。

将式(4)的 I_2 代入式(5),有

$$E(\phi) = kI_1\left(1 + \left|\frac{Z_{12}}{Z_{22}}\right| \underline{/\xi + d_r \cos\phi}\right) \tag{6}$$

从式(1)和式(2)导出受激单元#1 的激励点阻抗 Z_1,有

$$Z_1 = Z_{11} - \frac{Z_{12}^2}{Z_{22}} = Z_{11} - \frac{|Z_{12}^2|\ \underline{/2\tau_m}}{|Z_{22}|\ \underline{/\tau_2}} \tag{7}$$

其实部为

$$R_1 = R_{11} - \left|\frac{Z_{12}^2}{Z_{22}}\right| \cos(2\tau_m - \tau_2) \tag{8}$$

再加上有效的损耗电阻后改写成

$$R_1 = R_{11} + R_{1L} - \left|\frac{Z_{12}^2}{Z_{22}}\right| \cos(2\tau_m - \tau_2) \tag{9}$$

记输入至受激单元#1 的功率为 P,则

$$I_1 = \sqrt{\frac{P}{R_1}} = \sqrt{\frac{P}{R_{11} + R_{1L} - |Z_{12}^2/Z_{22}| \cos(2\tau_m - \tau_2)}} \tag{10}$$

再将式(10)的 I_1 代入式(6),得出该阵列的远区电场强度作为 ϕ 的函数,即

$$E(\phi) = k\sqrt{\frac{P}{R_{11} + R_{1L} - |Z_{12}^2/Z_{22}| \cos(2\tau_m - \tau_2)}}\left(1 + \left|\frac{Z_{12}}{Z_{22}}\right| \underline{/\xi + d_r \cos\phi}\right) \tag{11}$$

若将相同的输入功率施加于单独的铅垂 $\lambda/2$ 偶极子,则同样距离的电场强度并不随 ϕ 变化

$$E_{\mathrm{HW}}(\phi) = kI_0 = k\sqrt{\frac{P}{R_{00} + R_{0L}}} \qquad (\mathrm{V\ m}^{-1}) \tag{12}$$

其中,R_{00}——单独 $\lambda/2$ 偶极子的自电阻,Ω

　　　R_{0L}——单独 $\lambda/2$ 偶极子的损耗电阻,Ω

　　于是,该阵列相对于单独 $\lambda/2$ 偶极子的增益(作为 ϕ 的函数)等于式(11)与式(12)的比值。由于 $R_{00} = R_{11}$,令 $R_{0L} = R_{1L}$,故有

$$G_f(\phi)\left[\frac{A}{\mathrm{HW}}\right] = \sqrt{\frac{R_{11} + R_{1L}}{R_{11} + R_{1L} - |Z_{12}^2/Z_{22}| \cos(2\tau_m - \tau_2)}}\left(1 + \left|\frac{Z_{12}}{Z_{22}}\right| \underline{/\xi + d_r \cos\phi}\right) \tag{13}$$

如果借助寄生单元的失谐(即以很大的 X_{22})使 Z_{22} 非常大,则式(13)将减小到 1。或者说,此时的阵列与单独 $\lambda/2$ 偶极子在水平面内的辐射场几乎相同。

　　利用式(13)的等效关系,Brown(1)分析了单根具有各种电抗(X_{22})值的寄生单元的二元阵列,并首次指出其间距宜小于 $\lambda/4$。寄生单元相对于受激单元的电流幅度及相位关系依赖于该寄生单元的调谐。这既可以是固定长度为 $\lambda/2$,而在其中心点处串接集总电抗;也可以借连续地调节其长度来实现调谐。后者便于实践,但难以分析。当 $\lambda/2$ 的寄生单元为电感性(**长度大于其谐振长度**)时,起反射器的作用;为电容性(**长度小于其谐振长度**)时,起引向器的作用[①]。

　　可以同时采用反射器和引向器来构成阵列。图 8.19 显示了一种三单元阵列,其中一根寄生单元用做反射器,另一根用做引向器。对三单元阵列的分析要比上述二元阵列复杂得多。

----

① 由图 14.5 可见,当细直导线的长度约为 $\lambda/2$ 时,其电抗随频率快速变化。随长度的缩短,从正的感抗经过谐振的零电抗变成负的容抗。

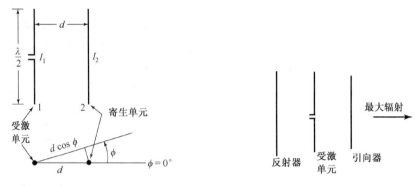

图 8.18　一个受激偶极子单元与一个寄生单元的阵列　　　　图 8.19　三单元阵列

图 8.20 给出了架于边长 13λ 之方形水平接地面上方 1λ 处的水平三单元阵列及其实测的场波瓣图,图中标注了各单元的长度和间距。在仰角 $\alpha = 15°$ 的最大方向上,相对于同样架高[①]的单独 λ/2 偶极子天线,该三单元阵列的增益约为 5 dB。其铅垂面波瓣图如图 8.20(a)所示,

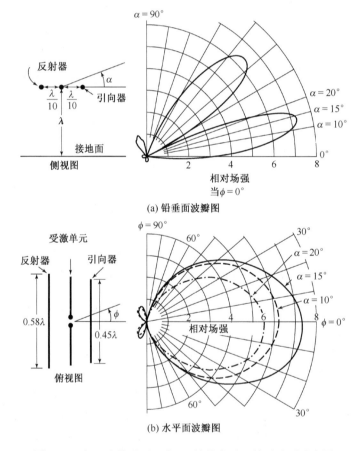

图 8.20　架于大接地面上方 1λ 处的水平三单元阵列及实测
的场波瓣图(引自 D. C. Cleckner,俄亥俄州立大学)

---

① 注意,需同时指定架高和仰角进行比较。在给定的架高下,增益是仰角的函数(或对给定的仰角来说,增益是架高的函数)。距离则可以从零到无穷远。

值得注意的是，由于在有限尺寸接地面的边缘和背面存在电流，导致了负仰角的辐射。沿仰角 $\alpha = 10°, 15°, 20°$ 的方位角波瓣图如图 8.20(b)所示。这种型式的寄生阵列在单元间距很近时，具有很小的激励点辐射电阻和较窄的频带。

8.6 八木-宇田阵的故事

宇田新太郎(Shintaro Uda)是(日本)东北大学(Tohoku University)的一名助理教授。在 1926 年从事寄生反射器与引向器单元的实验时，他尚未满 30 岁。宇田先后(自 1926 年 3 月至 1929 年 7 月)在日本电工学会杂志(Journal of the Institute of Electrical Engineers of Japan)上发表了题为"On the Wireless Beam of Short Electric Waves"(无线电短波的定向波束)(Uda-1)的一组共 11 篇论文。他测量了带有一根寄生反射器和一根寄生引向器，以及一根反射器和多达 30 根引向器等各种情况下的波瓣图和增益，甚至还包括许多在近区测量的波瓣图。图 8.21 就是上述大量实验阵列中的一例。他发现最佳的反射器长约 $\lambda/2$，与受激单元相距约 $\lambda/4$；最佳的引向器比 $\lambda/2$ 约短 10%，相距约 $\lambda/3$。这些长度和间距的数值与后来用进一步的实验和计算机方法得出的最佳值非常符合。后来 George H. Brown 阐明了小间距的优点，减小了反射器至受激单元的间距。

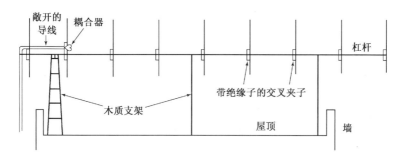

图 8.21 宇田的实验天线。带 1 根反射器和 7 根引向器。架设于东北大学的实验
室屋顶上，在 1927 ~ 1928 年间用于波长 $\lambda = 4.4$ m 的铅垂极化波跨越陆
地和海洋 135 km 路径的传输试验。支撑阵列单元的木质杠杆长 15 m

八木秀次(Hidetsugu Yagi)是(日本)东北大学的一名电工学教授，比宇田年长 10 岁。1926 年他带着宇田到皇家学会(Imperial Academy)宣讲了题为"Projector of the Sharpest Beam of Electric Waves"(电波的最锐波束发射器)的论文；同年又在东京举行的第三届泛太平洋会议(the Third Pan-Pacific Congress)上宣讲了题为"On the Feasibility of Power Transmission by Electric Waves"(论电波传输功率之可行性)的论文，提出利用多引向器周期性结构的导向作用，即所谓的"波渠"(wave canal)，可以产生短波的窄波束，用于短波的功率传输。由此还设想了从空间站将太阳能聚束到地球或从地球传输到卫星。

据报道，八木教授曾获仙台实业家齐藤(Saito Zenuemon)的巨额资助，在宇田的合作下从事天线研究。此后，八木于 1928 年旅美期间，对无线电工程师协会(IRE)纽约、华盛顿、哈佛等地的分会进行演讲，并在 Proceedings of the IRE 上发表了他的著名论文"Beam Transmission of Ultra Short Waves"(超短波的波束传输)(Yagi-1)。虽然八木注意到宇田已经发表了 9 篇相关的文章，并且向宇田富有独创性的成功研发表示致谢，但该天线随即被称为"八木天线"。

本书出于对宇田所做贡献的敬意,参照普遍认同的史实,称这种阵列为"八木–宇田天线"。宇田也已经将他对天线的研究总结在两本资料性的书中(Uda-2,3)。

一种典型的新式 6 单元八木–宇田天线如图 8.22 所示,它由一根用 300 Ω 双导线传输线馈电的受激单元(折合 $\lambda/2$ 偶极子)、一根反射器和四根引向器组成,其尺寸(长度和间距)都已标注在图中。该天线提供 10 dBi 的最大增益和 10% 的半功率频带宽度。适当调节长度和间距至最佳值,还可以再提高增益(Chen-1,2;Viezbicke-1),然而这是很临界的尺寸。若借助于加长反射器以改进低频工作性能、缩短引向器以改进高频工作性能,八木–宇田天线所固有的窄频带特性,可以展宽到 1.5:1,但此时要牺牲 5 dB 的增益。

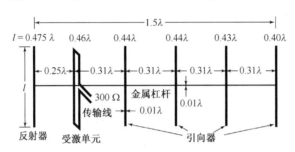

图 8.22 新式 6 单元八木–宇田天线及其尺寸。具有 10 dBi 的最大定向性和 10% 的半功率频带宽度

例 8.6.1 长 1.5λ 的八木–宇田阵

对于图 8.22 所示的 1.5λ 阵,求:(a) HPBW;(b) 轴比;(c) 增益;(d) 波瓣图。

解:

(a) 由波瓣图可知,单元所在平面内 HPBW = 44°;单元的垂直平面内 HPBW = 64°。

(b) AR = ∞,纯线极化。

(c) 由波瓣图的积分得 $G = 9.4$ dBi。

(d) 波瓣图如图 8.23 所示。

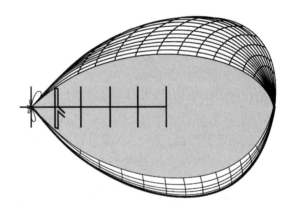

图 8.23 八木–宇田阵(见图 8.22)的功率波瓣图。单元所在平面内的波瓣较窄

图 3.9 所示的介质杆天线是另一类端射天线,可认为是透镜的一种推广,将在第 17 章中随透镜一起讨论。

习题

8.3.1　**10 圈的螺旋**。某 10 圈的右旋单绕轴向模螺旋天线的直径为 100 mm,节距为70 mm,工作频率为 1 GHz。求:(a) 半功率波束宽度(HPBW);(b) 增益;(c) 极化态;(d) 工作频率改为 300 MHz,重复上述计算。

8.3.2　**30 圈的螺旋**。某 30 圈的右旋单绕轴向模螺旋天线的直径为 λ/3,节距为 λ/5。求:(a) 半功率波束宽度(HPBW);(b) 增益;(c) 极化态。

8.3.3　**左旋/右旋的螺旋**。两个尺寸相同而绕向相反(左旋/右旋)的单绕轴向模螺旋天线,轴线平行(x 向)地相邻放置。试求当两者的馈电为:(a) 同相等幅;(b) 反相等幅时,沿 x 方向的极化态。

8.3.4*　**轴向模螺旋天线**。试设计一右旋圆极化的轴向模螺旋天线,节距为 $λ/π$,工作在 1600 MHz 时的增益为 17 dBi。求:(a) 圈数;(b) 圈的直径;(c) 轴比。

8.5.1*　**八木-宇田天线**。试设计一工作在 500 MHz 的 6 单元八木-宇田天线,采用折合偶极子馈电。求:(a) 反射器单元的长度;(b) 受激单元的长度;(c) 四根引向器的长度;(d) 反射器单元和受激单元之间的距离;(e) 引向器单元之间的距离;(f) 频带宽度(上端和下端);(g) 增益。见表 8.2 关于轴向模螺旋天线的重要公式汇集。

注:习题中涉及的计算机程序,见附录 C。

第8章(下) 螺旋天线:轴向模和其他模

本章包含下列主题:

- 轴向模的波瓣图和相速
- 方螺旋
- 轴比
- 互阻抗
- 宽频带特性
- 轴向模螺旋作为周期性结构
- 轴向模螺旋作为移相器和移频器
- 轴向模螺旋作为极化器以及寄生单元的7种应用
- 轴向模螺旋作为抛物面的馈源
- 2~96支螺旋的阵列
- 介质柱上的轴向模螺旋
- 锥形渐变螺旋和平面螺蜷终端
- 双绕、四绕、四瓣和法向模
- 5 直线段螺旋的遗传算法

8.7 引言

前一部分中已经描述了轴向模螺旋的许多基本性质。本部分将讨论轴向模工作的波瓣图、相速、轴比和互阻抗等更多方面,轴向模螺旋作为移频器、极化器和寄生单元等的若干应用,以及轴向模螺旋作为馈源天线和阵列单元的应用,并介绍双绕、四绕、四瓣和法向模螺旋的工作原理。

8.8 轴向模波瓣图和波沿单绕螺旋的传播相速[①]

作为一级近似,假设沿辐射轴向模的单绕(单根导体)螺旋天线的导体上载有均匀幅度的单向行波。根据波瓣图的乘法原理,一支 n 圈螺旋的远场波瓣图等于其单圈的波瓣图乘上一列由 n 个各向同性点源组成的直线阵(见图8.24)的阵因子波瓣图,而阵元的间距就等于螺旋的节

图 8.24 各向同性点源阵。每个源代表螺旋的一圈

① 引自 Kraus-4。

距。当螺旋很长($nS_\lambda > 1$)时,该阵因子波瓣图的锐变远甚于单圈的波瓣图,因而长螺旋的远场波瓣图可近似地取此点源阵的波瓣图。至于点源之间的相位差,应等于单向行波沿一圈长度 L_λ 的相移量。下面将导出产生轴向模辐射所需相速的简单近似式,供计算波瓣图之用。

式(5.6.8)曾给出如图 8.24 所示的 n 个各向同性点源组成阵列的阵因子 E 的表达式,即

$$E = \frac{\sin(n\psi/2)}{\sin(\psi/2)} \tag{1}$$

其中 n 是点源的个数,而

$$\psi = S_r \cos\phi + \delta \tag{2}$$

这里 $S_r = 2\pi S/\lambda$。

在螺旋的情况下,式(2)变成

$$\psi = 2\pi\left(S_\lambda \cos\phi - \frac{L_\lambda}{p}\right) \tag{3}$$

其中 $p = v/c$ = 波沿螺旋导体传播的相对相速,v 是螺旋导体上的传播相速,而 c 是自由空间中的光速。

若在螺旋轴($\phi = 0$)上任一点处由各点源所产生的场都同相,则称为辐射轴向模。此同相场(即常规端射阵)的条件是

$$\psi = -2\pi m \tag{4}$$

式(4)中的负号是由于源 2 的相位应比源 1 滞后 $2\pi L_\lambda/p$,源 3 应比源 2 滞后,依次类推。令 $\phi = 0$,并使式(3)和式(4)相等,可得条件

$$\frac{L_\lambda}{p} = S_\lambda + m \tag{5}$$

当 $m = 1, p = 1$ 时,有关系式

$$L_\lambda - S_\lambda = 1 \quad \text{或} \quad L - S = \lambda \tag{6}$$

这是辐射轴向模所要求的圈长与节距的近似关系。由于螺旋的几何表达式 $L^2 = \pi^2 D^2 + S^2$,可将式(6)改写成

$$D_\lambda = \frac{\sqrt{2S_\lambda + 1}}{\pi} \quad \text{或} \quad C_\lambda = \sqrt{2S_\lambda + 1} \tag{7}$$

此式对应于图 8.5 中标有 $C_\lambda = \sqrt{2S_\lambda + 1}$ 的曲线,该曲线近似地界定了轴向模区域的上限。

式(5)中的 m 对应于螺旋上能使轴向辐射为最大的传输模的阶数。例如,当 $m = 1$ 时式(5)对应于螺旋工作在一阶(T_1)传输模的情况,$m = 2$ 时式(5)对应于螺旋工作在二阶(T_2)传输模的情况,依次类推。$m = 2$ 对应于图 8.5 中标有 $C_\lambda = 2\sqrt{S_\lambda + 1}$ 的曲线。其中最受关注的是 $m = 1$ 的情况。

当 $m = 0$ 时,轴向模是无法实现的,除非 $p > 1$。因为当 $m = 0$ 且 $p = 1$ 时,由式(5)得出 $L = S$,即得到以直线段($\alpha = 90°$)为阵元而彼此首尾相连的"端射"阵。但此时阵元的波瓣图沿轴向为零,与端射阵因子相乘后不存在轴向辐射。

回到 $m = 1$ 的情况,从式(5)中解得

$$p = \frac{L_\lambda}{S_\lambda + 1} \tag{8}$$

根据图 8.4 中的三角形关系,可进一步得到

$$p = \frac{1}{\sin\alpha + [(\cos\alpha)/C_\lambda]} \tag{9}$$

这说明(能在轴向实现同相场的)相对相速 p 是螺旋周长 C_λ 的函数,并随螺旋升角的不同而改变,如图 8.25 所示。这些曲线指出,当螺旋辐射轴向模($3/4 < C_\lambda < 4/3$)时,可认为 $p < 1$,对相速的直接测量已经验证了这一点,只是实测值略小于按式(8)和式(9)计算出的值。若采用此常规端射阵条件,即式(8)和式(9)的 p 值,去计算一支 7 圈螺旋的波瓣图,其结果要比实测波瓣图宽得多。倘若改用增强定向性端射阵的 Hansen & Woodyard 条件来配置点源的相位,则式(4)变成

$$\psi = -\left(2\pi m + \frac{\pi}{n}\right) \tag{10}$$

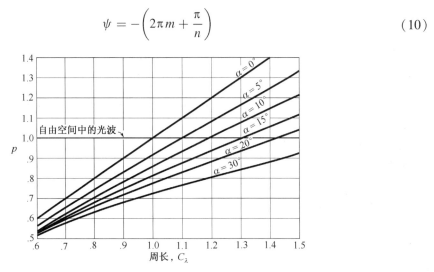

图8.25　不同螺旋升角下相对相速 p 作为周长 C_λ 的函数。按轴向场同相的条件

令 $\phi = 0$,使式(10)和式(3)相等,则得到

$$p = \frac{L_\lambda}{S_\lambda + m + (1/2n)} \tag{11}$$

当 $m = 1$ 时,有

$$p = \frac{L_\lambda}{S_\lambda + [(2n+1)/2n]} \tag{12}$$

在 n 值很大的情况下,上式简化成式(8)。利用三角形关系,可将式(12)写成[①]

$$p = \frac{1}{\sin\alpha + [(2n+1)/2n][(\cos\alpha)/C_\lambda]} \tag{13}$$

由式(12)或式(13)计算所得的 p 值很接近相对相速的测量值,而据此计算的阵因子所对应的波瓣图,也很好地符合实测波瓣图。因此,增强定向性端射条件是对辐射轴向模的螺旋性质的恰当近似[②]。

　　另一种求螺旋天线辐射轴向模相对相速的方法是,测量远场波瓣图中的第一最小点或零点的角度 ϕ_0,它对应于阵因子的第一零点 ψ_0(见图 5.20)。在这种情况下,式(4)变成

---

①　注意,在 n 值很大的情况下,式(13)可简化成式(9)。

②　在图 8.5 中,阴影面积(T_1R_1)表示轴向模区域。式(9)或式(13)适用于该区域内的螺旋尺寸,但不适用于区域外的螺旋尺寸。

$$\psi = -(2\pi m + \psi_0) \tag{14}$$

令式(14)和式(3)相等,并令 $m=1$,则解得 p 为

$$p = \frac{L_\lambda}{S_\lambda \cos \phi_0 + 1 + (\psi_0/2\pi)} \tag{15}$$

至今已讨论了螺旋天线传输 T_1 模而辐射轴向模时,相对相速 p 的三种关系式,分别用式(9),式(13)和式(15)表示。Bagby(1)曾采用"螺旋柱面坐标系"(helicoidal cylindrical coordinate)和螺旋导体上 c 和 d 两点处(见图 8.26)的近似边界条件,求得无限长螺旋上 T_1 模和高阶模之 p 值的第四种关系式,即

$$p = \frac{C_\lambda}{m \cos \alpha + hR \sin \alpha} \tag{16}$$

式中

$$hR = \tan \alpha \frac{m J_m^2(kR)}{J_{m-1}(kR) J_{m+1}(kR)} \tag{17}$$

其中,m——传输模的阶数($=1,2,3,\cdots$)($m \neq 0$)

　　　　R——螺旋柱的半径

　　　　kR——$\sqrt{C_\lambda^2 - (hR)^2}$

　　　　h——常量

　　　　J——宗量为 kR 的贝塞尔函数

对于 13° 的螺旋,按式(16)和式(17)计算 $m=1$ 时的 p 值,并将其作为 C_λ 的函数用曲线 A_1 绘于图 8.27。按式(9)的同相场条件计算 T_1 传输模($m=1$),得到曲线 B_1;按增强定向性

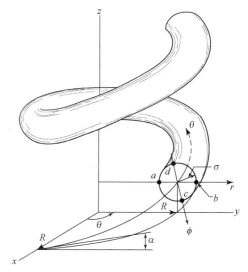

图 8.26　说明螺旋导体表面上的 c 点和 d 点

条件对 13° 的 7 圈螺旋计算 T_1 传输模,得到曲线 C_1。对这三种情况的 T_2 传输模进行计算,所得的曲线也绘于图 8.27 中。此外,图中还绘出了对 13° 的 7 圈螺旋(在周长 $C_\lambda = 0.4 \sim 1.5$ 范围内)实测的相对相速曲线。综合这些曲线可见:在周长范围($3/4 < C_\lambda < 4/3$)内的螺旋都辐射轴向模;上述三种曲线中,增强定向性条件对应的曲线最接近实测曲线[1]。由于从螺旋馈端数起第 $3 \sim 6$ 圈范围内存在多模(T_0, T_1 等),该实测曲线所给出的合成相速值取了平均值。曲线上圆点处铅垂的直线段表示同频测量值的散布范围。一般来说,由于各种传输模以不同的速度传播,凡有多种传输模并存时,其合成相速值必然是沿螺旋位置的函数,且在一定的取值范围内起伏(Marsh-1)。

当 $3/4 < C_\lambda < 4/3$ 时,沿第 $3 \sim 6$ 圈测得的相速很接近 T_1 传输模的曲线。T_0 模只有对螺旋的两端来说才是重要的。当 $C_\lambda < 2/3$ 时,几乎只有 T_0 模存在于整个螺旋,测得的相速趋近于图 8.27 中纯 T_0 模的曲线 D,该曲线是由 Chu(1) & Jackson 计算得到的。该曲线指出,小周长螺旋上纯 T_0 模的相对相速所达到的值大于自由空间中的光速。当 $C_\lambda = 2/3$ 时,曲线 D 的值降到近似为光速,且不允许有较高阶的传输模;对于大周长螺旋,T_0 模的相对相速逼近光速。然

---

① 唯有增强定向性的曲线是按 7 圈螺旋计算的。同相场曲线的螺旋不限定长度,而 Bagby 的曲线是对无限长螺旋进行计算得到的。

而,当 $C_\lambda > 2/3$ 时,较高阶的传输模出现,图 8.27 中的实测曲线表明螺旋上的合成相速急剧跌落,这一变换对应着从 T_0 模到 T_1 模的过渡。对于过渡区内的周长如 $C_\lambda = 0.7$,T_0 和 T_1 模都同样重要。

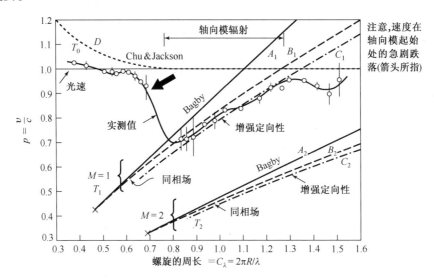

图 8.27　螺旋的相对相速 p 作为周长 C_λ 的函数。实线测自升角13°的 7 圈螺旋;曲线 A_1 和 A_2 是 Bagby 为升角13°的无限长螺旋所计算的 T_1 和 T_2 传输模;曲线 B_1 和 B_2 以及 C_1 和 C_2 分别是按同相场条件或增强定向性条件所计算的 T_1 和 T_2 传输模;曲线 D 取自 Chu & Jackson 为 T_0 传输模计算所得的数据(引自 Kraus)

当 C_λ 约等于3/4 或稍大时,实测的相速趋近于一个与 T_1 模相当的值,然后随着 C_λ 的增大而近似线性地增加,非常接近于增强定向性条件下的理论曲线 C_1。当 C_λ 达到约4/3 时,更高阶的传输模(T_2)出现并生效,导致实测曲线进一步下降,从而不再辐射轴向模。

螺旋天线工作于一阶传输模($m=1$)的相速公式汇总于表 8.1。

表 8.1　螺旋天线上一阶传输模的相对相速

条件	相对相速
同相场(常规端射)	$p = \dfrac{L_\lambda}{S_\lambda + 1} = \dfrac{1}{\sin\alpha + [(\cos\alpha)/C_\lambda]}$
增强定向性端射	$p = \dfrac{L_\lambda}{S_\lambda + [(2n+1)/2n]}$ $\quad = \dfrac{1}{\sin\alpha + [(2n+1)/2n][(\cos\alpha)/C_\lambda]}$
实测场波瓣图的第一零点	$p = \dfrac{L_\lambda}{S_\lambda \cos\phi_0 + (\psi_0/2\pi) + 1}$
螺旋柱坐标系的解	$p = \dfrac{C_\lambda}{\cos\alpha + hR\sin\alpha}$ 其中 hR 由式(17)给出

如前所述,辐射轴向模之单绕螺旋的近似波瓣图可由 n 个各向同性点源组成的阵因子得到,并用单圈螺旋替换各个点源(见图 8.24)。该归一化的阵因子是

$$E = \sin\left(\frac{\pi}{2n}\right)\frac{\sin(n\psi/2)}{\sin(\psi/2)} \tag{18}$$

其中 $\psi = 2\pi[S_\lambda \cos\phi - (L_\lambda/p)]$，并用增强定向性端射条件下的归一化因子 $\sin(\pi/2n)$ 取代了同相场条件下的 $1/n$（参见 5.6 节的情况 3）。对于给定的螺旋，S_λ 和 L_λ 是已知的，而 p 可由式（12）或式（13）算出，因此 ψ 作为 ϕ 的函数对应了式（18）所表示的场波瓣图。

作为图例，计算 $\alpha = 12°$，$C_\lambda = 0.95$，按不同 p 值设计的 7 圈螺旋的阵因子波瓣图，连同供比较用的 $p = 0.76$ 实测波瓣图（E_ϕ 和 E_θ 之平均）一起，绘于图 8.35。显然，按增强定向性条件（$p = 0.76$）计算的结果和实测波瓣图非常一致。计算时螺旋未带接地面，而实测时装置在直径为 0.88λ 的接地面上，这仅对远小于主瓣的后瓣有些影响。

由图 8.35 可见，波瓣图对相速非常敏感，即使相速仅由增强定向性条件所要求的值（$p = 0.76$）改变 5%（提高到同相场条件的值 $p = 0.802$，或降低为 $p = 0.725$）。

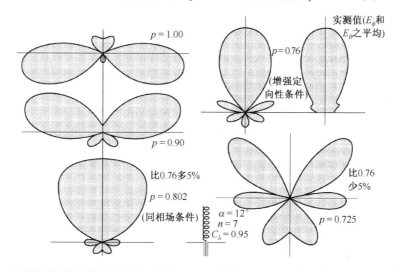

图 8.28　7 圈螺旋的阵因子波瓣图。升角 $\alpha = 12°$，周长 $C_\lambda = 0.95$，相对相速 p 取五种值。所有波瓣图都调节成相同的最大值。(1) $p = 1$；(2) $p = 0.9$；(3) $p = 0.802$（同相场条件）；(4) $p = 0.76$（增强定向性条件）；(5) $p = 0.725$。该图证实了波瓣图对相速的敏感性，相速改变 5% 就会引起波瓣图的剧烈变化。$p = 0.76$ 的计算和实测波瓣图相符

8.9　单绕轴向模单圈方螺旋的波瓣图

本节阐述辐射轴向模的单绕螺旋中单圈的远场波瓣图，假设沿单圈的全长载有均匀行波。由该单圈波瓣图与阵因子的乘积可得出总的螺旋波瓣图。

一支圆柱螺旋可近似成方柱螺旋如图 8.29(a) 所示。令两者的截面积相等，则有直径 D 与边长 g 的关系式

$$g = \frac{\sqrt{\pi}D}{2} \tag{1}$$

实测结果表明，用圆柱或方柱截面螺旋的性能差异不大。然而，单圈方螺旋所产生的场，应由四段短直天线的场合成，如图 8.29(a) 所示。

参考图 8.30，在 xz 平面内单圈螺旋的远区电场分量 $E_{\phi T}$ 和 $E_{\theta T}$ 可作为 ϕ 的函数进行计算。在 6.8 节中曾给出过一段具有均匀行波的直线单元所产生的远区磁场表达式，即式（6.8.5），

将其与自由空间的本征阻抗 Z 相乘,并记 $\gamma = (3\pi/2) + \alpha + \phi$, $t = 0$, $b = g/\cos\alpha$,得到方螺旋中单元 1 在 xz 平面内的远场 ϕ 分量 $E_{\phi 1}$ 的表达式

$$E_{\phi 1} = k \frac{\sin\gamma}{A} \sin BA \left/ \left(-\frac{\omega r_1}{c} - BA \right) \right. \tag{2}$$

其中

$$k = \frac{I_0 p Z}{2\pi r_1}$$

$$A = 1 - p\cos\gamma$$

$$B = \frac{\omega g}{2pc\cos\alpha}$$

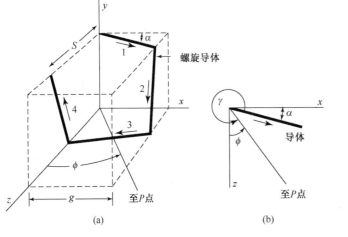
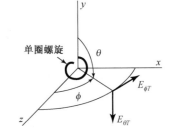

图 8.29　用于计算单圈波瓣图的方形螺旋　　　　图 8.30　场分量与单圈螺旋的关系

类似地,可导出方圈的单元 2,3,4 所产生的 $E_{\phi 2}$, $E_{\phi 3}$, $E_{\phi 4}$ 等的表达式。因为这些单元都不是几何上的相似源,单个方圈的总的 ϕ 分量 $E_{\phi T}$ 只能是各单元的 ϕ 分量的直接求和,即

$$
\begin{aligned}
E_{\phi T} = &\, k \frac{\sin\gamma}{A} \sin BA \left/ \left(-BA - \frac{\omega r_1}{c} \right) \right. \\
&+ k \frac{\sin BA'' \sin\alpha \sin\phi}{A''} \left/ \left[-BA'' - \frac{L\omega}{4pc} + \frac{\omega}{c} \left(\frac{S\cos\phi}{4} + g\sin\phi - r_1 \right) \right] \right. \\
&+ k \frac{\sin\gamma'}{A'} \sin BA' \left/ \left[-BA' - \frac{L\omega}{2pc} + \frac{\omega}{c} \left(\frac{S\cos\phi}{2} + g\sin\phi - r_1 \right) \right] \right. \\
&+ k \frac{\sin BA'' \sin\alpha \sin\phi}{A''} \left/ \left[-BA'' - \frac{3L\omega}{4pc} + \frac{\omega}{c} \left(\frac{3S\cos\phi}{4} - r_1 \right) \right] \right.
\end{aligned}
\tag{3}
$$

其中

$$\gamma = \frac{3\pi}{2} + \alpha + \phi, \qquad \gamma' = \frac{\pi}{2} - \alpha + \phi, \qquad \gamma'' = \arccos(\sin\alpha\cos\phi)$$

$$A = 1 - p\cos\gamma, \qquad A' = 1 - p\cos\gamma', \qquad A'' = 1 - p\cos\gamma''$$

若所计算的螺旋为圆柱截面,则在式(3)中取 $L = \pi D/\cos\alpha$;若为方柱截面,则取 $L = 4b$。

如果单元 2 和 4 的贡献可以忽略(这是很好的近似),则当 α 和 ϕ 都较小时,$E_{\phi T}$ 的表达式可以简化。令 $k = 1$ 且 $r_1 =$ 常量,得到

$$E_{\phi T} = \frac{\sin \gamma}{A} \sin BA \underline{/(-BA)}$$

$$+ \frac{\sin \gamma'}{A'} \sin BA' \underline{/[-BA' - 2\sqrt{\pi}B + \pi(S_\lambda \cos \phi + \sqrt{\pi}D_\lambda \sin \phi)]} \tag{4}$$

此式专为圆柱截面的螺旋所用,其中

$$B = \frac{D_\lambda \pi^{3/2}}{2p \cos \alpha} \tag{5}$$

因此,公式(4)给出了圆柱截面单圈螺旋在 xz 平面内的远场 ϕ 分量的近似波瓣图。

再计算 xz 平面内远场的 θ 分量,此时只有单元 2 和 4 的贡献。令 $k=1$,则圆柱截面单圈螺旋在 xz 平面内的远场 θ 分量之近似波瓣图的大小为

$$|E_{\theta T}| = 2\frac{\sin \gamma'' \sin BA'' \cos \alpha}{A''(1 - \sin^2 \alpha \cos^2 \phi)^{1/2}} \sin \frac{1}{2}\left[\pi\left(S_\lambda \cos \phi - \sqrt{\pi}D_\lambda \sin \phi\right) - 2\sqrt{\pi}B\right] \tag{6}$$

其中,B 得自式(5),而 γ'' 与 A'' 则如式(3)所示。

图 8.31 为 $\alpha = 12°$ 而 $C_\lambda = 1.07$ 的单圈螺旋之 $E_{\phi T}$ 和 $E_{\theta T}$ 波瓣图。虽然这两个波瓣图形状不同,但都以轴向($\phi = 0$)为主向。单圈各别单元 1 和 3 的 E_ϕ 场波瓣图标注于图 8.32 上,它们各自有一个瓣近似沿着轴向,其相对于单元法线的偏倾角 τ 近似等于螺旋的升角 α。两图相加得出单圈的总 $E_{\phi T}$ 场波瓣图(见图 8.31)。

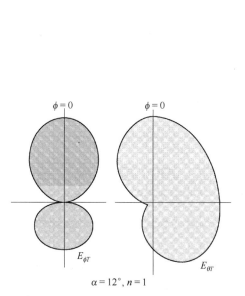

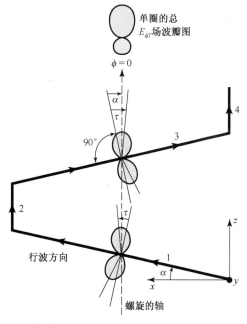

图 8.31　12°的单圈螺旋的计算场波瓣图 $E_{\phi T}$ 和 $E_{\theta T}$

图 8.32　单圈各别单元 1 和 3 的 E_ϕ 波瓣图和总 $E_{\phi T}$ 场波瓣图。单圈的正视图见图8.29的 xz 面。单圈和坐标轴都已绕 y 轴旋转,故 z 轴($\phi=0$)指向纸页的顶边

8.10　单绕螺旋的完整轴向模波瓣图

利用波瓣图的乘法原理,辐射轴向模的螺旋之总远场波瓣图是其单圈波瓣图与阵因子 E 的乘积。于是,圆柱截面螺旋之远区总电场的 ϕ 分量 E_ϕ 是式(8.9.4)与式(8.8.18)之积,即

$$E_\phi = E_{\phi T} E \tag{1}$$

而总的 θ 分量 E_θ 是式(8.9.6)与式(8.8.18)之积,即

$$E_\theta = E_{\theta T} E \tag{2}$$

作为例子,按上述步骤计算 $\alpha = 12°$ 而 $C_\lambda = 1.07$ 的 7 圈圆螺旋,如图 8.33(e)所示。其近似 E_ϕ 和 E_θ 波瓣图示于图 8.33(a)和图 8.33(c),E_ϕ 在纸平面内、而 E_θ 垂直于纸面。阵因子示于图 8.33(b),而单圈波瓣图给自图 8.31,在计算中都采用增强定向性条件的 p 值。故用单圈波瓣图 8.31 乘以阵因子图 8.33(b)得出总波瓣图,如图 8.33(a)和图 8.33(c)所示,它们分别与实测波瓣图图 8.33(d)和图 8.33(f)符合得很好。

比较图 8.31 和图 8.33 的波瓣图可见,阵因子波瓣图要比单圈波瓣图锐利得多。所以,尽管 E_ϕ 和 E_θ 两者有很不一样的单圈波瓣图 8.31,但其总波瓣图 8.33(a)和图 8.33(c)却近乎相同。进一步说,E_ϕ 和 E_θ 的主瓣非常接近阵因子的主瓣。因此,对于长螺旋($nS_\lambda > 1$),只需计算阵因子,即可得到任何场分量的近似波瓣图。除了短螺旋之外,通常并不需要计算单圈的波瓣图。

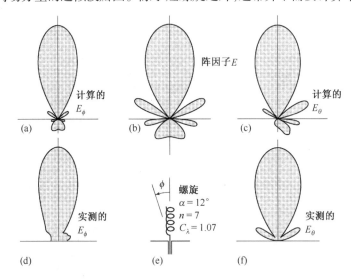

图 8.33 比较完整的计算波瓣图和实测波瓣图(单圈波瓣图与阵因子的乘积)。辐射轴向模的 $\alpha = 12°$ 而 $C_\lambda = 1.07$ 的7圈螺旋。计算值与实测值符合得较好

于是,已知螺旋的尺寸和波长,就能很好地近似计算辐射轴向模之螺旋的远场波瓣图。在计算中要用到相对相速的值,可根据螺旋的尺寸与圈数、按增强定向性的条件计算。

对于只有少数几圈的螺旋,其传输的回波以及前向波辐射的后瓣都很小,因而接地面对轴向模波瓣图的影响甚微。所以,除非螺旋太短($nS_\lambda < 1/2$),接地面的效应可予忽略。

轴向模螺旋的近似波瓣图的计算很简单,设单圈波瓣图近似为 $\cos\phi$,则归一化的总波瓣图近似为

$$E = \left(\sin\frac{90°}{n}\right)\frac{\sin(n\psi/2)}{\sin(\psi/2)}\cos\phi \tag{3}$$

其中 n 为圈数,而

$$\psi = 360°[S_\lambda(1 - \cos\phi) + (1/2n)] \tag{4}$$

符合增强定向性的条件。将式(8.8.12)代入式(8.8.3),经化简后便可得出上式。式(3)中第一个因子是使 E 的最大值为 1 的归一化因子。

8.11　单绕轴向模螺旋天线的轴比和圆极化条件[①]

本节将确定沿螺旋轴方向上的轴比,并分析该方向上形成圆极化波的必要条件。考虑图 8.34 所示的螺旋,计算其沿 z 轴的远区电场分量 E_ϕ 和 E_θ。假设:螺旋上载有单向的均匀行波,其相对相速为 p;螺旋的直径为 D 而节距为 S;螺旋在 xz 平面内的展开关系如图 8.35 所示,从 z 轴上一点对螺旋的视图如图 8.36 所示。指定螺旋上一点 Q 的坐标为 (r,ξ,z),其中角度 ξ 从 xz 平面量起。从端点 T 沿螺旋到达 Q 点的距离为 l。由图 8.35 和图 8.36 所示的几何关系可得

$$\left.\begin{array}{r} h = l \sin\alpha \\ z_p - h = z_p - l \sin\alpha \\ \alpha = \arctan \dfrac{S}{\pi D} = \arccos \dfrac{r\xi}{l} \\ r\xi = l \cos\alpha \end{array}\right\} \quad (1)$$

其中 z_p 是原点至 z 轴上远区 P 点的距离。

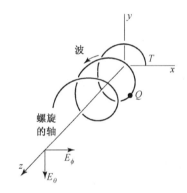

图 8.34　从螺旋出视的场分量

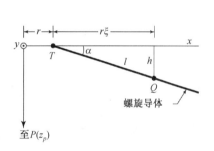

图 8.35　计算 z 方向上场的几何关系

一支整数 n 圈的螺旋在 P 点处的电场 ϕ 分量为

$$E_\phi = E_0 \int_0^{2\pi n} \sin\xi \exp\left[j\omega\left(t - \frac{z_p}{c} + \frac{l\sin\alpha}{c} - \frac{l}{pc} \right) \right] d\xi \quad (2)$$

其中 E_0 是含有螺旋上电流幅度的常数。指数因子的中间两项表示从 Q 点到 P 点波程的相位滞后,而最后一项表示 Q 点相对于 T 点(见图 8.35)的电流(源)相位滞后。其中与 l 有关的后两项为

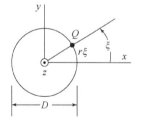

图 8.36　从正 z 轴入视图 8.34 的螺旋

$$\frac{l\sin\alpha}{c} - \frac{l}{pc} = \frac{r\xi}{c}\left(\tan\alpha - \frac{1}{p\cos\alpha} \right) = \frac{r\xi q}{c} \quad (3)$$

其中,记

$$q = \tan\alpha - \frac{1}{p\cos\alpha} \quad (4)$$

当 $\alpha = 0$ 即螺旋变成圆环时, $q = -1/p$,因此对螺旋的分析同样适用于作为其特例的圆环。将式(2)简化成

---

①　关于椭圆极化和圆极化的一般讨论,参见 2.15 节至 2.17 节,以及 Kraus(6) 的第 4 章。

$$E_\phi = E_0 \mathrm{e}^{j(\omega t - \beta z_p)} \int_0^{2\pi n} \sin\xi \mathrm{e}^{jk\xi} \, d\xi \tag{5}$$

其中,与 ξ 无关的量已提出积分号之外,且记

$$\beta = \frac{\omega}{c} = \frac{2\pi}{\lambda}$$

以及

$$k = \beta r q = L_\lambda \left(\sin\alpha - \frac{1}{p} \right) \tag{6}$$

经积分后,式(5)变成

$$E_\phi = \frac{E_1}{k^2 - 1} (\mathrm{e}^{j2\pi nk} - 1) \tag{7}$$

其中 $E_1 = E_0 \exp[j(\omega t - \beta z_p)]$。

用同样的方法可导出 P 点处的电场 θ 分量

$$E_\theta = E_0 \int_0^{2\pi n} \cos\xi \exp\left[j\omega \left(t - \frac{z_p}{c} + \frac{l\sin\alpha}{c} - \frac{l}{pc} \right) \right] d\xi \tag{8}$$

通过与式(2)相仿的代换后,得到

$$E_\theta = \frac{jE_1 k}{k^2 - 1} (\mathrm{e}^{j2\pi nk} - 1) \tag{9}$$

鉴于沿 z 轴方向上辐射圆极化的条件为

$$\frac{E_\phi}{E_\theta} = \pm j \tag{10}$$

而式(7)与式(9)之比等于

$$\frac{E_\phi}{E_\theta} = \frac{1}{jk} = -\frac{j}{k} \tag{11}$$

因此,整数圈螺旋沿轴向辐射圆极化波的条件是 $k = \pm 1$。

式(11)指出场分量 E_ϕ 和 E_θ 在时间-相位上正交,式(11)的大小就是轴比 AR,即

$$\mathrm{AR} = \frac{|E_\phi|}{|E_\theta|} = \left| \frac{1}{jk} \right| = \frac{1}{k} \tag{12}$$

由于轴比只能在 1 和 ∞ 之间取值,所以如果式(12)的值大于 1,则应取其倒数的值。

将式(6)中的 k 代入式(12),进一步得到

$$\mathrm{AR} = \frac{1}{|L_\lambda[\sin\alpha - (1/p)]|} \tag{13}$$

或

$$\mathrm{AR} = \left| L_\lambda \left(\sin\alpha - \frac{1}{p} \right) \right| \tag{14}$$

按限制条件 $1 \leqslant \mathrm{AR} \leqslant \infty$ 做取舍。

由式(13)和式(14)可见,螺旋天线的轴比可根据其圈长 L_λ、升角 α 和相对相速 p 算出。如果引入同相场的相速条件 p(见表 8.1),则有 $\mathrm{AR} = 1$。换言之,同相场条件也是轴向圆极化条件。这还可以用另一种方式说明,取式(11)实现圆极化的条件 $k = -1$,即

$$L_\lambda \left(\sin\alpha - \frac{1}{p} \right) = -1 \tag{15}$$

解之,可得

$$p = \frac{L_\lambda}{S_\lambda + 1} \tag{16}$$

这与同相场(常规端射)条件的关系式一致。

前文对相速的讨论中曾指出 p 的性态更接近增强定向性条件,将此代入式(14),即

$$AR(沿轴向) = \frac{2n + 1}{2n} \tag{17}$$

其中 n 是螺旋的圈数。在 n 很大时轴比趋近于 1,而极化近乎是圆的[1]。

当初 John Kraus 于 1947 年首次推导出式(17)时,如此简单的轴比表达式对他来说也是一个惊喜。例如,在 $13°$ 的 7 圈螺旋轴线上,按同相场条件的相对相速,其轴比为 1。但按增强定向性条件的相速,轴比为 $15/14 = 1.07$。图 8.37 中的虚线表明该轴比与频率或周长 C_λ 无关。图中的实线则是用实测的 p 值按式(13)或式(14)计算得到的轴比与螺旋周长 C_λ 的关系。但由于计算中忽略了螺旋上通常很小的回波效应,所以该实线与实测的轴比–周长曲线之间仍存在差异,通常实测曲线在 C_λ 值小于 3/4 的区段内变化更为陡峭。当螺旋辐射轴向模而频率较低或周长较小($C_\lambda \leqslant 3/4$)时,回波效应就变得重要了,它在接地面上所反射的波的极化与螺旋上原有外向行波的旋向相反,致使轴比的增大比图 8.37 所示的更快。

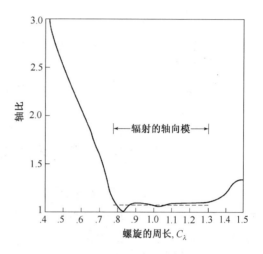

图 8.37 轴比作为螺旋周长的函数。$13°$ 的 7 圈单绕轴向模螺旋天线。虚线按式(17)计算(引自 Kraus)

以上讨论的是整数圈的螺旋,现特而讨论非整数圈的长螺旋。改用 ξ_1 代替 $2\pi n$ 来表示其导体总长度,并假设 $k \approx -1$,于是式(5)变成

$$E_\phi = \frac{E_1}{2j} \int_0^{\xi_1} \left(e^{j(k+1)\xi} - e^{j(k-1)\xi} \right) d\xi \tag{18}$$

由于 $k \approx -1$,所以

$$e^{j(k+1)\xi_1} \approx 1 + j(k+1)\xi_1 \tag{19}$$

则式(18)的积分结果为

$$E_\phi = -\frac{E_1}{2} \left(j\xi_1 - \frac{e^{j(k-1)\xi_1} - 1}{k - 1} \right) \tag{20}$$

同样可得出

$$E_\theta = +\frac{E_1}{2j} \left(j\xi_1 + \frac{e^{j(k-1)\xi_1} - 1}{k - 1} \right) \tag{21}$$

当螺旋很长时,$\xi_1 \gg 1$,式(20)和式(21)可简化成

---

[1] R. G. Vaughan(1) & J. B. Anderson 指出按圆极化馈电的任意长螺旋沿轴总是有 AR = 1,并推导了轴比作为偏轴角的函数关系。

$$E_\phi = -j\frac{E_1\xi_1}{2} \quad 和 \quad E_\theta = +\frac{E_1\xi_1}{2} \qquad (22)$$

取两者的比值,得

$$\frac{E_\phi}{E_\theta} = -j \qquad (23)$$

恰满足圆极化的条件。

造成圆极化的另一种条件是 $(k \pm 1)\xi_1 = 2\pi m$,其中 m 是整数,括号中的正、负号任取其一。

可将上述的重要圆极化条件归纳如下:

1. 单个或多个整数圈的任意升角螺旋天线,若符合 $k = -1$(同相场或常规端射条件),则沿轴向辐射的是圆极化波。
2. 很多圈数(不一定是整数)的任意升角螺旋天线,若符合 $k \approx -1$,则沿轴向辐射的是近似圆极化波。

8.12　单绕螺旋天线轴向模辐射的宽频带特性

螺旋聚束天线[①]固有其宽频带性,在相当宽的频率范围内具有所期望的波瓣图、阻抗和极化特性。由于其相速能随频率自然调整,因此在近乎2∶1的倍频程内,每经历一圈所滞后的相位恰被沿轴向辐射的相位领前所补偿。倘若相速不随频率而变化,则只能在窄频带上实现轴向模波瓣图。由于从螺旋敞开端反射的波经历了很大的衰减,因此馈端阻抗也在相同的倍频程上相对稳定。此外,因为同相场条件与圆极化条件一致,所以在同样的倍频程上近似为圆极化。

图8.38(a)表示以自由空间波长度量的螺旋尺寸沿着等升角的直线随频率而移动,轴向模的频率下限和上限分别对应于该等升角线上的 F_1 点和 F_2 点,其频率范围则采用加粗线,中心频率点 $F_0 = (F_1 + F_2)/2$。

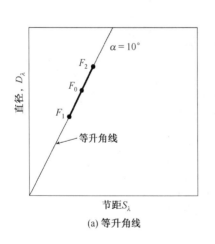

(a) 等升角线

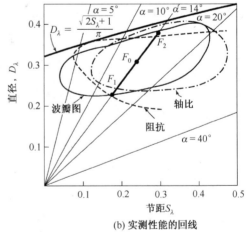

(b) 实测性能的回线

图8.38　单绕螺旋辐射轴向模的直径-节距图

---

① 或单绕轴向模螺旋天线。

螺旋聚束天线的性能是升角的函数,使轴向模辐射的频率范围($F_2 - F_1$)达到最大的角度称为"最佳"升角。图 8.38(b)所示的直径-节距图中给出了最佳的波瓣图、阻抗和极化所对应的三种升角与频带范围的实测回线,由此可分别确定各自的最佳升角。所测螺旋样品的轴长在中心频率约为 1.6λ。

波瓣图回线显示了获得满意波瓣图应取螺旋尺寸的近似范围,而满意的波瓣图是指,在此回线之内,主瓣沿轴向而副瓣相当小,半功率波束宽度均小于 $60°$,最小为 $30°$。在阻抗的回线之内,馈端阻抗值相对平稳,近似为 $100 \sim 150\ \Omega$ 的纯电阻。在极化的回线之内,沿螺旋轴向的轴比小于 1.25。注意,所有的回线都位于直线 $D_\lambda = (2S_\lambda + 1)^{1/2}/\pi$ 的下方,该直线可看成聚束模的上限。由图看来,升角过小或过大都将使范围 $F_2 - F_1$ 变小。对于中心频率为 1.6λ 的螺旋,其"最佳"升角约为 $12°$ 或 $14°$。由于螺旋的性能在此最佳角区域内变化缓慢,因此最佳值并非临界值。就一般用途的中等增益聚束天线来说,随便哪条回线都是合适的,但若取与频率上下限 F_2 和 F_1 的精确位置接近的回线形状鼓出处,将会更好。

基于上述结论,John Kraus 于 1948 年制造了一支 $14°$ 的 6 圈螺旋,其直径为中心频率(400 MHz)时的 0.31λ,导体直径为 0.02λ。实际上,在该螺旋的轴向模频率范围内,选取 $0.005\lambda \sim 0.05\lambda$ 的导体直径,其性能差异甚微(Kraus-5)。图 8.10 给出了该天线在 $275 \sim 560$ MHz 频率范围内的实测波瓣图。可见,在 300 MHz($C_\lambda = 0.73$)至 500 MHz($C_\lambda = 1.22$)的频率范围内,能得到令人满意的波瓣图。该天线的特性(半功率波束宽度、轴比、驻波比等对螺旋周长的函数曲线)汇总于图 8.14 中。

8.13　波瓣图、频带宽度、增益、阻抗和轴比公式列表

前面几节导出的轴向模螺旋天线的波瓣图、波束宽度、定向性、馈端电阻、轴比等计算公式归纳在表 8.2 中,适用于 $12° < \alpha < 15°$,$3/4 < C_\lambda < 4/3$ 且 $n > 3$ 的螺旋,或在标注中列出的特殊限制条件。

表 8.2　单绕轴向模螺旋天线的公式表

波瓣图	$\begin{cases} E = \left(\sin\dfrac{90°}{n}\right)\dfrac{\sin(n\psi/2)}{\sin(\psi/2)}\cos\phi \\[2mm] \text{其中 } \psi = 360°\left[S_\lambda(1-\cos\phi) + \dfrac{1}{2n}\right] \end{cases}$
半功率波束宽度(见限制)	$\text{HPBW} = \dfrac{52°}{C_\lambda\sqrt{nS_\lambda}}$
第一零点波束宽度(见限制)	$\text{BWFN} = \dfrac{115°}{C_\lambda\sqrt{nS_\lambda}}$
定向性或增益*(见限制)	$D = 12C_\lambda^2 nS_\lambda$
馈端电阻(见限制)	$R = 140C_\lambda\ \Omega$　(轴向馈电) $R = 150/\sqrt{C_\lambda}\ \Omega$　(周向馈电)
轴比(沿轴向)	$AR = \dfrac{2n+1}{2n}$　(增强定向性条件下)

（续表）

轴比(沿轴向)	$AR = \left\| L_\lambda \left(\sin\alpha - \dfrac{1}{p} \right) \right\|$	(p无限制)

n = 螺旋的圈数

C_λ = 周长的自由空间波长数

S_λ = 节距的自由空间波长数

L_λ = 圈长的自由空间波长数

p = 沿螺旋的相对相速

ϕ = 相对于螺旋轴的角

波束宽度和定向性的限制：$12° < \alpha < 14°$，$0.8 < C_\lambda < 1.15$，$n > 3$

馈端电阻的限制：$12° < \alpha < 14°$，$0.8 < C_\lambda < 1.2$，$n \geqslant 4$

*假如无损耗

8.14　载有行波的线形周期性结构的辐射，将螺旋视为周期性结构天线

在 6.8 节中曾讨论过载有行波的连续直天线。虽然螺旋聚束天线就是由载有行波的导体所组成的,但它也是一种以节距为周期的周期性结构(见 8.8 节)。现从更广泛的意义上解释螺旋天线与其他周期性结构(偶极子)天线[1]的关系。

由 n 个等幅等间距的各向同性点源组成的直线阵如图 8.39 所示,它代表一种载有行波的直线形周期性结构。如前所述,从两相邻点源到达远区场点的相位差为

$$\psi = \frac{2\pi}{\lambda_0} S \cos\phi - \delta \qquad (1)$$

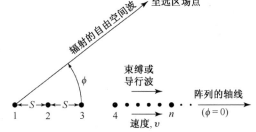

图 8.39　用 n 个等幅等间距 S 的各向同性点源构成的直线阵表示载有行波的直线形周期性结构

其中,S——点源的间距,m

　　　λ_0——自由空间的波长,m

　　　ϕ——阵列轴线与远场点方向的夹角,rad 或 deg

　　　δ——源 2 相对于源 1、源 3 相对于源 2、…的相位差,rad 或 deg

设该阵列经由某种自左向右行波的导波结构馈电,例如裸导线传输线、波导或螺旋[2]。其行波的相位常数已给出为

$$\beta = \frac{2\pi}{\lambda_0 p} \text{ (rad m}^{-1}) = \frac{360°}{\lambda_0 p} \text{ (deg m}^{-1}) \qquad (2)$$

其中,λ_0——自由空间的波长,m

　　　p——相对相速,无量纲,$p = v/c$

　　　v——波速,m s^{-1}

　　　c——光速,m s^{-1}

于是,相邻点源之间的相位差为

---

[1]　螺旋是连续的周期性结构,而偶极子阵是不连续的。

[2]　虽然对单绕轴向模螺旋来说假定了近似的均匀行波,但对本节所述的未适当加接阻抗匹配网络的偶极子阵则无此必要。参见 16.11 节的"相控阵"和 21.22 节的"漏波天线"。

$$\delta = \frac{2\pi}{\lambda_0 p} S \,(\text{rad}) = \frac{360^\circ}{\lambda_0 p} S \,(\text{deg}) \tag{3}$$

其中 S = 源间距离,m。

一般来说,在远区场点,来自 n 个源的场都同相的条件是

$$\psi = 2\pi m \qquad (\text{rad 或 deg}) \tag{4}$$

其中 m = 模序 $= 0, \pm 1, \pm 2,$ 等等。

将式(3)和式(4)代入式(1),得到

$$2\pi m = \frac{2\pi}{\lambda_0} S \cos\phi - \frac{2\pi}{\lambda_0 p} S \tag{5}$$

或

$$2\pi m = \beta_0 S \cos\phi - \beta S \tag{6}$$

其中 $\beta_0 = \dfrac{2\pi}{\lambda_0}$,为自由空间中波的相位常数,rad m^{-1}。

对于模序 $m = 0$,在远区场点处来自相邻源之场的相位差为零;对于 $m = 1$,相位差为 2π;对于 $m = 2$,相位差为 4π;等等。

$\beta = \dfrac{2\pi}{\lambda_0 p}$,为波导的相位常数,rad m^{-1}

$\beta_0 S$ 为自由空间情况下的源间电距离,rad

βS 为波导情况下的源间电距离,rad

$\beta_0 S \cos\phi$ 为自由空间情况下,源间沿远区场点方向的电距离,rad

从式(6)可得

$$\beta_0 \cos\phi = \beta + \frac{2\pi m}{S} \tag{7}$$

或

$$\cos\phi = \frac{\beta}{\beta_0} + \frac{2\pi m}{\beta_0 S} = \frac{1}{p} + \frac{m}{S/\lambda_0} \tag{8}$$

下面举例说明。

例 8.14.1 模序 $m = 0$

对于不同的相对相速 p,由式(8)给出的波束方向角 ϕ 可列表如下:

相对相速, p	$\cos\phi$	ϕ	波束方向
$1 (v = c,$ 从左到右)	1	0°	端射
∞	0	90°	边射
$-1 (v = c,$ 从右到左)	-1	180°	背射
<1	>1	虚值	无波束

末行($p < 1$)中 ϕ 为虚值。这说明波的全部能量被束缚于阵列(用于导行)而无辐射(波束)。

小结:当 p 值从 $+1$ 到 $+\infty$ 或从 $-\infty$ 到 -1 改变时,波束发生从端射($\phi = 0^\circ$)经过边射($\phi = 90^\circ$)到背射($\phi = 180^\circ$)的摆动。当 p 值在 -1 与 $+1$ 之间($-1 < p < +1$)时,$\phi =$ 虚值(无辐射)。应注意此结论与间距 S 无关。

例 8.14.2 模序 $m = -1$,相对相速 $p = 1 (v = \mathbf{c})$

设波束最大方向的远区场点处,来自相邻点源的场有 $2\pi (= 360^\circ)$ 的相位差。对于不同的

间距 S,按式(8)得出的波束方向角 ϕ 可列表如下:

间距S	$\cos\phi$	ϕ	波束方向
λ_0	0	90°	边射*
$\lambda_0/2$	−1	180°	背射**

* 此时还有相等的端射($\phi=0°$)和背射($\phi=180°$)波束

** 此时还有一个相等的端射($\phi=0°$)波束

小结:当间距在 $\lambda_0/2\sim\lambda_0$ 之间改变时,波束在 90°~180° 之间摆动。当波束方向角摆至 90°以下时,需要较大的间距,但同时会出现其他波瓣。

例8.14.3 模序 $m=-1$,相对相速 $p=1/2$(慢波)

对于不同的间距 S,可按式(8)列表如下:

间距S	$\cos\phi$	ϕ	波束方向
λ_0	1	0°, 90°, 180°	端射、边射和背射
$\lambda_0/2$	0	90°	边射
$\lambda_0/3$	−1	180°	背射

小结:当间距在 $\lambda_0/3\sim\lambda_0$ 之间改变时,波束从背射(180°)经过边射(90°)摆动到端射(0°)。但当 $S=\lambda_0$ 时也有边射和背射波瓣。当间距 $S>\lambda_0$ 或 $S<\lambda_0/3$ 时,$\phi=$ 虚值(无波束)。

例8.14.4 模序 $m=-1$,相对相速 $p=1/5$(慢波)

对于不同的间距 S,可按式(8)列表如下:

间距S	$\cos\phi$	ϕ	波束方向
$\lambda_0/4$	1	0°	端射
$\lambda_0/5$	0	90°	边射
$\lambda_0/6$	−1	180°	背射

小结:当间距在 $\lambda_0/4\sim\lambda_0/6$ 之间改变时,波束从端射(0°)经过边射(90°)摆动到背射(180°)。当间距 $S>\lambda_0/4$ 或 $S<\lambda_0/6$ 时,$\phi=$ 虚值(无波束)。

上述例8.14.2~例8.14.4可参见图8.40。

分析阵列和周期性结构的另一种方法是绘制自由空间波的电间距 $\beta_0 S$(纵坐标)随着沿阵列导行波的电间距 βS(横坐标)变化的图解。将两个坐标量都除以 2π,则纵坐标为 S/λ_0 而横坐标为 $S/(p\lambda_0)=S/\lambda$(其中 $\lambda=p\lambda_0=$ 阵列上的相波长)。这种 S-S 图①(见图8.41),辅以图8.40的 S-ϕ 曲线,可用来解释例8.14.2~例8.14.4所示的性质。

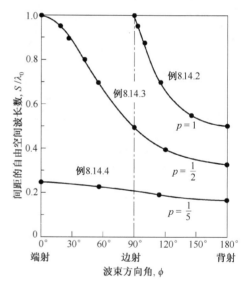

图8.40　行波直线阵的间距与波束方向角的关系。模序 $m=-1$;相对相速 $p=1$, $1/2$,$1/5$(例8.14.2~例8.14.4)

---

① 某些作者用 k 代替 β_0 而写成 k-β 图,又称布里渊图(引自 Leon Brillouin)。

单绕、双绕、四绕、八绕轴向模螺旋以及对数周期的阵列之远区边射、端射、背射工作图解

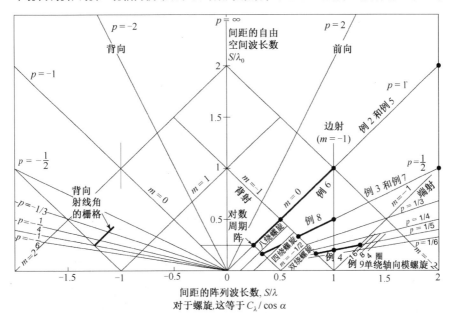

图 8.41 用直线行波天线的 S-S 图表示不同类型阵列的工作区域
(例 8.14.2 ~ 例 8.14.9)。注意,对于螺旋,图中的 S/λ 是指圈长 L_λ

若相对相速 $p = 1$,即 $S/\lambda = S/\lambda_0$,阵列沿着图中 $p = 1$ 的线(相对于轴的 45° 直线)工作。背射发生在 $S/\lambda_0 = 1/2$ 的点,而边射发生在 $S/\lambda_0 = 1$ 的点(见例 8.14.2)。

若相对相速 $p = 1/2$,阵列沿着图中 $p = 1/2$ 的线工作。背射发生在 $S/\lambda_0 = 1/3$ 的点,边射发生在 $S/\lambda_0 = 1/2$ 的点,而端射发生在 $S/\lambda_0 = 1$ 的右边缘点(见例 8.14.3)。

若相对相速 $p = 1/5$,阵列沿着图中 $p = 1/5$ 的线工作。背射发生在 $S/\lambda_0 = 1/6$ 的点,边射发生在 $S/\lambda_0 = 1/5$ 的点,而端射发生在 $S/\lambda_0 = 1/4$ 的点(见例 8.14.4)。对于较高的模序 $m = -2$,阵列再次产生摆动的波束,从背射发生于 $S/\lambda_0 = 1/3$ 的情况,经过边射发生于在 $S/\lambda_0 = 2/5$ 的情况,摆动到端射发生于 $S/\lambda_0 = 1/2$ 的情况(超出图的右边)。

进一步考虑几种行波周期性结构阵列的例子。在 S-S 图上,每一种阵列占有唯一的位置,读者可从这些阵列在图上的位置清楚地辨认出它们之间的差异。

例 8.14.5 偶极子的扫瞄阵,间距等于中心波长 $S = \lambda_0$ (见图 8.42)

借助移频实现波束扫瞄。阵元的物理间距都相等,用双导线传输线($p = 1$)从左端馈电,模序 $m = -1$,故式(8)变成

$$\cos\phi = \frac{1}{p} - \frac{1}{S/\lambda_0} = 1 - \frac{1}{S/\lambda_0} \tag{9}$$

中心频率 $S = \lambda_0$ 时,$\cos\phi = 0$ 而 $\phi = 90°$(边射波束)。其一半频率 $S = \lambda_0/2$ 时,$\cos\phi = -1$ 而 $\phi = 180°$(背射波束)。其一倍频率 $S = 2\lambda_0$ 时,$\cos\phi = 1/2$ 而 $\phi = 60°$(比边射波束前倾 30°)。如欲将波束摆向端射,则要求进一步提高频率。此扫瞄阵在图 8.41 中的位置已注于"例 2 和例 5"对应的线上。注意,还有式(9)没有给出的其他波瓣。

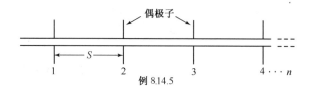

图 8.42 偶极子扫瞄阵。间距等于中心波长 $S = \lambda_0$，相对相速 $p = 1(v = c)$；模序 $m = -1$；波束方向角 ϕ(相对于偶极子1)是从纸面向外的(例8.14.5)

例8.14.6 交替倒向偶极子的扫瞄阵，间距等于中心波长之半 $S = \lambda_0/2$ (见图 8.43)

借助移频实现波束扫瞄。阵元的物理间距都相等，用双导线传输线($p = 1$)从左端馈电，模序 $m = -1/2$，故式(8)变成

$$\cos\phi = 1 - \frac{1}{2S/\lambda_0} \tag{10}$$

在中心频率 $S = \lambda_0/2$ 时，$\cos\phi = 0$ 而 $\phi = 90°$(边射波束)。其一半频率 $S = \lambda_0/4$ 时，$\cos\phi = -1$ 而 $\phi = 180°$(背射波束)。其一倍频率 $S = \lambda_0$ 时，$\cos\phi = 1/2$ 而 $\phi = 60°$。此扫瞄阵在图 8.41 中的位置已标注于"例2 和例5"对应的线上。

例8.14.7 偶极子的扫瞄阵，间距等于中心波长之半 $S = \lambda_0/2$，慢波馈电 $p = 1/2$ (见图 8.44)

借助移频实现波束扫瞄。阵元的物理间距都相等，用双导线传输线从左端依次经 $2S$ 长度对相邻阵元馈电($p = 1/2$)，模序 $m = -1$，故式(8)变成

$$\cos\phi = 2 - \frac{1}{S/\lambda_0} \tag{11}$$

在中心频率 $S = \lambda_0/2$ 时，$\cos\phi = 0$ 而 $\phi = 90°$(边射波束)。降低频率至 $S = \lambda_0/3$ 时，$\phi = 180°$(背射波束)。其一倍频率 $S = \lambda_0$ 时，$\phi = 0°$(端射波束)。此扫瞄阵在图 8.41 中的位置已标注于"例3 和例7"对应的线上。

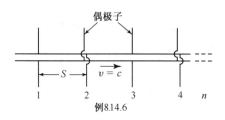

图 8.43 交替倒向偶极子扫瞄阵。间距等于中心波长之半 $S = \lambda_0/2$，相对相速 $p = 1$，模序 $m = -1/2$，波束方向角 ϕ(相对于偶极子1)是从纸面向外的(例8.14.6)

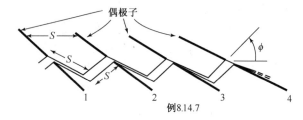

图 8.44 偶极子扫瞄阵。间距等于中心波长之半 $S = \lambda_0/2$，相对相速 $p = 1/2$ (慢波)，模序 $m = -1$(例8.14.7)

例8.14.8 交替倒向偶极子的扫瞄阵，间距等于 1/4 中心波长 $S = \lambda_0/4$，慢波馈电 $p = 1/2$ (见图 8.45)

借助移频实现波束扫瞄。阵元的物理间距都相等，用双导线传输线从左端依次经 $2S$ 长度对相邻阵元馈电($p = 1/2$)，模序 $m = -1/2$，故式(8)变成

$$\cos\phi = 2 - \frac{1}{2S/\lambda_0} \tag{12}$$

在中心频率 $S = \lambda_0/4$ 时,$\cos\phi = 0$ 而 $\phi = 90°$(边射波束)。降低频率至 $S = \lambda_0/6$ 时,$\phi = 180°$(背射波束)。其一倍频率 $S = \lambda_0/2$ 时,$\phi = 0°$(端射波束)。此扫瞄阵在图 8.41 中的位置已标注于"例 3 和例 7"对应的线上。

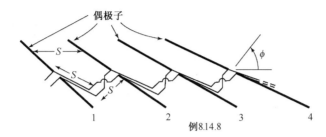

图 8.45　交替倒向偶极子扫瞄阵。间距等于 1/4 中心波长 $S = \lambda_0/4$,
相对相速 $p = 1/2$(慢波),模序 $m = -1/2$(例 8.14.8)

下面将单绕螺旋天线与周期性行波阵进行比较。

例 8.14.9　单绕轴向模螺旋天线,周长为中心波长 $C = \lambda_0$,圈距 $S = \lambda_0/4$(见图 8.46)

正如 8.2 节所述,工作于增强定向性条件下的单绕轴向模螺旋天线具有超增益的端射波束($\phi = 0°$)。若模序 $m = -1$,参照式(5)而加入增强定向性的相位项,可得

$$-2\pi - \frac{\pi}{n} = \frac{2\pi}{\lambda_0}S - \frac{2\pi}{\lambda_0}\frac{S}{p} \tag{13}$$

其中,n 为圈数,$p = (v/c)\sin\alpha =$ 沿螺旋轴向(并非 8.2 节中的沿螺旋导体)的相对相速,α 为螺旋的升角。经改写得

$$p = \cfrac{1}{1 + \cfrac{2n+1}{2n}\cfrac{1}{S/\lambda_0}} \tag{14}$$

对于圈数 n 很多的螺旋,上式近似为

$$p \approx \frac{1}{1 + [1/(S/\lambda_0)]} \tag{15}$$

于是,端射($\phi = 0°$)和 $S = \lambda_0/4$ 要求 $p = 0.20$。若保持此 p 值,而降低频率至 $S = \lambda_0/5$(即频移 25%),则由式(5)应有

$$\cos\phi = \frac{1}{p} - \frac{1}{S/\lambda_0} = \frac{1}{0.20} - 5 = 0 \tag{16}$$

即 $\phi = 90°$(边射波束)。可是,螺旋的波束并不随频率变化摆动到边射,而是被锁定在端射($\phi = 0°$)状态,因为**相速自动地改变到不仅补偿频变、而且恰能提供增强定向性或超增益的正确值**。这正是单绕轴向模螺旋天线的卓越性能之一。

增强定向性条件中涉及的不仅有圈距,还有圈数。但若 n 很大,则两种端射条件下的 p 值差别很小。由式(15)可见,p 值的范围从

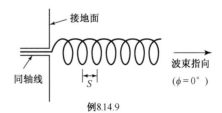

图 8.46　单绕轴向模螺旋天线。模序 $m = -1$。由于相对相速 p 的自动调节,使其增强定向性的端射($\phi = 0°$)状态锁定在一个倍频程上(见图 8.41)

约 0.25(相当于 $S=\lambda_0/3$) 经 0.20(相当于 $S=\lambda_0/4$) 到达 0.167(相当于 $S=\lambda_0/5$),超增益的端射波束锁定在大约 2:1 的频程上,恰与前述扫瞄阵的波束摆动形成对比。在 S-S 图(见图 8.41)上已标出了该 2:1 频程的 4,8,16 圈单绕螺旋天线的位置。当圈数 n 很大时,该天线的位置朝着与 $S/\lambda_0=0$ 的轴相交于 $S/\lambda=1$ 点的一条"端射"线移动。注意,其他阵列都是随频率变化沿着等 p 值线移动,**而单绕轴向模螺旋天线则是按相同波束指向角(端射)线移动,从而切割各等 p 值线**。

单绕轴向模螺旋天线的另一项卓越性能和重要优点就是,输入阻抗在倍频程上几乎是恒定的电阻,且可以方便地设定为 $50 \sim 150\,\Omega$ 之间的任何电阻值。对比之下,偶极子阵的阻抗值却随频率变化而有很大的起伏。

8.15　单绕轴向模螺旋天线阵

设计单绕轴向模螺旋天线的阵列时,为达到所要求的增益,需在螺旋的数量和长度之间进行权衡:是选择较多的较低增益螺旋、还是较少的较高增益螺旋?下面举例说明。

例 8.15.1

试用一个或多个端射单元设计圆极化天线,对给定的波长,产生 24 dB 的增益。

解:

(a) 采用单绕轴向模螺旋天线,它能自动满足增强定向性条件、从而获得最高的端射增益。按照式(8.3.7),取 $\alpha=12.7°$ 和 $C_\lambda=1.05$,则单支螺旋的长度

$$L = nS = \frac{252}{12 \times 1.05^2} = 19\lambda \tag{1}$$

需要一支 80 圈的螺旋,如图 8.47(a)所示。

(b) 若采用 4 支 20 圈的螺旋组成边射阵,可使外形变得紧凑。设螺旋的结构参数同上,组成均匀口径分布的方阵,则每支螺旋的有效口径为

$$A_e = \frac{D\lambda^2}{4\pi} = \frac{63\lambda^2}{4\pi} = 5.0\lambda^2 \tag{2}$$

取其边长为 $2.24\lambda(=A_e^{1/2})$,置螺旋轴于各有效口径的中心位置,则各轴的间距也是 2.24λ,如图 8.47(b)所示。

(c) 采用 9 支 9 圈螺旋的边射阵,如图 8.47(c)所示。

(d) 采用 16 支 5 圈螺旋的边射阵,螺旋之间距为 1.12λ,如图 8.47(d)所示。

究竟选用哪种方案,取决于支撑结构和馈端连接的条件。单支螺旋只需单一馈点和最小的接地面,但结构太长。采用其他配置,则接地面较大而结构较紧凑。

4 支和 16 支螺旋的阵列具有可对称分组馈电的优点,16 支螺旋阵还能按相控阵方式工作。

对多支螺旋的阵列要考虑相邻螺旋之间的互阻抗。图 8.48 给出了由 Blasi(1)测得的一对同旋向的 8 圈单绕轴向模螺旋天线($\alpha=12°$, $C_\lambda=1$)之间的互电阻和互电抗分量,作为间隔之波长数的函数。当间距超过一个波长(螺旋阵中的典型值)时,互阻抗只有螺旋自阻抗(140 Ω 电阻)的百分之几。因此设计螺旋阵的馈电连接时,通常可不计互阻抗的影响。作为例子,下面考虑两种螺旋阵:4 支螺旋和 96 支螺旋。

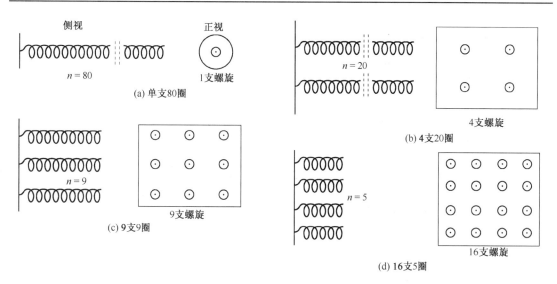

图 8.47　单绕轴向模螺旋天线阵。增益 = 24 dB,支数 × (圈数/支) = 80(±1)(见 5.17 节)

4 支单绕轴向模螺旋天线的阵列

图 8.49(a)所示为 John Kraus 建于 1947 年的 4 支 6 圈 14°升角的螺旋阵,按 1.5λ 的间隔安装于 2.5λ × 2.5λ 的方形接地板上(Kraus-3)。螺旋由轴向导体穿过接地板中的绝缘座馈电,各馈点在接地板背侧经导体连接到位于中心的公共接头点。每根导体与接地板之间形成渐变间距的传输线,使各螺旋的电阻由近似 140 Ω 变换到接头处的 200 Ω,经并联连接后降为 50 Ω,再穿过接地板的中央绝缘座,与位于螺旋侧的 50 Ω 同轴线相连接。

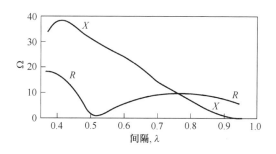

图 8.48　互阻抗的电阻(R)和电抗(X)分量。一对同旋向的 8 圈单绕轴向模螺旋天线(α = 12°, C_λ = 1),作为(中心至中心)间隔之波长数的函数。螺旋导体的直径为 0.016λ,自阻抗 $Z_{11} \approx 140 + j0$ Ω(引自 E. A. Blasi-1)

由于渐变段长约 1λ,可提供宽频带的阻抗变换。图 8.49(b)给出了该阵列的半功率波束宽度、轴比和 VSWR 性能,其增益在中心频率为 800 MHz 时约为 18.5 dB,而在 1000 MHz 时约为 21.5 dB。试与图 8.47 的 4 支螺旋阵相比较。

96 支单绕轴向模螺旋天线的阵列

John Kraus 于 1951 年设计并建造了 96 支单绕轴向横螺旋天线的阵列,共 11 圈 12.5°升角的螺旋安装在长 40λ 而宽 5λ 的倾斜接地平板上,中心频率为 250 MHz。每支螺旋由 150 Ω 的同轴电缆馈电,以 12 支螺旋为一组,将等长度的电缆并联接至一段长 2λ 的渐变过渡段,将 12.5 Ω(= 150/12)的电阻变换至 50 Ω。各组用等长度的 50 Ω 电缆,借助过渡段连接到中央位置处的总馈端,形成同相口径分布以及宽频带上的低 VSWR。该阵列的增益在中心频率 250 MHz(λ = 1.2 m)时约为 35 dB,且随频率而提高。辐射扇形波束的半功率波束宽度为 1° × 8°。

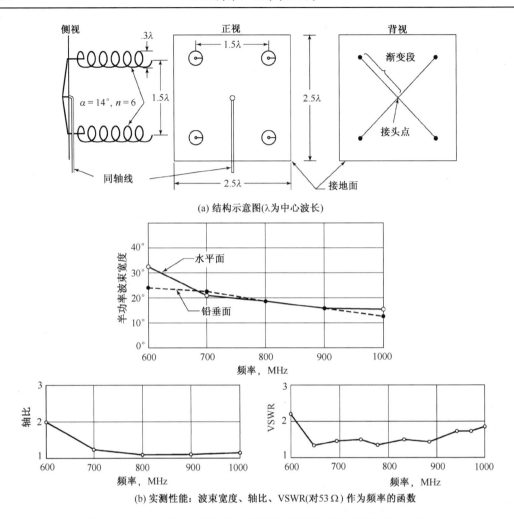

(a) 结构示意图(λ为中心波长)

(b) 实测性能：波束宽度、轴比、VSWR(对53Ω) 作为频率的函数

图 8.49　4 支 6 圈 14°单绕轴向模螺旋天线的边射阵(引自 Kraus-3)

8.16　单绕轴向模螺旋用做寄生单元和极化器

螺旋–螺旋,如图 8.50(a)所示。若将一支 6 圈单绕轴向模螺旋天线的导体在第二圈的末端截断,天线在最初两圈连续工作,并将波发射到作为寄生引向器的其余 4 圈。

介质杆–螺旋,如图 8.50(b)所示。若将一支几圈的寄生螺旋缠绕在线极化的介质杆天线上,则变成了圆极化天线。

喇叭–螺旋,如图 8.50(c)所示。若将一支几圈的寄生螺旋放置于线极化的角锥喇叭的喉部、但不接触喇叭壁,则喇叭变成圆极化的辐射器。

夹角–螺旋,如图 8.50(d)所示。若将一支寄生螺旋放置在偶极子激励的夹角反射器前方,则变成圆极化天线。

双导线–螺旋,如图 8.50(e)所示。据报道,若将一支很多圈的寄生螺旋缠绕于双导线传输线而又不相接触(螺旋的直径稍大于双线的间距),它们将组合成线极化的端射天线,其电场平行于双线所在的平面(Broussaud-1)。

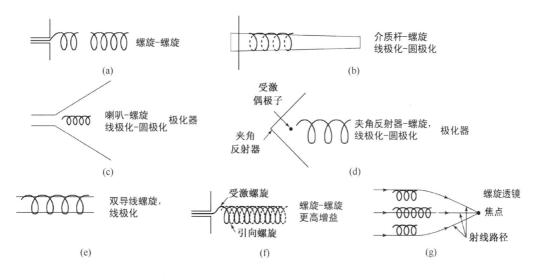

图 8.50　单绕轴向模螺旋天线作为极化器寄生单元的七种应用

螺旋-螺旋,如图 8.50(f)所示。据 Nakano 等人报道,若将一支寄生螺旋与一支受激的单绕轴向模螺旋天线互不接触地间绕(直径相同),这种组合将使增益提高约 1 dB 而不会增加天线的轴向长度。这种效应发生在螺旋的 8 ~ 20 圈的范围内,并可将寄生螺旋理解为受激螺旋的引向器。

螺旋透镜,如图 8.50(g)所示。单支单绕轴向模螺旋天线(或任何端射天线)的作用类似于一片透镜。由适当长度的寄生螺旋组成的边射阵列,则可如同大口径透镜天线般地工作。

8.17　单绕轴向模螺旋天线用做移相器和移频器

单绕轴向模螺旋天线是改变相位或频率的简单而精致的器件。设有如图 8.51 所示的螺旋天线(发射频率为 F),将它绕轴旋转 90°角会使辐射波超前(或滞后,取决于旋向)90°相位。若以每秒 f 次连续旋转该螺旋天线,则它所辐射的频率变成 $F \pm f$,取"+"号还是"-"号取决于旋向(见 8.24 节)。

图 8.52 是由三支螺旋的波束扫瞄天线的情况。所有螺旋都是相同旋性的,将螺旋 1 顺时针旋转、螺旋 3 逆时针旋转、而螺旋 2 保持在中间位置,可获得如图所示的波束连续扫瞄。其运行过程为:先扫到左偏 30°,此时波束幅度较小;扫回 0°时波束幅度最大;继续扫到右偏 30°时波束幅度又变小,周而复始。当螺旋的转速为每分钟 n 圈时,波束每分钟经过 0°方向 n 次。若采用更多的螺旋,则扫瞄波束的宽度可任意地窄。

John Kraus(9) & Richard McFarland(2) 于 1957 年利用此三螺旋波束扫瞄阵观察来自木星的 25 ~ 35 MHz 无线电发射。每支螺旋有直径为 3 m 的三圈,其扫瞄波束可用于识别以恒星速度(或接近恒星速度)运行的天体目标,并从地球上的或接近地球的目标中加以鉴别。

螺旋移相的其他应用将在下一节中与线极化螺旋一起讨论。

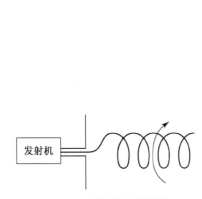

图 8.51 单绕轴向模螺旋
天线用做移相器

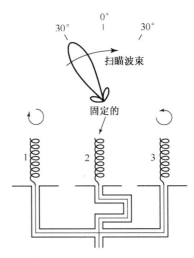

图 8.52 三支单绕轴向模右手螺旋天线的波束
连续扫瞄阵。外侧两支螺旋旋向相反

8.18 单绕轴向模螺旋天线形成线极化

若两支并置的单绕轴向模螺旋天线的馈电功率相等,当两者的旋向相同时仍辐射该旋向的圆极化波;当两者的旋向相反时则沿轴向辐射线极化波,见图 8.53(a)。将开关 1 置右位、开关 2 置左位、而开关 3 置上位,辐射线极化(LP)波;将螺旋之一绕轴旋转 90°,则线极化面旋转 45°;将螺旋之一绕轴旋转 180°,则线极化面旋转 90°。将开关 1 和 3 都置于左位(如图示),则辐射右旋圆极化(RCP)波;将开关 2 和 3 都置于右位,则辐射左旋圆极化(LCP)波。可见,两支螺旋既能提供左旋或右旋圆极化,又能提供任意方向的线极化。

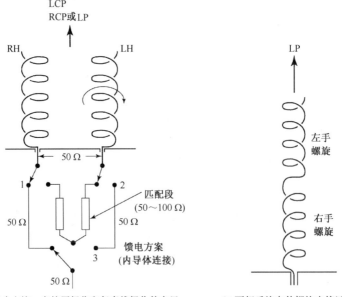

(a) 产生右旋、左旋圆极化和任意线极化的布局　　(b) 两相反旋向的螺旋串接以产生线极化

图 8.53 线极化的螺旋天线

另一种获得线极化的方法是将左手螺旋与右手螺旋串接,如图 8.53(b)所示。第三种方法已在图 8.50(e)中讨论过(双导线–螺旋)。

将椭圆极化转换成线极化的原理类似于上述方法,将圆形截面的螺旋压扁成椭圆形即可。

8.19　单绕轴向模螺旋天线用做馈源

图 8.54 表示受激螺旋对一列作为引向器的交叉偶极子馈电,以产生圆极化波。虽然这种布局在增益和频带方面的性能都不如同样长度的全螺旋,但交叉偶极子要比长螺旋容易支撑。另一方面,受激螺旋的馈电连接又比一对交叉的八木–宇田天线简单,后者要求等功率且相位正交的馈电。

螺旋可用做抛物面碟形天线的馈电元件,Johnson & Cotton(1)构造的实例见图 8.55,其中一支 3.5 圈的单绕轴向模螺旋工作于背射模式,用做抛物面碟形反射器的高功率(200 kW)而非加压密封的圆极化馈源。不带接地面的螺旋自然地朝着轴的背向辐射。Patton(1)也构造了一支单绕背射螺旋天线,与双绕背射螺旋天线进行比较。

图 8.54　单绕轴向模螺旋天线用做交叉偶极子端射阵的馈源

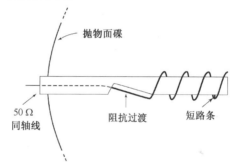

图 8.55　短背射单绕轴向模螺旋用做抛物面碟形天线的高功率(200 kW)圆极化馈源 [引自 R. C. Johnson(1) & R. B. Cotton]

带有杯状接地面的单绕轴向模端射短螺旋也被用做抛物面碟形天线的馈源,以产生圆极化的锐波束。渐变短螺旋(α 不变,D 和 S 渐变)的宽波瓣图适用于短焦距的碟形天线(见图 8.58 中的螺旋)。

如果碟形天线要求馈源的频率覆盖大于单支螺旋所能达到的频带,可采用两支或多支不同频段的螺旋嵌套着同轴安装,并保持它们的相位中心重合,如图 8.56 所示。这种组合优于用对数周期天线作为馈源的方式,因为后者的相位中心随频率而移动,会导致抛物面反射器系统的散焦。

Holland(1)曾制作过这种馈源,采用 L 波段的较大螺旋内嵌 S 波段的较小螺旋,其圈数取决于所要求的波束宽度。通常,限定馈源波瓣图在反射器边缘方向为 -10 dB 以下,故要求螺旋的圈数近似为

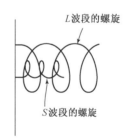

图 8.56　同轴安装的两支周向馈电、同旋向、单绕轴向模螺旋天线用做抛物面碟的馈源。在 5:1 的频率覆盖上具有稳定的相位中心(J. Holland-1)

$$n \approx \frac{8400}{\phi^2 S_\lambda} \tag{1}$$

其中,ϕ 为波瓣图的 $-10\,dB$ 波束宽度(deg),S_λ 为圈间节距的波长数。因此,若 $S_\lambda = 0.21(\alpha = 12°)$ 而要求 $\phi = 115°$,从式(1)可得 $n = 3$。

为了减小螺旋间的耦合,Holland 将两支螺旋的周向馈点分置于对径的两侧(见图 8.56),获得 5∶1 频段上固定的相位中心。

8.20　渐变及其他形式的轴向模螺旋天线

在本节中将讨论均匀(恒直径、恒节距)单绕轴向模螺旋天线的各个变种,其中的一部分如图 8.57 至图 8.59 所示,取自"Antennas,1st Edition(1950)"而未加修改。图 8.57 中,前文曾提及的有:(a) 带接地面的均匀螺旋;(c) 不带接地面的均匀螺旋(与图 8.55 所示的背射馈源相同);(i) 类似于图 8.50(f)所示的 Nakano(1)的双绕螺旋,不过在图 8.57 中两支螺旋都受激而在 Nakano 中有一支螺旋是寄生的。

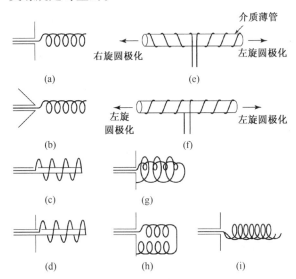

图 8.57　轴向模螺旋的各种结构和馈电布局(引自 Kraus)

图 8.58 给出的 9 种渐变的单绕轴向模螺旋天线可归成三类:(1) 升角 α 恒定而改变节距 S 与直径 D;(2) 直径 D 恒定而改变升角 α 与节距 S;(3) 节距 S 恒定而改变升角 α 与直径 D。这些型式中,有很多已经被研究过,例如,Day-1 研究了类型(2)。

Day 测量了直径 D 恒定而改变升角 α 与节距 S 的 6 圈单绕轴向模螺旋天线,如图 8.58(d)至图 8.58(f)所示。螺旋导体的直径为 0.02λ,升角沿螺旋的变化分别为 $1° \sim 20°$,$5° \sim 17°$,$9° \sim 15°$(渐增或渐减)。用来作为比较的是升角 $\alpha = 12.5°$ 而周长 $C_\lambda = 0.6,0.8,1.0,1.2,1.4$ 等共 35 种情况。结论是:升角在 $5° \sim 17°$ 范围内是渐变的,而当 $0.8 \leqslant C_\lambda \leqslant 1.2$ 时,波瓣图变化很小;然而,若 $C_\lambda = 1.2$ 而升角从馈端的 $17°$ 渐减至末端的 $5°$,则其增益与 $C_\lambda = 1.2$ 而 $\alpha \approx 12.5°$ 的均匀螺旋相比提高了 $1\,dB$。这是一项显著的改进,因为 6 圈均匀螺旋的最大增益就发生在 $C_\lambda \approx 1.2$ 而 $\alpha \approx 12.5°$ 处。所以,9 种渐变结构中,图 8.58(e)所示的直径恒定而升角与节距渐减的型式是均匀螺旋的改良。

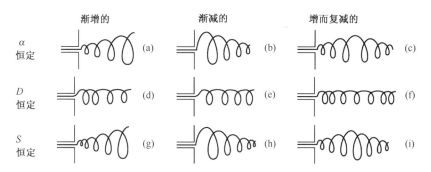

图 8.58　单绕轴向模渐变螺旋天线的类型（引自 Kraus-1）

图 8.58（a）中的 α 恒定而 D（或 C）与 S 渐增的圆锥螺旋曾先后被 Chatterjee（1），Nakano（3），Mikawa & Yamauchi 等人研究过。Chatterjee 发现小升角时可在 5：1 的频段上得到很宽的波瓣图。Nakano 等指出在螺旋接近馈点的区域内，由于波的发射使电流呈衰减状，如图 8.2(b)和图 8.2(c)所示。

另一类渐变螺旋天线示于图 8.59，其中（a）兼有渐变段和均匀段，但与 Wong(1) & King 等人提出的均匀-渐变型的顺序恰相反。其他设计都包含了螺

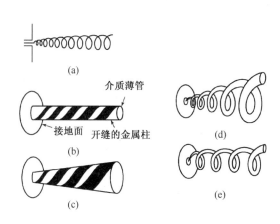

图 8.59　单绕轴向模渐变螺旋天线。包括导体尺寸渐变的螺旋（引自Kraus）

旋导体的直径 d 或扁带宽度 w 的渐变，即有四个可变的几何参量 α,D,S,d（或 w）。由于单绕轴向模螺旋天线的特性对尺寸的适度变化并不敏感，因此，一般来说，螺旋受适度不均匀性的影响不大。然而，某些改变可能会明显提高增益（如前所述），或明显减小轴比和 VSWR。

8.21　多绕轴向模螺旋天线

四根各长 $\lambda/2$ 的导线分别绕成半圈螺旋，并按图 8.60 布置成四绕背射螺旋天线,在两对线按正交相位馈电时产生心脏形的背射圆极化波瓣图（HPBW ≈ 120°）。这种结构被 Kilgus(1) 描述为两付双绕半圈螺旋或一付四绕半圈螺旋。该天线属于谐振式，只有约 4% 的窄频带。四根导线的长度也可以取 $\lambda/4$ 或 1λ，此时在底端宜用开路取代（线长为 $\lambda/2$ 时的）短路（见图 8.60）。每对双绕螺旋可借助沿中心轴向上的同轴线在顶端经巴仑馈电。Kilgus(2) 指出，增加圈数可获得圆锥赋形波束的波瓣图，这在某些应用中比心脏形波瓣图更为合适。

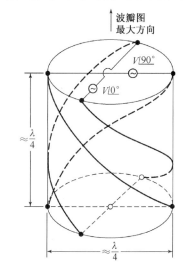

图 8.60　谐振式窄频带的背射双绕线圈具有很宽的圆极化波瓣图。导线缠绕在图示的虚拟圆柱表面（C. C. Kilgus - 1）

用平衡双导线传输线在双绕螺旋的末端馈电,当工作在螺旋波导中主模的截止频率以上时,将产生背射波束。Patton(1)指出,这种线圈的最大定向性发生在稍高于截止频率处。随着频率的提高,波瓣图将展宽;当升角约为 45°时背射波束会发生分裂,并且向边射方向摆动。

在截止频率以下,沿螺旋导体的电流为驻波分布。在截止频率以上,驻波逐渐衰退为行波;进一步提高频率将增大衰退率而降低驻波电平,直至螺旋波导的高次模出现。这正说明了双绕螺旋背射的频率上限。

Gerst(1) & Worden,以及 Adams 等(1)曾研究采用大升角(30° ~ 60°)的四绕和八绕轴向模朝前端射的圆极化螺旋天线。

8.22 单绕和多绕法向模螺旋天线

前面几节详细介绍了沿螺旋轴方向有最大辐射的轴向模螺旋天线,其辐射可以是(朝前)端射或(朝后)背射的。本节讨论法向模辐射,即最大辐射沿垂直于螺旋轴的法线方向,也称为边射。

当螺旋的周长近似等于波长时,其辐射以轴向模为主;但若周长远小于波长,其辐射则以法向模为主。图 8.61(a) 和图 8.61(c)分别表示螺旋辐射的这两种模式,而图 8.61(b) 则表示一种四瓣模螺旋,图中都标注有相应的螺旋尺寸。

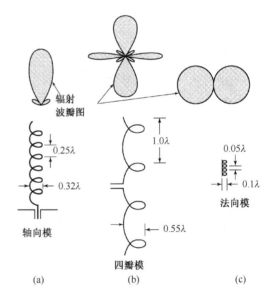

图 8.61 螺旋天线的轴向模、四瓣模、法向模之波瓣图及其相应的尺寸

为了更详细地解释法向模辐射的条件,考虑一支与极轴共轴的螺旋,如图 8.62(a) 所示。若螺旋的尺度很小($nL \ll \lambda$),则其最大辐射在 xy 平面内,而沿 z 方向为零场。当升角为 0°时螺旋变成如图 8.62(b)所示的环,当升角为 90°时螺旋拉直成如图 8.62(c)所示的直天线,它们是上述短小螺旋天线的两种极限情况。

螺旋的远场可用两个电场分量 E_ϕ 和 E_θ 描述,如图 8.62(a)所示。对于短小螺旋的远场分量波瓣图,为便于推导,先假设螺旋由大量的小环和短偶极子交替串接而成,如图 8.63(a)所示;环的直径与螺旋的直径均为 D,偶极子的长度与螺旋的节距均为 S;整个螺旋上的电流都等幅同相。这对于很小的螺旋是合适的。而且其远场波瓣图并不依赖于螺旋的圈数,故只需计算图 8.63 (b)中的单个小环和一根短偶极子的波瓣图。

小环的远场只有 E_ϕ 分量,其值可从表 7.1 查得,为

$$E_\phi = \frac{120\pi^2 [I] \sin\theta}{r} \frac{A}{\lambda^2} \tag{1}$$

其中,环的面积 $A = \pi D^2/4$。

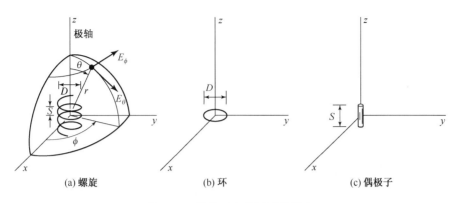

图 8.62　螺旋、环、偶极子的尺度

短偶极子的远场只有 E_θ 分量,其值也可从表 7.1 查得,为

$$E_\theta = j\frac{60\pi[I]\sin\theta}{r}\frac{S}{\lambda} \tag{2}$$

其中,偶极子的长度 L 已被 S 取代。

比较两式,式(2)中有 j 而式(1)中没有,说明 E_ϕ 和 E_θ 的相位正交,它们的幅度之比恰为远场极化椭圆上的轴比

$$\text{AR} = \frac{|E_\theta|}{|E_\phi|} = \frac{S\lambda}{2\pi A} = \frac{2S\lambda}{\pi^2 D^2} = \frac{2S_\lambda}{C_\lambda^2} \tag{3}$$

有三种极化椭圆的特殊情况值得注意:(1) 当 $E_\phi = 0$ 时,AR $= \infty$,极化椭圆是一根铅垂线,即辐射铅垂的线极化波,而螺旋变成铅垂偶极子;(2) 当 $E_\theta = 0$ 时,AR $=0$[1],极化椭圆是一根水平线,即辐射水平的线极化波,而螺旋变成水平环;(3) 当 $|E_\theta| = |E_\phi|$ 时,AR $=1$,极化椭圆是一个圆,即辐射圆极化波,令式(3)等于 1,即得出圆极化的条件

$$\pi D = \sqrt{2S\lambda} \qquad \text{或} \qquad C_\lambda = \sqrt{2S_\lambda} \tag{4}$$

Wheeler(1)最先得出这种关系的等效形式。除了沿 z 轴为零场之外,在空间的所有方向上都辐射圆极化波。图 8.64 表示满足条件(4)的单绕法向模螺旋,又称 Wheeler 线圈,是一种谐振式的窄频带天线。

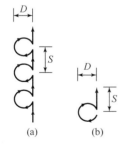

图 8.63　用于法向模计
　　　算的变形螺旋

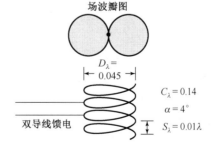

图 8.64　谐振式窄频带圆极化的单绕
　　　法向模螺旋。与短偶极子
　　　波瓣图相同(引自Wheeler)

---

① 这里轴比的取值范围,用 0 到∞ 代替惯用的 1 到∞,借以区别铅垂线极化和水平线极化。

在一般情况下,小螺旋辐射的是椭圆极化波。因此,对于圈长恒定而改变升角之螺旋的辐射,当 $\alpha = 0°$ 时作为一个环[见图 8.62(b)]辐射水平线极化波;随着 α 的增加,螺旋的尺寸在图 8.5 中沿等 L_λ 线(以原点为中心的圆弧)移动,其极化椭圆的主轴保持在水平位置;当 α 达到某特定值使 $C_\lambda = \sqrt{2S_\lambda}$ 时,辐射圆极化波。该特定的 α 值可借助图 8.4 所示的关系得出,即

$$\alpha = \arcsin \frac{-1 + \sqrt{1 + L_\lambda^2}}{L_\lambda} \tag{5}$$

当 α 进一步增大时,又变成椭圆极化,但其主轴保持在铅垂位置。最后,当 α 趋于 90° 时,作为一根偶极子[见图 8.62(c)]辐射铅垂线极化波。从法向模螺旋辐射圆极化波的 Wheeler 关系式,即式(4)或式(5),在图 8.5 中表示为标有 $C_\lambda = \sqrt{2S_\lambda}$ 的曲线。

以上所讨论的法向模辐射,都假设了整个螺旋上的电流等幅同相。这对于非常小 ($nL \ll \lambda$) 的螺旋是近似满足的,但如此小的螺旋其频带很窄,且辐射效率很低,只有增大尺寸才能得以改善。这又要求沿螺旋间隔地布置某种型式的移相器,以近似实现等幅同相的电流分布,变得很不方便、甚至很不实际。因此,用螺旋产生法向模辐射受到了实际的限制。

由 Brown(2) & Woodward 构造的一种四根斜偶极子组成的天线,如图 21.17(f)所示,使人联想起辐射法向模的分数圈四绕螺旋,这种布局基于 Lindenblad(1)所描述的设计。

谐振式的单绕法向模螺旋天线可用做短的铅垂极化辐射器。如图 8.65 所示,安装于接地面上具有铅垂轴的螺旋,作为接地面上 $\lambda/4$ 铅垂短桩形或单极子的谐振式窄频带替代品。图中螺旋的高度为 0.06λ,约为 $\lambda/4$ 短桩形的 $1/4$。根据式(3)可得到该螺旋的轴比为

$$AR = \frac{2S_\lambda}{C_\lambda^2} = \frac{2 \times 0.01}{(0.04)^2} = 12.5 \tag{6}$$

其极化椭圆具有铅垂的主轴,基本上属铅垂的线极化;在水平面(接地平面)内为全向波瓣图。其辐射电阻接近高度为 $h_\lambda = nS_\lambda$ 的短单极子,对于后者,根据式(2.10.9)或式(6.3.11)有

$$R_r = \frac{1}{2} \times 790 \left(\frac{I_{av}}{I_0}\right)^2 h_\lambda^2 \quad (\Omega) \tag{7}$$

设正弦电流分布,最大电流在接地面处、而开路末端为零,则有

$$R_r = 395 \times \left(\frac{2}{\pi}\right)^2 \times 0.06^2 = 0.6\ \Omega \tag{8}$$

这是螺旋根部与接地面之间的辐射电阻,连接到同轴线时需要一节阻抗变换器。采用图 8.65 所示的分流馈电方式,调节螺旋抽头点的位置,可使螺旋直接与同轴线匹配。但对于如此小的辐射电阻,任何损耗电阻都将使效率降低。该螺旋之所以优于直短桩形或单极子,还因为它具有电感性而使天线容易谐振。

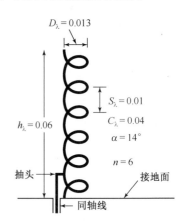

图 8.65 谐振式的窄频带单绕法向模短螺旋天线。安装在接地面上方,作为 $\lambda/4$ 短截线的替代品

一支如图 8.61(b)所示的中心馈电单绕螺旋,当尺寸为 $S_\lambda = 1$,$L_\lambda = 2$,$C_\lambda = \sqrt{3}$ ($\alpha = 30°$) 时,具有四瓣型的波瓣图。其中沿轴上、下各一瓣,另两瓣垂直于轴(对剖面波瓣图而言,在立体波瓣图中属于统一的饼圈形波瓣)。上述螺旋在图 8.5 中位于标注有 $m = 1$ 的线上 $L_\lambda = 2$ 与 $\alpha = 30°$ 的交点处,对应于 $C_\lambda = 1.73$ 和 $S_\lambda = 1$ (Chireix 的设计)。

　　Patton(1)曾证实,用平衡双导线传输线在双绕螺旋的末端馈电,在升角约45°时能产生圆极化的全向边射波瓣图。King(3) & Wong,以及 DuHamel(1)则描述了某些用于全向调频和电视广播的单绕和多绕法向模(边射)螺旋天线。

8.23　轴向模螺旋终端

　　用介质管支撑螺旋导体会显著影响其性能,影响的程度取决于介质的性质与几何形状、尤其是管壁厚度。Baker(1)曾用 $\varepsilon_r = 2.7$ 的聚氯乙烯(PVC,polyvinyl chloride)管支撑一支周向馈电的螺旋,以 VSWR 为判据发现其辐射轴向模的相对频率从无管时的 0.72 降至有管时的 0.625,两者比值约为 1.15。据此推算,有管情况下的有效相对介电常数 $\varepsilon_{\text{eff}} = 1.32$ ($=1.15^2$),使中心频率的馈端电阻变成 130 Ω ($= 150/\sqrt{1.32}$)。Baker 设计了一节精确的匹配段将此变换到 50 Ω,在 1.7:1 的频段上实测的 VSWR < 1.2 ($\rho_v < -20$ dB)。此螺旋绕在用数控铣床加工的一半壁厚的沟槽内,其螺旋、匹配段、支架等所有尺寸都经 Baker 专门设计。

　　若干进一步减小轴比和VSWR值的方案包括Wong(1) & King,Donn(1),Angelakor(3) & Kajfez,以及Jamwal(1) & Vakil等提出的锥形末端渐变段;Baker(1)提出的平面螺蜷终端,此螺蜷并不增加螺旋的长度。图 8.66 给出了周向馈电的 10 圈单绕轴向模螺旋天线带有或不带螺蜷终端时,由Baker测得的反射系数(或VSWR),该图表明相对频率有 1.1 以上的改善,但增益有所降低。

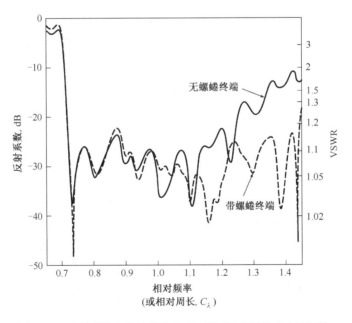

图 8.66　反射系数和驻波比作为相对频率(或周长 C_λ)的函数。
周向馈电已匹配的10圈13.8°单绕轴向模螺旋天线,带
(虚线)或不带(实线)螺蜷终端(引自 D. E. Baker-1)

8.24　天线旋转实验

考虑图 8.67(a)所示的无线电线路,其中发射天线和接收天线都是线极化的。若其中之一按频率 f(r/s,转/秒)绕轴旋转,则接收信号的幅度将按该频率调制,这与旋转的方向无关。再考虑图 8.67(b)所示的无线电线路,其中一端改用圆极化天线、而另一端仍是线极化的。按频率 f 绕轴旋转其中一个天线时,接收信号的频率将从发射频率 F 移至 $F \pm f$,正、负号的取舍分别对应于天线旋向与圆极化旋向一致或相反的情况。该实验也可以改为收、发都是相同型式圆极化天线的情况来进行。

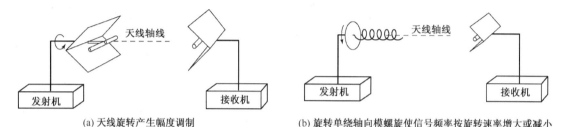

(a) 天线旋转产生幅度调制　　　　　　　　　　(b) 旋转单绕轴向模螺旋使信号频率按旋转速率增大或减小

图 8.67　天线旋转实验的布置

8.25　双绕和四绕轴向模螺旋

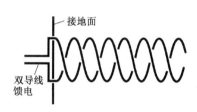

图 8.68　间绕轴向模螺旋由双导线提供反相馈电

Holtum(1)曾指出,两支间绕的升角 13° 的螺旋,受反相馈电(见图 8.68)能改进天线的波瓣图(副瓣变小)。四支间绕的螺旋,按 90° 相位递进馈电造成近似连续的螺旋电流片,但由于馈电网络的限制而使频带变窄。这类螺旋工作在相速较单绕螺旋为小的图 8.10 之区域 A 内。

有一种大升角(68°)、小直径(<0.1λ)的双绕螺旋,其扫瞄波瓣图的波束方向角是频率之函数[Zimmerman(1),Nakano(3)]。其相速 $v = c$,如图 8.5 中的 C 点所示。

8.26　五直线段螺旋逼近圆螺旋的遗传算法

Altshuler(1)利用遗传算法设计了一种拟用于近地轨道或中高度地球轨道卫星通信之移动终端的天线,该天线由五段不等长度的直导线接成 1.5 圈的"螺旋",其周长约等于 λ 而节距约为 λ/2,对应于图 8.5 上的 G 点。该天线很接近 Nakano(5)的 1.25 圈的"卷曲天线",如图 21.47.1 所示。

对一支 Altshuler 尺度的螺旋天线和另一支具有相同周长与长度的常规 1.5 圈螺旋进行实测,其结果比较于图 8.69。其中,波瓣图用分贝数(dBi)、而极化按"倒轴比"(IAR = 1/AR)表示。

该五段螺旋在轴(0°)上呈 IAR = 0.5 的右旋圆极化而增益为 2 dBi,随方向而逐渐改变。在 −75° 和 50° 方向上呈线极化;沿接地面(±90°)方向呈 IAR = 0.4 的左旋圆极化。

　　用于比较的圆螺旋在轴上呈 IAR = 0.84 的右旋圆极化,增益为 7.5 dBi;沿 − 90°为 IAR = 0.25 的右旋圆极化;而沿 + 90°为 IAR = 0.41 的左旋圆极化。相比之下,若用五段螺旋来近似圆螺旋,则其增益将降低(由 7.5 dBi 降为 2.0 dBi),沿轴向的右旋圆极化纯度减退(由 0.84 变成 0.5),且右旋圆极化的角域变小(由 160°缩到 120°)。利用该遗传算法设计的螺旋,虽然在偏轴方向有较大的增益,但其右旋圆极化纯度不佳。沿波瓣图的其他剖面情况类似。在测量该五段螺旋时,若仅采用右旋圆极化喇叭进行检测,是不可能测得左旋圆极化数据的。

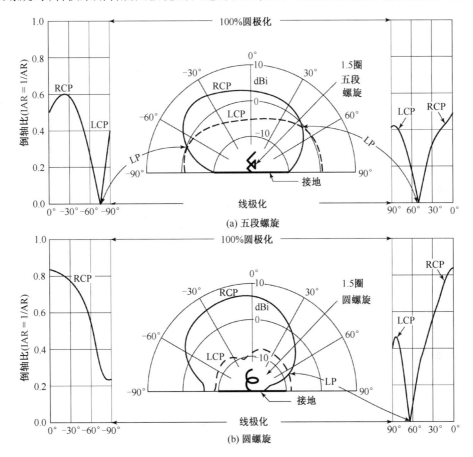

图 8.69　分贝波瓣图及两侧的倒轴比曲线。IAR = 1 为纯右旋圆极化,
　　　　　IAR = 0 为线极化。测量频率为1575 MHz,方形接地面边长
　　　　　为1.1λ(由Kevin Sickles测于俄亥俄州立大学的电科学实验室)

参考文献

Adams, A. A. (1), R. K. Greenough, R. F. Wallenberg, A. Mendelovicz and C. Lumjiak: "The Quadrifilar Helix Antenna," *IEEE Trans. Ants. Prop.,* **AP-22,** 173–178, March 1974.

Altshuler, E. E. (1), "Design of a Vehicular Antenna for GPS/IRIDIUM Using a Genetic Algorithm," *IEEE Trans. Ants. Prop.,* 968–971, June 2000.

Angelakor, D. J. (3), and D. Kajfez: "Modifications on the Axial-Mode Helical Antenna," *Proc. IEEE,* 558–559, April 1967.

Bagby, C. K. (1): "A Theoretical Investigation of Electro-magnetic Wave Propagation on the Helical Beam Antenna," Master's thesis, Electrical Engineering Department, Ohio State University, 1948.

Baker, D. E. (1): "Design of a Broadband Impedance Matching Section for Peripherally Fed Helical Antennas," *Antenna Applications Symposium,* University of Illinois, September 1980.

Blasi, E. A. (1): "Theory and Application of the Radiation Mutual Coupling Factor," M.S. thesis, Electrical Engineering Department, Ohio State University, 1952.

Broussaud, G. (1), and E. Spitz: "Endfire Antennas," *Proc. IRE,* **49,** 515–516, February 1961.

Brown, G. H. (1): "Directional Antennas," *Proc. IRE,* **25,** 78–145, January 1937.

Brown, G. H. (2), and O. M. Woodward: "Circularly Polarized Omnidirectional Antenna," *RCA Rev.,* **8,** 259–269, June 1947.

Bystrom, A., Jr. (1), and D. G. Bernsten: "An Experimental Investigation of Cavity-Mounted Helical Antennas," *IRE Trans. Ants. Prop.,* **AP-4,** 53–58, January 1956.

Carver, K. R. (1): "The Helicone: A Circularly Polarized Antenna with Low Side Lobe Level," *Proc. IEEE,* **55,** 559, April 1967.

Carver, K. R. (2), and B. M. Potts: "Some Characteristics of the Helicone Antenna," *Antennas and Propagation International Symposium,* 1970, pp. 142–150.

Chatterjee, J. S. (1): "Radiation Field of a Conical Helix," *J. Appl. Phys.,* **24,** 550–559, May 1953; **26,** 331–335, March 1955.

Chen, C. A. (1), and D. K. Cheng: "Optimum Spacings for Yagi-Uda Arrays," *IEEE Trans. Ants. Prop.,* **AP-21,** 615–623, September 1973.

Chen, C. A. (2), and D. K. Cheng: "Optimum Element Lengths for Yagi-Uda Arrays," *IEEE Trans. Ants. Prop.,* **AP-23,** 8–15, 1975.

Chu, L. J. (1), and J. D. Jackson: "Field Theory of Traveling Wave Tubes," *Proc. IRE,* **36,** 853–863, July 1948.

Day, P. C. (1): "Some Characteristics of Tapered Helical Beam Antennas," M.S. thesis, Ohio State University, 1950.

Donn, C. (1): "A New Helical Antenna Design for Better On-and-Off Boresight Axial Ratio Performance," *IEEE Trans. Ants. Prop.,* **AP-28,** 264–267, March 1980.

DuHamel, R. H. (1), and A. R. Mahnad: Chap. 28 in R. C. Johnson (ed.), *Radio Engineering Handbook,* 3d ed., McGraw-Hill, New York, 1993.

Gerst, C. W. (1), and R. A. Worden: "Helix Antennas Take a Turn for the Better," *Electronics,* 100–110, Aug. 22, 1966.

Glasser, O. J. (1), and J. D. Kraus: "Measured Impedances of Helical Beam Antennas," *J. Appl. Phys.,* **19,** 193–197, February 1948.

Holland, J. (1): "Multiple Feed Antenna Covers *L, S* and *C*-Band Segments," *Microwave J.,* 82–85, October 1981.

Holtum Jr., A. G. (1): "Improving the Helical Beam Antenna," *Electronics,* Apr. 29, 1960.

Jamwal, K. K. S. (1), and R. Vakil: "Design Analysis of Gain-Optimized Helix Antennas for X-band Frequencies," *Microwave J.,* 177–183, September 1985.

Johnson, R. C. (1), and R. B. Cotton: "A Backfire Helical Feed," Georgia Institute of Technology, Engineering Experimental Station Report, 1982.

Kilgus, C. C. (1): "Resonant Quadrifilar Helix," *IEEE Trans. Ants. Prop.,* **AP-17,** 349–351, May 1969.

Kilgus, C. C. (2): "Shaped-Conical Radiation Pattern Performance of the Backfire Quadrifilar Helix," *IEEE Trans. Ants. Prop.,* **AP-23,** 392–397, May 1975.

King, H. E. (1), and J. L. Wong: "Antenna System for the FleetSatCom Satellites," *IEEE International Symposium on Antennas and Propagation,* pp. 349–352, 1977.

King, H. E. (2), and J. L. Wong: "Characteristics of 1 to 8 Wavelength Uniform Helical Antennas," *IEEE Trans. Ants. Prop.,* **AP-28,** 291, March 1980.

King H. E. (3), and J. L. Wong: Chap. 13 in R. C. Johnson (ed.), *Radio Engineering Handbook,* 3d ed., McGraw-Hill, New York, 1993.

Kraus, J. D. (1): "Helical Beam Antenna," *Electronics,* **20,** 109–111, April 1947.

Kraus, J. D. (2), and J. C. Williamson: "Characteristics of Helical Antennas Radiating in the Axial Mode," *J. Appl. Phys.,* **19,** 87–96, January 1948.

Kraus, J. D. (3): "Helical Beam Antennas for Wide-Band Applications," *Proc. IRE,* **36,** 1236–1242, October 1948.

Kraus, J. D. (4): "The Helical Antenna," *Proc. IRE,* **37,** 263–272, March 1949.

Kraus, J. D. (5): "Helical Beam Antenna Design Techniques," *Communications,* **29,** 6–9, 34–35, September 1949.

Kraus, J. D. (6): *Radio Astronomy,* 2d ed., Cygnus-Quasar, 1986, p. 8-2.

Kraus, J. D. (7): "A 50-ohm Input Impedance for Helical Beam Antennas," *IEEE Trans. Ants. Prop.,* **AP-25,** 913, November 1977.

Kraus, J. D. (8): "The Ohio State Radio Telescope," *Sky and Tel.,* **12,** 157–159, April 1953.

Kraus, J. D. (9): "Planetary and Solar Radio Emission at 11 Meters Wavelength," *Proc. IRE,* **46,** 266–274, January 1958.

Lindenblad, N. E. (1): "Antennas and Transmission Lines at the Empire State Television Station," *Communications,* **21,** 10–14, 24–26, April 1941.

MacLean, T. S. M. (1), and R. G. Kouyournjian: "The Bandwidth of Helical Antennas," *IRE Trans. Ants. Prop.,* **AP-7,** S379–386, December 1959.

Marsh, J. A. (1): "Measured Current Distributions on Helical Antennas," *Proc. IRE,* **39,** 668–675, June 1951.

McFarland, R. M. (1): "A Lobe-Sweeping Antenna for the Reception of Radio Waves of Extraterrestrial Origin," M.S. thesis, Ohio State University, 1957.

Nakano, H. (1), T. Yamane, J. Yamauchi and Y. Samada: "Helical Antenna with Increased Power Gain," *IEEE AP-S Int. Symp.,* **1,** 417–420, 1984.

Nakano, H. (2), Y. Samada and J. Yamauchi: "Axial Mode Helical Antennas," *IEEE Trans. Ants. Prop.,* **AP-34,** 1143–1148, September 1986.

Nakano, H. (3), T. Mikawa and J. Yamauchi: "Numerical Analysis of Monofilar Conical Helix," *IEEE AP-S Int. Symp.,* **1,** 177–180, 1984.

Nakano, H. (4), H. M. Mimaki and J. Yamauschi: "Loaded Bifilar Helical Antenna with Small Radius and Large Pitch Angle," *Electronics Lett.,* **27,** 1568–1569, 1991.

Nakano, H. (5), S. Okuzawa, K. Ohishi, H. Mimaki and J. Yamauchi: "A Curl Antenna," *IEEE Trans. Ants. Prop.,* pp. 1570–1575, November 1993.

Patton, W. T. (1), "The Backfire Bifilar Helical Antenna," Ph.D. thesis, University of Illinois, 1963.

Tice, T. E. (1), and J. D. Kraus: "The Influence of Conductor Size on the Properties of Helical Beam Antennas," *Proc. IRE,* **37,** 1296, November 1949.

Uda, S. (1): "On the Wireless Beam of Short Electric Waves," *JIEE (Japan),* March 1926. pp. 273–282 (I); April 1926 (II); July 1926 (III); January 1927 (IV); January 1927 (V); April 1927 (VI); June 1927 (VII); October 1927 (VIII); November 1927, pp. 1209–1219 (IX); April 1928 (X); July 1929 (XI).

Uda, S. (2), and Y. Mushiake: *Yagi-Uda Antenna,* Maruzden, Tokyo, 1954.

Uda, S. (3): *Short Wave Projector; Historical Records of My Studies in the Early Days,* published by Uda, 1974.

Vaugm, R. G. (1), and J. B. Anderson: "Polarization Properties of the Axial-Mode Helix Antenna," *IEEE Trans. Ants. Prop.,* **AP-33,** 10–20, January 1985.

Viezbicke, P. P. (1): "Yagi Antenna Design," NBS Technical Note 688, December 1968.

Wheeler, H. A. (1): "A Helical Antenna for Circular Polarization," *Proc. IRE.,* **35,** 1484–1488, December 1947.

Wong, J. L. (1), and H. E. King: "Broadband Quasi-Taper Helical Antennas," *IEEE Trans. Ants. Prop.,* **AP-27,** 72–78, January 1979.

Yagi, H. (1): "Beam Transmission of Ultra Short Waves," *Proc. IRE.,* **16,** 715–740, June 1928.

Zimmerman, R. K. Jr. (1): "Traveling-wave Analysis of a Bifilar Scanning Helical Antenna," *IEEE Trans. Ants. Prop.,* 1007–1009, June 2000.

螺旋天线的附加参考资料

Dunham, Mark E., Max Light and Daniel N. Holden: "Broad-Band Pulse Performance of Short Helices," *IEEE Transactions on Antennas and Prop.,* vol. 43, p. 1017, October 1995. "The helix has proven to be the radiator of choice for many radio astronomy and space science applications."

Emerson, Darrel: "The Gain of the Axial-Mode Helix Antenna," *Antenna Compendium,* vol. 4, pp. 64–68, pub. by ARRL. "The axial-mode helix antenna is probably the most widely used circularly polarized antenna, either in space or on the ground." Discusses gains.

Krause, L. O.: "Sidefire Helix UHF TV Transmitting Antenna," *Electronics,* p. 107, August 1951.

Nakano, H.: *Helical and Spiral Antennas—A Numerical Approach,* Wiley, New York, 1987.

Smith, H. G.: "High-Gain Side Firing Helical Antennas," *AIEE Trans. Comm. and Electronics,* vol. 73, pp. 135–138, May 1954.

习题

8.8.1* **8 圈螺旋**。某单绕螺旋天线的尺寸 $\alpha = 12°$，$n = 8$，$D = 225$ mm。（a）分别算出同相场条件、增强定向性条件下频率为 400 MHz 时的 p 值；（b）计算并绘出 p 取下列值时的场波瓣图：1.0，0.9，0.5，同相场条件值，增强定向性条件值；（c）假设每圈都是余弦波瓣图，重复（b）的计算。

8.9.1 **6 圈螺旋**。某 6 圈单绕轴向模螺旋天线具有 231 mm 的直径和 181 mm 的节距，忽略接地面的影响，假设沿螺旋导体的相对相速 p 满足增强定向性条件。试采用方螺旋近似，计算并绘出 400 MHz 时 $\theta = 90°$ 剖面的下列波瓣图（$\phi = 0° \sim 360°$）：（a）单圈的 $E_{\phi T}$ 和整个螺旋的 E_ϕ；（b）忽略方圈的 2 与 4 边的贡献，重复（a）的计算；（c）单圈的 $E_{\theta T}$ 和整个螺旋的 E_θ。

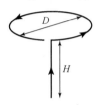

图 P8.11.1　法向模螺旋

8.11.1* **法向模螺旋**。（a）假设图 P8.11.1 所示的圆环直径 D 和直导线长度 H 都远小于波长，并载有等幅同相的电流分布。为了实现在所有非零远场点都是圆极化，D 和 H 应有怎样的近似关系？（b）求该圆极化远场的波瓣图。

8.15.1 **四螺旋地球站天线的设计**。设由四支节距为 0.25 λ 的 20 圈轴向模右手螺旋天线组成的阵列（见图 8.47）被用于卫星通信。试确定：（a）各螺旋之间基于有效口径的最佳距离；（b）此时阵列的定向性。

注：习题中涉及的计算机程序，见附录 C。

第9章 缝隙天线、贴片天线和喇叭天线

本章包含下列主题：

- 缝隙天线
- 缝隙天线的波瓣图
- 缝隙及其互补形式(巴比涅原理)
- 缝隙天线的阻抗
- 开缝柱形天线
- 贴片或微带天线
- 贴片天线的阻抗
- 喇叭天线(费马原理)
- 矩形喇叭
- 圆锥和双锥喇叭
- 加脊喇叭
- 隔膜喇叭
- 皱纹喇叭
- 口径匹配喇叭

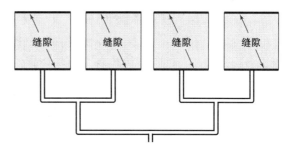

经由缝隙辐射的四贴片阵

9.1 缝隙天线

缝隙天线有着广泛的应用,尤其是在诸如高速飞机等要求低轮廓或嵌入式安装的场合。任何缝隙都有其互补形式的导线或导带,可利用它们的波瓣图和阻抗数据来预测所对应缝隙的波瓣图和阻抗。这种关系的基础就是 Henry Booker(1)对巴比涅(Babinet)原理所做的广义化延伸。

图9.1(a)为由两段 $\lambda/4$ 谐振短截线与双导线传输线连接而成的天线,这是一种无效的辐射器,因为相距很近($w \ll \lambda$)的成对导线上所载的电流反向会使辐射场彼此抵消,而两端导线上的电流虽然同向但又太短。另一方面,图9.1(b)所示的天线却是非常有效的辐射器,它是在金属平片上切割成的 $\lambda/2$ 缝隙。尽管缝隙的宽度也很小($w \ll \lambda$),但其末端电流却不只是沿着边缘,而是散布于整片导体上。这种简单型式的缝隙天线,在导体片两侧具有相同的辐射。如果缝隙沿水平伸展,则在其法线方向上辐射的是铅垂极化波。

缝隙天线可以如图9.2(a)那样借助同轴传输线很方便地馈送能量,其外导体与金属片连接。但由于在该大片导体上的 $\lambda/2$ 谐振缝隙中心处,馈端电阻约为 500 Ω,而通常同轴线的特性阻抗要小得多,因此宜采用如图9.2(b)所示的偏置馈电方式来提供良好的阻抗匹配。对于 50 Ω 的同轴电缆,馈点位置 $s \approx \lambda/20$,其具体结构如图9.2(c)和图9.2(d)所示。在导体片的法线方向上,水平缝隙辐射铅垂极化波,而铅垂缝隙则辐射水平极化波。缝隙长度可以是 $\lambda/2$ 或更长。

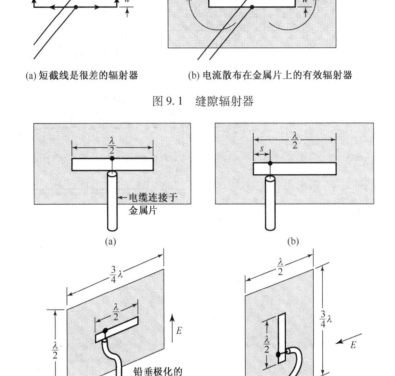

(a) 短截线是很差的辐射器　　　　(b) 电流散布在金属片上的有效辐射器

图 9.1　缝隙辐射器

图 9.2　由同轴传输线馈电的缝隙天线

具有 λ/2 缝隙的平片向其两侧的辐射相同。但若平片的尺寸非常大(理想地无限大),且附有如图 9.3(a)所示的盒子,则只朝着一侧辐射。如果盒子的深度 d 适当(对于细缝,$d \sim \lambda/4$),则其跨接于缝隙馈端的并联电纳可以不计。采用这种零电纳盒子时,λ/2 谐振缝隙的馈端阻抗两倍于无盒情况的纯阻值,约为 1000 Ω。

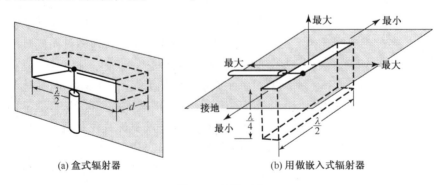

(a) 盒式辐射器　　　　　　　　(b) 用做嵌入式辐射器

图 9.3　缝隙天线

盒式缝隙天线甚至可用于相对较长的波长,利用地面作为导体片,挖掘长为 λ/2、深为 λ/4 的沟壕,如图 9.3(b)所示 。这种天线的优点在于没有地面上的结构,因此可应用于诸如机场附近等场合。为了改进土壤的电导率,应对沟壁和缝隙周围的地面覆盖铜片。如图 9.3(b)所标注,沿缝隙的所有垂直方向均为最大辐射,而沿缝隙的两个端点方向的辐射则为零。

还可用波导馈电的缝隙来实现朝向大平片单侧的辐射,如图 9.4(a)所示。波导中传输 TE_{10} 模,电场 E 的方向如图所示,波导的宽度 L 必须大于 λ/2(以传递能量)而又小于 1λ(以抑制高次模的传输)。沿水平伸展的缝隙,在导体片的法线方向上辐射铅垂极化波。缝隙的敞开一侧形成波导的一个突变终端,当比值 L/w < 3 时将在宽频带上引起失配。

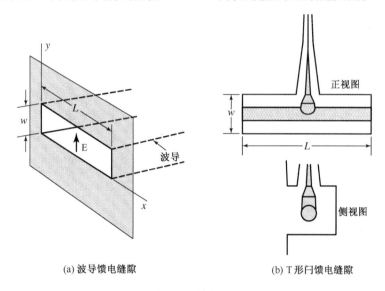

(a) 波导馈电缝隙　　　　　(b) T形闩馈电缝隙

图 9.4　缝隙天线

图 9.4(b)说明了一种对盒式缝隙的紧凑型宽频带馈电方法,利用 T 形闩馈电的阻抗补偿作用使 50 Ω 馈线在约 2:1 的频率覆盖下达到 VSWR 小于 2 ,其缝隙长宽比约等于 3(Dorne-1)。

还可以在波导壁上切割出缝隙的阵列(见图 9.5),以产生定向的辐射波瓣图(Watson-1),并免去导体平片。波导中传输 TE_{10} 模,其电场 E 的瞬时方向在图中由虚箭头表示。按间距 $λ_g/2$(其中 $λ_g$ 是导行波长)斜割的缝隙受到同相的激励,从而产生最大辐射垂直于波导外壁的边射式定向波瓣图。若波导水平放置而波导内的电场是铅垂的,则辐射场属水平极化波见图 9.5。

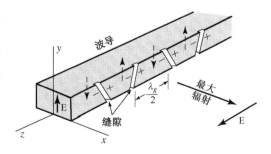

图 9.5　波导缝隙的边射阵

9.2　平板缝隙天线的波瓣图和边缘绕射

设有无限伸展、理想导电平片上的水平缝隙,长 λ/2 而宽 w,如图 9.6(a)所示,以导体片

的端点 *F-F* 为馈端。Booker(1)假
设该缝隙的辐射波瓣图等同于在结
构上互补的宽 w 的水平 $\lambda/2$ 理想导
体带状偶极子以端点 *F-F* 为馈端的
情况,如图9.6(b)所示。但又有两
点区别:(1)电场和磁场恰好互换;
(2)平片缝隙的法向电场分量在平

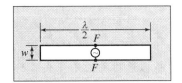 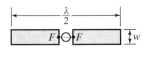

(a) 无限大平片上的λ/2缝隙　　　　(b) 互补的λ/2偶极子

图9.6　缝隙与偶极子

片的两侧方向相反,是不连续的,且磁场的切向分量在两侧相同也是不连续的。

　　$\lambda/2$ 缝隙及其互补偶极子的波瓣图比较于图9.7。假设无限大平片与 xz 平面重合,缝隙
的长度维沿 x 方向,如图9.7(a)所示;互补偶极子与 x 轴重合,如图9.7(b)所示。图中,二者
的辐射场具有相同的饼圈形波瓣图,但 **E** 和 **H** 的方向互换,电场 **E** 的方向用实箭头表示,磁场
H 的方向用虚箭头表示。

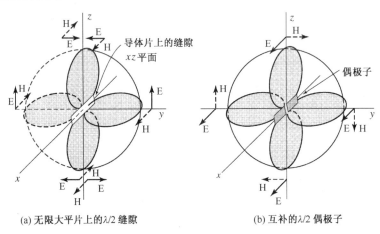

(a) 无限大平片上的λ/2 **缝隙**　　　　　(b) 互补的λ/2 **偶极子**

图9.7　辐射波瓣图。二者波瓣图形状相同,但 **E** 和 **H** 互换

　　在图9.7中,取 xy 为水平面而 z 为铅垂
轴,则水平缝隙在水平面上处处辐射铅垂极
化波。若将缝隙转成铅垂位置(与 z 轴重
合),使波瓣图如图9.8那样旋转90°,则在水
平面上处处辐射水平极化波,即电场只有一
个 E_ϕ 分量。当缝隙长度 $L = \lambda/2$ 且非常窄
($w \ll L$)时,E_ϕ 作为 θ 的函数可表示为

$$E_\phi(\theta) = \frac{\cos[(\pi/2)\cos\theta]}{\sin\theta} \qquad (1)$$

如果理想导体片无限地伸展,则对于任何给
定的 θ 值,E_ϕ 作为 ϕ 的函数都保持恒定,即

$$E_\phi(\phi) = 常数 \qquad (2)$$

　　若考虑图9.8中虚线所示有限伸展的导
体片上切割缝隙的情况,这对于式(1)所示

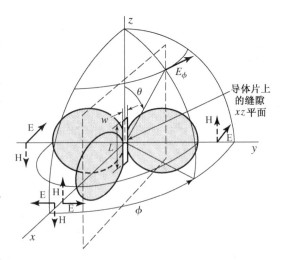

图9.8　无限大平片上铅垂缝隙的辐射波瓣图

$E_\phi(\theta)$ 波瓣图的影响较小。但是，$E_\phi(\phi)$ 波瓣图却发生剧烈的变化，这是由于导体片两侧表面电流的辐射在 xz 平面的场点上等幅反向而抵消，因此沿导体片所在平面的所有方向上的辐射都为零。在图 9.9(a) 中给出了 xy 平面内的场波瓣图，实线表示导体片沿 x 轴的尺度为 L 的情况，虚线则表示无限大导体片($L=\infty$) 的情况。当缝隙的一侧附有盒子时，其辐射波瓣图如图 9.9(b) 所示[①]，有限尺寸导体片的波瓣图通常都具有图 9.9 所示的扇贝形或波纹形的特征。随着片长的增加，波瓣图的波纹数增多而起伏程度减弱，

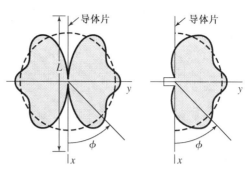

(a) 缝隙两侧敞开的情况　　(b) 缝隙左侧被封闭的情况，虚线为无限大平片的波瓣图

图 9.9　有限片长(L) 的铅垂缝隙(见图 9.8)
在 xy 平面内的(实线)波瓣图

因此当导体片很大时波瓣图接近于圆形。图 9.10 所示对三种 L 值的实测波瓣图说明了这种效应。Dorne(1) & Lazarus 采用 Andrew Alford 方法描述了波瓣图中最大和最小的角位，该方法假定远场是由三个点源(见图9.11)所产生的：其一(1)在缝隙上、强度为 $1\sin\omega t$；另两个(2 和 3)在导体片的边缘(绕射效应)、强度为 $k\sin(\omega t-\delta)$，其中 $k\ll1$ 而 δ 为边缘源相对于缝隙源(1)的相位差。于是，沿 ϕ 方向远场点 P 处的相对场强为

$$E = \sin\omega t + k\sin(\omega t - \delta - \varepsilon) + k\sin(\omega t - \delta + \varepsilon) \tag{3}$$

其中 $\varepsilon = (\pi/\lambda)L\cos\phi$。

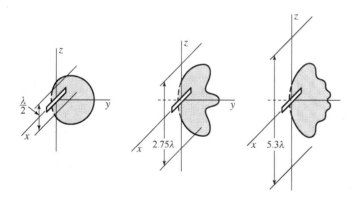

图 9.10　有限片长的盒式 $\lambda/2$ 缝隙天线的 ϕ 平面实测波瓣图的三种片长 $L = 0.5\lambda$, 2.75λ, 5.3λ，缝宽 0.1λ [Dorne-1 & Lazarus]

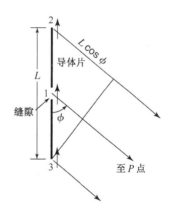

图 9.11　为有限长导体片上缝隙的 ϕ 波瓣图确定最大和最小辐射方向的结构

借助三角函数展开式，将上式改写成

$$E = (1 + 2k\cos\delta\cos\varepsilon)\sin\omega t - (2k\sin\delta\cos\varepsilon)\cos\omega t \tag{4}$$

其模为

$$|E| = \sqrt{(1 + 2k\cos\delta\cos\varepsilon)^2 + (2k\sin\delta\cos\varepsilon)^2} \tag{5}$$

---

①　按 H. G. Booker(1)所述，沿 $\lambda = 0°$ 或 180°方向，对于无限大导体片，其能量密度是 1/2，或场强是 0.707。

取平方后忽略含 k^2 的项（因为 $k \ll 1$），则式（5）简化为

$$|E| = \sqrt{1 + 4k \cos\delta \cos\varepsilon} \tag{6}$$

可见，$|E|$ 作为 ε 的函数，其最大值和最小值均发生在 $\varepsilon = n\pi$ 处，即

$$\varepsilon = \frac{\pi}{\lambda} L \cos\phi = n\pi \tag{7}$$

其中 n 是整数。于是有

$$\cos\phi = \frac{n\lambda}{L} \quad 和 \quad \phi = \arccos\frac{n\lambda}{L} \tag{8}$$

这就给出了 ϕ 波瓣图中最大和最小辐射方向的 ϕ 值，它们并不依赖于 k 和 δ。若 $\cos\delta > 0$，则最大辐射方向对应于偶数 n，而最小辐射方向对应于奇数 n。

9.3 巴比涅原理和互补天线

缝隙天线的许多问题都可借助巴比涅原理简化成已经有解的互补线天线的情况。光学中的巴比涅原理（Born-1）可阐述如下：

位于屏障所在平面后方任意点处的场，加上用互补屏障替换后在同点处的场，等于全无屏障时该点处的场。

这条原理可以用具有三种情况的例子来解释。将一个源以及两种设想的屏障按图 9.12 所示的方式布置，设屏障所在的平面为 A，观测平面为 B。在情况 1 中将完全吸波的屏障置于平面 A 上，在平面 B 上形成阴影区域，记屏障后面的场为 x, y, z 的函数 f_1，即

$$F_s = f_1(x, y, z) \tag{1}$$

在情况 2 中改用与情况 1 互补的屏障置于平面 A 上，则记其后方的场为

$$F_{cs} = f_2(x, y, z) \tag{2}$$

情况 3 是无屏障的自由空间场

$$F_0 = f_3(x, y, z) \tag{3}$$

则巴比涅原理认为，在同一点 (x_1, y_1, z_1) 处，有

$$F_s + F_{cs} = F_0 \tag{4}$$

这里所谓的源，既可以是上例中的点源，也可以是分布源。此原理不仅可应用于如图 9.12 所表示的观测平面 B 上的点，也可用于屏障 A 后面的任何点。该原理在上述存在简单阴影的场合下是显而易见的，它还可以应用于考虑绕射的场合。

巴比涅原理已由 Booker(1) 加以扩展并广义化，使之适应于电磁场的矢量性质。在推广中假定了屏障是理想导电（$\sigma = \infty$）的无限薄平面结构；进一步，理想导电屏障的互

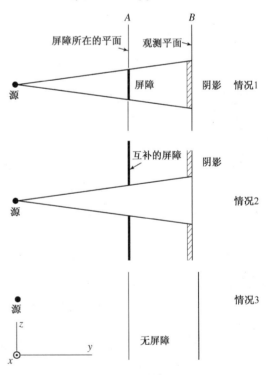

图 9.12 巴比涅原理的解释

补屏障必须具有无穷大的磁导率($\mu = \infty$)，即现实中并不存在的理想"导磁"体。然而，只要原屏障和互补屏障都采用理想导电体，并交换所有的电物理量与磁物理量，就可以获得等效理想导磁体的效应。仅有的理想导电体是"超导体"，有望在不久的将来适合常温下的天线应用。如今只能将银、铜等具有高电导率的金属假设成具有无限大电导率，其误差在绝大多数应用中可允忽略。

图 9.13 解释了 Booker 对巴比涅原理的推广。所有情况下都用理论上无穷小的短偶极子作为源。在情况 1 中采用水平偶极子源，以无限大无限薄的理想导电平面作为原有屏（切割有铅垂缝隙），屏后 P 点处的电场为 E_1。在情况 2 中采用铅垂偶极子源（从而将 **E** 和 **H** 互换），用无限薄的理想导电平面条带作为互补屏取代原有屏，在屏后同一 P 点处的电场为 E_2；情况 2 的另一种布置是采用水平偶极子源和水平条带。在情况 3 中采用水平偶极子源和无屏障的自由空间，P 点处的电场为 E_0。于是，由巴比涅原理，得

$$E_1 + E_2 = E_0 \qquad (5)$$

或

$$\frac{E_1}{E_0} + \frac{E_2}{E_0} = 1 \qquad (6)$$

巴比涅原理也适合位于屏前方的点。

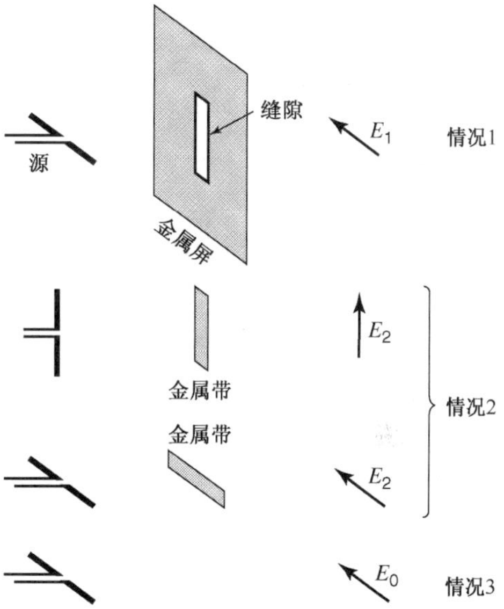

图 9.13　巴比涅原理应用于无限大金属屏上的缝隙及其互补金属带的解释

在情况 1（见图 9.13）中，大多数能量穿过屏障，使场强 E_1 几乎等于无屏障的情况 3 中的 E_0；而互补偶极子起着反射器的作用，使 E_2 非常小。读者可参阅第 18 章关于频率选择表面的介绍。具有 $\lambda/2$ 缝隙（或周长至少为 1λ 的孔径）的金属屏是可以传输能量的，因此在 **E** 不平行于缝隙轴线的情况下，用做反射器的导体屏应尽量避免出现这种尺寸的缝隙或孔径（见第 10 章）。

9.4　互补屏的阻抗

本节将以传输线作为模拟，应用巴比涅原理得出金属屏表面阻抗 Z_1 与其互补屏表面阻抗 Z_2 之间的关系（Booker-1）。

设有无限长的传输线如图 9.14（a）所示，其特性阻抗为 Z_0 或特性导纳为 $Y_0 = 1/Z_0$，置一并联导纳 Y_1 跨接于线上。从右侧入射的行波电压 V_i 在 Y_1 上发生部分反射，其反射波电压为 V_r，越过 Y_1 向左继续传输的波的电压为 V_t。这种状况可模拟为场强为 E_i 的平面波垂直入射到一片无限伸展且具有表面导纳（每长度平方的导纳）Y_1 的平面屏［见图 9.14（b）］上的情况。该导纳可按图 9.14（c），在任意一小方片屏面的两个相对的边之间测定。忽略引线阻抗的影响，该导纳为

$$Y_1 = \frac{I}{V} \qquad (\text{℧ 每方形面积}) \qquad (1)$$

该值对于任意方片都是相同的,测量时可以任取 1 cm 见方或是 1 m 见方的方片。因而式(1)的量纲是"导纳"而非"每长度平方的导纳",称为表面导纳,或每平方面积的导纳 。E_r 和 E_t 则分别表示垂直于屏面的反射波和传输波的场强。设屏周围的媒质是自由空间,其本征导纳 Y_0 是纯电导 G_0,有

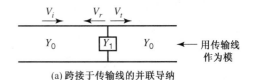

(a) 跨接于传输线的并联导纳

$$Y_0 = \frac{1}{Z_0} = \frac{1}{377} = G_0 \quad (\mho) \quad (2)$$

在自由空间中,任何平面行波的磁场强度与电场强度之比都等于此值,故有

$$Y_0 = \frac{H_i}{E_i} = -\frac{H_r}{E_r} = \frac{H_t}{E_t} \quad (\mho) \quad (3)$$

其中,H_i,H_r 和 H_t 分别表示入射、反射和传输波的磁场强度。

图 9.14(a)所示传输线上的电压传输系数 τ_v 为(Schelkunoff-1)

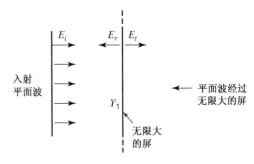

(b) 模拟平面波经过无限大的屏

$$\tau_v = \frac{V_t}{V_i} = \frac{2Y_0}{2Y_0 + Y_1} \quad (4)$$

采用图 9.14(b)所示的模拟方法得到的电场传输系数则为

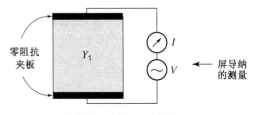

(c) 屏表面导纳的测量方法

图 9.14   互补屏的阻抗

$$\tau_E = \frac{E_t}{E_i} = \frac{2Y_0}{2Y_0 + Y_1} \quad (5)$$

如果原有屏被具有表面导纳 Y_2 的互补屏所替代,则相应的新的电场传输系数

$$\tau_E' = \frac{E_t'}{E_i} = \frac{2Y_0}{2Y_0 + Y_2} \quad (6)$$

应用巴比涅原理,由式(6),有

$$\frac{E_t}{E_i} + \frac{E_t'}{E_i} = 1 \quad (7)$$

或

$$\tau_E + \tau_E' = 1 \quad (8)$$

因此

$$\frac{2Y_0}{2Y_0 + Y_1} + \frac{2Y_0}{2Y_0 + Y_2} = 1 \quad (9)$$

这就得出了 Booker 的结果

$$Y_1 Y_2 = 4Y_0^2 \quad (10)$$

由于 $Y_1 = 1/Z_1$,$Y_2 = 1/Z_2$ 以及 $Y_0 = 1/Z_0$,式(10)可改写成

$$Z_1 Z_2 = \frac{Z_0^2}{4} \quad \text{或} \quad \sqrt{Z_1 Z_2} = \frac{Z_0}{2} \quad (11)$$

因此,两种屏阻抗的几何平均值等于周围媒质的本征阻抗之半。自由空间中 $Z_0 = 376.7 \, \Omega$,故

$$Z_1 = \frac{35\ 476}{Z_2} \qquad (\Omega) \qquad\qquad (12)$$

若原有屏 1 为图 9.15(a)所示平行金属窄带的无限大栅阵,则其互补屏 2 为图 9.15(b)所示的金属片上的平行窄缝的无限大栅阵。设有低频平面波垂直入射到屏 1,其电场平行于条带,则该栅阵表现为完全反射屏而透射场为零,即 $Z_1 = 0$。于是由式(12)可知 $Z_2 = \infty$,即互补屏 2 并不妨碍波的通行。当频率提得足够高时,屏 1 开始透过部分的入射波。在某特定的频率 f_0 处屏 1 恰具有表面阻抗 $Z_1 = j188\ \Omega$,此

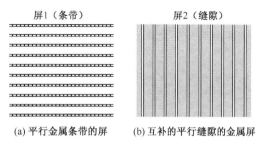

屏1(条带)　　　屏2(缝隙)

(a) 平行金属条带的屏　(b) 互补的平行缝隙的金属屏

图 9.15　无限大栅阵

时屏 2 的表面阻抗为 $Z_2 = -j188\ \Omega$,即两种屏具有同样好的透射性能。如果随着频率的进一步提高,屏 1 变得更透明(Z_1 变大),则屏 2 将变得更不透明(Z_2 变小)。对于任何频率来说,透过屏 1 和透过屏 2 的场之和守恒,而且就等于无任何屏障时的场。

9.5　缝隙天线的阻抗

本节中将推导将缝隙天线阻抗表示成其互补偶极子天线阻抗的关系式(Booker-1)。若已知偶极子的阻抗,就能确定其互补缝隙的阻抗。

设图 9.16(a)所示缝隙天线的互补偶极子天线如图 9.16(b)所示,天线的馈端标注为 F-F,假设其间距无限小。此外,还假设偶极子与缝隙都切割自无限薄的理想导体片。

将源接入缝隙的馈端,则激励点阻抗 Z_s 就是馈端电压 V_s 与馈端电流 I_s 之比。设 $\mathbf{E}_s$ 和 $\mathbf{H}_s$ 为缝隙在任意 P 点处产生的电场和磁场,则缝隙馈端 F-F 间的电压 V_s 由电场 $\mathbf{E}_s$ 沿趋于零的路径 C_1 上的线积分得到如图 9.16(a)所示,即

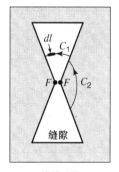
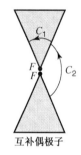

缝隙

互补偶极子

(a) 缝隙天线　　(b) 互补偶极子天线

图 9.16　缝隙天线和互补偶极子天线

$$V_s = \lim_{C_1 \to 0} \int_{C_1} \mathbf{E}_s \cdot d\mathbf{l} \qquad\qquad (1)$$

其中 $d\mathbf{l}$ 为沿回线或路径 C_1 的微分长度矢量。

缝隙馈端处的电流 I_s 则为

$$I_s = 2 \lim_{C_2 \to 0} \int_{C_2} \mathbf{H}_s \cdot d\mathbf{l} \qquad\qquad (2)$$

其积分路径恰沿缝隙之外的金属屏表面,引入因子 2 是由于电流对称地分布于屏的两侧表面。

下面考虑互补的偶极子天线,将源接入偶极子的馈端,则激励点阻抗 Z_d 就是馈端电压 V_d 与馈端电流 I_d 之比。设 $\mathbf{E}_d$ 和 $\mathbf{H}_d$ 为偶极子在任意 P 点处产生的电场和磁场,则偶极子馈端间的电压 V_d 为

$$V_d = \lim_{C_2 \to 0} \int_{C_2} \mathbf{E}_d \cdot d\mathbf{l} \qquad\qquad (3)$$

而电流则为

$$I_d = 2 \lim_{C_1 \to 0} \int_{C_1} \mathbf{H}_d \cdot d\mathbf{l} \tag{4}$$

然而,由被积场函数 $\mathbf{E}_d$ 与 $\mathbf{E}_s = Z_0 \mathbf{H}_s$ 之间以及 $\mathbf{H}_d$ 与 $\mathbf{H}_s = \mathbf{E}_s/Z_0$ 之间的互换(见图9.13),可得

$$\lim_{C_2 \to 0} \int_{C_2} \mathbf{E}_d \cdot d\mathbf{l} = Z_0 \lim_{C_2 \to 0} \int_{C_2} \mathbf{H}_s \cdot d\mathbf{l} \tag{5}$$

和

$$\lim_{C_1 \to 0} \int_{C_1} \mathbf{H}_d \cdot d\mathbf{l} = \frac{1}{Z_0} \lim_{C_1 \to 0} \int_{C_1} \mathbf{E}_s \cdot d\mathbf{l} \tag{6}$$

其中, Z_0 是周围媒质的本征阻抗。将式(3)和式(2)代入式(5),得出

$$V_d = \frac{Z_0}{2} I_s \tag{7}$$

再将式(4)和式(1)代入式(6),得出

$$V_s = \frac{Z_0}{2} I_d \tag{8}$$

将式(7)和(8)相乘,有

$$\frac{V_s}{I_s} \frac{V_d}{I_d} = \frac{Z_0^2}{4} \tag{9}$$

或

$$Z_s Z_d = \frac{Z_0^2}{4} \quad \text{或} \quad Z_s = \frac{Z_0^2}{4Z_d} \tag{10}$$

这又得出了 Booker 的结论:缝隙天线的馈端阻抗 Z_s 等于四分之一的周围媒质本征阻抗之平方除以互补偶极子天线的馈端阻抗 Z_d。自由空间情况下 $Z_0 = 376.7\ \Omega$,故有[①]

缝隙–偶极子的阻抗 $$Z_s = \frac{Z_0^2}{4Z_d} = \frac{35\,476}{Z_d} \quad (\Omega) \tag{11}$$

缝隙的阻抗正比于偶极子的导纳,反之亦然。一般地,由于偶极子阻抗 Z_d 是复数,可写成

$$Z_s = \frac{35\,476}{R_d + jX_d} = \frac{35\,476}{R_d^2 + X_d^2}(R_d - jX_d) \tag{13}$$

其中 R_d 和 X_d 是偶极子馈端阻抗 Z_d 的电阻和电抗分量。因此,若偶极子天线为电感性则缝隙天线为电容性,反之亦然。加长 $\lambda/2$ 偶极子会使它更具电感性,而加长 $\lambda/2$ 缝隙则会使其更具电容性。

下面的例子将说明从已知的偶极子类型导出其互补缝隙类型的过程。

例9.5.1 $\lambda/2$ 细偶极子

已知无限细 $\lambda/2$ 偶极子($L = 0.5\lambda$ 而 $L/D = \infty$)的阻抗是 $73 + j42.5\ \Omega$ (见第13章)。所以,如图9.17(a)所示,无限细 $\lambda/2$ 缝隙天线($L = 0.5\lambda$ 而 $L/w = \infty$)的馈端阻抗是

$$Z_1 = \frac{35\,476}{73 + j42.5} = 363 - j211\ \Omega \tag{14}$$

---

① 如果不知道自由空间的本征阻抗 Z_0,式(11)提供了借测量缝隙天线阻抗 Z_s 及其互补偶极子天线阻抗 Z_d 以确定 Z_0 的方法,即

$$Z_0 = 2\sqrt{Z_s Z_d} \tag{12}$$

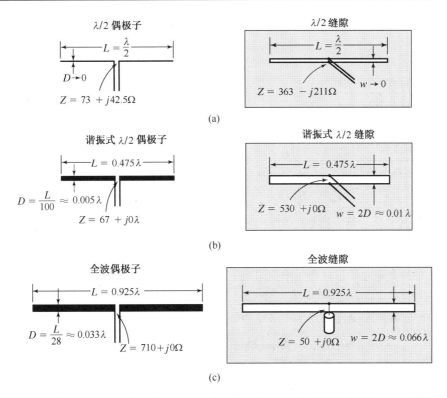

图 9.17　圆柱偶极子天线与其互补缝隙天线的阻抗比较。(c)中的缝隙直接与 50 Ω 同轴线匹配

例 9.5.2　λ/2 谐振偶极子

作为更实际的例子,设有长度–直径比 $L/D = 100$ 的圆柱天线在 $L = 0.475λ$ 时发生谐振,其馈端阻抗是 67 Ω 的纯电阻。由此,其互补缝隙天线的馈端电阻为

$$Z_1 = \frac{35\ 476}{67} = 530 + j0\ Ω \tag{15}$$

如图 9.17(b)所示。虽然互补缝隙的长度与偶极子相同($L = 0.475λ$),但由于宽度为 w 的扁平条带等效于直径 D 满足 $w = 2D$ 的圆柱导体,即条带宽度应是圆柱偶极子直径的两倍,因此本例中互补缝隙的宽度是

$$w = 2D = \frac{2L}{100} = \frac{2 \times 0.475λ}{100} \approx 0.01λ \tag{16}$$

例 9.5.3　全波偶极子

作为第三个例子,设有 $L/D = 28$ 而 $L = 0.925λ$ 的圆柱偶极子,其馈端电阻为 710 + j0 Ω。于是,其互补缝隙的馈端电阻为 50 + j0 Ω,很容易与 50 Ω 的同轴线匹配。如图 9.17(c)所示。

如果这些例子中的缝隙在屏的一侧被具有零并联导纳的盒子所封闭,则它们的阻抗应当加倍。

缝隙天线的频带或选择性与互补的偶极子相同。因此,加宽缝隙(减小 L/w)会增宽缝隙天线的频带。

以上讨论的缝隙都假定是开在无限大导体片上。如果是有限尺度的导体片,只要其边缘离缝隙至少一个波长,两种情况下缝隙的阻抗值基本相同。然而,实测的缝隙阻抗对馈端的连接方式较为敏感。

9.6　柱面缝隙天线

图 9.18(a)给出了一种开缝导体片的天线(Alford-1,2;Jordan-1;Sinclair-1)。在图 9.18(b)中该导体片被弯成 U 形,最终又弯成如图 9.18(c)所示的圆柱面,称为开缝圆柱天线。绕圆柱周长的路径阻抗非常低,使大多数电流趋于绕圆柱呈水平环线流动。如果圆柱的直径足够小(譬如 $D < \lambda/8$),该切割有铅垂缝隙的圆柱将辐射水平极化的场,且其水平面波瓣图近乎圆形。随着圆柱直径的增大,其水平面波瓣图变得愈来愈趋于定向性,其最大辐射朝着圆柱切割有缝隙的一侧。为了产生谐振,缝隙的长度应大于 $\lambda/2$,这可以解释如下:如图 9.19(a)所示,双导线传输线在长度为 $\lambda/2$ 时产生谐振;加载图 9.19(b)所示的一系列直径为 D 的环,使传输线上波的相速增大,即谐振频率升高。安排足够多的并联环,即可等效成直径为 D 的开缝圆柱面。典型的开缝圆柱面直径 $D = 0.125\lambda$,其缝宽约 0.02λ 时的谐振长度 $L = 0.75\lambda$。

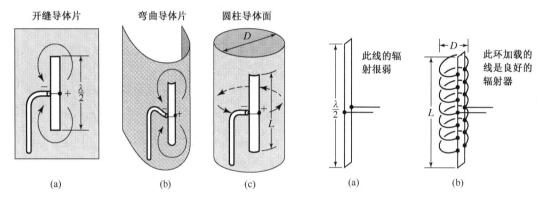

图 9.18　开缝导体片到开缝圆柱导体面的进化　　　图 9.19　可视为环加载传输线的开缝圆柱导体面

由 Andrew Alford 提出的这种天线型式,已被应用于水平极化波的电视广播,它提供水平面的全向或圆形波瓣图,并在铅垂的长柱面上采用层叠式共线缝隙阵列以提高铅垂面的定向性。

9.7　贴片或微带天线

这类天线普遍应用于频率高于 $100\,\mathrm{MHz}(\lambda_0 < 3\,\mathrm{m})$ 的低轮廓结构,通常由一矩形或方形的金属贴片置于接地平面上一片薄层电介质(称为基片)表面所组成。其贴片可采用光刻工艺制造,使之成本低,易于大量生产。

图 9.20 中显示了典型的贴片尺寸:长度 L、宽度 W 和基片的厚度 t,由同轴线在贴片左缘的中点馈电。其左、右边缘上的电场水平分量的方向相同,同相线极化辐射以贴片的边射方向最强,如图 9.20(b)所示。

贴片的端视图(从左边视入)如图 9.21 所示,其横截面被表示为 10 条平行的子场传输线。贴片作为平行板微带传输线的 $\lambda/2$ 谐振结构,其特性阻抗反比于平行的子场传输线的数

量 n（Kraus-1 & Fleisch）。每个子场传输线的
特性阻抗等于其所含媒质的本征阻抗 Z_i，即

$$Z_i = \sqrt{\frac{\mu}{\varepsilon}} = Z_0 \sqrt{\frac{\mu_r}{\varepsilon_r}} \quad (\Omega) \qquad (1)$$

对于空气，$\mu_r = \varepsilon_r = 1$，而 $Z_i = Z_0 = 377\,\Omega$。
因此，当 $\varepsilon_r = 2$ 时，该微带的特性阻抗 Z_c 为

$$Z_c = \frac{Z_0}{n\sqrt{\varepsilon_r}} = \frac{377}{10\sqrt{2}} = 26.7\,\Omega \qquad (2)$$

由 $n = W/t$，可得到更普遍的关系式

$$Z_c = \frac{Z_0 t}{W\sqrt{\varepsilon_r}} \qquad (3)$$

这里忽略了边缘场的镶边效应。又由于本例中
的 W 远大于 t 值，贴片的这种镶边效应很小。
然而，对 W/t 值较小的微带传输线来说，其镶边
效应可近似为将微带加宽两格子场（即 20%）。
或者给出更精确的微带线阻抗公式

$$Z_c = \frac{Z_0}{\sqrt{\varepsilon_r}[(W/t)+2]} \qquad (4)$$

　　贴片的谐振长度很临界，其典型值是较 $\lambda/2$
短 2%，而 λ 是指介质中的波长（$\lambda = \lambda_0/\sqrt{\varepsilon_r}$）。
贴片通过图 9.20 中的左、右两条缝隙产生辐射。
现按空气介质（$\varepsilon_r = 1$）的情况计算其阻抗。
由式(9.5.11)可得缝隙天线的阻抗

$$Z_s = \frac{Z_0^2}{4Z_d} = \frac{35\,476}{Z_d} \quad (\Omega) \qquad (5)$$

其中，Z_0——自由空间的本征阻抗 $= 377\,\Omega$

　　　Z_d——互补偶极子的阻抗，Ω

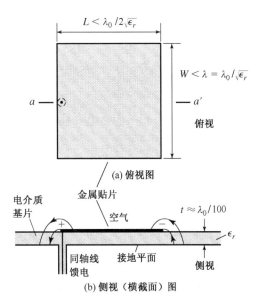

图 9.20　左边缘同轴线馈电的贴片天线

图 9.21　从同轴线馈电的贴片边缘的端视图。
将间隔（或缝隙）划分成（方形）子场

　　对于长 $W \approx 1\lambda$ 而宽 $t \approx \lambda/100$ 的缝隙，其互补偶极子的阻抗近似为 $700 + j\,0\,\Omega$。因此，缝
隙的阻抗约为

$$Z_s \approx \frac{35\,476}{700} \approx 50\,\Omega \qquad (6)$$

这是在两侧都敞开的导体片上一条缝隙的阻抗。

　　长 $L \approx \lambda/2$ 的微带等效于一节两端接有辐射（和损耗）电阻的 $\lambda/2$ 传输线，其中心点处于
低电位，可视为接地而所致误差很小。于是贴片每一端的缝隙都可当成盒式结构而阻抗加倍。
然而，这两条缝隙对于贴片来说是并联的，它们的合成输入阻抗应减半，故输入电阻为

$$R_{in} \approx 50\,\Omega$$

这是 $W \approx \lambda_0$ 的长缝隙（甚至是在 $\varepsilon_r > 1$ 时）的典型值，但若 W 较小则 R_{in} 成反比地增大[①]。

　　贴片的辐射波瓣图较宽，其典型的波束范围为半空间 $\Omega_A = 1/2$ 或 π sr，因此贴片的定

_____

① 这是因为其互补偶极子的输入阻抗成正比地减小。——译者注

向性为

$$\text{贴片定向性（近似）} \qquad D = \frac{4\pi}{\Omega_A} \approx \frac{4\pi}{\pi} \approx 4 \text{（或 6 dBi）} \tag{7}$$

贴片天线的阻抗频带通常比其波瓣图的频带窄得多。阻抗频带正比于介质基片的厚度 t，而缝隙的 t 又很小，其典型值只有百分之几。

根据 Jackson（1） & Alexopolus 的分析，谐振半波贴片（$L = 0.49\lambda_0 / \sqrt{\varepsilon_r}$）的辐射电阻（见图 9.20）为

$$R_r = 90\big(\varepsilon_r^2 / (\varepsilon_r - 1)\big)(L/W)^2 \ \Omega \tag{7.1}$$

且

$$X_r = 0$$

Jackson（1） & Alexopolus 还给出了频带宽度（VSWR < 2）的经验公式

$$\text{频带宽度} = 3.77\big((\varepsilon_r - 1)/\varepsilon_r^2\big)(W/L)(t/\lambda_0) \tag{8}$$

上式适用于小的 t/λ_0 值，其中 $\lambda_0 = $ 自由空间波长，m。

注意，该频带宽度是基片厚度 t 的线性函数。虽然增加 t 能增宽频带，但会导致较大的表面波和寄生辐射，使定向性降低。

估计一个典型贴片天线的有效高度 h_e 是很有意义的。天线有效高度 h_e 的表达式为

$$h_e = \sqrt{\frac{2 R_r A_e}{Z_0}} \tag{9}$$

其中，R_r——辐射电阻，Ω

$\quad A_e$——有效口径，λ^2

$\quad Z_0$——空间的本征阻抗，Ω

如果取上述典型的贴片，$D = 4$ 而 $R_r = 50\ \Omega$，则其有效口径为

$$A_e = \frac{D\lambda_0^2}{4\pi} = \frac{\lambda_0^2}{\pi} \tag{10}$$

而有效高度为

$$h_e = \sqrt{\frac{2 \times 50\lambda_0^2}{377\pi}} \approx 0.3\lambda_0 \tag{11}$$

有趣的是，这种仅比平坦接地面高出 $\lambda_0/100$ 的天线，具有 30 倍的"有效高度"[①]。

贴片的尺度并不是电小的，而且用于 2 GHz（$\lambda = \lambda_0/\sqrt{2} = 106$ mm）的贴片在物理上也并不很小。

以上讨论虽然进行了某些简化，却勾画了贴片天线的某些重要性质。还可以有很多其他形状和构造的贴片。

例 9.7.1 矩形贴片

某矩形贴片的尺寸如图 9.22（a）所示，介质基片的相对介电常数 $\varepsilon_r = 2.27$ 而厚度为 $t = \lambda_0/100$。试求：（a）辐射阻抗；（b）频带宽度；（c）定向性；（d）为了将贴片匹配到 50 Ω 传输线，所需的 $\lambda/4$ 节微带线的长度和阻抗；（e）该微带线的宽度。

---

① 然而，贴片存在的问题是，由于表面波的影响，其辐射波瓣图在趋零点时不够干净。

解：

（a）由上页的式(7.1)，得到辐射阻抗 $Z_r = 91.3 + j\,0\,\Omega$。

（b）由上页的式(8)，得到频带宽度 $= 0.019$ 或 1.9%。

（c）在平行于 L 的 E 平面内，波瓣图近似于两个等幅同相点源相距 $0.49\lambda_0/\sqrt{2.27}$ 的情况，利用 ARRAYPATGAIN 程序计算波瓣图，其 $\mathrm{HPBW} = 180°$；在平行于 W 的 H 平面内，波瓣图与图 9.17 中的互补全波偶极子相同，其 $\mathrm{HPBW} = 47°$。于是，由式(2.7.9)，得

$$\text{定向性} = 40\,000^{\square}/180° \times 47° = 4.7 \text{ 或 } 6.7\,\mathrm{dBi}$$

（d）为与 $50\,\Omega$ 传输线相匹配，所用 $\lambda/4$ 微带线应具有特性阻抗

$$Z = \sqrt{91 \times 50} = 67.5\,\Omega,\text{其长度应为 } \lambda_0/4\,\sqrt{2.27} = 0.166\lambda_0$$

（e）由式(9.7.4)，得出 $\lambda/4$ 节微带线的宽度

$$W = ((377/Z_{\text{line}}\sqrt{\varepsilon_r}) - 2)t = ((377/67.5 \times 1.5) - 2)\frac{\lambda_0}{100} = 0.017\lambda_0$$

以及 $50\,\Omega$ 传输线的宽度 $= 0.030\lambda_0$。

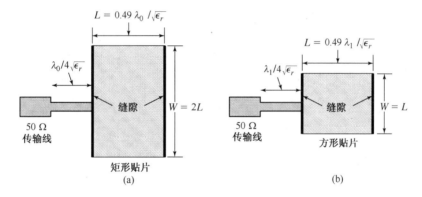

图 9.22　例 9.7.1 和例 9.7.2 的矩形和方形贴片

例 9.7.2　方形贴片

某方形贴片的尺寸如图 9.22(b)所示，介质基片与例 9.7.1 中的矩形贴片相同。试求：（a）辐射阻抗；（b）频带宽度；（c）定向性；（d）为了将贴片匹配到 $50\,\Omega$ 传输线，所需的 $\lambda/4$ 节微带线的长度和阻抗。

解：

（a）由式(7.1)，得辐射阻抗 $Z_r = 365 + j\,0\,\Omega$。

（b）由式(8)，得频带宽度 $= 0.01$ 或 1%。

（c）在平行于 L 的 E 平面内，波瓣图近似于两个等幅同相点源相距 $0.325\lambda_0$，利用 ARRAYPATGAIN 程序计算波瓣图，其 $\mathrm{HPBW} = 180°$；在平行于 W 的 H 平面内，波瓣图与图 9.17 中的互补半波偶极子的相同，由式(6.4.4)得 $\mathrm{HPBW} = 78°$。于是，由式(2.7.9)，得

$$\text{定向性} = 40\,000^{\square}/180° \times 78° = 2.85 \text{ 或 } 4.5\,\mathrm{dBi}$$

（d）为与 $50\,\Omega$ 传输线相匹配，所用 $\lambda/4$ 节微带线应具有特性阻抗 $(50 \times 365)^{1/2} = 135\,\Omega$，以及长度 $\lambda_0/4\,\sqrt{2.27} = 0.166\lambda_0$。

贴片可用于微带天线阵,借助微带传输线馈电。一组四贴片直线阵的构造如图9.23(a)所示。

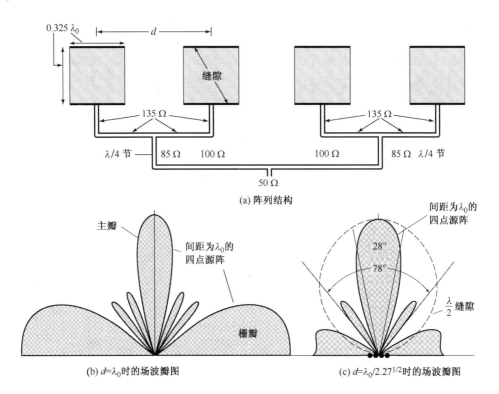

图9.23 四个 $\lambda/2$ 贴片的阵列,间距为 d ,用微带传输线连接到 $50\,\Omega$ 的源。$\lambda/2$ 缝隙的波瓣图见图(c)

关于贴片或微带天线的文献有很多。基本参考文献有 Munson(1,2),Derneryd(1),Carver & Mink(1),Pozar(1)以及 Brookner(1)等。

单片微波集成电路(MMIC,Monolithic Microwave Integrated Circuits)将微带天线及有关电路组合成非常紧凑的形式,应用于从 50 MHz 到 100 GHz 的频率(Pozar-2;Levine-1)。

例9.7.3 四贴片的微带阵

设四个 $\lambda/2$ 贴片的阵列如图9.23(a)所示,间距为 d ,基片相对介电常数为2.27。试求当:(a) $d=\lambda_0$;(b) $d=\lambda_0/2.27^{1/2}$ 时的定向性。

解:

在 E 平面内,波瓣图取决于两个等幅同相的点源,与例9.7.1和例9.7.2相同,其 HPBW = 180°;在 H 平面内,图9.23(a)中的水平面波瓣图是四个间距为 d 的等幅同相的点源阵。

(a) 对于 $d=\lambda_0$,利用 ARRAYPATGAIN 程序计算得出的波瓣图如图9.23(b)所示,具有平行于地平面的大副瓣或栅瓣,其幅度与主瓣相等。这是不能令人满意的。

(b) 对于 $d=\lambda_0/2.27^{1/2}$,利用 ARRAYPATGAIN 程序计算得出的波瓣图如图9.23(c)所示,其阵因子波瓣图的 HPBW = 28°;总波瓣图是该阵因子与 $\lambda/2$ 缝隙(或互补 $\lambda/2$ 偶极子)波瓣图[图9.23(c)中的虚线,HPBW = 78°]的乘积,有 HPBW = 26°,于是有

$$\text{定向性} = 40\,000\,\square/180° \times 26° = 8.6 \text{ 或 } 9.3 \text{ dBi}$$

　　图9.23.1(a)为2.45 GHz($\lambda = 122.4$ mm)的四贴片圆极化阵列。其等效的介质基片的$\varepsilon_r = 4$，贴片尺寸为$0.49 \times 122.4/4^{1/2} = 30$ mm。实测的 VSWR 频响曲线如图9.23.1(b)所示。在设计频率2.45 GHz时匹配于50 Ω(VSWR = 1)，且实测增益为11.0 dBi(圆极化)。实测的右旋圆极化场波瓣图见图9.23.1(c)的 CC'剖面、图9.23.1(d)的 DD'剖面和图9.23.1(e)的 EE'剖面。这种贴片天线的商品模型附带有机玻璃的"天线罩"。在这种情况下，采用$\varepsilon_r < 4$的基片，使在天线罩的联合作用下等效于$\varepsilon_r = 4$的基片，而不再另计天线罩的效应。实测的正是这种带天线罩的商品模型。

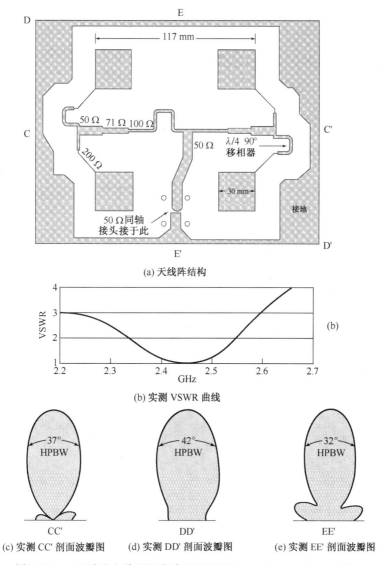

(a) 天线阵结构

(b) 实测 VSWR 曲线

(c) 实测 CC' 剖面波瓣图　　(d) 实测 DD' 剖面波瓣图　　(e) 实测 EE' 剖面波瓣图

图9.23.1　四贴片右旋圆极化阵(经 DTC Communications, Inc. 允许，
由 俄亥俄州立大学电科学实验室 Çağatay Tokgöz 测量)

例9.7.4　四贴片圆极化阵与轴向模螺旋的比较

　　问题:(a) 为得到如图9.23.1所示的四贴片阵的圆极化增益，其中 $D = 12.6$（11.0 dBi），

需要多大的螺旋尺寸?(b)比较阻抗频带;(c)比较轴比;(d)比较波瓣图。

解:

(a) 对于节距为 0.2λ 的螺旋,利用式(8.3.7)可得到圈数 $n = 12.6/(12 \times 0.2) = 5.25$,取整令 $n = 6$。螺旋长度为 $6 \times 0.2\lambda = 1.2\lambda$ 即 $1.2 \times 122.4 = 127$ mm。螺旋直径 $= 122.4/\pi = 39$ mm。嵌装于金属杯凹腔中的螺旋结构如图9.23.2所示。

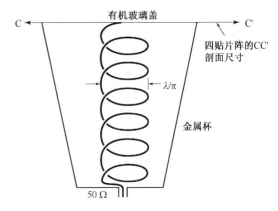

图 9.23.2 杯腔式六圈增益为 11.0 dBi(圆极化)的轴向模螺旋(CC′剖面)

(b) 由图8.14可知该螺旋在 VSWR < 1.5 时的阻抗频带为 1.72 ~ 3.06 GHz;与四贴片阵的实测频带 2.27 ~ 2.53 GHz 相比,要宽出 $(3.06 - 1.72)/(2.53 - 2.27) = 8.4$ 倍。

(c) 按式(8.3.8)计算得出螺旋的轴比 $AR = (2 \times 6 + 1)/(2 \times 6) = 1.1$,优于贴片阵的实测值 $AR = 2$(纯圆极化时 $AR = 1$)。

(d) 从图8.12可见,螺旋的 HPBW 比贴片阵对应的图9.23.1(c)中的 HPBW 仅稍宽几度,两者的增益相同是因为螺旋的极化纯度较好。

归纳起来,螺旋与贴片阵相比,在增益相同的条件下,频带要宽得多,圆极化纯度较好。贴片阵的优点是只需嵌装而不需要凹腔。

9.8 喇叭天线

喇叭天线可视为张开的波导。喇叭的功能是在比波导更大的口径上产生均匀的相位波前,从而获得较高的定向性。喇叭天线算不上新品种,早在 1897 年 Jagadis Chandra Bose 就曾构造过一只棱锥喇叭。

图9.24列出了多种型式的喇叭天线。图的左列属矩形喇叭,都是由矩形波导馈电的;右列属圆形喇叭。为了使导行波的反射最小化,其转换区域,即介于波导的喉部与自由空间的口径之间的喇叭段可制成指数律逐渐锥削,如图9.24(a)和图9.24(e)所示。但实用的喇叭都被制成直线律张开,如图9.24中的其他型式[①]。图9.24(b)和图9.24(c)所示的型式是扇形喇叭,属于只沿某一维张开的矩形喇叭。设矩形波导馈送的波是电场 $\mathbf{E}$ 沿 y 方向的 TE_{10} 模,其中图9.24(b)是沿垂直于 $\mathbf{E}$ 的 H 平面张开,称为 H 面扇形喇叭;图9.24(c)是沿电场 $\mathbf{E}$ 的平面张开,称为 E 面扇形喇叭。图9.24(d)是同时沿上述两个平面张开的矩形喇叭,称为棱锥喇叭。波导中 TE_{10} 模的电场幅度沿 y 方向均匀,沿 x 方向从中心到边缘锥削至零,图9.24(b)至图9.24(d)中用箭头标出了电场 $\mathbf{E}$ 的方向,其长度表示场强的幅度。小张角矩形喇叭的口径场分布与波导中 TE_{10} 模的场分布很相似。

---

① 直线张开的喇叭具有恒定的相位中心,而锥削喇叭则不然。

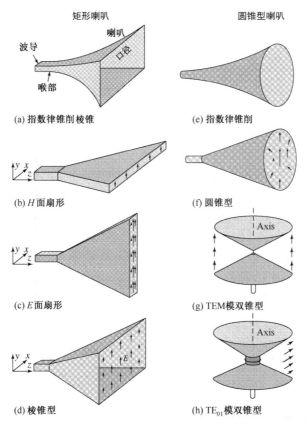

图 9.24 矩形和圆形喇叭天线的型式。箭头表示电场 **E** 的方向

图 9.24(f)所示的喇叭属于圆锥型,受圆波导中 TE_{11} 模的激励,喇叭口径上的电场分布用箭头标于图中。图 9.24(g)和图 9.24(h)属于双锥型,前者受一铅垂辐射器激励出 TEM 模,而后者受一水平小环激励出 TE_{01} 模。这些双锥喇叭都具有水平面内的非定向波瓣图。TEM模双锥喇叭类似于图 2.20(c)所示的那种结构。

如果忽略边缘效应,则喇叭天线的辐射波瓣图由口径尺寸和已知的口径场分布所确定。对于给定的口径,均匀场分布能使定向性达到最大值,口径场幅度或相位的任何变动都会减小定向性。由于 H 面扇形喇叭[见图 9.24(b)]沿 x 维的场分布具有向口径边缘锥削至零的特征,因此其 xz 平面内波瓣图的副瓣较 E 面扇形喇叭[见图 9.24(c)]在 yz 平面内波瓣图的副瓣更小,后者的电场幅度沿口径的 y 维保持不变。这已经被实验所证实。

可将波径长度(path length)的等同性原理(费马原理)应用于喇叭的设计,但侧重点不同。放松对喇叭口上相位恒定的要求,代之以相位变化不超出某特定的偏差值 δ,该偏差值对应于沿边射径与沿轴射径之差。根据图 9.25 可得出几何关系

$$\cos\frac{\theta}{2} = \frac{L}{L+\delta} \tag{1}$$

$$\sin\frac{\theta}{2} = \frac{a}{2(L+\delta)} \tag{2}$$

$$\tan\frac{\theta}{2} = \frac{a}{2L} \tag{3}$$

其中，θ——张角（E 平面为 θ_E，H 平面为 θ_H），度

      a——口径（E 平面为 a_E，H 平面为 a_H），m

      L——喇叭的长度，m

      δ——射径差，m

从几何关系还可得出

$$L = \frac{a^2}{8\delta} \qquad (\delta \ll L) \qquad (4)$$

以及

$$\theta = 2\arctan\frac{a}{2L} = 2\arccos\frac{L}{L+\delta} \qquad (5)$$

在喇叭的 E 平面内，通常限定 $\delta \leqslant 0.25\lambda$；在喇叭的 H 平面内，由于在喇叭边缘 E 趋于零（满足边界条件 $E_t = 0$），通常限定 $\delta \leqslant 0.4\lambda$。

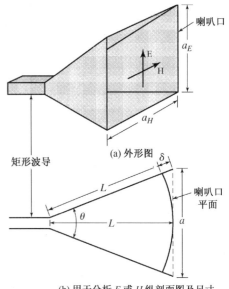

(a) 外形图

(b) 用于分析 E 或 H 纵剖面图及尺寸

图 9.25　棱锥喇叭 E 面的张角为 θ_E 而口径为 a_E；H 面的张角为 θ_H 而口径为 a_H（见图9.26）

为获得尽可能均匀的口径分布，要求用非常长的小张角喇叭。但为了实用方便又应使喇叭尽可能短。于是，介于这两种极端之间的最优喇叭，应在给定的长度下具有最小的波束宽度、而旁瓣电平又不能太大（或具有最大可能的增益）。

若 δ 是波长的足够小的分数，则整个口径上的相位近乎均匀。当喇叭长度 L 给定时，其定向性随着口径 a 和张角 θ 的增大而提高（波束宽度减小）。但若口径和张角过大、以致 δ 达到 180° 电角度，使口径的边缘场与中心场的相位相反，反而会降低定向性（增大旁瓣）。最大定向性发生在 δ 尚未超出某特定值（δ_0）的最大张角条件下，由式（1）得出最优喇叭尺寸的关系为

最优喇叭尺寸
$$\delta_0 = \frac{L}{\cos(\theta/2)} - L = 最优\,\delta \qquad (6)$$

或

$$L = \frac{\delta_0\cos(\theta/2)}{1 - \cos(\theta/2)} = 最优长度 \qquad (7)$$

δ_0 的值通常应在 $0.1\lambda \sim 0.4\lambda$ 的范围内[1]。假设要在 $\delta_0 = 0.25\lambda$ 的情况下设计最优喇叭，则应取其长度 $L = 10\lambda$，再从式（5）得到 $\theta = 25°$。该张角使 10λ 长的喇叭达到最大的定向性。

上述射径长度或称 δ 效应是对所有常规型式[2]喇叭天线的固有限制，根据关系式即式（1）～式（7）可为图 9.24 中所有型式的喇叭确定最优尺寸。然而，在下文的讨论中，δ_0 的适当值可以是不同的。喇叭天线的另一项限制是，必须抑制高次模在喇叭中的传输，以获得更均匀的口径照射，这就要求位于喇叭喉部的波导宽度必须在 $\lambda/2$ 和 1λ 之间；或者采用对称的激励系统，使不致激起偶次模，则波导宽度可放松为 $\lambda/2$ 至 $3\lambda/2$。

---

① 给定频率时，喇叭中的波长 λ_h 总是等于或大于自由空间波长 λ。由于 λ_h 依赖于喇叭尺寸，因此采用 λ 表示 δ_0 更方便。

② 在透镜补偿型喇叭[见图17.16(b) 和图9.34]中，靠近边缘的波速快于沿轴向的波速，借此等化口径相位。

9.9 矩形喇叭天线[①]

矩形喇叭的两个主平面内的口径尺寸都大于1λ,其一个面内的波瓣图基本上独立于另一个面内的口径。因而,一般来说,H 面扇形喇叭与具有相同 H 纵剖面的棱锥喇叭有着相同的 H 面波瓣图,E 面扇形喇叭与具有相同 E 纵剖面的棱锥喇叭有着相同的 E 面波瓣图。

如图9.26所示,设 E 面的总张角为 θ_E,H 面的总张角为 θ_H,喇叭从喉部至口径的轴向长度为 L,径向长度为 R。由 Donald Rhodes(1)测量的波瓣图示于图9.27。其中图9.27(a)比较了 E 面和 H 面的波瓣图随 R 变化的函数,张角均取20°,E 面波瓣图有副瓣而 H 面波瓣图实际上没有。图9.27(b)比较了 E 面和 H 面的实测波瓣图随张角变化的函数,取 $R = 8\lambda$,上行 E 面波瓣图在 $\theta_E = 50°$ 起出现分裂,H 面波瓣图则不然。这是由于给定的口径相位差对 E 面辐射的影响大于对 H 面辐射的影响。后者的边缘场趋于零,从而降低了相位差的重要性。因此,H 面的限制值 δ_0 可以比 E 面更大些,这在下一段和图9.28中将会进一步讨论。

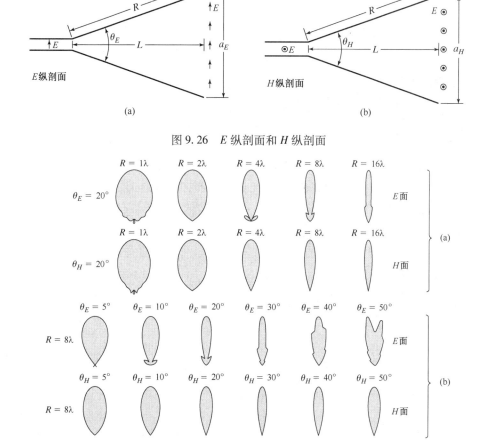

图9.26 E 纵剖面和 H 纵剖面

图9.27 矩形喇叭的实测 E 面和 H 面场波瓣图作为张角与喇叭长度的函数(Rhodes-1)

①　Barrow(1,2),Chu(1),Terman(1),Risser(1),Stavis(1)。

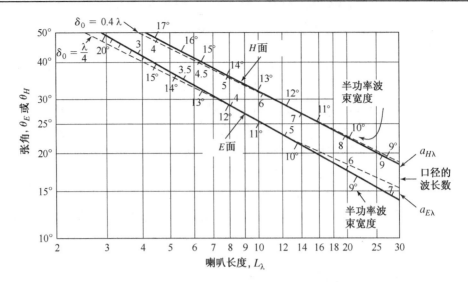

图 9.28　实验确定矩形喇叭天线的最优尺寸。实线给出剖面张角 θ_E 和 θ_H 对长度的关系,沿曲线标
注了对应的半功率波束宽度和口径的波长数。虚线表示$\delta_0 = 0.25\lambda$ 和0.4λ时的计算尺寸

从 Rhodes 的实验波瓣图中可以同时选取 E 面和 H 面的最优尺寸,用实线绘于图 9.28,并在图中指出了对应的半功率波束宽度和口径的波长数。图中的虚线分别表示 $\delta_0 = 0.25\lambda$ 和 $\delta_0 = 0.4\lambda$ 时的计算尺寸,它们在一定的喇叭长度范围内很接近各自的实测曲线。于是,如前所述,对 H 面射径的容差要求可大于对 E 面的容差要求。

假定要构造一只长度 $L = 10\lambda$ 的最优喇叭。从图 9.28 可知,该长度对应的波束宽度 $\text{HPBW}_E = 11°$ 而 $\text{HPBW}_H = 13°$,口径 $a_E = 4.5\lambda$ 而 $a_H = 5.8\lambda$。虽然 E 面的口径尺寸不及 H 面大,其波束宽度却较窄(但副瓣稍大),这是因为 E 面的口径分布更均匀。对于工作在频段上的喇叭来说,希望为最高频率决定其最优尺寸,此时的 δ/λ 值为最大。

喇叭天线的定向性(或在无损耗时的增益)可用有效口径表示成

$$D = \frac{4\pi A_e}{\lambda^2} = \frac{4\pi \varepsilon_{ap} A_p}{\lambda^2} \tag{1}$$

其中,A_e——有效口径,m^2

$\quad A_p$——物理口径,m^2

$\quad \varepsilon_{ap}$——口径效率 $= A_e/A_p$

$\quad \lambda$——波长,m

对于矩形喇叭,$A_p = a_E a_H$;对于圆锥喇叭,$A_p = \pi r^2$,其中 $r =$ 口径的半径。假设上述口径尺寸都至少有 1λ,取 $\varepsilon_{ap} \approx 0.6$,则式(1)变成

$$D \approx \frac{7.5 A_p}{\lambda^2} \tag{2}$$

或

$$D \approx 10 \log\left(\frac{7.5 A_p}{\lambda^2}\right) \quad (\text{dBi}) \tag{3}$$

对于棱锥(矩形)喇叭,式(3)还可以表示成

$$D \approx 10 \log(7.5 a_{E\lambda} a_{H\lambda}) \tag{4}$$

其中, $a_{E\lambda}$——E 面口径的波长数

　　$a_{H\lambda}$——H 面口径的波长数

例 9.9.1

设有图 9.24(d) 所示的用矩形波导 TE$_{10}$ 模馈电的棱锥喇叭, 其 E 面口径 $a_E = 10\lambda$, 射径差 $\delta = 0.2\lambda$, H 面射径差 $\delta = 0.375\lambda$。试求:(a) 喇叭长度 L, H 面口径 a_H, 以及两个主剖面的张角 θ_E 和 θ_H;(b) 两个面的波束宽度;(c) 定向性。

解:

(a) 由式 (9.8.4) 可得所要求的喇叭长度

$$L = \frac{a^2}{8\delta} = \frac{100\lambda}{8/5} = 62.5\lambda \tag{5}$$

取 $\delta = 0.2\lambda$, 代入式 (9.8.5) 得 E 面的张角

$$\theta_E = 2 \arctan \frac{a}{2L} = 2 \arctan \frac{10}{125} = 9.1° \tag{6}$$

取 $\delta = 0.375\lambda$, 代入式 (9.8.5) 得 H 面的张角

$$\theta_H = 2 \arccos \frac{L}{L + \delta} = 2 \arccos \frac{62.5}{62.5 + 0.375} = 12.52° \tag{7}$$

再代回式 (9.8.5) 得 H 面的口径

$$a_H = 2L \tan \frac{\theta_H}{2} = 2 \times 62.5\lambda \tan 6.26° = 13.7\lambda \tag{8}$$

(b) 根据表 9.1, 半功率波束宽度为

$$\text{HPBW}\,(E\text{面}) = \frac{56°}{a_{E\lambda}} = \frac{56°}{10} = 5.6° \tag{9a}$$

$$\text{HPBW}\,(H\text{面}) = \frac{67°}{a_{H\lambda}} = \frac{67°}{13.7} = 4.9° \tag{9b}$$

(c) 由式 (3) 得定向性

$$D \approx 10 \log \left(\frac{7.5 A_p}{\lambda^2} \right) = 10 \log(7.5 \times 10 \times 13.7) = 30.1 \text{ dBi} \tag{10}$$

上例中所取的 δ 值是保守的。最优喇叭的 δ 值较大, 能使喇叭缩短很多, 代价是增益稍差(因为最优喇叭的口径场均匀性稍差)。

图 9.29(a) 给出了棱锥(矩形)喇叭的最优尺寸与定向性(或无损耗时的增益)关系的列线图 (Schrank-1)。当给定增益时, 列线能给出长度 L_λ、E 面口径 $a_{E\lambda}$ 和 H 面口径 $a_{H\lambda}$ 的尺寸(都取波长数)。当给定长度时, 列线能给出接近于最优的适当口径尺寸以及增益。这种尺寸只有对于要求长度尽可能小的大喇叭(长度达很多个波长)才显得重要。对于小(短)喇叭来说, 通常并不需要最优化。

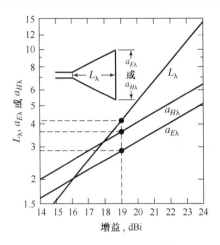

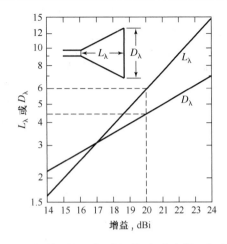

（a）矩形（棱锥）喇叭的尺寸（波长数）与定向性（或无损耗时的增益）的关系。注意，虚线所示是增益为 19 dBi 的喇叭，要求其长度 $L_\lambda = 4.25$，H 面口径 $a_{H\lambda} = 3.7$，E 面口径 $a_{E\lambda} = 2.9$。这里假设 $\delta_E = 0.25\lambda$ 和 $\delta_H = 0.4\lambda$，$\varepsilon_{ap} = 0.6$。这些都是内尺寸，接近于最优值

（b）圆锥喇叭的尺寸（波长数）与定向性（或无损耗时的增益）的关系。注意，虚线所示是增益为20 dBi 的喇叭，要求其长度 $L_\lambda = 6.0$，直径 $D_\lambda = 4.3$。这些都是内尺寸，接近于最优值

图 9.29　喇叭的尺寸与定向性

9.10　波束宽度的比较

　　对于 5.12 节所讨论的均匀照射的矩形或圆形口径，以及最优矩形（扇形或棱锥）喇叭天线，将第一零点波束宽度与半功率波束宽度进行比较，是很有意义的，列于表 9.1。一般来说，这些关系适用于边长至少为若干波长的口径。表中，喇叭的第一零点波束宽度由计算得到，而半功率波束宽度则属于经验数据（Stavis-1）。

表 9.1

口径类型	波束宽度，度	
	第一零点之间	半功率点之间
均匀照射矩形口径（或直线阵）	$\dfrac{115}{L_\lambda}$	$\dfrac{51}{L_\lambda}$
均匀照射圆形口径	$\dfrac{140}{D_\lambda}$	$\dfrac{58}{D_\lambda}$
最优 E 面矩形喇叭	$\dfrac{115}{a_{E\lambda}}$	$\dfrac{56}{a_{E\lambda}}$
最优 H 面矩形喇叭	$\dfrac{172}{a_{H\lambda}}$	$\dfrac{67}{a_{H\lambda}}$

L_λ = 矩形口径或直线阵的边长之自由空间波长数
D_λ = 圆形口径的直径之自由空间波长数
$a_{E\lambda}$ = 喇叭的 E 面口径尺寸之自由空间波长数
$a_{H\lambda}$ = 喇叭的 H 面口径尺寸之自由空间波长数

9.11 圆锥喇叭天线

图 9.24(f)中的圆锥喇叭可用圆波导直接馈电,其尺寸根据式(9.8.5) ~ 式(9.8.7)确定,其中取 $\delta_0 = 0.32\lambda$(Southworth-1; King-1)。King 给出的半功率波束宽度在 E 面为 $60/a_{E\lambda}$ 而在 H 面为 $70/a_{H\lambda}$,这比表 9.1 所给出的矩形喇叭的值要大 6%。

图 9.24(g)和图 9.24(h)中的双锥喇叭具有在水平面内的不定向波瓣图(设喇叭的轴是铅垂的)。这些喇叭可当成棱锥喇叭的变种,其水平面的张角扩大到 360°。其铅垂面的最优张角大体上等同于具有相同纵剖面且受同样模式激励的扇形喇叭。

图 9.29(b)给出了圆锥喇叭最优尺寸与定向性(或无损耗时的增益)关系的列线图,是对 King 的结果的改编。当所需的增益给定时,列线给出喇叭的长度 L_λ 和直径 D_λ。当喇叭的长度给定时,列线给出适当的直径及增益。

9.12 加脊喇叭

用中心脊对波导加载,由于降低其主模的截止频率而能加宽波导的可用频带(Cohn-1; Chen-1)。图 9.30(a)和图 9.30(b)分别绘出了具有单脊和双脊的矩形波导。非常薄的脊或鳍(fin)也能有效地作为中心脊加载,它可用外敷金属的陶瓷片构成,便于安装并联电路元件,如图 9.30(c)所示(Meier-1)。诚然,放置介质材料于波导中也能降低其截止频率,但这并不能加宽频带,反而增加了损耗。

将双脊结构从波导沿伸到棱锥喇叭,如图 9.31 所示,可使喇叭的频带加宽许多倍(Walton-1)。用一种四脊喇叭连接双馈四脊方波导,能提供宽于 6:1 的正交双线极化频带。

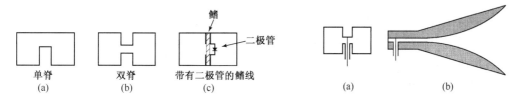

图 9.30　单脊、双脊矩形波导和带有二极管的鳍线　图 9.31　同轴馈电的双脊或韦尔弟(Vivaldi)喇叭

9.13 隔膜喇叭

棱锥喇叭中的电场,在 H 面内具有向边缘锥削至零的分布,从而减小了旁瓣。但在 E 面内具有接近均匀幅度的分布,从而导致了显著的旁瓣。采用隔膜板黏接于喇叭四壁,可以实现 E 面内的阶梯幅度分布,从而降低旁瓣。典型的情况是,均匀幅度分布时第一旁瓣约为 -13 dB。Peace(1) & Swartz 用了两片隔膜使喇叭的旁瓣电平低于 -30 dB,比 H 面内的旁瓣电平还低。

图 9.32 所示的口径进行了 1:2:1 的分隔,口径场的余弦分布也可近似成 1:2:1 的阶梯幅

度分布。这种隔膜必须从喇叭的喉部开始布置。

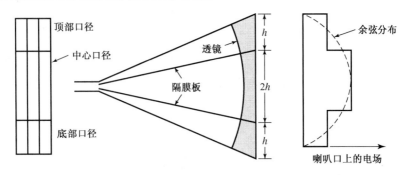

图 9.32　二隔膜喇叭。喇叭口上的场强分布具有阶梯幅度分布(近似为余弦分布)

9.14　皱纹喇叭

皱纹喇叭能减少边缘绕射、改善波瓣图的对称性并减少交叉极化(H 面内的 $\mathbf{E}$ 场分量)。

喇叭壁上(起 $\lambda/4$ 扼流圈作用)的皱纹被用来将喇叭边缘所有极化的 $\mathbf{E}$ 减至非常低的值。这样可以防止波在喇叭边缘的绕射(或表面电流绕过边缘流到喇叭的外侧)(Kay-1)。

设皱纹的宽度为 w 而深度为 d,如图 9.33 所示,图中标出一个方形截面($w \times w$),形成一段子场短路传输线的开路端,该传输线的长度为 d 而特性阻抗 $Z = 377\ \Omega$,开路端的电抗可近似成

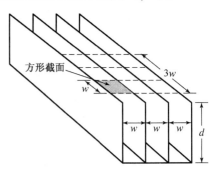

$$X \approx 377 \tan\left(\frac{2\pi d}{\lambda}\right) \quad (\Omega) \qquad (1)$$

其中 d 为深度,λ 为波长。

对于任意平方面积的皱纹(诸如图中的 $3w \times 3w$),其电抗也可由式(1)给出,这是以 $\Omega\,\mathrm{m}^{-2}$ 为单位的表面电抗。这里假设皱纹中填充着空气、而其壁厚小得足以忽略。

图 9.33　宽 w 且深 d 的皱纹

当 $d = \lambda/4$ 时,X 变成无穷大。当 $d = \lambda/2$ 时 $X = 0$,再假设没有辐射和损耗,$R = 0$,则有 $Z = 0$。

作为例子,一架圆波导馈电的带有皱纹过渡段的皱纹喇叭如图 9.34 所示。在过渡段中皱纹的深度从(起导体表面作用的)$\lambda/2$ 渐变成(表现为高阻抗的)$\lambda/4$,皱纹的间距或宽度 $w = \lambda/10$,其间填充着空气。该皱纹喇叭是由 Chu 等(1)作为贝尔电话实验室的 7 m 直径毫米波反射镜天线的馈源而研制成功的。

Wohlleben & Mattes & Lochner(1)为 $F/D < 0.35$ 的深碟形天线研制了一种较简单的带有扼流圈皱纹的馈源,用于波恩(Bonn)的 100 m 射电望远镜。它由一根圆波导、装置在其口面后 $3\lambda/8$ 处的伸展 1λ 的法兰盘以及四道 $\lambda/5$ 深的扼流圈所组成,如图 9.35 所示。该结构给出宽 130° 且具有陡峭边缘的 10 dB 波束宽度,达到了很高的口径效率。

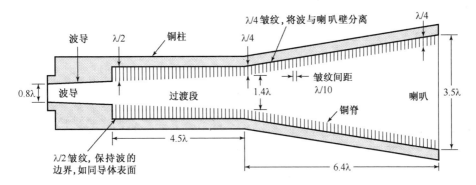

图 9.34 圆波导馈电皱纹喇叭及过渡段的纵剖面。深 λ/2 的皱纹起导体 表面的作用,深 λ/4 的皱纹在喇叭中表现为高阻抗 (Chu-1)

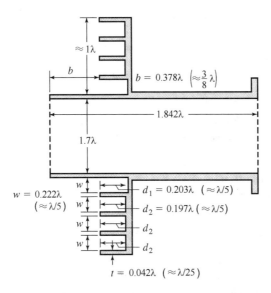

图 9.35 带有法兰盘和四道扼流圈的圆波导纵剖面用于 低 *F/D* 的抛物面反射镜的宽波束、高效率馈源

9.15 口径匹配喇叭

借助于在喇叭的口径边缘外侧加接一光滑弯曲(或卷边)的表面段,Burnside(1) & Chuang 曾实现了对波瓣图、阻抗及频带特性的全面显著改进。图 9.36 是皱纹喇叭之外的又一种优良的结构,其卷边的形状并不临界,曲率半径至少应为 λ/4。

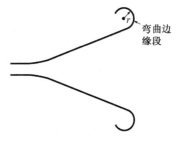

图 9.36 口径匹配喇叭。卷边的曲率半径 *r* 至少为 λ/4 (Burnside-1 & Chuang)

参考文献

Alford, A. (1), "Long Slot Antennas," *Proc. Natl. Electronics Conf.,* 1946, p. 143.

Alford, A. (2), "Antenna for F-M Station WGHF," *Communications,* 26, 22, February 1946.

Barrow, W. L. (1), and F. D. Lewis, "The Sectoral Electromagnetic Horn," *Proc. IRE,* **27,** 41–50, January 1939.

Barrow, W. L. (2), and L. J. Chu, "Theory of the Electromagnetic Horn," *Proc. IRE,* **27,** 51–64, January 1939.

Booker, H. G. (1), "Slot Aerials and Their Relation to Complementary Wire Aerials," *JIEE (Lond.),* **93,** pt. IIIA, no. 4, 1946.

Born, Max (1), *Optik,* Verlag Julius Springer, Berlin, 1933, p. 155.

Brookner, E. (1), "Array Radars: An Update," *Microwave J.,* **30,** 134–138, February 1987, and 167–174, March 1987.

Burnside, W. D. (1), and C. W. Chuang, "An Aperture-Matched Horn Design," *IEEE Trans. Ants. Prop.,* **AP-30,** 790–796, July 1982.

Carver, K. R. (1), and J. W. Mink, "Microstrip Antenna Technology," *IEEE Trans. Ants. Prop.,* **AP-29,** 25–38, January 1981.

Chen, T-S (1), "Calculation of the Parameters of Ridge Waveguides," *IRE Trans. Microwave Theory Tech.,* **MTT-26,** 726–732, October 1978.

Chu, L. J. (1), and W. L. Barrow, "Electromagnetic Horn Design," *Trans AIEE,* **58,** 333–337, July 1939.

Chu, T. S. (1), R. W. Wilson, R. W. England, D. A. Gray and W. E. Legg, "Crawford Hill 7-m Millimeter Wave Antenna," *Bell Sys. Tech. J.,* **57,** 1257–1288, May–June 1978.

Cohn, S. B. (1), "Properties of the Ridge Wave Guide," *Proc. IRE,* **35,** 783–789, August 1947.

Derneryd, A. (1), "A Theoretical Investigation of the Rectangular Microstrip Antenna Element," *IEEE Trans. Ants. Prop.,* **AP-26,** 532–535, July 1978.

Dorne, A. (1), and D. Lazarus, in *Very High Frequency Techniques,* Radio Research Laboratory Staff, McGraw-Hill, New York, 1947, Chap. 7.

Jordan, E. C. (1), and W. E. Miller, "Slotted Cylinder Antennas," *Electronics,* **20,** 90–93, February 1947.

Kay, A. F. (1), "The Scalar Feed," AFCRL Rept., 64–347, March 1964.

King, A. P. (1), "The Radiation Characteristics of Conical Horn Antennas," *Proc. IRE,* **38,** 249–251, March 1950.

Kraus, J. D. (1), and D. A. Fleisch, *Electromagnetics with Applications,* 5th ed., McGraw-Hill, 1999, pp. 127–133.

Kraus, J. D. (2), *Radio Astronomy,* 2d ed., Cygnus-Quasar, 1986.

Levine, E. (1), J. Ashenasy and D. Treves, "Printed Dipole Arrays on a Cylinder," *Microwave J.,* **30,** 85–92, March 1987.

Meier, P. J., "Integrated Fin-Line Millimeter Components," *IEEE Trans. Microwave Theory Tech.,* **MTT-22,** 1209–1216, December 1974.

Munson, R. E. (1), "Conformal Microstrip Antennas and Microstrip Phased Arrays," *IEEE Trans. Ants. Prop.,* **AP-22,** 74–78, January 1974.

Munson, R. E. (2), "Microstrip Antennas," *Antenna Engineering Handbook,* McGraw-Hill, 1984, Chap. 7.

Nash, R. T. (1), "Stepped-Amplitude Distributions," *IEEE Trans. Ants. Prop.,* **AP-12,** July 1964.

Nash, R. T. (2), "Beam Efficiency Limitations of Large Antennas," *IEEE Trans. Ants. Prop.,* **AP-12,** 918–923, December 1964.

Peace, G. M. (1), and E. E. Swartz, "Amplitude Compensated Horn Antenna," *Microwave J.,* **7,** 66–68, February 1964.

Pozar, D. M. (1), "An Update on Microstrip Antenna Theory and Design Including Some Novel Feeding Techniques," *IEEE Ants. Prop. Soc. Newsletter,* **28,** 5–9, October 1986.

Pozar, D. M. (2), "Considerations for Millimeter Wave Printed Antennas," *IEEE Trans. Ants. Prop.,* **31,** 740–747, September 1983.

Rhodes, D. R. (1), "An Experimental Investigation of the Radiation Patterns of Electromagnetic Horn Antennas," *Proc. IRE,* **36,** 1101–1105, September 1948.

Risser, J. R. (1), in S. Silver (ed.), *Microwave Antenna Theory and Design,* McGraw-Hill, New York, 1949, Chap. 10, pp. 349–365.

Schelkunoff, S. A. (1), *Electromagnetic Waves,* Van Nostrand, New York, 1943, p. 212.

Schrank, H. (1), "Optimum Horns," *Ant. Prop. Soc. Newsletter,* **27,** 13–14, February 1985.

Sinclair, George (1), "The Patterns of Slotted Cylinder Antennas," *Proc. IRE,* **36,** 1487–1492, December 1948.

Southworth, G. C. (1), and A. P. King, "Metal Horns as Directive Receivers of Ultrashort Waves," *Proc. IRE,* **27,** 95–102, February 1939.

Stavis, G. (1), and A. Dome, in *Very High Frequency Techniques,* Radio Research Laboratory Staff, McGraw-Hill, New York, 1947, Chap. 6.

Terman, F. E. (1), *Radio Engineers' Handbook,* McGraw-Hill, New York, 1943, pp. 824–837 (this reference includes a summary of design data on horns).

Walton, K. L. (1), and V. C. Sundberg, "Broadband Ridge Horn Design," *Microwave J.,* **7,** 96–101, March 1964.

Watson, W. H. (1), *The Physical Principles of Wave Guide Transmission and Antenna Systems,* Oxford University Press, London, 1947.

Wohlleben, R. (1), H. Mattes and O. Lochner, "Simple, Small, Primary Feed for Large Opening Angles and High Aperture Efficiency," *Electronics Letters,* **8,** 19, September 1972.

习题

9.2.1 **两条 λ/2 缝隙**。在很大的导体片上有两条端对端布置的 λ/2 缝隙,两者的中心相距 1λ。若按等幅反相馈电,计算并绘出在两个主平面内的远场波瓣图。注意,H 平面与缝隙的轴线重合。

9.5.1[*] **盒式缝隙的阻抗**。某盒式缝隙天线只对半空间辐射,其互补偶极子天线的馈端阻抗 $Z = 150 + j\,0\,\Omega$,求该缝隙天线的馈端阻抗。设盒子并不在馈端上附加并联电纳。

9.5.2[*] **盒式缝隙**。某盒式缝隙天线只对半空间辐射,其互补偶极子有馈端阻抗 $Z = 90 + j\,10\,\Omega$,求该缝隙天线的馈端阻抗。设盒子并不在馈端上附加并联电纳。

9.5.3 **敞开缝隙的阻抗**。某敞开的缝隙天线同时向两侧辐射,要求其馈端阻抗为 $75 + j\,0\,\Omega$,该缝隙天线应取什么尺寸?

9.7.1 **50 Ω 和 100 Ω 的贴片**。设矩形贴片如图 9.22(a)所示,要求其输入阻抗为:(a) 50 Ω;(b) 100 Ω,问贴片的长度 W 应是多少?

9.7.2 **从微带馈线的辐射**。如何防止例 9.7.1 至例 9.7.3 中的微带馈线像贴片那样辐射?

9.7.3 **微带线**。对于聚苯乙烯基片($\varepsilon_r = 2.7$)的 50 Ω 微带传输线,应采用怎样的导带宽度和基片厚度?

9.9.1[*] **最优喇叭的增益**。设最优设计的方形口径为 $9\lambda \times 9\lambda$,试求其近似的最大功率增益。

9.9.2 **喇叭波瓣图**。设习题 9.9.1 的喇叭口径受均匀照射:(a) 计算并绘出其 E 面波瓣图;(b) 求其半功率波束宽度和第一零点波束宽度。

9.9.3 **矩形喇叭天线**。某工作在 2 GHz 的最优矩形喇叭天线有 12 dBi 的增益,其口径面积应为多大?

9.9.4 **圆锥喇叭天线**。某工作在 2 GHz 的圆锥喇叭天线有 12 dBi 的增益,其口径应具有多大的直径?

9.9.5 **棱锥喇叭**。某棱锥喇叭由 TE_{10} 模的矩形波导馈电,其射程差 $\delta_E = 0.1\lambda$,$\delta_H = 0.25\lambda$,口径 $a_E = 8\lambda$,求:(a) 喇叭的长度 L、口径 a_H、E 面和 H 面的半张角;(b) E 面和 H 面的 HPBW;(c) 定向性;(d) 口径效率。

注:习题中涉及的计算机程序,见附录 C。

第10章　平板和夹角反射器、抛物面反射镜天线

本章包含下列主题：

* 平板反射器
* 夹角反射器
* 无源夹角反射器
* 抛物面反射镜
* 大圆口径的波瓣图

10.1　引言

反射器被广泛地用来改变辐射单元的波瓣图。例如，采用一片足够大的平板反射器可以消除一架天线的背向辐射。更一般地说，借助一具受到照射的表面赋形的大反射器可以产生一种预定特征的波束。本章将讨论带有反射器或其等效结构之天线的特性。

图 10.1 列举了多种型式的反射器。图 10.1(a) 是接近一直偶极子天线的大平板反射器，用于减少背向（图中向左的）辐射，在天线与平板之间采用小间距能增大其前向辐射的增益。随着平板反射器尺寸如图 10.1(b) 所示地减小、甚至如图 10.1(c) 所示地减到细反射器单元的极限情况，在很大程度上仍能保持这种令人满意的性质。然而，这种性质只在大反射板情况下对频率的少量变化不甚敏感，而在细反射器单元情况下却高度敏感。在 8.5 节中曾讨论过这种 $\lambda/2$ 天线带有寄生反射器单元的情况。

图 10.1(d) 给出了两片平板按角度 α（$< 180°$）相交的结构，可获得比平板反射器 α（$=180°$）锐利的辐射波瓣图，称为有源夹角反射器天线，其最实用的口径尺寸是 $1\lambda \sim 2\lambda$。一架不带激励天线的夹角反射器可用做无源反射器或雷达波的目标。在这类应用中，口径达许多波长且夹角总是 $90°$，其特点是入射波总被反射回波源，如图 10.1(e) 所示，起着返回式反射器的作用。

若有可能建造尺寸达许多波长的大口径，则图 10.1(f) 所示的抛物面反射镜可被用做高度定向性的天线。抛物线能将来自其焦点位于其处波源的射束反射成平行波束，即将焦点处馈源天线发出的弯曲波前变换成平面波前。针对特殊应用还可采用其他形状的各种反射镜。譬如，采用图 10.1(g) 的椭圆面反射镜，能使位于其一个焦点处的天线所发射的波束经反射后都通过椭圆面的另一个焦点。此外，还可采用图 10.1(h) 所示的双曲面反射镜（Stavis-1）、图 10.1(i) 所示的圆形反射镜（Ashmead-1）等。

平板反射器、夹角反射器、抛物面反射镜以及其他反射镜将在随后各节中逐一细述。而有关馈源系统、口径遮挡、口径效率、绕射、表面粗糙度以及频率选择表面等的内容将在后续章节中介绍。

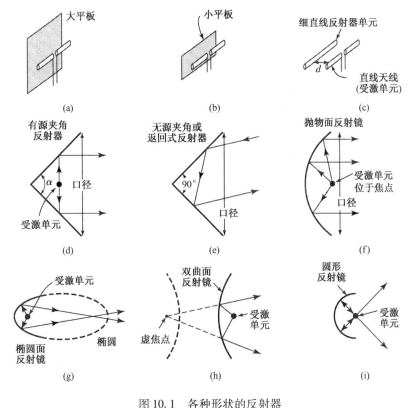

图 10.1 各种形状的反射器

10.2 平板反射器

用镜像法很容易处理与无限大理想导电平板反射器相距 S 的天线问题(Brown-1)。该方法采用与原天线相距 $2S$ 的天线镜像取代反射器,如图 10.2 所示。这种情况类似于位于地面上方的水平天线。如果原天线恰是 $\lambda/2$ 偶极子,这种情况就简化成 6.7 节所述的密排端射阵天线的问题。假设反射器无损耗,则与无限大平板反射器相距 S 的 $\lambda/2$ 偶极子天线所具有的场强增益为

$$G_f(\phi) = 2\sqrt{\frac{R_{11} + R_L}{R_{11} + R_L - R_{12}}} |\sin(S_r \cos\phi)| \qquad (1)$$

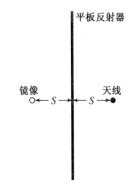

图 10.2 带有平板反射器的天线

其中 $S_r = 2\pi S/\lambda$,R_L 是偶极子的损耗电阻,增益 G_f 是相对于具有相同输入功率的自由空间 $\lambda/2$ 天线而言的。

图 10.3 列举了 $\lambda/2$ 天线与平板反射器相距 $S = \lambda/4$,$\lambda/8$ 和 $\lambda/16$ 时的场波瓣图,它们都是在 $R_L = 0$ 的情况下由式(1)算得的。图 10.4 是假定损耗电阻分别为 $R_L = 0\,\Omega$,$1\,\Omega$ 和 $5\,\Omega$ 时增益与间距的函数曲线,它们都是取 $\phi = 0$ 方向并根据式(1)算出的。显然,在低损耗时可以采用很小的间距,但其频带很窄。扩大间距会使增益变小,但频带加宽。假设天线的损耗电阻为 $1\,\Omega$,则最大增益发生在间距为 0.125λ 时。

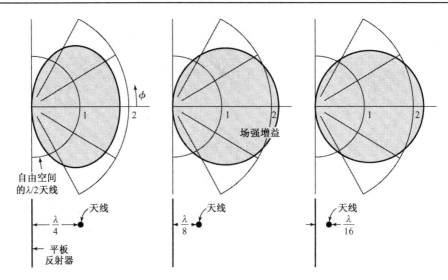

图 10.3　带无限大平板反射器的 λ/2 天线之场波瓣图,间距为 λ/4, λ/8 和 λ/16。波瓣图给出相对于相同输入功率下自由空间的 λ/2 天线场强的增益。当间距为 λ/8 时增益为 2.2(= 6.7 dB = 8.9 dBi)

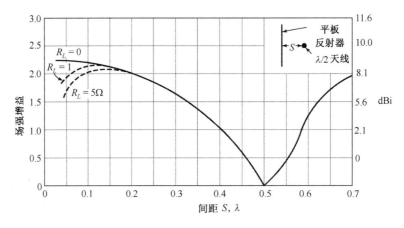

图 10.4　λ/2 天线与平板反射器相距 S 时场强的增益。增益是相对于相同输入功率下自由空间的 λ/2 天线的,图中还给出了增益的 dBi 值,计算时取 $\phi = 0$ 方向,分别假设损耗电阻 $R_L = 0.1\,\Omega$ 和 $5\,\Omega$

　　大尺寸的平板反射器能将双定向天线阵变换成单定向系统。如图 10.5(a)所示的由大型平板反射器支撑的 16 根同相 λ/2 单元按间距 λ/2 组成边射阵,借以形成单定向波束。图中还画出了馈电系统,在两对端点 F-F 上施加等幅同相的电压。如果平板的边缘伸出阵列有一定距离,可一级近似地假设该平板是无限伸展的。阵列与平板间距的选择需权衡对增益和频带的要求。若采用 λ/8 的间距,则大阵的辐射电阻基本上保持与无反射器时的数据相同(Wheeler-1);另一方面,若采用 λ/4 的间距,则可获得较宽的频带。间距 S 的精确值对单元阻抗的影响并不很敏感。

　　许多工作在 15 ~ 50 m 波长的短波环球广播台采用高塔支撑的大型帘幕式阵列。图 10.5(b)所示的阵列具有约 17 dBi 的增益;若并置另一组相同的帘幕式阵列(前帘和背帘)、总计 64 根偶极子,增益可提高至 20 dBi;再加倍到 128 根偶极子,增益约为 23 dBi;加倍到 256 根偶极子时增益约为 26 dBi;加倍到 512 根偶极子时增益约为 29 dBi。

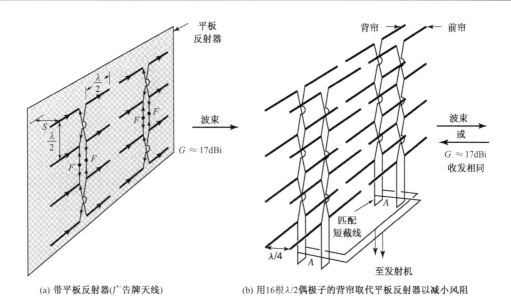

(a) 带平板反射器(广告牌天线)　　　　(b) 用16根λ/2偶极子的背帘取代平板反射器以减小风阻

图 10.5 带反射器的 16 根 λ/2 偶极子的阵列。若反接 A 处的传输线,可使波束倒向

例 10.2.1 具有 512 根 λ/2 偶极子阵的短波台

此大型阵列的尺寸与 16 组阵列[见图 10.5(b)]边靠边并列的情况相等。(a) 若电台的发射机传送给 512 根偶极子阵 25 kW 的功率,其有效辐射功率(ERP,effective radiated power)是多少?(b) 假设电磁波受囿于地球和 250 km 高的电离层之间,则距离天线 7500 km 处的场强是多少?

解:

(a) 增益 = $\log^{-1}(29/10) = 794$,故 ERP = $749 \times 25\,000 = 19.9$ MW

(b) 场点处的功率密度 = ERP$/2\pi rh = 19.9 \times 10^6/(2\pi \times 7.5 \times 10^6 \times 250 \times 10^3) = 1.68 \times 10^{-6}$ Wm^{-2},

故电场强度 $E = \sqrt{WZ/m^2} = \sqrt{1.68 \times 10^{-6} \times 377} = 25$ mV m^{-1},仍是非常强的信号。

当反射板的尺寸减小时,分析起来就不那么简单了。由图 10.6(a)可知,在这种情况下宜划分成三个主要角域来讨论。

区域 1(板的上面或前面)。此区域内的辐射场由偶极子的直接(直射)场与平板的反射场合成。

区域 2(板边缘的上下侧)。此区域内的辐射场只有偶极子的直接场,属于反射场的阴影区。

区域 3(板的下面或后面)。此区域内平板起屏蔽作用,属于完全阴影区(不存在直接场和反射场,只有绕射场)。

如果一根偶极子很接近宽为 1λ ~ 2λ 的反射板,则镜像理论可适用于区域 1 内的辐射波瓣图;在区域 2 内仍以发自偶极子的直射线远场为主;但在板背后阴影部分的区域 3 内则必须运用几何绕射理论①(GTD,Geometrical Theory of Diffraction),其波瓣图由沿着一对边缘的两条弱线源所产生。图 10.6(b)针对板宽 $D = 2.25\lambda$、间距 $d = 3\lambda/8$ 且板沿垂直于纸面方向非常长($\gg D$)的情况,显示了三个区域中的场。

---

① 绕射曾在 5.14 节和 9.2 节中讨论过。更详细的物理原理和几何绕射理论参见 Kraus-1。

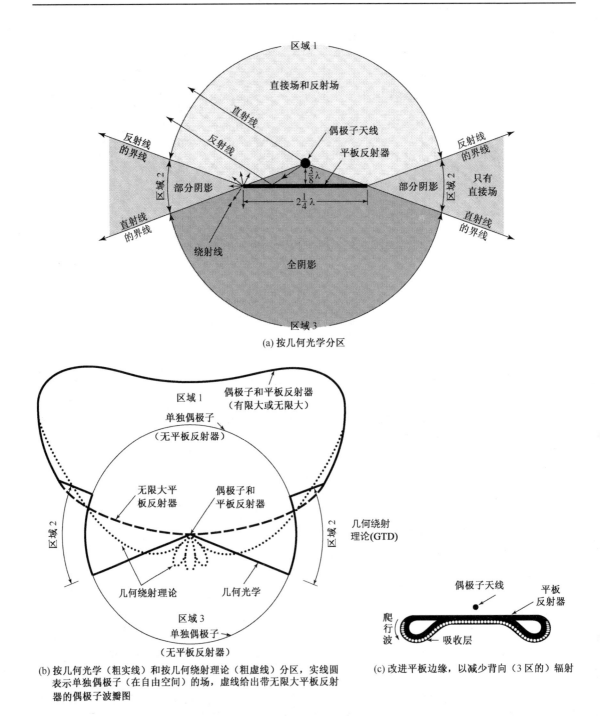

(a) 按几何光学分区

(b) 按几何光学（粗实线）和按几何绕射理论（粗虚线）分区，实线圆表示单独偶极子（在自由空间）的场，虚线给出带无限大平板反射器的偶极子波瓣图

(c) 改进平板边缘，以减少背向（3区的）辐射

图 10.6　带平板反射器的偶极子天线之辐射分区

　　较窄的反射板会使更多的绕射场进入区域3,这种绕射可借助于卷边(曲率半径 > λ/4) 和吸波材料而最小化,如图 10.6(c) 所示。

10.3　夹角反射器

10.3a　引言(John Kraus)

1938 年,我在分析带有平行平板反射器的偶极子辐射时,认识到用镜像取代平板,可使该偶极子与其镜像恰好形成 W8JK 阵。当平板(内角 180°)被折成直角(90°)时,理论上存在三个镜像,计算得到了相当高的增益。于是,作为对 W8JK 阵分析的推广,我又研究了夹角反射器,并立即制造了几副夹角反射器进行实验验证,并试着采用平行导线栅反射器,改变反射器导线的间距和长度以确定所要求的极限尺寸。

下述讨论主要基于我发表在"Proceedings of the I. R. E. "和"Radio"上的文章,以及一份由 Radio Corporation America (RCA)为我归档的专利(Kraus-2,3,4)。

10.3b　夹角反射器的设计

两片反射平板相交而成的夹角反射器,如图 10.7 所示,是一种有效的定向天线。当夹角 $\alpha = 90°$(即两板相交成直角)时,成为夹直角反射器。实用中夹角可以大于或小于 90°,但小于 90°太多的夹角就存在实用上的缺陷。$\alpha = 180°$ 的夹角反射器即平板反射器,是一种极限情况,已在 10.2 节中讨论过。

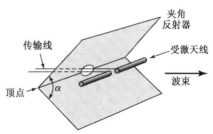

图 10.7　夹角反射器天线

假设反射板都是理想导电且无限伸展的,镜像法可用于分析角度 $\alpha = 180°/n$ 的夹角反射器,其中 n 是任意正整数。镜像法是静电学(Jeans-1)中的著名方法,可用于处理 180°(平板),90°,60°等夹角,但不能直接处理介于这些角度之间的夹角,只能采取插入近似。

在 90°夹角反射器的分析中,三个镜像单元 2,3,4 的位置如图 10.8(a)所示。假设所有单元均长 $\lambda/2$。受激天线 1 与三个镜像的电流都等幅,1 和 4 的电流同相,2 和 3 的电流也同相、但与 1 和 4 的电流反相。在与天线相距为 D 的远区场点 P 处的场强为

$$E(\phi) = 2kI_1|[\cos(S_r \cos\phi) - \cos(S_r \sin\phi)]| \tag{1}$$

其中,I_1——各单元的电流

　　S_r——从夹角顶点至各单元的电距离(弧度)$= 2\pi(S/\lambda)$

　　k——含有距离 D 等的常数

对任意角度的夹角反射器的分析包含了圆柱函数的积分。Klopfenstein(1)指出,可使该积分近似成无穷项求和。对于受激单元,其中心馈端上的电动势 V_1 为

$$V_1 = I_1 Z_{11} + I_1 R_{1L} + I_1 Z_{14} - 2I_1 Z_{12} \tag{2}$$

其中,Z_{11}——受激单元的自阻抗

　　R_{1L}——受激单元的等效损耗阻抗

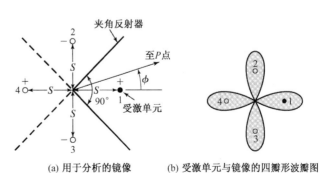

(a) 用于分析的镜像　　(b) 受激单元与镜像的四瓣形波瓣图

图 10.8　夹直角反射器

Z_{12}——单元 1 和 2 的互阻抗

Z_{14}——单元 1 和 4 的互阻抗

对各镜像的馈端也可以写出类似的表达式。若施加于受激单元的功率为 P(从而各镜像点源的功率也是 P),根据对称性有

$$I_1 = \sqrt{\frac{P}{R_{11} + R_{1L} + R_{14} - 2R_{12}}} \tag{3}$$

将此代入式(1),得

$$E(\phi) = 2k\sqrt{\frac{P}{R_{11} + R_{1L} + R_{14} - 2R_{12}}} \, |[\cos(S_r\cos\phi) - \cos(S_r\sin\phi)]| \tag{4}$$

如果撤除夹角反射器,自由空间中的 $\lambda/2$ 受激天线在同一点处的场强为

$$E_{HW}(\phi) = k\sqrt{\frac{P}{R_{11} + R_{1L}}} \tag{5}$$

其中 k 为与式(1)和式(4)中相同的常数。

式(4)与式(5)相除,就得到夹角反射器天线相对于自由空间 $\lambda/2$ 天线、在相同输入功率下的场强增益,即

$$
\begin{aligned}
G_f(\phi) &= \frac{E(\phi)}{E_{HW}(\phi)} \\
&= 2\sqrt{\frac{R_{11} + R_{1L}}{R_{11} + R_{1L} + R_{14} - 2R_{12}}} \, |[\cos(S_r\cos\phi) - \cos(S_r\sin\phi)]|
\end{aligned} \tag{6}
$$

其中,方括号中的是波瓣图因子、根号下的是耦合因子。波瓣图形状是从受激天线至夹角顶点之距离 S 的函数。按式(6)计算所得的四瓣形图[见图 10.8(b)]中,只有处在夹角范围内的一个波束才是真实的。

用同样的方法可以得出夹角为 $60°,45°$ 等情况下、以 $\lambda/2$ 偶极子为受激单元的夹角反射器的场强增益表达式。在 $60°$ 夹角的分析中共有 6 个单元、1 个真实偶极子的和 5 个镜像(见图 10.9)。$90°$ 和 $60°$ 夹角反射器的场强增益-波瓣图表达式列于表 10.1,同时列出的还有 $180°$ 夹角即平板反射器的表达式。

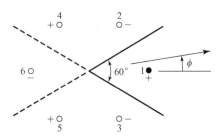

图 10.9　用于分析的 $60°$ 夹角反射器及其镜像

表 10.1　夹角反射器天线的场强增益-波瓣图公式

夹角(°)	分析的单元数	场强增益（在相同输入功率下、相对于自由空间中的 $\lambda/2$ 天线）
180	2	$2\sqrt{\dfrac{R_{11} + R_{1L}}{R_{11} + R_{1L} - R_{12}}}\,\sin(S_r\cos\phi)$
90	4	$2\sqrt{\dfrac{R_{11} + R_{1L}}{R_{11} + R_{1L} + R_{14} - 2R_{12}}}\,\lvert\cos(S_r\cos\phi) - \cos(S_r\sin\phi)\rvert$
60	6	$2\sqrt{\dfrac{R_{11} + R_{1L}}{R_{11} + R_{1L} + 2R_{14} - 2R_{12} - R_{16}}}$ $\times \lvert\{\sin(S_r\cos\phi) - \sin[S_r\cos(60° - \phi)] - \sin[S_r\cos(60° + \phi)]\}\rvert$

表 10.1 中的公式都假设是理想导电且无限大的反射板,由此算出的增益-间距曲线示于图 10.10,所得的增益值取自 $\phi = 0$ 的主向。每种夹角对应于两条曲线,实线为无耗($R_{1L} = 0$)情况,而虚线为假设损耗电阻 $R_{1L} = 1\,\Omega$ 情况下的计算数据。显然,为了能有效地工作,应避免过小的间距所引起的增益(因损耗而)跌落和频带变窄;另一方面,过大的间距也将导致增益降低,且对反射板的实际尺寸要求过大[①]。

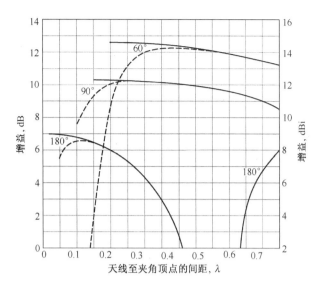

图 10.10 夹角反射器天线的增益作为天线-顶点间距的函数,相对于相同输入功率下自由空间 $\lambda/2$ 偶极子天线。增益取 $\phi = 0$ 方向的值,设损耗电阻为 $0\,\Omega$(实线)和 $1\,\Omega$(虚线)(引自 Kraus)

图 10.11(a)给出了 $90°$ 夹角反射器在天线-顶点间距 $S = \lambda/2$ 时的计算波瓣图,其增益相对于参考的 $\lambda/2$ 天线接近于 10 dB(或为 12 dBi)。这是间距并不算太大情况下的典型波瓣图。当间距超过某个值后,波束将分裂成多瓣,例如,间距 $S = 1.0\lambda$ 的夹直角反射器具有如图 10.11(b)般裂成两瓣的波瓣图。若间距再增大到

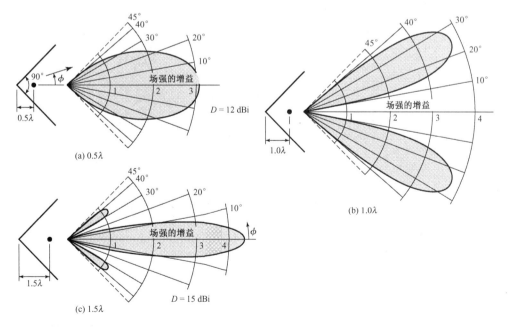

图 10.11 夹直角反射器天线的计算波瓣图。天线-顶点的间距为:(a)0.5λ;(b)1.0λ;(c)1.5λ。波瓣图还给出了相同输入功率下相对于各向同性点源的增益值

---

① 若使受激偶极子偏离分角线,则波束指向将移向(斜视)分角线的另一侧(见习题 10.3.13)。

$S=1.5\lambda$,主瓣仍回到 $\phi=0$ 方向,但出现了副瓣,如图 10.11(c)所示,可认为是该天线之高阶辐射模的波瓣图,此时相对于 $\lambda/2$ 偶极子的增益超过 12.9 dB($\approx$15 dBi)。

如果限制用低阶辐射模(无副瓣)的波瓣图,则要求间距按下表的范围取值:

夹角 α(°)	顶点至偶极子的间距 S
90	$0.25\lambda \sim 0.7\lambda$
180(平板)	$0.1\lambda \sim 0.3\lambda$

将式(2)除以 I_1 后取实部,可得受激天线的馈端阻抗 R_T 为

$$R_T = R_{11} + R_{1L} + R_{14} - 2R_{12} \tag{7}$$

若 $R_{1L}=0$,则馈端电阻由所有的辐射电阻合成。图 10.12(a)给出了夹角 $\alpha=180°,90°$ 和 $60°$ 时受激单元的馈端辐射电阻与间距 S 的函数曲线。注意,对于 $\alpha=90°$ 的夹角反射器,间距 $S=0.35\lambda$ 时受激 $\lambda/2$ 偶极子的电阻,与自由空间中 $\lambda/2$ 偶极子的电阻相同。

以上分析都假设反射器是理想导电且无限伸展的,仅有的例外是计算增益时曾用特定的 R_{1L} 来近似有限导电的反射器。这种分析为真实夹角反射器不太小的有限边长情况提供了良好的近似增益-波瓣图。如果反射器边长适当,则可以忽略绕射效应,其判据如图 10.12(b)所示。反射器的实质性工作区域之界限(即边长)应包含反射线平行于对称轴的反射点 A 在内,该点距离顶点 $1.41S$(S 是天线-顶点间距)。设反射器伸展到离顶点为 $L=2S$ 的 B 点,如图 10.12(b)所示,即比 A 点所在位置长约 $0.6S$。虽然 B 点所对应的角域 η 内不贡献反射波,但无限大反射板情况下存在的这部分反射波已属偏轴射线,对主瓣辐射的影响也不大,且对馈点阻抗的影响相当小。从实测波瓣图上可察觉到的影响,是主瓣略宽于根据无限大反射器计算的波瓣图,其零值不在 $45°$,而在角度稍大的方向上。因此,若无意外,将反射板的边长取为两倍的天线-顶点间距($L=2S$)是实用夹直角反射器的最小值[①]。

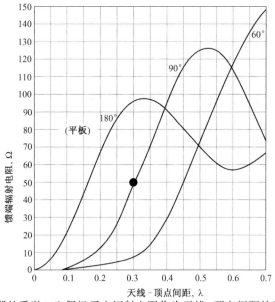

图 10.12(a)　夹角反射器的受激 $\lambda/2$ 偶极子之辐射电阻作为天线-顶点间距的函数。分 $60°,90°$ 和 $180°$ 三种夹角情况(Kraus)。注意,夹角为 $90°$ 而间距为 0.3λ 时的辐射电阻恰为惯用的 50Ω(粗点)

① 见附录 C 的 UTD 代码。

　　虽然无限伸展的夹角反射器存在着增益随夹角减小而提高的规律,但这并不适用于固定(有限)边长的夹角反射器。因为较小的夹角要求较大的间距 S,才能维持给定的效率。而且,在 60° 夹角反射器中,反射线与对称轴相平行的界限点距顶点 $1.73S$,大于在 90° 夹角反射器中的 $1.41S$,因而,要提高增益就要求反射器的边长与按相同频率设计的夹直角反射器相比大得多。通常,只能指望稍微提高增益,这是夹角反射器天线的实际缺点。

　　出于减小实心反射板风阻的考虑,可采用如图 10.13 所示的平行导线或导体栅。连接反射器各导体中点的支撑杆既可以是导体、也可以是绝缘体。通常,反射器导体条的间距应等于或小于 $\lambda/8$。采用 $\lambda/2$ 受激单元时,反射器导体条的长度 R 应等于或大于 0.7λ。若反射器导体条的长度减小到 $R < 0.6\lambda$ 时,会增大侧向和后向的辐射而降低增益;当该长度减至 0.3λ 时,最强辐射不再沿前向,"反射器"成了引向器。

表 10.2　宽频段夹直角反射器以及领结形偶极子的设计数据(见图 10.14)

偶极子-顶点间距,$S = \lambda/4$　(最低频率)
反射器长度,$L = 3\lambda/4$　(最低频率)
反射器杆长度,$H = 4\lambda/5$　(最低频率)
反射器杆间距,$s = \lambda/8$　(最高频率)
反射器杆直径,$d = \lambda/50$　(最高频率)
领结形偶极子长度,$l = 4\lambda/5$　(中心频率)

	最低频率 f_1	中心频率 f_2	最高频率 f_3	单位
偶极子-顶点间距,S	0.27	0.40	0.54	λ
反射器长度,L	0.75	1.13	1.50	λ
反射器杆长度,R	0.81	1.20	1.62	λ
反射器杆间距,s	0.061	0.092	0.122	λ
反射器直径,d	0.01	0.015	0.02	λ
领结形偶极子长度,l	0.53	0.80	1.06	λ
增益	11.0	13.0	14.0	dBi

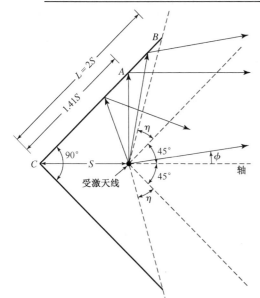

图 10.12(b)　夹直角反射器。边长 L 等于天线–顶点间距 S 的两倍

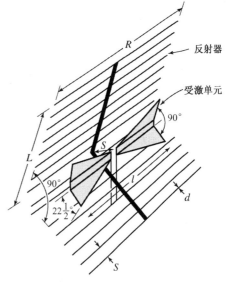

图 10.13　夹直角栅条型反射器及其宽频段领结形偶极子(见表 10.2)

夹直角反射器是一种简单、实用、固有宽频段的、能提供充分增益(11~14 dBi)的天线。表 10.2 列出了宽频段(2:1 频率覆盖)的夹直角反射器以及领结形偶极子的典型设计数据。图 10.14 所示受激单元是一种被折成 90° 的 Brown-Woodward(领结形)偶极子(见图 11.8.3),它的两个平坦侧面分别平行于反射器的两片导体面。采用 300 Ω 或 400 Ω 的双导线馈电,在 2:1 频率覆盖上具有很低的 VSWR。夹角反射器的尺寸都不是临界的,适度地增减表 10.2 中的尺寸 L 和 R 只会引起很小的增益变化,尺寸增加 10% 使增益提高 1 dB 以下,而尺寸减小 10% 使增益降低 1 dB 以上。增加反射器杆间的(中心至中心)距离 s 仅使增益稍微降低;且加粗杆径 d 后能用较大的间距进行补偿,使增益基本保持常数(Wong-1)。

若只需单频工作,可根据增益要求随意选用 f_1, f_2 或 f_3 所对应的尺寸。若用 f_1 或 f_2 所对应的 S, L, R 和 l,而用 f_3 所对应的 s 和 d,可设计出外形尺寸小且栅条数少的夹角反射器天线。

夹角反射器常被用做增益标准。在第 22 章中将讨论太赫(THz)频率的夹角反射器。

图 10.14 所示的夹直角–八木–宇田混合(或复合)型天线是美国特高频(UHF)电视频段的一种普及型设计,其八木–宇田天线的引向器之长度和间距适合于频段的高频端,只用少量反射器单元的夹角反射器适合于低频和中频。该天线在 2:1 的整个 UHF 频段上有 7~8 dBi 的增益,虽低于全单元数的夹角反射器天线,但其风阻更小。

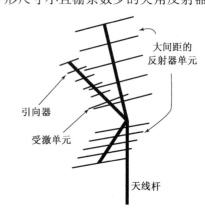

图 10.14　夹直角–八木–宇田混合天线,在 2:1 频率覆盖上具有 8dBi 的平均定向性

这种混合天线与图 10.13 所示的宽频带夹角反射器以及 YUCOLP(Yagi-Uda-corner-log-periodic,八木–宇田–夹角–对数–周期)阵列的比较将在 11.8 节中讨论。

若有边长为 $d=2\lambda$ 的三维直角的夹角反射器(见图 10.15),**受激**于一根与顶点相距 0.9λ 的 **$\lambda/2 \sim 3\lambda/4$ 单极子**,则所得波束的方向与三个坐标轴构成近似相等的角度。Inagaki(1)指出其增益为 17 dBi,且当夹角较小时有较大的增益。Elkamchouchi(1)则指出,若在夹角反射器顶点处放置一常数半径的圆柱面,可以改善性能。

为了区分本节所讨论的带有偶极子(受激单元)和不带偶极子(或单极子)的夹角反射器,分别称之为:**有源**夹角反射器和**无源**返回式夹角反射器。前者可以取任意夹角,以 90° 最为普遍。而后者则**总是**取直角(90°),在 10.4 节讨论。

10.4　无源(返回式)夹角反射器

由两片反射平板组成的无源(返回式)夹角反射器如图 10.1(e)所示。图 10.15 则给出了具有三片互相垂直反射板的、从原点伸展的长度均为 $d(=\pm x_1 = \pm y_1 = \pm z_1)$ 的结构,形成八个**三维夹直角的**返回式反射器。每个夹直角区域占有一个卦限($4\pi/8 \text{ sr} = \pi/2 \text{ sr} = 5157$ 平方度)。在此立体角内的任何入射线或波都被反射回波源的方向,如图所示。这八个夹直角反射器恰组群成在全球面立体角($=4\pi \text{sr} = 41253$ 平方度)内对任何方向来波的返回式反射器,具有作为入射角函数的等效(垂直投影)平板反射器面积。该面积除了沿 $\pm(x, y, z)$ 轴的六个方向为 $4d^2$ 之外,

最大值是 $\sqrt{3}\,d^2$，稍偏离坐标轴方向即趋于零。

　　这种无源夹角反射器群对雷达信号的增
强反射作用有着许多应用，例如小型船艇普遍
将它装置在高桅杆上（通常采用线网反射表
面）使雷达更易察觉该船的存在。为了更加有
效，反射器的尺寸应为好几个波长，而网孔的
周长应小于 $\lambda/2$。表面的平整度应优于 $\lambda/16$，
以增加雷达回波引起注意的概率。在结构上
可以旋转反射器，以避免出现固定的零点。

　　若将无源夹角反射器群沿各反射板的对
角线切割（见图 10.15 中的虚线）成八个截割
夹角反射器，它们各以口径面积为 $3d^2/4$ 的
$60°$ 等边三角形为界。若将一个球面划分成等
边三角形（按 Buckminster Fuller 测地学的圆顶
方式），并对每个三角形都嵌入相应的截割夹

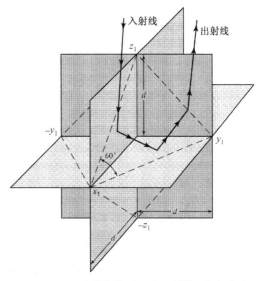

图 10.15　八个直角的返回式反射器。任何方向
的来波都被反射回，射径经三重弹跳

直角反射器，则整个球面具有 12 个夹角反射器的阵列，可对整个 4π sr 上的入射角获得更均
匀的回波面积函数，其代价是回波面积的最大值稍小。

　　返回式反射器还能用其他方法构造。例如覆有 π sr 反射杯的龙伯（Luneburg）透镜
（见 17.10 节）在此角域上起着返回式反射器的作用，另一种是范阿塔（Van Atta）阵（见 16.12 节）。

10.5　抛物线的一般性质

　　要借助一片反射镜[1]使点源在大口径上产生平面波前，参照图 10.16（a），这就要求从点源
到达该波前的射径 1 和 2 的距离相等[2]，即

$$2L = R(1 + \cos\theta) \tag{1}$$

或

$$R = \frac{2L}{1 + \cos\theta} \tag{2}$$

得到该反射镜表面轮廓的方程，它是焦点位于 F 的抛物线方程。

　　参照图 10.16（b），抛物线可定义为从抛物线上任一点到固定的焦点之距离恰等于该点到
固定的准线之垂距。因此，图中 $PF = PQ$。再参照图 10.16（c），令 AA' 是垂直于焦轴而与准线
相距 QS 的直线，由于 $PS = QS - PQ$ 以及 $PF = PQ$，因而从焦点至 S 点的距离为

$$PF + PS = PF + QS - PQ = QS \tag{3}$$

所以，抛物面反射镜的性质是：来自焦点处各向同性源的所有波经抛物线反射后，到达 AA' 线

---

①　"reflector"的直译是"反射器"，可用来统称各种（夹角、抛物面等）反射器天线，或用做天线组成部分的（有源、无
源、等效）反射器。"反射镜"是"reflective mirror"的直译，源自光学，并随之被基于光学（或准光）原理的微波（反射
镜、透镜）天线所惯用，而视 reflector 为其简称。因此，称抛物面天线为反射器和反射镜皆宜，但后者更能反映其具
有的准光特性，故在译文中采用。——译者注

②　这是等光程原理（费马原理）应用于射径在相同媒质中的特例。对于多于一种媒质的更一般情况，见第 17 章。

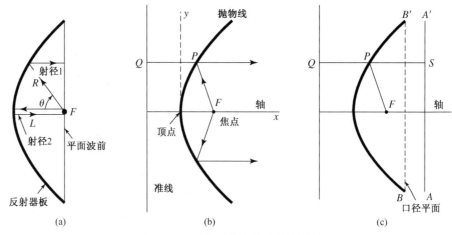

图 10.16 射线经抛物线反射的原理

时都同相。焦点的镜像就是准线,而沿 AA' 线的反射场看来像是源自准线的平面波。与反射器相割的 BB' 平面[见图10.16(c)]即口径平面。

柱形抛物面将位于焦点(线)上的同相线源[见图10.17(a)]所辐射的柱面波转换成口径上的平面波,旋转抛物面则将来自焦点处各向同性源[见图10.16(b)]的球面波转换成口径上的平面波。对于单根射线或波径,抛物面则具有将来自焦点的辐射引导或校准成与轴平行之波束的性质(见图10.17)。

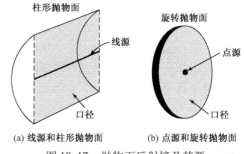

(a) 线源和柱形抛物面   (b) 点源和旋转抛物面

图 10.17 抛物面反射镜及其源

10.6 抛物面反射镜与夹角反射器的比较

如图10.18所示,从位于抛物线焦点的初级源或馈源天线发出的辐射线,凡未直接射到抛物线的,都不受校准而按直射路径向很大的立体角域辐射。这不仅降低了效率,而且还使抛物面的辐射波瓣图变差。因此,**抛物面反射镜必须具有定向的馈源**,以将全部或大部分能量射向抛物面。另一方面,**夹角反射器却并不要求有定向的馈源**,因为其直射与反射波总是合成相加的(镜像原理)。进一步说,**夹角反射器不存在特定的焦点**。

夹直角反射器的实际口径尺寸为 $1\lambda \sim 2\lambda$,而抛物面反射镜的口径应比这大得多。对于尺度为许多波长的大抛物面,90°或180°的夹角反射器可作为一种实际的馈源选择,取决于抛物面的焦径比 F/D;有时也用120°夹角反射器,其优点是在两个主平面内有几乎相等的波束宽度。

虽然夹角反射器在原理上不同于抛物面反射镜,但借助图10.18可以说明两者有着近似的等效关系。置一直线天线于柱形抛物面反射镜的焦线 F 上,以一具有相同口径的夹直角反射器作为比较,此时天线–顶点的间距是 AF,两者被重叠地绘于图10.18。考察从点 F 沿正 y 向的辐射线,在夹角反射器

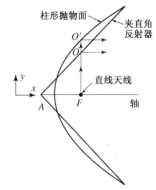

图 10.18 柱形抛物面反射镜与
          夹直角反射器的比较

的 O 点、或是柱形抛物面反射镜的 O' 点处反射,因而波在夹角反射器中行进的路程短了 OO'。若 $AF=2\lambda$,则该 OO' 段的电长度约为 $180°$,可以预期两种天线的波瓣图将显著不同。但若 $AF=0.35\lambda$,该段的电长度仅约为 $30°$,只导致两种波瓣图稍有差异。这说明了当 AF 与波长相比很小时,反射器的精确形状并不很重要,而夹角反射器的实际优点是平板的简单性和易于制造。

10.7　旋转抛物面反射镜

由抛物线绕其焦轴回转而生成的表面称为旋转抛物面或简称抛物面(Friis-1,Silver-1,Cutler-1,Slater-1)。如果置各向同性源于旋转抛物面的焦点[见图 10.19(a)],反射镜表面与真实抛物面的偏差远小于波长,则由源辐射而被抛物面截取的那部分(A)经反射后形成圆形口径上的平面波。

若抛物面的焦点与顶点之间距 L 恰是 $\lambda/4$ 的偶数倍,则在口径的中心区域,由源直接沿轴辐射的那部分具有与反射波相反的相位而趋于抵消。但若

$$L=\frac{n\lambda}{4} \qquad (1)$$

其中 $n=1,3,5,\cdots$,则在口径的中心区域,由源直接沿轴辐射的那部分因与反射波同相而趋于增强。

借助于定向辐射的馈源或初级天线[1],如图 10.19(b)和图 10.19(c)所示,可以消除源的直接辐射。具有理想半球波瓣图的初级天线[见图 10.19(b)中的实线半圆]能形成反射镜口径上的同相场,但场的幅度呈锥削状。要想获得更均匀的口径场分布或照射,就应如图 10.19(c)所示那样加长反射镜的焦距并保持其直径不变,以减小照射角 θ_1[2]。如果源的波瓣图在 $\pm\theta_1$ 之间是均匀的(实线),则口径照射更接近(但并非)完全均匀(实线)。虽然从焦点 F 经顶点 V 和经边缘(P_1 和 P_2)反射到达口径上的总长度相等[见图 10.16(a)],但从 F 到 P_1 和 P_2 的球面($1/r$)衰减波的射径比从 F 到 V 的射径更长,因此场在边缘处趋弱。完全均匀的口径场要求一种倒锥削的馈源波瓣图。

图 10.19(c)中用虚线给出了定向源的典型波瓣图(左),以及它所形成的锥削式口径分布(右)。

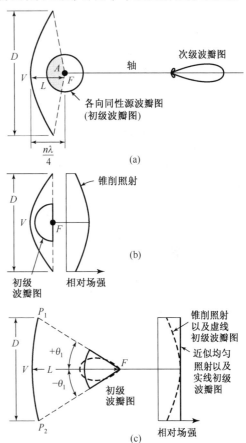

图 10.19　不同焦距 L 的抛物面反射镜以及不同波瓣图的源

为了降低副瓣电平,可借助于较大锥削量的口径分布来减小边缘照射,但会因此牺牲一些增益。

图 10.19(b)所示的配置属于小焦比的情况,而图 10.19(c)所示的配置属于大焦比的情况。

---

[1]　为方便起见,称馈源或初级天线的波瓣图为初级波瓣图,而称整个天线的波瓣图为次级波瓣图。

[2]　即增大 L 和 D 的比值。该比值在工程上表示为 $F/D=$(焦距/口径直径),称为焦径比,或简称焦比。

各种类型的初级天线可提供合适的定向波瓣图。例如,图 10.20(a)所示的带有小接地板的 λ/2 天线以及图 10.20(b)所示的小型喇叭天线。这些例子中的初级天线,因位于反射波的路径中而存在两个主要缺点:其一是抛物面反射的波又回入初级天线,由于产生互作用而失配[①];其二是初级天线起着障碍物的作用,遮挡了口径的中心部分而加大了副瓣。要同时避免这两种效应,可采用偏位的初级天线和部分抛物面,如图 10.20(c)所示,称为偏置馈源(简称偏馈)。

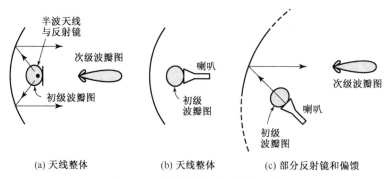

图 10.20　旋转抛物面反射镜天线

下面将推导抛物面反射镜的口径场分布。首先推导较简单的柱形抛物面,作为旋转抛物面情况的入门。考虑图 10.21(a)所示的带有线源的柱形抛物面反射镜,线源在其轴的垂直平面(纸平面)内是各向同性的。在反射镜表面 y 处,宽度为 dy 的条带上沿 z 向[图 10.21(a)中垂直于纸面的方向]单位长度所受照射的功率 P 为

$$P = dy \, S_y \tag{2}$$

其中 S_y 为在 y 处的功率密度,$W \, m^{-2}$。

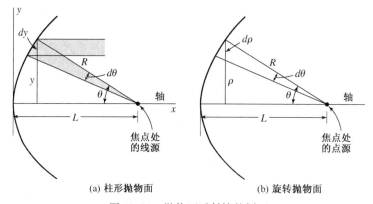

图 10.21　抛物面反射镜的剖面

然而,已经有

$$P = d\theta \, U' \tag{3}$$

其中 U' 为沿 z 向每单位长度、剖面每单位角度的功率,于是

$$S_y \, dy = U' \, d\theta \tag{4}$$

---

① 采用圆极化初级天线如轴向模螺旋,可以很大程度地减轻这些效应。若该初级天线辐射右旋圆极化,则从抛物面反射的波是左旋圆极化,因而初级天线对之不敏感。

或

$$\frac{S_y}{U'} = \frac{1}{(d/d\theta)(R\sin\theta)} \tag{5}$$

其中

$$R = \frac{2L}{1+\cos\theta} \tag{6}$$

由此可得

$$S_y = \frac{1+\cos\theta}{2L}U' \tag{7}$$

当 $\theta = \theta$ 时将 S_y 记为 S_θ,而 $\theta = 0$ 时将 S_y 记为 S_0,可得这两个照射方向上的功率密度之比

$$\frac{S_\theta}{S_0} = \frac{1+\cos\theta}{2} \tag{8}$$

于是,口径平面上的场强之比就等于此功率密度比的平方根,即

$$\frac{E_\theta}{E_0} = \sqrt{\frac{1+\cos\theta}{2}} \tag{9}$$

其中 E_θ/E_0 是距轴 $y = R\sin\theta$ 处的相对场强。

现考虑图 10.21(b)所示的带有各向同性点源的旋转抛物面的情况,在反射镜表面半径为 ρ 处,宽度为 $d\rho$ 的环带上的照射功率为

$$P = 2\pi\rho\,d\rho\,S_\rho \tag{10}$$

其中 S_ρ 为距离轴 ρ 处的功率密度,$\mathrm{W\ m^{-2}}$。

该照射功率应等于各向同性源在立体角 $2\pi\sin\theta\,d\theta$ 内所辐射的功率,即

$$P = 2\pi\sin\theta\,d\theta\,U \tag{11}$$

其中 $U = $ 辐射强度,$\mathrm{W\ sr^{-1}}$。

于是

$$\rho\,d\rho\,S_\rho = \sin\theta\,d\theta\,U \tag{12}$$

或

$$\frac{S_\rho}{U} = \frac{\sin\theta}{\rho(d\rho/d\theta)} \tag{13}$$

其中

$$\rho = R\sin\theta = \frac{2L\sin\theta}{1+\cos\theta}$$

由此可得

$$S_\rho = \frac{(1+\cos\theta)^2}{4L^2}U \tag{14}$$

于是,沿 θ 和 $\theta = 0$ 两个照射方向上的功率密度之比

$$\frac{S_\theta}{S_0} = \frac{(1+\cos\theta)^2}{4} \tag{15}$$

因而口径平面上的场强之比等于此功率密度比的平方根,即

$$\frac{E_\theta}{E_0} = \frac{1+\cos\theta}{2} \tag{16}$$

其中 E_θ/E_0 是在距轴为半径 $\rho = R\sin\theta$ 处的相对场强。

10.8　均匀照射大型圆口径的波瓣图

从具有均匀照射口径的大型旋转抛物面发出的辐射,实质上等效于从均匀平面波照射的无限大金属板上相同直径圆口径的辐射(见图 10.22)。对此均匀照射口径所辐射的场波瓣图,可应用惠更斯原理,按与第 5 章中对矩形口径的类似处理方法进行计算(Slater-2,Silver-1)。得出归一化场波瓣图 $E(\phi)$ 作为 ϕ 和直径 D 的函数如下:

$$E(\phi) = \frac{2\lambda}{\pi D}\frac{J_1[(\pi D/\lambda)\sin\phi]}{\sin\phi} \tag{1}$$

其中,D——口径的直径,m

λ——自由空间波长,m

ϕ——相对于口径法线的角度(见图 10.22)

J_1——一阶贝塞尔函数

辐射波瓣图第一零点的角度 ϕ_0 由下式得到:

$$\frac{\pi D}{\lambda}\sin\phi_0 = 3.83 \tag{2}$$

这是因为当 $x=3.83$ 时 $J_1(x)=0$。于是

$$\phi_0 = \arcsin\frac{3.83\lambda}{\pi D} = \arcsin\frac{1.22\lambda}{D} \tag{3}$$

当口径很大而 ϕ_0 非常小时,式(3)可近似成

$$\phi_0 \approx \frac{1.22}{D_\lambda}\text{(弧度)} = \frac{70}{D_\lambda}\text{(度)} \tag{4}$$

其中 $D_\lambda = D/\lambda$,为口径直径的波长数,λ。

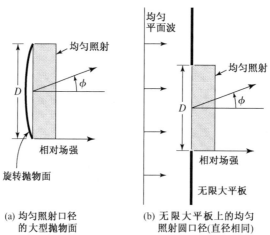

(a) 均匀照射口径　　　　(b) 无限大平板上的均匀
　　的大型抛物面　　　　　　照射圆口径(直径相同)

图 10.22　旋转抛物面与等效圆口径

第一零点波束宽度即此角度的两倍。因此,大圆口径的第一零点波束宽度为

$$\text{BWFN} = \frac{140}{D_\lambda}\quad\text{(度)} \tag{5}$$

作为比较,均匀照射矩形口径或长直线阵的第一零点波束宽度为

$$\text{BWFN} = \frac{115}{L_\lambda}\quad\text{(度)} \tag{6}$$

其中 L_λ 为口径长度的波长数，λ。

大圆口径的半功率波束宽度是（Silver-1）

$$\text{HPBW} = \frac{58}{D_\lambda} \quad （度） \tag{7}$$

均匀照射大口径的定向性则为

$$D = 4\pi \frac{\text{area}}{\lambda^2} \tag{8}$$

对于圆口径，有

$$D = 4\pi \frac{\pi D^2}{4\lambda^2} = 9.87 D_\lambda^2 \tag{9}$$

其中 D_λ 为口径直径的波长数，λ。

圆口径相对于 $\lambda/2$ 偶极子天线的功率增益是

$$G = 6D_\lambda^2 \tag{10}$$

例如，具有直径 10λ 的均匀照射圆口径天线，相对于 $\lambda/2$ 偶极子天线的增益为 $G = 600$ 或接近于 28 dB（≈ 30 dBi）。

对于矩形口径，有定向性

$$D = 4\pi \frac{L^2}{\lambda^2} = 12.6 L_\lambda^2 \tag{11}$$

和相对于 $\lambda/2$ 偶极子天线的功率增益

$$G = 7.7 L_\lambda^2 \tag{12}$$

其中 L_λ 为口径边长的波长数，λ。

例如，具有边长 10λ 的均匀照射方口径的天线，相对于 $\lambda/2$ 偶极子天线的增益为 $G = 770$ 或接近 29 dB（≈ 31 dBi）。

上述均匀照射口径的定向性和增益关系式，至少应有几个波长的口径尺度。而且，如果是锥削照射，定向性和增益会减小。

边长 10λ 之方口径和直径 10λ 之圆口径的波瓣图比较于图 10.23。两者都假设了口径场为均匀幅度与相位分布。所给出的波瓣图是 xy 面内 ϕ 的函数，在 xz 面内的波瓣图是相同的。虽然圆口径的波束宽度略大于方口径，但圆口径的旁瓣电平较小。当口径照射呈锥削变化时，也存在类似的效果。

表 10.3 汇总了波束宽度、定向性和增益的计算公式。与喇叭天线波束宽度的比较见表 9.1。

表 10.3　均匀口径分布*（方口径和圆口径）的波束宽度、定向性和增益

	圆口径	矩形口径
半功率波束宽度	$\dfrac{58°}{D_\lambda}$	$\dfrac{51°}{L_\lambda}$
第一零点波束宽度	$\dfrac{140°}{D_\lambda}$	$\dfrac{115°}{L_\lambda}$
定向性（增益，相对于各向同性源）	$9.9 D_\lambda^2$	$12.6 L_\lambda L_\lambda'$
增益（相对于 $\lambda/2$ 偶极子）	$6 D_\lambda^2$	$7.7 L_\lambda L_\lambda'$

其中
　　D_λ＝圆口径直径的波长数
　　L_λ＝矩形口径边长的波长数
　　L_λ'＝矩形口径另一边长的波长数（方口径的 $L_\lambda' = L_\lambda$）

*假设口径远大于波长 λ。口径锥削分布时，波束宽度变大，定向性、增益以及副瓣变小。

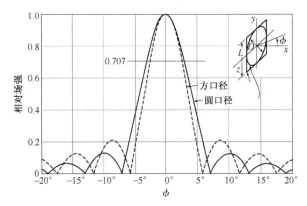

图 10.23　尺度为 10λ 的均匀口径归一化场波瓣图。方口径与圆口径的比较

参考文献

Ashmead J. (1), and A. B. Pippard, "The Use of Spherical Reflectors as Microwave-Scanning Aerials," *JIEE* (Lond.), **93,** pt. IIIA, no. 4, 627–632, 1946.

Brown, G. H. (1), "Directional Antennas," *Proc. IRE,* **25,** 122, January 1937.

Cutler, C. C. (1), "Parabolic Antenna Design for Microwaves," *Proc. IRE,* **37,** 1284–1294, November 1947.

Elkamchouchi, H. M. (1), "Cylindrical and Three-Dimensional Corner Reflector Antennas," *IEEE Trans. Ants. Prop.,* **AP-31,** 451–455, May 1983.

Friis, H. T. (1), and W. D. Lewis, "Radar Antennas," *Bell System Tech. J.,* **26,** 219–317, April 1947.

Inagaki, N. (1), "Three Dimensional Corner Reflector Antennas," *IEEE Trans. Ants. Prop.,* **AP-22,** 580, July 1974.

Jeans, Sir James (1), *Mathematical Theory of Electricity and Magnetism,* 5th ed., Cambridge University Press, London, p. 188.

Klopfenstein (1), "Corner Reflector Antennas with Arbitrary Dipole Orientation and Apex Angle," *IRE Trans. Ants. Prop.,* **AP-5,** 297–305, July 1957.

Kraus, J. D. (1), *Radio Astronomy,* 2d ed., Cygnus-Quasar, 1986, pp. 642–646.

Kraus, J. D. (2), "The Corner Reflector Antenna," *Proc. IRE,* **28,** 513–519, November 1940.

Kraus, J. D. (3), "The Square-Corner Reflector," *Radio,* no. 237, 19–24, March 1939.

Kraus, J. D. (4), "Corner Reflector Antenna," U.S. Patent 2,270,314, granted Jan. 20, 1942.

Silver, S. (ed.) (1), *Microwave Antenna Theory and Design,* McGraw-Hill, New York, 1949.

Slater J. C. (1), *Microwave Transmission,* McGraw-Hill, New York, 1942, pp. 272–276.

Slater J. C. (2), and N. H. Frank, *Introduction to Theoretical Physics,* McGraw-Hill, New York, 1933, p. 325.

Stavis, G. (1), and A. Dome, in *Very High Frequency Techniques,* Radio Research Laboratory Staff, McGraw-Hill, New York, 1947, Chap. 6.

Wheeler, H. A. (1), "The Radiation Resistance of an Antenna in an Infinite Array or Waveguide," *Proc. IRE,* **36,** 478–487, April 1948.

Wong, J. L. (1), and H. E. King, "A Wide-Band Corner-Reflector Antenna for 240 to 400 MHz," *IEEE Trans. Ants. Prop.,* **AP-33,** 891–892, August 1985.

习题

10.2.1　**平板反射器**。设有置于无限大平板前的 $\lambda/2$ 偶极子天线,二者相距 0.15λ,假设天线的损耗电阻 $R_L = 0\,\Omega$ 和 $5\,\Omega$。分别计算并绘出其辐射波瓣图;相对于自由空间中在相同输入功率和无耗条件下的 $\lambda/2$ 偶极子天线,求该天线的增益。

10.2.2　**接地平面的绕射**。利用 *UTD* 程序计算 $\lambda/2$ 偶极子置于 1λ 见方平板反射器上方 $\lambda/4$ 处时,在图 10.6 所示三个区域内的场波瓣图。并回答:(a) 区域 2 的最大场比区域 1 的最大场低多少 *dB*?(b) 区域 3 的最大场比区域 1 的最大场低多少 *dB*?

10.2.3　**大接地平面的绕射**。对于 2λ 见方的接地平面,重复习题 10.2.2 的计算。

10.3.1　**夹直角反射器**。某夹直角反射器在与顶点相距 $\lambda/2$ 处置有受激 $\lambda/2$ 偶极子天线,假设理想导电反射板(理想反射器)无限大。计算并绘出垂直于受激单元的平面内的辐射波瓣图。

10.3.2　**夹直角反射器**。(a) 证明在夹直角反射器的受激 $\lambda/2$ 单元所在平面内的相对场波瓣图为

$$E = [1 - \cos(S_r \sin\theta)]\frac{\cos(90°\cos\theta)}{\sin\theta}$$

其中 θ 是相对于单元轴的角度。假设夹角反射器板理想导电且无限伸展。(b) 当受激单元与顶点间距为 $\lambda/2$ 时,计算并绘出在受激单元所在平面内的场波瓣图。

10.3.3　**夹直角反射器**。考虑带有受激 $\lambda/2$ 天线的理想夹直角反射器,受激天线与顶点间距为 $\lambda/2$,但偏离分角线 $20°$。计算并绘出在与受激天线及反射板垂直之平面内的波瓣图。

10.3.4*　**夹直角反射器**。考虑带有中心馈电的受激 $\lambda/2$ 细天线的无限伸展的夹直角反射器,受激天线与顶点间距为 0.35λ。(a) 计算并绘出其波瓣图;(b) 计算受激天线的辐射电阻;(c) 假设损耗可以忽略,计算该受激天线–反射器组合相对于孤立受激天线的增益。

10.3.5　**夹直角反射器对应的镜像单元阵**。假设移去习题 10.3.4 中的夹角反射器,代之以三个镜像,构成四单元受激阵列。

(a) 计算并绘出此阵列的波瓣图;(b) 计算四天线中任一根在中心处的辐射电阻;(c) 计算此阵列相对于单根孤立天线的增益。

10.3.6*　**夹直角反射器阵**。四个夹直角反射器天线连排一线组成边射阵,夹角的边缘相连,间距为 1λ,如图 $P10.3.6$ 所示。每个反射器的受激天线都是距离顶点 0.4λ 的 $\lambda/2$ 单元,馈予等幅同相的电流。假设各夹角反射器具有相同的性能,且它们的边(沿垂直于纸面方向)是无限伸展的。试求:(a) 该阵列相对于单根 $\lambda/2$ 天线的增益;(b) 在 H 平面内的半功率波束宽度。

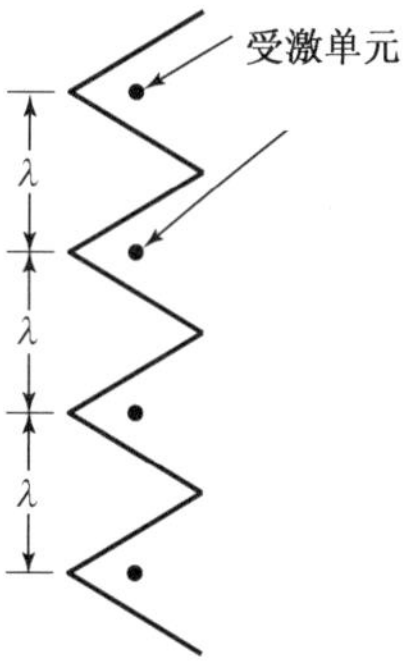

受激单元

图 $P10.3.6$　夹直角反射器阵

10.3.7　**受激单元相距 $\lambda/4$ 的夹角反射器**。考虑某夹直角反射器,在距顶点 $\lambda/4$ 处置有受激 $\lambda/2$ 单元。证明其定向性应为 $D = 12.8\ dBi$。

10.3.8　**受激单元相距 $\lambda/2$ 的夹角反射器**。某夹直角反射器在距顶点 $\lambda/2$ 处有受激 $\lambda/2$ 单元。(a) 计算并绘出两个主平面内的远场波瓣图;(b) 求两个主平面内的 $HPBW$;(c) 计算受激单元的馈端阻抗;(d) 用两种方法计算定向性,并进行比较:(1) 由受激和镜像偶极子的阻抗;(2) 由 $HPBW$ 值。假设理想导电反射板无限大。

10.3.9　**带有领结形偶极子的夹角反射器**。某夹直角反射器带有 0.75λ 的领结形偶极子,如图 10.15 所示,并由 20 根长 1.2λ、间隔 0.1λ 的金属杆构成反射器。(a) 绘出场波瓣图;(b) 计算定向性。

10.3.10　**夹角反射器的接收功率**。设由美国 36 频道($602 \sim 608\ MHz$)电视台辐射的场强为 $1\ \mu V\ m^{-1}$,进入增益为 $11\ dBi$ 的夹直角反射器天线后传送到 $50\ \Omega$ 的匹配负载,求最大接收功率。

10.3.11　**多径条件下天线的最优架高**。美国 44 频道($650 \sim 656\ MHz$)电视台从 $300\ m$ 高塔上发射水平极化波,用一架水平极化的夹角反射器天线在 $10\ km$ 距离处接收。假设反射板和地面都是理想导电平面,求接收天线的最优架设高度。

10.3.12　**三面夹直角反射器天线**。三个互相垂直的理想导电平板交于一点,构成三面夹直角反射器,如图 10.16 中的一个卦限。若在与顶点相距 S 处放置一 $\lambda/4$ 的短桩形单极子,试求:(a) 能使馈源恰与 $50\ \Omega$ 同轴馈线匹配的 S 值;(b) 此时天线的定向性。

10.3.13　**夹直角单脉冲雷达天线**。试设计一架夹直角反射器天线,具有两个偏轴馈源,工作在单脉冲雷达的状态。

10.7.1　**旋转抛物面反射镜**。设直径 8λ 和 16λ 的旋转抛物面反射镜具有均匀照射口径,分别计算并绘出其辐射波瓣图。

10.7.2*　**带有缺损扇形片的抛物面反射镜**。某旋转抛物面碟形天线具有 $100\ m^2$ 的有效口径,若该抛物面缺损一 $30°$ 的扇形片,保持其他部分和馈源不变,试求新的有效口径。

注:习题中涉及的计算机程序,见附录 C。

第11章　宽频带和非频变天线

本章包含下列主题：

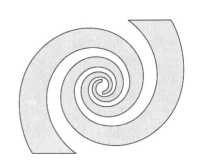

- 宽频带基础
- 无限和有限的双锥天线
- 定向的双锥或 V 形、圆锥、盘锥和领结天线
- 非频变概念、拉姆塞(Rumsey)原理
- 伊利诺伊(Illinois)的故事
- 平面对数螺蜷
- 圆锥螺蜷
- 对数周期天线
- YUCOLP 复合天线

11.1　宽频带基础

宽频带和窄频带天线的区别是什么？图 11.1(a)所示的具有恒定阻抗的弯曲双锥 V 形天线就属于宽频带类型。这种天线基本上是具有恒定阻抗 Z_k(导体间距 S 与半径 r 之比)的传输线,若长度 L 达一个波长以上,则外向波的大部分能量被辐射而只有很少的能量被反射。V 形天线是非谐振的、具有低 Q 值的辐射器,其输入阻抗在很宽的频率范围内基本维持不变。此外,这种天线与空间有良好的匹配,提供了从输入传输线的导行波到自由空间波的光滑过渡。图中的箭头表明了能流的方向和幅度,大部分被辐射而很少被反射回去。

与之相反,图 11.1(b)所示的短偶极子具有从传输线上的导行波到空间波的突变转换,造成很大的能量反射,在偶极子附近往返振荡,类似于在辐射之前先受圈于谐振器的情况。这种天线是谐振的、具有相对高 Q 值的天线,其输入阻抗随频率而迅速变化,属于窄频带类型。图中的箭头表明在辐射之前存在大量储能。

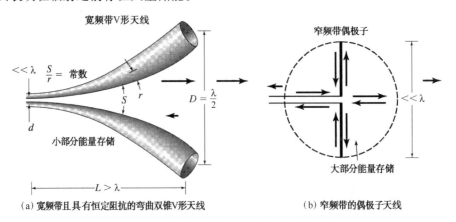

(a) 宽频带且具有恒定阻抗的弯曲双锥V形天线　　　　(b) 窄频带的偶极子天线

图 11.1　V 形天线和偶极子天线。箭头表示能流

如果 V 形天线和偶极子都是无耗的,则所有的输入功率都能得以辐射,但 V 形天线是在光滑的过渡中实现的。

例 11.1.1 弯曲双锥 V 形天线的频带宽度

参照图 11.1(a),设 $d = 4$ mm 而 $D = 100$ mm。问:频带宽度是多少?

解:

假设间距 $d = \lambda/10$,则最短波长 $\lambda_{min} = 4 \times 10 = 40$ mm;对于 $D = 100$ mm,又有最长波长 $\lambda_{max} = 100 \times 2 = 200$ mm。于是,近似的频率覆盖 $= 200/40 = 5:1$。

上例中,宽频带内的 VSWR 小于 2;相反,VSWR 小于 2 的偶极子频带只有百分之几。这种简单化的讨论至少说明了各别天线单元的频带差异。诚然,由于在阵列中受互耦的影响,状况会有所不同。

具有恒定阻抗的弯曲双锥 V 形天线[见图 11.1(a)]是行波天线,轴向模螺旋天线(见图 11.2)也是行波天线。只有很少的能量从敞开的末端反射,所以输入阻抗能在很宽的频带上维持基本不变。典型地,在 2:1 的频带上 VSWR≤1.5。这种性态甚至能在有许多螺旋的阵列情况下保持,因为螺旋之间的耦合很小。

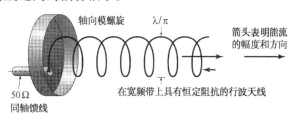

图 11.2 宽频带螺旋聚束天线

11.2 无限长和有限长的双锥天线

无限长的双锥天线起着导引向外球面行波的作用,就像均匀传输线导引平面行波那样。图 11.3 比较了这两种情况:两者都具有恒定的特性阻抗 Z_k 且无限长,使输入阻抗 $Z_i = Z_k$。而

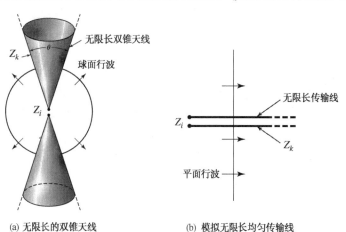

(a) 无限长的双锥天线　　　(b) 模拟无限长均匀传输线

图 11.3 无限长的双锥天线和模拟无限长均匀传输线

且都是纯电阻,即输入阻抗

$$R_i = Z_i = Z_k \tag{1}$$

对于无限长双锥天线,有

$$R_i = 120 \ln \cot(\theta/4) \tag{2}$$

其中 θ 是锥角。

图 11.4 中的实线表示输入阻抗作为锥角 θ 的函数关系。如果其下圆锥用大的接地平面取代(见图 11.4 的插图),则电阻应是式(2)所示值的 1/2,如图中的虚线所示。注意,单个 90° 角的圆锥具有约 50 Ω 的输入电阻。

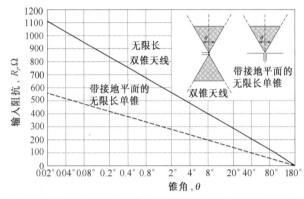

图 11.4　无限长双锥和单锥的特性阻抗 R_k。因为天线为无限长时的输入阻抗 $R_i = R_k$

借助无限长双锥天线作为入门,进而再考虑实际的有限半径 r(见图 11.5)的双锥天线的情况。当向外的球面波到达半径 r 处时,反射的那部分能量导致储能。对于其余的能量辐射,由图可知,垂直于轴的方向比近锥面的方向辐射得更多。

按传输线概念给出输入阻抗 Z_i 为

$$Z_i = Z_k \frac{Z_k + jZ_m \tan \beta r}{Z_m + jZ_k \tan \beta r} \tag{3}$$

其中,r 为锥长,m

$$\beta = 2\pi/\lambda$$
$$Z_k = 120 \ln \cot(\theta/4)$$
$$Z_m = R_m + jX_m$$

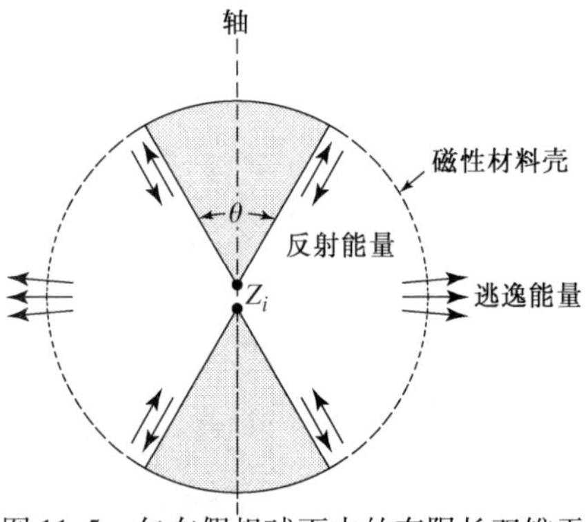

图 11.5　包在假想球面内的有限长双锥天线。接近锥面的能流被反射,而在赤道区域垂直于轴的能流逃逸

细锥($\theta < 5°$)的 R_m 和 X_m 的值,已由 Schellkunoff(1)给出,为

$$R_m = 60 \operatorname{Cin} 2\beta l + 30(0.577 + \ln \beta l - 2\operatorname{Ci} 2\beta l + \operatorname{Ci} 4\beta l)\cos 2\beta l$$
$$+ 30(\operatorname{Si} 4\beta l - 2\operatorname{Si} 2\beta l)\sin 2\beta l \quad (\Omega) \tag{4}$$

$$X_m = 60 \operatorname{Si} 2\beta l + 30(\operatorname{Ci} 4\beta l - \ln \beta l - 0.577)\sin 2\beta l$$
$$- 30(\operatorname{Si} 4\beta l)\cos 2\beta l \quad (\Omega) \tag{5}$$

而大锥角在 2:1 频带上的 VSWR 测量值由 RRL(1)给出,如右表所示。可见,在给定的频带上,最低的 VSWR 对应于最大的锥角。

锥角	VSWR
20°	<5
40°	<3
60°	<2

11.3　定向的双锥、圆锥、盘锥和领结天线

图 11.6 展示了 V 形天线从简单的导线 V 形到双锥 V 形、再到弯曲双锥 V 形的演进。简单 V 形天线的特性阻抗 Z_k 不是常数,只具有窄频带,其波瓣图是双定向的。双锥 V 形天线具有恒定的特性阻抗 Z_k 和较宽的频带,并趋于单定向波瓣图。弯曲双锥 V 形天线也具有恒定的特性阻抗 Z_k 和较宽的频带,以及更加单定向的波瓣图。

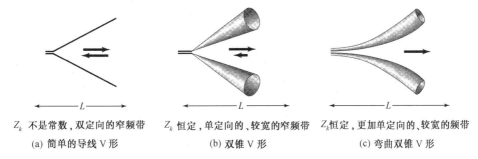

Z_k 不是常数,双定向的窄频带　　　Z_k 恒定,单定向的、较宽的窄频带　　　Z_k恒定,更加单定向的、较宽的频带

(a) 简单的导线 V 形　　　　　(b) 双锥 V 形　　　　　(c) 弯曲双锥 V 形

图 11.6　V 形天线的演进。频带逐渐增宽。箭头表明从双定
向逐渐变成单定向。天线的长度均达一个波长以上

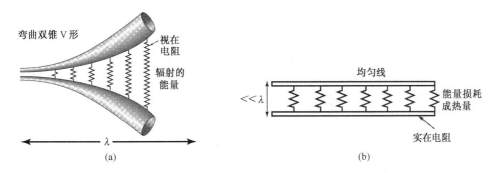

(a)　　　　　　　　　　　　　　　(b)

图 11.6.1　比较弯曲双锥 V 天线与电阻加载的均匀传输线。二者均具有自左向右减小的电流
分布。双锥天线的视在电阻辐射能量,均匀线的实在电阻吸收能量并消耗成热量

图 11.7 显示了同轴馈电圆锥天线的演进。图 11.7(a)是完整的双锥,图 11.7(b)中由细的 λ/4 短桩形天线取代了上锥,图 11.7(c)中则由盘取代上锥。同轴馈电使天线便于安装在杆上,最大辐射沿水平方向。

领结形天线(Brown-1 & Woodward)是双锥天线的平面化。图 11.8(a)所示的 60°领结形天线在长度 $L = 0.8\lambda$(中心频率)时提供 2:1 频带上的小于 2 的 VSWR。图 11.8(b)所示的裸线双锥天线具有接近于实表面锥的性能。

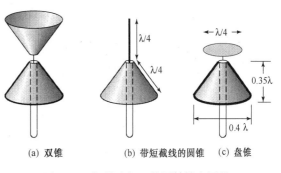

(a) 双锥　　(b) 带短截线的圆锥　(c) 盘锥

图 11.7　架设在杆上的同轴馈电圆锥
天线。在水平面内全向辐射

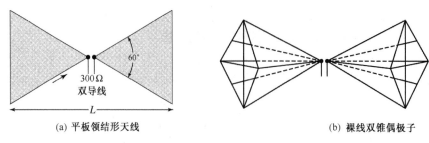

(a) 平板领结形天线   (b) 裸线双锥偶极子

图 11.8   领结形天线是双锥天线的平面化

图 11.8.1 给出了 Brown & Woodward 的测量结果,即长度(或高度)为 l_λ 而张角 θ 取 30°,60°和 90°的圆锥或立在接地平面上的三角形天线的实测阻抗作为长度 l_λ 的函数。虽然用的是末端敞开的圆锥,但是 Brown & Woodward 发现,在 60°张角时,无论末端是否加盖,其阻抗值均无明显差异。图 11.8.2 给出了长度为 $2l_\lambda$ 的双锥天线相对于 $\lambda/2$ 偶极子的增益曲线,其增益值得自对实测波瓣图的计算。

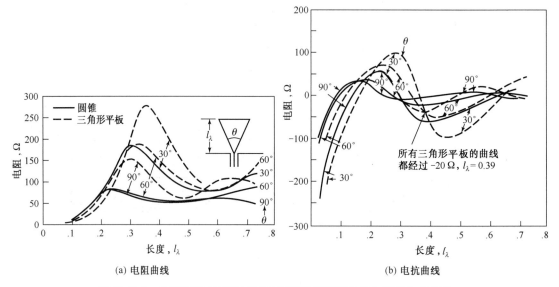

(a) 电阻曲线   (b) 电抗曲线

图 11.8.1   单锥和单三角形(平板)天线的实测阻抗作为长度 l_λ 的函数。

张角 θ 分别为 30°,60°和 90°[引自 Brown-1 & Woodward]

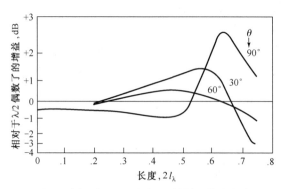

图 11.8.2   双锥天线相对于 $\lambda/2$ 偶极子的增益作为长度 $2l_\lambda$ 的函数。

张角 θ 分别为 30°,60°和 90°[引自 Brown(1) & Woodward]

虽然锥形天线与三角形天线相比,其频率变化对电阻的影响较小,但三角形平板的结构更具吸引力。长 34 cm 的 Brown-Woodward（领结形）天线连接 300 Ω 双导线, 在 480 MHz 和 900 MHz 频率(UHF 第 15 ～ 83 电视频道)的实测性能如图 11.8.3 所示。

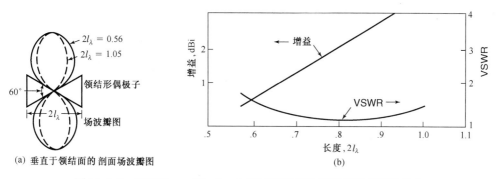

(a) 垂直于领结面的 剖面场波瓣图　　　　(b)

图 11.8.3　UHF Brown-Woodward（领结形）天线的增益和 VSWR 作为长度 l_λ 的函数,张角为 60°［引自 Brown(1) ＆ Woodward］

11.4　非频变概念:拉姆塞原理

真正的非频变天线应该以固定的物理尺寸、在宽频带上同时具有相对恒定的阻抗、波瓣图、极化和增益。后续各节将依次讨论这类天线。

Victor H. Rumsey(1)最初于 20 世纪 50 年代初在俄亥俄州立大学、接着于 1954 ～ 1957 年间在伊利诺伊大学、后来在加利福尼亚大学(先是伯克利分校后至圣地亚哥分校),发展并介绍了一种观察天线及其频率特性的新方法(Jordan-1 ; Mayes-1)。

拉姆塞被 Mushiake(虫明康人)于 1949 年所观测的自补天线[①]所吸引,该天线在所有频率上都具有恒定阻抗 $Z_0/2$,即空间本征阻抗之半(Mushiake-1 ; Uda-1)。这显然是一种无限大的自补形状,自补的金属平板天线的金属面积恰好可填补其敞开的面积,也就是说两者借刚性移动恰可拼合成整个平面。图 11.9 给出了三种自补天线的例子,其金属和敞开的面积可借助旋转移动而拼合。

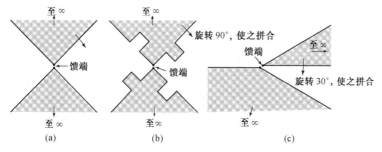

图 11.9　三种自补平面天线。理论的馈端阻抗是 188 Ω

第 9 章的缝隙及其互补偶极子与此有些类似,但要求只经平移就可拼合。Mushiake 的 $Z_0/2$ 的结论直接得自 Booker 关于缝隙与偶极子互补性的关系式,即式(9.5.11)。

---

① 相补(互补或自补)天线的概念,在严格意义上,只适用于无限伸展而又无限薄的理想导电平片。

拉姆塞原理:若天线的形状仅由角度来决定,则该天线具有非频变的阻抗和波瓣图特性。

无限长的对数螺蜷线能符合此要求。11.2 节和 11.3 节中的双锥天线虽属于其形状只由锥角决定的例子,但非频变要求天线为无限长。当天线被截断(且没有接匹配终端)时,来自终端的反射波就会引起阻抗和波瓣图的变化。

要以有限的结构实现非频变的要求,应使沿此结构的电流随着辐射和衰减而在截断点处可以忽略。如 2.12 节所述,为了产生辐射和衰减,电荷必须被加速(或减速),这就要求导体按垂直于电荷运动的方向弯曲。于是,螺蜷线的曲率所导致的辐射和衰减,使它在被截断时仍能提供宽频带上的非频变性能。

11.5a　伊利诺伊的故事

John D. Dyson 在伊利诺伊大学对拉姆塞原理进行实验,并于 1958 年构造了最早的实际非频变螺蜷天线(第一架双定向平面螺蜷以及随后的单定向圆锥螺蜷),在本节和下节(11.6 节)中分别阐述。在伊利诺伊,Dyson & Paul Mayes & G. A. DeSchamps 对螺蜷天线做了进一步的研究。与此同时,Raymond DuHamel & Dwight Isbell 则开发了对数周期偶极子阵,而 Mayes & Robert Carrel 于 1961 年阐述了 V 形偶极子单元的对数周期阵(见 11.7 节)。

11.5b　非频变平面对数螺蜷天线

对数螺蜷线的方程为

$$r = a^{\theta} \tag{1}$$

或

$$\ln r = \theta \ln a \tag{2}$$

其中,r——至螺蜷线上 P 点的径向距离

θ——相对于 x 轴的角度

a——(设计时可选择的)常数

上述参数可参照图 11.10。由式(1)可得,半径对角度的变化率为

$$\frac{dr}{d\theta} = a^{\theta} \ln a = r \ln a \tag{3}$$

式(3)中的常数 a 与螺蜷线和发自原点的径向线之交角 β 有关,可表示为

$$\ln a = \frac{dr}{r d\theta} = \frac{1}{\tan \beta} \tag{4}$$

于是,由式(4)和式(2),有

$$\theta = \tan \beta \ln r \tag{5}$$

图 11.10 中对数螺蜷线的绘制过程如下:先选定 $\theta = 0$ 方向 $r = 1$、$\theta = \pi$ 方向 $r = 2$ 两点;由这两个条件确定常数 a 和 β 的值,根据式(4)和式(5)得到 $\beta = 77.6°$ 和 $a = 1.247$;螺蜷线的形状由常数角度 β 所确定,可按极坐标逐

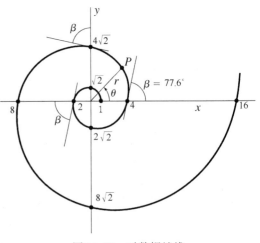

图 11.10　对数螺蜷线

点绘出①。

作第二条与图 11.10 相同而转过 δ 角的对数螺蜷线,其方程由式(1)变成

$$r_2 = a^{\theta - \delta} \tag{6}$$

再作第三条和第四条螺蜷线,如方程

$$r_3 = a^{\theta - \pi} \tag{7}$$

和

$$r_4 = a^{\theta - \pi - \delta} \tag{8}$$

令转角 δ = π/2,得到四条依次相差 90° 的螺蜷线。将 1 与 4 之间、2 与 3 之间的面积金属化,其余面积保持敞开,即满足了自补和拼合的条件。若在内部端对上连接发生器或接收机,就得到了图 11.11 所示的 Dyson 非频变平面螺蜷天线(Dyson-1)。

图 11.11 中的箭头表明沿导体向外行波的方向,合成从纸面向外的右旋圆极化(IEEE 的规定)辐射和从纸面向里的左旋圆极化辐射。该天线工作的高频端受限于输入端对的间距 d,低频端受限于外围直径 D。图 11.11 中天线的比值 D/d 约为 25:1。若取 d = λ/10(高频端波长)而 D = λ/2(低频端波长),则天线的频率覆盖等于 5:1。图 11.11 中的螺蜷本来应当延续至更小的馈端半径,但为了表达清楚,绘制时故意扩大了两倍。

实际上,像 Dyson 所做的那样更为方便,在大的接地平面上割出缝隙,用黏接于螺蜷之一臂的同轴电缆馈电,如图 11.12 所示,而螺蜷本身起着巴仑②的作用;在另一臂可黏接上一段无效的电缆,以保持对称性(图中未绘出)。

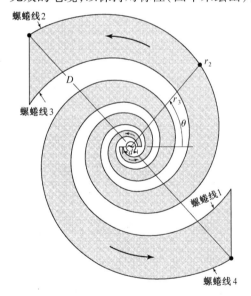

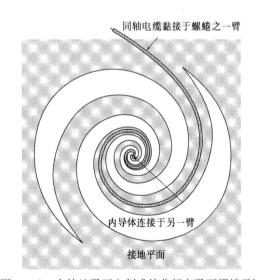

图 11.11　非频变平面螺蜷天线　　　　图 11.12　大接地平面上割成的非频变平面螺蜷天线

图 11.11 和图 11.12 的辐射是双定向边射式的,其波瓣图在螺蜷平面两侧各有单个宽波瓣,因此增益仅几 dBi。输入阻抗取决于参数 δ 和 a,以及馈端的间隔。按 Dyson 的典型值,输入阻抗

---

①　虽然阿基米德螺蜷线 r = aθ 也可用做宽频带天线,但不属于完全的非频变天线。因为它的交角 β 不是常数,而是随着螺蜷线上点的位置而变化。然而,在密绕的阿基米德螺蜷线远离原点的线段上,β 趋近于常数,且此螺蜷线变成逼近密绕的对数螺蜷线(Bawer-1;Mayes-1)。

②　平衡-非平衡转换器,见第 23 章。

应在 $50 \sim 100\ \Omega$ 之间,或小于理论值 $188\ \Omega\,(=Z_0/2)$ 。有限厚度螺蜷的实测阻抗值较小。

如图 11.11,跨任何一臂的半径之比为 K ,例如螺蜷线 3 和 2 的半径比,即式(7)与式(6)之比

$$K = \frac{r_3}{r_2} = a^{-\pi+\delta} \tag{9}$$

对于图 11.11 的天线, $\delta = \pi/2$,故

$$K = \frac{r_3}{r_2} = a^{-\pi/2} = 0.707\ (=1/\sqrt{2}) \tag{10}$$

这也可以认为是图 11.10 中螺蜷线每绕过 90°时前后的半径之比。

11.6   非频变圆锥螺蜷天线

将锥削的螺旋看成圆锥螺蜷天线,在 1947 年后已被广泛地阐述和研究。Kraus(1)于 1947 年发表的有关螺旋天线的第一篇文章中,就曾阐述他所构造并测试的锥削螺旋。图 11.13(a)和图11.13(b)给出了升角恒定、而直径和节距变化的锥削螺旋的圆锥螺蜷天线。这些图曾出现于本书英文版的第一版和第二版。Springer(1)(1950),Chatterjee(1)(1953,1955)等也分别研究过这些锥削螺旋的圆锥螺蜷。更近些,Nakano(1) & Mikawa & Yamauchi 发现了频率覆盖达 5:1 以上的可能性;Chatterjee 还描述过平面螺蜷天线。

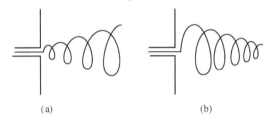

(a)   (b)

图 11.13   锥削螺旋或圆锥螺蜷（前向端射）圆极化天线

然而,这些并不是 John D. Dyson(2)直到 1958 年才在伊利诺伊大学制作的充分非频变的锥削螺旋或圆锥螺蜷天线(它将多重的平面螺蜷缠绕或印制在圆锥表面)。图 11.14 为一种典型的 Dyson 双臂平衡圆锥螺蜷,它保持了平面螺蜷的非频变性能,提供朝向小端即圆锥顶点的宽波瓣单定向的圆极化辐射。就像平面螺蜷那样,圆锥螺蜷的两臂由一根黏接于一臂的同轴电缆于中心点即顶点处馈电,而螺蜷本身起着巴仑的作用。为了对称,用另一段无效的电缆黏接于另一臂上,如图 11.14 所示。在有的模型中省去了金属带,利用同轴电缆的外表面作为螺蜷导体。根据 Dyson 的数据,当升角 $\alpha = 17°$ 而全锥角为 20° ~ 60°时,输入阻抗介于 $100 \sim 150\ \Omega$ 之间。较小的锥角(≤30°)具有较高的前后辐射比。其频带如平面螺蜷同样地取决于底部直径(约为最低频率的 $\lambda/2$)与顶部直径(约为最高频率

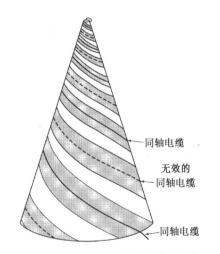

同轴电缆

无效的
同轴电缆

同轴电缆

图 11.14   Dyson 双臂平衡圆锥螺蜷（背射）天线。辐射右旋圆极化,在顶点处同轴内导体连接到无效的电缆

的 λ/4）之比，可被设计成任意宽。

　　圆锥或平面螺蜷也可以多于两臂，伊利诺伊大学的 Mayes（2）& Dyson，Deschamps（1），以及 Atia（1）& Mei 等曾对此做过研究。

11.7　对数周期天线

　　当平面螺蜷和圆锥螺蜷正处于开发阶段时，Raymond DuHamel（1）& Dwight Isbell 也在伊利诺伊大学创造了另一类新型的具有自补齿状结构的非频变天线，如图 11.15 所示。换一种观点，将图 11.15 中的金属与缝隙面积互相交换。$\beta_1 + \beta_2 = 90°$，满足自补条件。设展开参数

$$k_1 = \frac{R_n + 1}{R_n} \qquad (1)$$

和齿宽参数

$$k_2 = \frac{r_n}{R_n} \qquad (2)$$

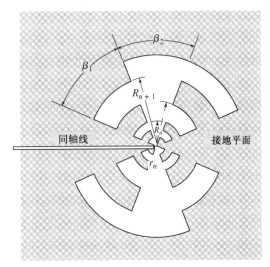

图 11.15　DuHamel & Isbell 的自补齿状对数周期天线

　　伊利诺伊大学的进一步研究表明，自补条件是不必要的，Dwight Isbell（1）于 1960 年第一次将此解释为对数周期偶极子阵[1]。其基本概念是一种逐渐展开的周期性结构的阵列，当阵元（偶极子）接近谐振时能最有效地辐射，所以其有效辐射区随着频率的改变而沿阵列移动。这种展开结构阵不同于 11.5b 节所研究的均匀阵。

机械可调谐的宽频带偶极子

　　图 11.16 所示是一根可调节的 λ/2 偶极子和两枚鼓型袖珍卷尺的组合。若 L 总是被调节到工作频率的 λ/2，则阻抗和波瓣图总保持相同。严格地说，单元的粗细或宽度 w 以及鼓壳的尺寸也都应当调节，但由于这些尺寸都远小于波长，其影响往往可以忽略。该简单天线说明，为了实现非频变，要求天线能正比于波长而伸缩（其长度）；或如果天线在结构上不能进行上述机械调节，则其有效辐射区的尺寸应正比于波长。

　　机械可调谐的天线能为扫频接收机提供宽频带工作，但要求偶极子长度与接收机波长实施同步调节，这种调节可以是连续的或分步（例如 11 步）递增的。与此相比，对数周期偶极子阵（见图 11.17）借助 11 根渐变长度的偶极子，沿传输线安装成鱼骨形阵列，以实现宽频带工作。曾经还有人提出过用计算机控制的激光波束代替卷尺（或其他天线单元），以提供对**"等离子体天线"**（plasma antenna）的瞬时频率控制（见 21.29 节）。

　　对数周期偶极子阵是一种流行的设计。参照图 11.17，偶极子的长度沿天线递增而保持角度 α 不变，相邻单元的长度 l 和间距 s 的比例为

---

　　① 该称谓是由于其结构随着频率的对数而周期性的重复而得名的。或者说，每当波长加倍，其结构也加倍。

$$\frac{l_{n+1}}{l_n} = \frac{s_{n+1}}{s_n} = k \qquad\qquad (3)$$

其中 k 是常数。对于接近中心频率的波长，由天线的中央区域产生主要辐射，如图 11.17 所示，该有效区内的单元约长 $\lambda/2$。

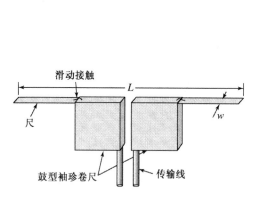

图 11.16　调节两枚鼓型卷尺的 $\lambda/2$ 偶极子。说明非频变要求天线应正比于波长而伸缩

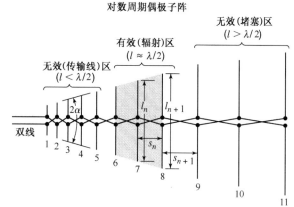

图 11.17　Isbell 的非频变对数周期偶极子阵。共11根偶极子，增益为7 dBi，图中显示了有效中央区和无效区（左右两端）

　　单元9，10 和 11 邻近 1λ 长度且携带很小的电流（对传输线表现为大的感抗），说明天线在右侧截断了有效区；由单元9，10 和 11 产生的少量场，无论是对前向或背向的辐射贡献都趋于抵消，但对侧向因辐射近似同相而形成边射。左端的单元1，2，3 等都短于 $\lambda/2$ 而对传输线呈现出大的容抗，它们所载的电流以及辐射都很小。

　　因此，波长 λ 所对应的有效辐射区内，各单元长度约为 $\lambda/2$。增大波长则辐射区右移，减小波长则辐射区左移，而最大辐射总是指向顶点即阵列的馈点。

　　对于任何给定的频率，仅有一部分（其偶极子长约 $\lambda/2$ 的）天线被利用。在短波长（高频）端只能利用天线总长度的15%；在长波长（低频）端可利用的部分较大，但仍在天线总长度的50%以下。

　　对于图 11.18 中一段阵列的几何关系，即

$$\tan\alpha = \frac{(l_{n+1} - l_n)/2}{s} \qquad (4)$$

和式（3），有

$$\tan\alpha = \frac{[1 - (1/k)](l_{n+1}/2)}{s} \qquad (5)$$

取（有效偶极子）$l_{n+1} = \lambda/2$，则有

$$\tan\alpha = \frac{1 - (1/k)}{4s_\lambda} \qquad (6)$$

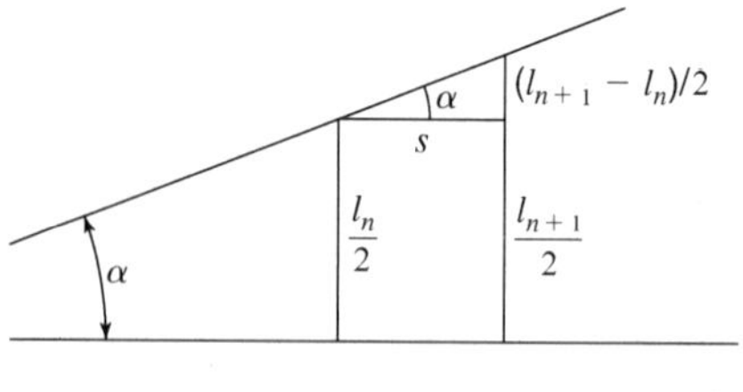

图 11.18　对数周期阵参数的几何关系

其中，α——顶角

　　k——比例因子

　　s_λ——$\lambda/2$ 单元与短邻单元之间距的波长数

　　在三个参数 α，k 和 s_λ 中任意指定两个，就可以确定第三个。它们之间的关系如图 11.19 所

示,图中附有一条最优设计线(对于给定的比例因子 k 能获得的最大增益),来源于 Carrel(1),
Cheong(1) & King,De Vito(1) & Stracca 以及 Butson(1) & Thomson 等人的计算。

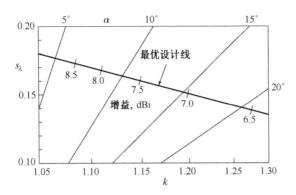

图 11.19　对数周期阵参数(顶角 α、比例因子 k 和间距 s_λ)之间的关系。附有
最优设计线,并标注了其增益值。来源于 Carrel 等人的计算(详见正文)

任何第 $n+1$ 个单元的长度 l(和间距 s)总是比单元 1 的大 k^n 倍,即

$$\frac{l_{n+1}}{l_1} = k^n = F \tag{7}$$

其中 F 为频率比,或频率覆盖。

例如,若 $k = 1.19$ 而 $n = 4$,则 $F = k^4 = 1.19^4 = 2$ 而单元 5($= n+1$)的长度 2 倍于单元 1 的
l_1。所以五单元对数周期阵在 $k = 1.19$ 时的频率比为 2:1。

例 11.7.1

设计 7 dBi 增益和 4:1 频率覆盖的对数周期偶极子阵,确定顶角 α、比例因子 k 和单
元数。

解:

由图 11.19 所示的最优设计线,7 dBi 点对应于顶角 $\alpha = 15°$,比例因子 $k = 1.2$,且有 $s_\lambda =$
0.15。再由式(7)可得

$$k^n = F \qquad \text{或} \qquad n \ln k = \ln F \tag{8}$$

而

$$n = \frac{\ln F}{\ln k} = \frac{\ln 4}{\ln 1.2} = \frac{1.386}{0.182} = 7.6 \tag{9}$$

取整得 $n = 8$,$n + 1 = 9$。作为保守的设计,再加两个单元使总数达到 11[1]。

图 11.17 所示的阵列对应于上例中的参数。其 E 平面的 $\text{HPBW}_{E面} \approx 60°$,$H$ 平面的波束宽
度则是增益的函数

$$\text{HPBW}(H面) \leqslant \frac{41\,000}{D \times 60°} \qquad (\text{deg}) \tag{10}$$

上例中的增益 $D = 5$,因为 $\log_{10} 5 = 7$ dBi,故

---

[1]　所需额外单元的数量取决于设计增益,高增益设计要求有效区域内有更多的单元,但因此频带会小于 k^n 对应
的值。

$$\text{HPBW}\,(H\,\text{面}) \leqslant \frac{41\ 000}{5 \times 60°} = 137° \tag{11}$$

图 11.20 显示了天线结构与馈电的细节,其中图(a)是同轴电缆馈电,图(b)是双线馈电。

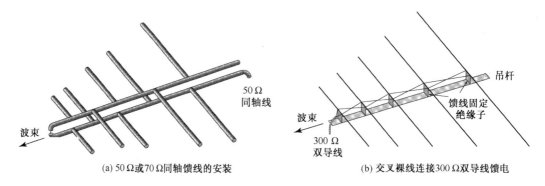

(a) 50 Ω或70 Ω同轴馈线的安装   (b) 交叉裸线连接300 Ω双导线馈电

图 11.20 　对数周期偶极子阵的结构与馈电细节

为了获得比单副对数周期偶极子阵更大的增益,可将两副阵层叠组合。然而,为了维持非频变特性,拉姆塞原理要求两副阵的所有相对位置都表示成角度而非距离,这意味着有公共的顶点、而指向不同的波束。图 11.21(a)显示了两副如图 11.17 和图 11.20 所示的偶极子阵按60°层叠角组合的情况。图 11.21(b)是骨架–齿型(skeleton-tooth)或边缘馈电的梯齿型,用中心吊杆支撑的导线框代替了图 11.15 的天线齿。

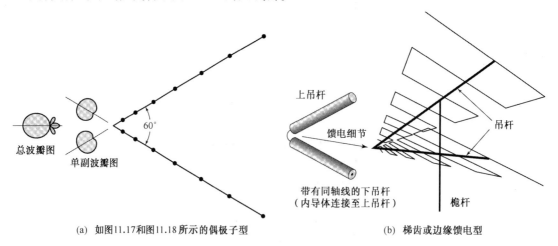

(a) 　如图11.17和图11.18所示的偶极子型   (b) 　梯齿或边缘馈电型

图 11.21 　层叠对数周期阵

对于非常宽的频带,对数周期阵必须相当地长。为了缩短结构,伊利诺伊大学的 Paul Mayes(3) & Robert Carrel 又开发过一种更紧凑的能工作于多种模式下的 V 形偶极子阵。其最低次模如前所示,以 $\lambda/2$ 长的偶极子为中央(辐射)区;随着频率提高到最短单元已超过其 $\lambda/2$ 谐振长度时,最长单元又变成 $3\lambda/2$ 谐振长度的有效区;继续提高频率,则 $3\lambda/2$ 有效区再次从长单元端移向短单元端,称为高次模。若采用前倾的 V 形偶极子,对 $\lambda/2$ 谐振模的影响很小,但对高次模则可提供实质上的前向波束。

11.8　YUCOLP 复合阵

作为改进紧凑性和增益的最终手段,为覆盖 54 ~ 890 MHz 的美国电视与调频全频段,一种流行的设计是 YUCOLP 复合阵。其典型结构如图 11.22 所示,包括五根 V 形偶极子的对数周期阵($\alpha = 43°$, $k = 1.3$),其 λ/2 模覆盖 54 ~ 108 MHz 的 TV/FM 频段(6 dBi 增益), 3λ/2 模覆盖 174 ~ 216 MHz 频段(8 ~ 9 dBi 增益),夹直角-八木阵覆盖 470 ~ 890 MHz 的 UHF-TV 频段(7 ~ 10 dBi 增益)。V 形偶极子的角度为 120°,对数周期阵仿照图 11.17 中的设计。随着频率的提高,有效辐射区按 λ/2 模从大端移向小端,再按 3λ/2 模从大端移向小端,接着由夹角反射器、最后由八木-宇田阵提供具有更高增益的有效辐射。

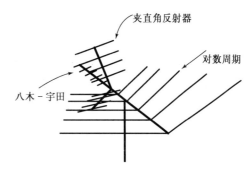

图 11.22　YUCOLP 复合阵。八木-夹角提供高频段的高增益,作为对数周期偶极子阵的补充。可覆盖美国 VHF-TV/FM 和 UHF-TV 全频段

参考文献

Atia, A. E. (1), and K. K. Mei, "Analysis of Multiple Arm Conical Log-Spiral Antennas," *IEEE Trans. Ants. Prop.,* **AP-19,** 320–331, May 1971.

Bawer, R. (1), and J. J. Wolfe, "A Printed Circuit Balun for Use with Spiral Antennas," *IRE Trans. Microwave Th. Tech.,* **MTT-8,** 319–325, May 1960.

Brown G. H. (1), and O. M. Woodward, "Experimentally Determined Radiation Characteristics of Conical and Triangular Antennas," *RCA Rev.,* **13,** 425–452, December 1952.

Butson, P. O. (1), and G. T. Thomson, "A Note on the Calculation of the Gain of Log-Periodic Dipole Antennas," *IEEE Trans. Ants. Prop.,* **AP-24,** 105–106, January 1976.

Carrel, R. L. (1), "The Design of Log-Periodic Dipole Antennas," *IRE Int. Conv. Rec.,* **1,** 61–75, 1961.

Chatterjee, J. S. (1), "Radiation Field of a Conical Helix," *J. Appl. Phys.,* **24,** 550–559, May 1953; "Radiation Characteristics of a Conical Helix of Low Pitch Angle," *J. Appl. Phys.,* **26,** 331–335, March 1955.

Cheong, W. M. (1), and R. W. P. King, "Log Periodic Dipole Antenna," *Radio Sci.,* **2,** 1315–1325, November 1967.

Deschamps, G. A. (1), "Impedance Properties of Complementary Multiterminal Planar Structures," *IRE Trans. Ants. Prop.,* **AP-7,** S371–378, December 1959.

DuHamel, R. H. (1), and D. E. Isbell, "Broadband Logarithmically Periodic Antenna Structures," *IRE Natl. Conv. Rec.,* pt. 1, 119–128, 1957.

Dyson, J. D. (1), "The Equiangular Spiral Antenna," *IRE Trans. Ants. Prop.,* **AP-7,** 181–187, April 1959.

Dyson, J. D. (2), "The Unidirectional Spiral Antenna," *IRE Trans. Ants. Prop.,* **AP-7,** 329–334, October 1959.

Dyson, J. D. (3), and P. E. Mayes, "New Circularly-Polarized Frequency-Independent Antennas with Conical Beam or Omnidirectional Patterns," *IRE Trans. Ants. Prop.,* **AP-9,** 334–342, July 1961.

Isbell, D. E. (1), "Log Periodic Dipole Arrays," *IRE Trans. Ants. Prop.,* **AP-8,** 260–267, May 1960.

Jordan, E. C. (1), G. A. Deschamps, J. D. Dyson and P. E. Mayes, "Developments in Broadband Antennas," *IEEE Spectrum,* **1,** 58–71, April 1964.

Kraus, J. D. (1), "Helical Beam Antenna," *Electronics,* **20,** 109–111, April 1947.

Mayes, P. E. (1), "Frequency-Independent Antennas: Birth and Growth of an Idea," *IEEE Ants. Prop. Soc. Newsletter,* **24,** 5–8, August 1982.

Mayes, P. E. (2), and J. D. Dyson, "A Note on the Difference between Equiangular and Archimedes Spiral Antennas," *IRE Trans. Microwave Th. Tech.,* **MTT-9,** 203–205, March 1961.

Mayes, P. E. (3), and R. L. Carrel, "Log Periodic Resonant-V Arrays," San Francisco Wescon Conf., August 1961.

Mushiake, Y. (1), *J. IEE Japan,* **69,** 1949.

Nakano, H. (1), T. Mikawa and J. Yamauchi, "Numerical Analysis of Monofilar Conical Helix," *IEEE AP-S Int. Symp.,* **1,** 177–180, 1984.

RRL (1), Radio Research Laboratory Staff, *Very High Frequency Techniques,* McGraw-Hill, 1947, Chap. 4.

Rumsey, V. H. (1), *Frequency Independent Antennas,* Academic Press, 1966.

Schellkunoff, S. A. (1), Electromagnetic Waves, Van Nostrand, New York, 1943, Chap. 11.

Springer, P. S. (1), "End-Loaded and Expanding Helices as Broad-Band Circularly Polarized Radiators," Electronic Subdiv. Tech. Rept. 6104, Wright-Patterson AFB, 1950.

Uda, S. (1), and Y. Mushiake, "Input Impedance of Slit Antennas," Tech. Rept. Tohoku University 14, pp. 46–59, 1949.

Vito, G. De (1), and G. B. Stracca, "Comments on the Design of Log-Periodic Dipole Antennas," *IEEE Trans. Ants. Prop.,* **AP-21,** 303–308, May 1973; **AP-22,** 714–718, September 1974.

习题

11.2.1   单锥和接地平面。 证明单锥与接地平面的特性阻抗是双锥的一半。

11.2.2* 2°的圆锥。 计算圆锥天线的馈端阻抗。设总锥角为 2°，立于非常大的接地平面上，锥长 $l = 3\lambda/8$。

11.5.1   对数螺蜷。 设计如图 11.11 所示的平面对数螺蜷天线，使之工作于 1 ~ 10 GHz 频段。绘出以毫米为单位的图形。

11.7.1   对数周期。 设计如图 11.17 所示的"最优"11 单元对数周期天线，使之工作于 100 ~ 500 MHz 频段。求：(a) 最长单元的长度；(b) 最短单元的长度；(c) 增益。

11.7.2   层叠对数周期。 两对数周期阵如 11.7 节的例题所示，按图 11.21(a) 所示的方式层叠。(a) 计算并绘出铅垂面的场波瓣图(注意，波瓣图乘法在此不适用)；(b) 计算增益。

注：习题中涉及的计算机程序，见附录 C。

第12章 天线温度、遥感和雷达截面

本章包含下列主题:

- 天线温度
- 系统温度[①]
- 信号噪声比
- 被动遥感
- 雷达(主动遥感)
- 多普勒雷达
- 雷达截面

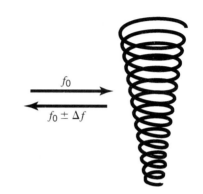

12.1 天线温度

对于如图 12.1(a)所示阻值为 R 的电阻器终端,Nyquist(1)关系式给出了它在温度 T_r 下的单位频带噪声功率

$$p = kT_r \qquad (\text{W Hz}^{-1}) \tag{1}$$

其中,p——单位频带的功率,W Hz^{-1}

k——玻尔兹曼常数 $= 1.38 \times 10^{-23}$ J K^{-1}

T_r——绝对温度,K

若将电阻器换成消波室中一架辐射电阻为 R 的无耗天线,如图 12.1(b)所示,室内温度为 $T_c = T_r$,则呈现在天线馈端上的单位频带噪声功率与式(1)相同。

现将天线移出消波室,并指向温度为 T_s 的天空,其单位频带噪声功率仍按式(1)表示(此时 T_r 换成 T_s),则称该天线的噪声温度 T_A 等于天空温度 T_s[②]。

被动遥感就是按这种方法用天线来测量远处的温度,这种应用中的天线称为**射电望远镜**。与被动遥感形成对比的是雷达的主动遥感。

要测量远处或天空的温度 T_s,可以比较直指天空的天线和一枚处在可调温度 T_r 下的电阻器的噪声温度,当接收机检测结果相同时,即有 $T_A = T_s = T_r$。

天线(假设无耗)的噪声温度 T_A 等于天空的温度 T_s,但并不是天线的物理温度。相比之下,图 12.1(a)所示的电阻器是完全损耗性的,其噪声温度就等于物理温度。由此可见,对于射电望远镜天线,其单位频带噪声功率为

$$p = kT_A \qquad (\text{W Hz}^{-1}) \tag{2}$$

其中 T_A 是天线噪声温度、即天线辐射电阻所对应的温度,取决于天线波束所指的天空温度。

[①] 更详细的内容可参阅 J. D. Kraus, *Radio Astronomy*,2nd ed., Cygnus-Quasar, Powell, Ohio, 1986, PP.3-39 to 3-45。

[②] 假设天线的整个波瓣图"看着"温度为 T_s 的天空。

因此,射电望远镜天线(和接收机)可当成用来遥感远区温度的辐射计(或测温器),它通过天线的辐射电阻与系统相耦合。一种极端的观点是将射电望远镜的作用想像成从图12.1(a)中的馈端用导线直连到位于远区的电阻器 R 。

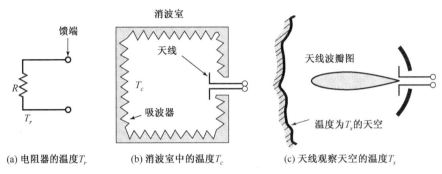

(a) 电阻器的温度 T_r　　　　(b) 消波室中的温度 T_c　　　　(c) 天线观察天空的温度 T_s

图 12.1　噪声温度。若 $T_r = T_e = T_s$,则三种情况下在馈端上的单位频带噪声功率也相等

注意,上述讨论中假设天线没有热损耗,波瓣图全包含在观察区域内(忽略旁瓣和背瓣)。若将式(2)乘上频带宽度 B ,就得到总的噪声功率

$$P = kT_A B \qquad (\text{W}) \qquad\qquad (3)$$

其中 B 为接收机频带宽度,Hz。

通常较方便的方法是用通量密度 S 来表示单位频带的接收功率密度。因此,将式(2)除以天线的有效口径 A_e ,得

$$S = \frac{p}{A_e} = \frac{kT_A}{A_e} \qquad (\text{W m}^{-2}\,\text{Hz}^{-1}) \qquad\qquad (4)$$

上述推导中,也假设了被观察的单个天体源的伸展大于天线波束。实际上天线温度可包含若干个源的贡献,即所观察的是叠加于一种背景温度的区域上的源。要在这样的环境下测量源的温度,需要将射电望远镜的波束先移到、然后再移离该待测源,测出其温度的增减量 ΔT_A 。于是,式(4)的源通量密度应改写成

$$S = \frac{k\Delta T_A}{A_e} \qquad (\text{W m}^{-2}\,\text{Hz}^{-1}) \qquad\qquad \textbf{源通量密度} \qquad (5)$$

注意,该通量密度 S 的量纲($\text{W m}^{-2}\,\text{Hz}^{-1}$)与单位频带的坡印廷矢量相同。因此,通量密度可借助于从远区收到的坡印廷矢量(单位频带上)进行测量。射电天文观察中的通量密度非常小,自 1933 年 Karl G. Jansky 首次进行射电天文观察之后,惯用的计量单位是扬斯基(jansky)Jy = 10^{-26} W m^{-2} Hz^{-1} 。

如果遥远源的伸展小于天线波束, ΔT_A 都由该源所引起,则由式(5)给出的通量密度的校正式中, ΔT_A 并不等于该源与背景的温度差。设已知此源的立体角是 Ω_s 而天线波束的立体角是 Ω_A (见图12.2),则源的温度可非常简单地表示为

$$T_s = \frac{\Omega_A}{\Omega_s}\Delta T_A \qquad (\text{K}) \qquad (6)$$

其中, T_s ——源的温度,K

　　ΔT_A ——天线(噪声)温度的增量,K

　　Ω_s ——源的立体角(见图),sr

　　Ω_A ——天线波束的立体角(见图),sr

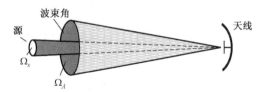

图 12.2　源立体角 Ω_s 小于波束范围 Ω_A 的情况

必须注意,天线损耗所致的天线物理温度,对天线(的噪声)温度并无贡献。现举例将式(6)应用于一次经典的历史性遥感观察。

例 12.1.1　火星的温度

美国海军研究实验室(U. S. Naval Research Laboratory)的 15 m 射电望远镜天线在 31.5 mm 波长上测量火星,发现天线温度的增量为 0.24 K(Mayer-1)。火星在测量时刻所占的视角为 0.005°,天线的半功率波束宽度 HPBW = 0.116°。试求火星在 31.5 mm 波长的平均温度。

解:

设天线 HPBW 内的立体角为 Ω_A,则由式(6)可得火星的温度为

$$T_s = \frac{\Omega_A}{\Omega_s} \Delta T_A \approx \frac{0.116^2}{\pi(0.005^2/4)} 0.24 = 164 \text{ K}$$

低于测得的日光照射下火星的红外温度(250 K),这意味着火星的 31.5 mm 辐射发生在比红外辐射离表面更深处。这是从地球被动遥感另一行星表面的实例。

以上讨论和举例中的源温度都是等效温度,它在例子中表征行星表面的物理温度。但另一方面,例如,天空中带有振荡电子的等离子云的物理温度接近绝对零度,然而却可以产生等效温度达几千 K 的辐射。这里所讨论的是热(噪声)温度,就像一种能完全吸收辐射的黑体温度。一个充满接收天线波束的热体所产生的天线温度,可被想像成用温度计测出的温度[①]。可是,在结构处于正常室外温度下的发射天线,其振荡电流能产生高达几百万度(K)的等效温度。换言之,该天线(及其电流)具有一个几百万度(K)的等效黑体(或噪声)温度。

所有的物体,只要不是处于绝对零度,都会产生辐射。在原理上,都可被一套射电天线-接收机所检测。图 12.3 显示了用喇叭天线指向几种物体时所测出的等效温度。可见,遥远恒星的温度超过 10^6 K,火星温度只有 164 K,地面上的发射天线温度为 10^6 K;人体温度为 310 K,地面温度为 290 K[②];沿天顶的净空温度为 3 K。这个 3 K 的温度称为天空的背景温度,源于宇宙创立时原始火球的残余温度,是任何天线"看向"天空时能测得的最小可能的温度。

上述讨论还有一项假设,即天线与源的极化是匹配的(庞加莱球面上相同的极化态)。虽然图 12.3 中的发射天线有可能满足这个条件,但对于其他非极化辐射的源,任何线极化或圆极化天线都只能接收一半功率,都不可能极化匹配。所以,这些源在天线处提供的通量密度应当加倍,使式(5)变成

$$S = \frac{2k\Delta T_A}{A_e} \qquad (\text{W m}^{-2} \text{ Hz}^{-1}) \qquad \textbf{源通量密度} \qquad (7)$$

除了已经考虑过的两种极端情况(即源的伸展要比天线波束宽度大得多或小得多的情况),还需要考虑任意源-波束尺寸关系的普遍情况。此时,总的天线温度由积分形式表示为

---

① 假设此物体的本征阻抗 = 377 Ω。

② 由于反射,更实际的人体和地面的辐射值会小些。

$$T_A = \frac{1}{\Omega_A} \int_0^{\pi} \int_0^{2\pi} T_s(\theta, \phi) P_n(\theta, \phi) d\Omega \quad \text{(K)} \qquad (8)$$

其中,T_A——总的天线温度(不是 ΔT_A),K

$T_s(\theta, \phi)$——源的亮温度或源作为角度的函数,K

$P_n(\theta, \phi)$——归一化的天线波瓣图,无量纲

Ω_A——天线的波束立体角,sr

$d\Omega$——立体角的微分单元,sr,$d\Omega = \sin\theta\, d\theta\, d\phi$

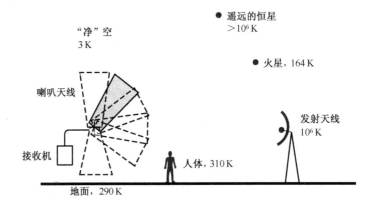

图 12.3　喇叭天线指向各种物体时感受到的不同温度

注意,式(8)中的 T_A 是总的天线温度,不仅包括了主瓣内特定源的贡献,而且还包括沿所有方向正比于波瓣图响应的辐射源的贡献。这里所有温度都是指绝对温度(K = 摄氏度 + 273)。

例 12.1.2　天线温度

某工作于 $\lambda = 20\,\text{cm}$ 的圆形反射镜天线以 $500\,\text{m}^2$ 的有效口径指向天顶。设天空温度为均匀的 10 K,取地面温度为 300 K,假设天线的副瓣波束范围之半在后向(向着地面)①,而波束效率是 0.7 ($=\Omega_M/\Omega_A$)。问总的天线温度?

解:

假设天线的口径效率为 50%,物理口径为 $1000\,\text{m}^2$,即直径为 35.7 m($= 2\sqrt{1000/\pi}\,\text{m}$),或相对于 $\lambda = 0.2\,\text{m}$ 的直径为 179λ。这意味着 HPBW $\approx 0.4°$ ($= 70°/179$),属于高定向天线,整个主波束都指向天空(接近天顶)。

由于(主)波束效率为 0.7,有 70% 的波束范围 Ω_A 指向 10 K 的天空,其余的一半即 15% 向着天空、而另一半即 15% 向着 300 K 的地面。因此,对式(8)按三步进行积分,得出

$$\text{天空贡献} = \frac{1}{\Omega_A}(10 \times 0.7\,\Omega_A) = 7\,\text{K}$$

$$\text{旁瓣贡献} = \frac{1}{\Omega_A}\left(10 \times \frac{1}{2} \times 0.3\,\Omega_A\right) = 1.5\,\text{K}$$

$$\text{后瓣贡献} = \frac{1}{\Omega_A}\left(300 \times \frac{1}{2} \times 0.3\,\Omega_A\right) = 45\,\text{K}$$

---

① 由于许多来自天空的辐射是经地面反射而到达天线的,所以更实际的地面温度应低于 300 K。

故 $T_A = 7 + 1.5 + 45 = 53.5\,\text{K}$。

注意,总的天线温度 $53.5\,\text{K}$ 中的 $45\,\text{K}$、即 84% 由取自地面的后瓣所致。如果没有后瓣,该天线温度只有 $10\,\text{K}$。此例中的后瓣严重损害了系统灵敏度(见 12.2 节)。正由于此,射电望远镜和空间通信的天线总是设计为具有最小可能的后瓣与旁瓣。而增大口径与波长的相对值仅起到使整个主波束指向天空的作用。

对照上例,回溯 Arno Penzias(1) & Robert Wilson 在 1965 年采用 6.2 m 喇叭–反射镜天线所进行的 4 GHz 温度测量,它揭示了 3 K 的天空背景。当天线指向天顶附近的"净"空时,Penzias & Wilson 测得总的天线温度 $T_A = 6.7\,\text{K}$,以及其他有关的量:

2.3 ±0.3 K　大气层的贡献

0.8 ±0.4 K　欧姆损耗的贡献

$\dfrac{<0.1\,\text{K}}{3.2 \pm 0.5}$　对着地面的后瓣的贡献

差值 $6.7 - 3.2 = 3.5\,\text{K}$ 归因于天空背景。他们最先测量出创立宇宙的(大爆炸)原始火球的残余温度,并设定了任何天线"看向"天空所测得的温度下限(见 21.19 节)。

Penzias & Wilson 所取的 0.1 K 地面效应是对天线实测的最小数值。按他们的分析,0.8 K 的欧姆损耗则归因于天线和旋转关节。

图 12.4 给出了来自天空的天线噪声温度与频率(或波长)的函数关系,这里假设了天线的 HPBW 小于几度且主波束效率为 100%,所给出的波束角从天顶起计(仰角的余角)。低频段的温度以银河系辐射为主;高频段由大气层吸收引入噪声,或在大气层外(太空)受宇宙光子或量子噪声温度的限制,即光子能量 hf 与玻尔兹曼常数之比

$$T = \frac{hf}{k} \qquad (\text{K}) \tag{9}$$

其中,h——普朗克常数,$h = 6.63 \times 10^{-34}\,\text{J s}$

f——频率,Hz

k——玻尔兹曼常数,$k = 1.38 \times 10^{-23}\,\text{J K}^{-1}$

这些噪声源在所示频谱上形成了归因于原始火球的 3 K(更精确地说是 2.7 K)噪声背景或基底。介于银河辐射区与大气层吸收区之间的低噪声区定义了一段基于地球的无线电窗口,而介于银河辐射区与量子极限之间的区段则形成了一段宇宙无线电窗口。

12.2　系统温度

通常,接收系统由天线、接收机以及连接它们的传输线所组成(见图 12.5),系统的噪声温度即系统温度是一项决定接收系统灵敏度和信噪比的评价因素。

系统温度取决于天空的噪声温度、地面和天线的环境、天线波瓣图、天线热效率、接收机的噪声温度以及介于天线与接收机之间的传输线(或波导)的效率等。天线馈端的系统温度可写成

$$T_{\text{sys}} = T_A + T_{AP}\left(\frac{1}{\varepsilon_1} - 1\right) + T_{LP}\left(\frac{1}{\varepsilon_2} - 1\right) + \frac{1}{\varepsilon_2}T_R \tag{1}$$

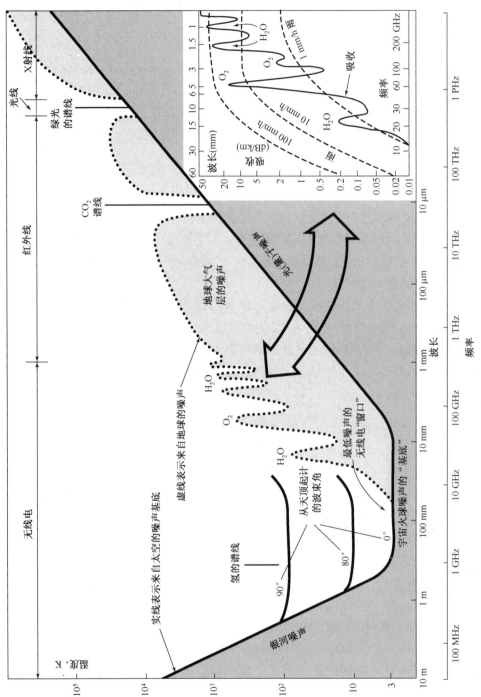

图12.4 从无线电到X射线的天空噪声温度。插图表示由大气层和雨所致的衰减。本图还将出现于图21.44中,为便于了解解释而引用于此

其中, T_A——天线噪声温度,K[见式(12.1.8)]

T_{AP}——天线物理温度,K

ε_1——天线(热)效率 $(0 \leqslant \varepsilon_1 \leqslant 1)$,无量纲

T_{LP}——传输线物理温度,K

ε_2——传输线效率 $(0 \leqslant \varepsilon_2 \leqslant 1)$[①],无量纲

T_R——接收机噪声温度,K(见下一段)

接收机噪声温度为

$$T_R = T_1 + \frac{T_2}{G_1} + \frac{T_3}{G_1 G_2} + \cdots \qquad (2)$$

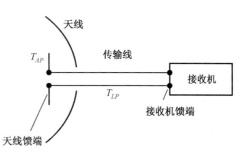

图 12.5　确定系统温度的天线、传输线和接收机

其中, T_1——接收机第一级的噪声温度,K

T_2——接收机第二级的噪声温度,K

T_3——接收机第三级的噪声温度,K

G_1——接收机第一级的功率增益

G_2——接收机第二级的功率增益

如果噪声温度足够高而增益相当低,还可以再增多级(项)数。

例 12.2.1　系统温度

某接收系统带有总噪声温度为 50 K、物理温度为 300 K、效率为 99% 的天线。其传输线的物理温度为 300 K 而效率为 90%。其接收机有三级相同的放大器,都具有 80 K 的噪声温度和 13 dB 的增益。求系统温度。

解:

根据式(2)得到接收机的噪声温度为

$$T_R = 80 + \frac{80}{20} + \frac{80}{20^2} = 80 + 4 + 0.2 = 84.2 \text{ K}$$

代入式(1),得到系统温度

$$T_{\text{sys}} = 50 + 300\left(\frac{1}{0.99} - 1\right) + 300\left(\frac{1}{0.9} - 1\right) + \frac{1}{0.9} 84.2$$

$$= 50 + 3 + 33.3 + 93.6 \approx 180 \text{ K}$$

注意,由于天线中的损耗,其物理温度的贡献为 3 K。传输线的贡献约为 33 K,而接收机的贡献约为 94 K。

接收系统的灵敏度即最小可检测温度 ΔT_{min} 等于系统的均方根噪声温度 ΔT_{rms},即

$$\Delta T_{\text{min}} = \frac{k' T_{\text{sys}}}{\sqrt{\Delta f t}} = \Delta T_{\text{rms}} \qquad (3)$$

其中, k'——系统常数(个位量级),无量纲

T_{sys}——系统温度,天线、传输线和接收机的温度之和,K[见式(1)]

ΔT_{rms}——均方根噪声温度 $= \Delta T_{\text{min}}$,K

Δf——接收机的检波前频带,Hz

t——检波后的时间常数,s

---

① $\varepsilon_2 = \mathrm{e}^{-\alpha l}$,其中 α = 衰减常数(Np m^{-1}),而 l = 传输线的长度(m)。

可检测性的判据是，某射电源的天线温度增量 ΔT_A 等于或超过最小可检测温度 $\Delta T_{\min}$，即

$$\Delta T_A \geqslant \Delta T_{\min} \tag{4}$$

而信噪比(S/N)为[①]

$$\frac{S}{N} = \frac{\Delta T_A}{\Delta T_{\min}} \tag{5}[②]$$

对于工作在高灵敏度（低信号电平）的许多空间通信系统、射电望远镜或遥感系统，其最本质的特点是系统噪声温度很低。

例 12.2.2　最小可检测通量密度

俄亥俄州立大学的 $110\,\mathrm{m} \times 21\,\mathrm{m}$ 射电望远镜天线具有 $2208\,\mathrm{m}^2$ 的物理口径，对 $1415\,\mathrm{MHz}$ 频率的口径效率为 54%、系统温度为 $50\,\mathrm{K}$；射频带宽为 $100\,\mathrm{MHz}$，输出时间常数为 $10\,\mathrm{s}$ 而系统常数为 2.2。求最小可检测通量密度。

解：

根据式（3），最小可检测温度为

$$\Delta T_{\min} = \frac{k' T_{\mathrm{sys}}}{\sqrt{\Delta f t}} = \frac{2.2 \times 50}{\sqrt{100 \times 10^6 \times 10}} = 0.003\,5\,\mathrm{K}$$

已知有效口径 $A_e = A_p \varepsilon_{ap} = 2208 \times 0.545 = 1203\,\mathrm{m}^2$，由式（12.1.7）可得最小可检测通量密度

$$\Delta S_{\min} = \frac{2k \Delta T_{\min}}{A_e} = \frac{2 \times 1.38 \times 10^{-23} \times 0.003\,5}{1203}$$

$$= 8.1 \times 10^{-29}\,\mathrm{W\,m^{-2}\,Hz^{-1}} \approx 8\,\mathrm{mJy}[③]$$

借助于反复观测和数据平均，还可以进一步将此最小值缩小 $[\alpha(1/n)^{1/2}$，其中 n 为观测次数$]$。用 $1415\,\mathrm{MHz}$ 频率观察天空，可检测到约 $20\,000$ 颗通量密度大于 $180\,\mathrm{mJy}$ 的在册射电源。因此，这些在册源的信噪比为

$$\frac{S}{N} = \frac{180\,\mathrm{mJy}}{8.0\,\mathrm{mJy}} = \frac{\Delta T_A}{\Delta T_{\min}} = \frac{0.078\,5\,\mathrm{K}}{0.003\,5\,\mathrm{K}} \approx 22.5$$

12.3　信噪比

接着考虑通信线路中接收系统的信噪比。设发射机辐射的功率 P_t 为各向同性，且均匀分布于频带 Δf_t 上，从而在距离 r 处产生的单位频带通量密度为 $P_t/(4\pi r^2 \Delta f_t)$。对位于该处的接收天线来说，按其有效口径 A_{er} 汇集的功率为

$$P_r = \frac{P_t A_{er}}{4\pi r^2} \frac{\Delta f_r}{\Delta f_t} \qquad (\mathrm{W}) \tag{1}$$

其中，P_t——发射机的辐射功率，W

　　　A_{er}——接收天线的有效口径，m^2

---

① 注意区分这里的信号 S 和在别处用来表示通量密度或坡印廷矢量的 S。

② 最小可检测信号定义为 $S = N$ 或 $S/N = 1$。有时用比值 $(S+N)/N$ 表示，则最小可检测信号对应于比值 2。

③ $8\,mJy$（毫杨斯基），其中 $1\,Jy = 10^{-26}\,W\,m^{-2}\,Hz^{-1}$。

Δf_r——接收机频带宽度,Hz

Δf_t——发射机频带宽度,Hz

r——发射机至接收机的距离,m

其中假设 $\Delta f_r \leqslant \Delta f_t$。

如果发射天线具有定向性 $D = 4\pi A_{et}/\lambda^2$,则接收功率变成

$$P_r = \frac{P_t A_{er} A_{et}}{r^2 \lambda^2} \frac{\Delta f_r}{\Delta f_t} \qquad \text{(W)} \qquad (2)$$

其中,λ——波长,m

A_{et}——发射天线的有效口径,m^2

对于 $\Delta f_r = \Delta f_t$(频带匹配)的情况,式(2)就是弗里斯传输公式。

接收系统(天线和接收机)的灵敏度不仅依赖于天线温度 T_A,而且与接收机以及连接天线和接收机的传输线的温度或噪声贡献有关。这些温度的合成称为系统温度 T_{sys},它是无线电线路中信噪比(S/N 或 SNR)的一个因子,即

$$\frac{S}{N} = \frac{P_t A_{et} A_{er}}{r^2 \lambda^2 B k T_{sys}} \qquad \text{(无量纲)} \qquad \text{无线电线路的信噪比SNR} \qquad (3)$$

其中,P_t——发射机的功率,W

A_{et}——发射天线的有效口径,m^2

A_{er}——接收天线的有效口径,m^2

r——发射机至接收机的距离,m

λ——波长,m

B——频带宽度,Hz

k——玻尔兹曼常数 $= 1.38 \times 10^{-23}$ J K^{-1}

T_{sys}——系统温度,K

式(3)中假设了极化匹配和频带匹配。

例 12.3.1　下传信噪比

信号可检测性的判据是式(3)所示的信噪比(S/N)。对于 1 W 的发射机功率和各向同性(非定向)天线,以及视距无线电线路无损耗的情况,信噪比可写成

$$\frac{S}{N} = \frac{\lambda^2}{16\pi^2 r^2 k T_{sys} B}$$

其中,λ——波长,m

r——发射机至接收机的距离,m

k——玻尔兹曼常数 $= 1.38 \times 10^{-23}$ J K^{-1}

T_{sys}——系统温度,K

B——频带宽度,Hz

设有频带宽度 $B = 30$ MHz 的调频电视信号从位于对地静止轨道卫星上的 C 波段转发器下传到地球站(见图 12.6),转发功率 $= 5$ W,距离 $= 36\,000$ km,$\lambda = 7.5$ cm,天线增益 $= 30$ dB;地球站的天线增益 $= 38$ dB,接收机系统温度为 100 K。试求该地面站的 S/N。

注意,本例中所用的 S/N 值,实质上是载波噪声比(C/N),简称载噪比,定义为未调制载

波功率与噪声功率之比。对地静止卫星所采用的调频视频信号,在调频解调器输出端的 S/N 可超过载噪比 C/N 达 35 dB 以上,而 C/N 应高于"调频阈值"约 10 dB。其增大的程度取决于信号的调制指数,以及最大频偏与调制频率之比。实际上,卫星设计师总是力求获得 13~20 dB 的 C/N,这包括了 3~10 dB 的线路冗余量,以应对天线未对准、沿传播路径衰减、地球站碟形天线积存水或雪造成的衰减、转发器功率起伏以及解调效率不佳等情况。

解:

对于 1 W 的各向同性天线,有

$$\frac{S}{N} = \frac{\lambda^2}{16\pi^2 r^2 k T_{sys} B}$$

$$= \frac{0.075^2}{16\pi^2(36^2 \times 10^{12})(1.38 \times 10^{-23})(100)(30 \times 10^6)}$$

$$= 6.64 \times 10^{-7} = -61.8 \text{ dB}$$

由于转发器的天线增益 = 30 dB 而转发器功率 = 5 W = 7 dB,其有效辐射功率

$$\text{ERP} = 30 + 7 = 37 \text{ dB} \quad \text{(高于 1 W 各向同性)}。$$

又由于地面站增益 = 38 dB,故有

$$S/N \text{(下传)} = 37 + 38 - 61.8 = 13.2 \text{ dB}$$

这比可以接受的最小信噪比 S/N 多出 3.2 dB。

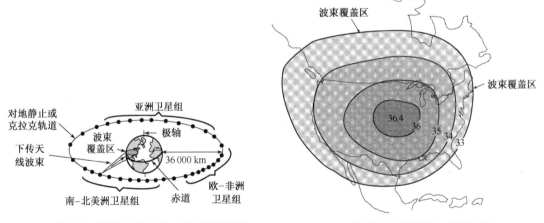

(a) 绕地克拉克轨道上的电视与通信中继静地卫星

(b) 有效辐射功率的等值线。典型下传北美洲转发器高出 1 W 各向同性的分贝数

图 12.6　通信中继对地静止卫星以及有效辐射功率的等值线。注意,多数情况下,斜照的波束覆盖给出球面上的辐射等值线。仅当卫星波束直接以较窄波束下射地球赤道时,其覆盖区的等值线才可近似为天线波瓣图的等值线

12.4　被动遥感

一架射电望远镜,无论是以地球为基准、指向天空观测宇宙物体,还是装载于飞机或卫星而指向地球,都属于遥感器。本节将讨论借助射电望远镜检测或感觉来自所观察物体的辐射,

形成一种被动遥感系统,以区别于在下节中将要讨论的观测与分析发射信号及其反射的雷达或主动遥感。

在图 12.7(a)中,地基射电望远镜天线的波束完全接纳温度为 T_s 的宇宙源辐射,并附有温度为 T_c 的星际云层的吸收-发射。不存在云层时,天线温度的增量 $\Delta T_A = T_s$;存在云层时,可观测到的天线温度增量为

$$\Delta T_A = T_f(1 - e^{-\tau_f}) + T_e e^{-\tau_f} \quad (K) \quad (1)$$

其中,τ_c = 云层的吸收系数[①](无吸收时 = 0,无穷大吸收时 = ∞)。因此,知道了 T_s 和 τ_c,便能确定云层的等效黑体温度 T_c。

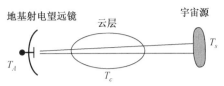

(a) 地基射电望远镜穿过星际云层遥感宇宙源

在图 12.7(b)中,射电望远镜搭载于轨道卫星,观测温度为 T_e 的地球表面,假设天线波束被温度为 T_f 的大片树林完全接纳。则该卫星天线的增量温度为

$$\Delta T_A = T_f(1 - e^{-\tau_f}) + T_e e^{-\tau_f} \quad (K) \quad (2)$$

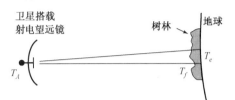

(b) 卫星搭载射电望远镜穿过树林遥感地球

其中,τ_f = 树林的吸收系数。知道了 T_e 和 τ_f,便能确定树林的等效黑体温度 T_f。或者知道了 T_e 和 T_f,就能推导出吸收系数 τ_f。借助这种技术可以勘

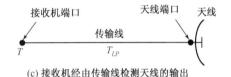

(c) 接收机经由传输线检测天线的输出

图 12.7　被动遥感。云层、树林和传输线模拟了发射-吸收的性质

测整个地球,获取关于陆地与水面的温度以及地面覆盖物吸收系数等大量信息。

例 12.4.1　树林的遥感温度

轨道卫星搭载的 3 GHz 遥感天线指向一片热带树林区域,后者对铅垂入射波的吸收系数 $\tau_f = 0.693$,测得天线的温度增量 $\Delta T_A = 300$ K。若地球温度 $T_e = 305$ K,求树林的温度。

解:

由于 $\tau_f = 0.693$,$\exp(-\tau_f) = 0.5$,因此由式(2)可得

$$T_f = \frac{\Delta T_A - T_e e^{-\tau_f}}{1 - e^{-\tau_f}} = \frac{300 - 305 \times 0.5}{1 - 0.5} = 295 \text{ K}$$

在图 12.7(c)所示的天线-传输线-接收机系统中,若从接收机端口(而不是像图 12.5 所示的那样从天线端口)看去,模仿上述遥感的情形,其发射-吸收的传输线就相当于图 12.7(a)中发射-吸收的云层、或图 12.7(b)中发射-吸收的树林。比较式(1)与式(2)对应的接收机端口所呈现的温度可知,上述三种情况下的公式具有相同的形式:

天线观察宇宙源,如图 12.7(a)所示:

$$\Delta T_A = T_c(1 - e^{-\tau_c}) + T_s e^{-\tau_c} \quad (K) \quad (3)$$

天线从卫星观察地球,如图 12.7(b)所示:

$$\Delta T_A = T_f(1 - e^{-\tau_f}) + T_e e^{-\tau_f} \quad (K) \quad (4)$$

接收机观察天线,如图 12.7(c)所示:

---

① 天文学称 τ_c 为"光学深度"(optical depth)。量 $\exp(-\tau_c)$ 等效于式(12.2.1)中的效率因子 ε。

$$T = T_{LP}(1 - e^{-\alpha l}) + T_A e^{-\alpha l} \quad \text{(K)} \tag{5}$$

其中，ΔT_A——天线的温度增量，K

      T_c——云层的温度，K

      τ_c——云层的吸收系数(光学深度)，无量纲

      T_s——宇宙源的温度，K

      T_f——树林的温度，K

      τ_f——树林的吸收系数，无量纲

      T_e——地球的温度，K

      T_{LP}——传输线的物理温度，K

      α——传输线的衰减常数，Np m^{-1}

      l——传输线的长度，m

注意，式(12.2.1)中的系统温度应该是对天线端口、而不是对式(5)所对应的接收机端口来说的。如果传输线完全损耗($e^{-\alpha l} = \varepsilon_2 = 0$)，则式(12.2.1)正确地给出无穷大的系统温度，这意味着系统没有了感知能力。然而，如果从接收机端口即按式(5)来看"系统温度"，则系统温度等于传输线的温度 T_{LP} 加上接收机的温度，就会得出"系统仍有感知能力"这样完全错误的结果。

火星测量是被动遥感的一个实例，其中借助射电望远镜确定非常遥远物体的温度。另一项被动遥感的实例是，由许多围绕着地球的卫星携带俯视地球的射电望远镜，如同确定火星表面的温度那样极仔细地测量地表温度。与之相反，雷达检测是(发射信号，然后接收回波的)主动遥感。

12.5　雷达和雷达截面

现考虑图 12.8 所示的情况：既可将发射机、也可将接收机连接到天线。当发射机接入天线时，送出一个脉冲击中图 12.8 中被动反射的散射物体，该物体所截获的功率可由弗里斯传输公式(12.3.2)得出，即

$$P_{\text{int}}(\text{由物体截获的}) = \frac{P_t A_{et}}{r^2 \lambda^2}\sigma \quad \text{(W)} \tag{1}$$

其中 σ 为物体的雷达截面，m^2。

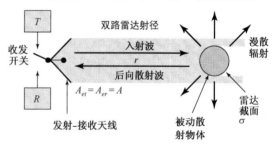

图 12.8　雷达方程的双射径几何发出波和返回散射波。天线能够在发射机和接收机之间切换

"radar"(雷达)一词是"radio direction and range"(无线电定向和测距)的首字母缩写。假设有各向同性($D = 1$)散射的物体，其有效口径按式(2.9.7)为 $\lambda^2/4\pi$，因此，从物体散射而返回发射机位置的功率，作为弗里斯传输公式，即式(2.11.5)的另一种应用，可写成

$$P_r(\text{天线接收功率})$$
$$= \frac{P_{\text{int}}(\text{由物体截获的功率})A_{et}}{r^2\lambda^2}\frac{\lambda^2}{4\pi} \quad \text{(W)} \tag{2}$$

在后向散射脉冲或回波到达之前,将天线切换到接收机。根据天线所收集到的后向散射功率与发射功率之比,给出雷达方程如下:

$$\frac{P_r \text{(由天线接收的)}}{P_t} = \frac{A^2 \sigma}{4\pi r^4 \lambda^2} \qquad \text{(无量纲)} \qquad \text{雷达方程} \qquad (3)$$

其中 $A = A_{et}$,A 为天线的有效口径(发射和接收时相同),m^2。

此式假设了极化匹配(后向散射波不含交叉极化分量),即 $F = 1$ 或 $M M_a = 0$,且天线与接收机阻抗匹配。如果极化不匹配,则应将式(3)乘以式(2.17.5)所给出的 F。

由式(3),可得雷达截面(RCS,radar cross section)为

$$\sigma = \frac{P_r \text{(由天线接收的)} 4\pi r^4 \lambda^2}{P_t A^2} \qquad (4)$$

或

$$\sigma = \frac{S_r}{S_{inc}/4\pi r^2} = \frac{4\pi r^2 S_r}{S_{inc}} = \frac{\text{散射功率}}{\text{入射功率密度}} \qquad (m^2) \qquad \text{雷达截面} \qquad (5)$$

其中,S_r——后向散射在距离 r 处的功率密度 $= [P_r \text{(由天线截获的)}]/A$,$W\ m^{-2}$

S_{inc}——入射到物体上的功率密度 $= (P_t A)/(r^2 \lambda^2)$,$W\ m^{-2}$

以物体的雷达截面 σ 作为有效面积截获入射功率密度 S_{inc} 后,按各向同性散射恰能产生后向散射的功率密度 S_r。

一个半径为 a 的理想反射大金属球,其雷达截面等于物理截面 πa^2。但非理想导电反射球的雷达截面则较小。例如,月球对米波的雷达截面约等于其物理截面的0.1。

为了测量物体雷达截面(RCS)的精确远场值,雷达天线的距离应大于 w^2/λ,其中 w = 待测物体的最大宽度或高度,这使雷达波前可视为平面。对于高频率和(或)大物体,这会使得测试距离大得不切实际。一种解决办法是利用抛物面将发自雷达的球面波前转换成平面波,这种方案称为“紧缩场”(compact range)技术,能在很大程度上减短所需的测试距离。俄亥俄州立大学的 110 m 射电望远镜曾用于在大物体雷达截面测量中形成紧缩场。

注意,式(3)中在雷达接收机处的后向散射功率反比于距离的四次幂,这意味着当接收机很灵敏且天线很大时,可以在比雷达能检测到的距离更远处检测到该雷达。因为信号到达接收机只需承受单向路径的 $1/r^2$ 衰减,而到达雷达则必须承受往返两次路径的 $1/r^4$ 衰减。

当发射脉冲时,脉冲雷达的天线连接发射机,而在等候回波时切换到接收机。观察距离愈远,则脉冲间隔时间愈长。多普勒雷达的天线经过环行器的隔离作用同时连续地接到发射机和接收机,通常用 CW(continuous wave,连续波)多普勒描述这种只测量速度的工作模式。另一种借助于同时测量脉冲雷达回波的时延和频移、能同时测量距离和速度的工作模式,则称为脉冲多普勒雷达。

雷达已被广泛应用于船舶和飞机的导航,港湾、机场和高速公路的监视,气象预报(风暴、雨、冰雹等),地形绘图,测量至月球的距离或金星的旋转(其表面被云层掩蔽),棒球手出球速度的监测,或确定蜂雀的速度等。

几种规则物体的雷达截面列于表 12.1,这里假设了物体的尺度都远大于波长。不难注意到,球的雷达截面等于其几何截面积,平板或平片的雷达截面大于其几何面积(见习题 12.5.7)。还可参考图 12.9 中的雷达截面数据。

表 12.1

物体*	雷达截面 σ
圆球,半径 a	πa^2
平板,面积 A	$4\pi A^2/\lambda^2$
圆柱,半径 a,长度 L	$2\pi a L^2/\lambda$

* 物体属理想导体,尺寸远大于波长 $(a, L \gg \lambda)$。平板和圆柱属法向入射,柱轴
平行于雷达波的极化平面。一般情况下,物体尺度也可以小到波长以下,
见 R.J.Kouyoumjian(1)

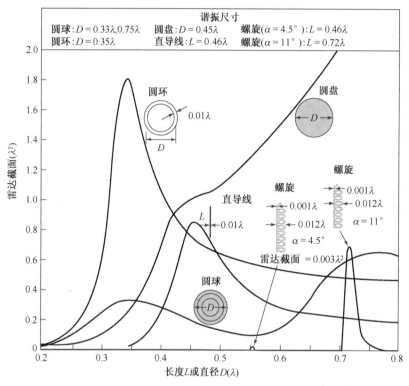

图 12.9　圆球、圆环、圆盘、导线、螺旋的雷达截面值。线、环、盘的值取自 Kou-
　　　　youmjian(1),球的值取自 Mie(1),螺旋的值是 Kraus(1)的测量值

对于脉冲雷达,由发射出脉冲和接收到回波的时差 Δt 可求得散射物体的距离 d,即

$$d = \frac{1}{2}c\Delta t \qquad (m) \tag{6}$$

其中,$c = 300\ \text{Mm s}^{-1}$(空气),而 Δt 为回波的时延,s。

多普勒雷达中,回波相对于发射频率 f_0 的频移 Δf 给定了物体的速度 v,即

$$v = \frac{1}{2}\frac{\Delta f}{f_0}c \qquad (\text{m s}^{-1}) \tag{7}$$

其中,Δf——(多普勒)频移,Hz

　　f_0——发射频率,Hz

　　c——300 Mm s^{-1}(空气)

正的 Δf 值(回波频率升高)表示物体在移近;负的 Δf 值(回波频率降低)表示物体在
远离。

借助于移动或扫瞄天线波束,雷达能提供关于视野内物体的方向、距离和速度等信息。根据回波脉冲所携带的特征,可以识别不同的物体,且非常短脉冲的响应是物体频率响应的傅里叶变换。

脉冲多普勒气象雷达

相干脉冲多普勒雷达同时测量雷达回波的幅度和相位。往返双程的相移与雷达至散射物体的距离 r 和波长 λ 有关,并是单程相移 $2\pi r/\lambda$ 的 2 倍,即

$$\phi = \frac{4\pi r}{\lambda} \tag{8}$$

如果雷达回波的源处于运动之中,则其双程相移将随时间而变化,为

$$\phi(t) = \frac{4\pi(r + v_r t)}{\lambda} \tag{9}$$

其中 v_r 为沿雷达视线的速度分量。该相位的时变率也就是角频率的变化 $\Delta\omega$,有

$$\Delta\omega = \frac{\partial\phi}{\partial t} = \frac{4\pi v_r}{\lambda} \tag{10}$$

所以,由散射体运动而引起的多普勒频移为

$$\Delta f = \frac{\Delta\omega}{2\pi} = \frac{2v_r}{\lambda} \qquad \text{(Hz)} \tag{11}$$

在脉冲多普勒雷达中,发射一组脉冲串并测量其各自的回波相位,借以同时确定回波源的距离及其速度。根据每个周期 2 次取样的奈奎斯特条件,可以准确测定的最大多普勒频移为

$$\Delta f_{\max} = \frac{1}{2T} \qquad \text{(Hz)} \tag{12}$$

其中 T 为脉冲重复周期(PRI),s。

若用一组共 N 个脉冲来确定回波源的速度,则需要的总测量时间为 NT 秒。在此时段中可以分辨出两个频率,其中之一在观察周期内的相位变化多经历了一周。于是,脉冲多普勒雷达的频率分辨率为

$$\Delta f_{\min} = \frac{1}{NT} \tag{13}$$

其中 N 为观察的脉冲个数,而 T 为脉冲重复周期,s。

脉冲多普勒气象雷达利用水滴的散射和折射率的起伏来测量降雨强度和风速。

例 12.5.1　气象雷达

某 X 波段(10 GHz)的气象雷达用于测量龙卷风(见图 12.10)。求:(a) 为了准确地测出 350 km h^{-1} 的风速,应采用的最低脉冲重复频率(PRF = 1/PRI);
(b) 为了能分辨出龙卷风的两个速度相差 1 km h^{-1} 的部分,在该 PRF 下至少取样多少个脉冲?

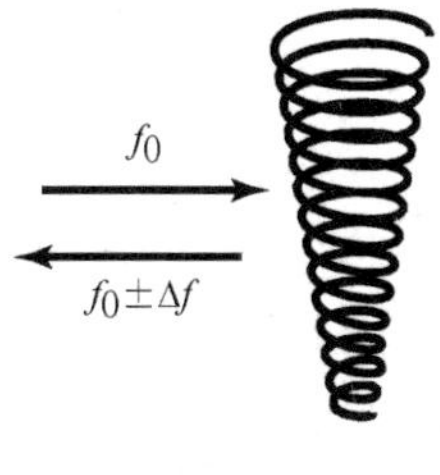

解:

(a) 由式(11),速度为 350 km h^{-1} 时的多普勒频移为

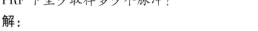

$$\Delta f = \frac{2v_r}{\lambda} = \frac{2\left(\dfrac{3.5 \times 10^5}{3600}\right)}{0.03} = 6.5 \text{ kHz}$$

图 12.10

再由式(12),得

$$\Delta f_{\max} = \frac{1}{2T}$$

$$T = \frac{1}{2\Delta f_{\max}} = \frac{1}{2(6.5 \times 10^3)} = 7.7 \times 10^{-5} = 77 \ \mu s$$

$$\mathrm{PRF} = \frac{1}{T} = \frac{1}{7.7 \times 10^{-5}} = 13 \ \mathrm{kHz}$$

（b）将式(13)改写成

$$N = \frac{1}{\Delta f_{\min} T}$$

对于两个速度相差 $\Delta v_r = 1 \ \mathrm{km \ h^{-1}}$ 的散射体,由式(11)可得

$$\Delta f_1 - \Delta f_2 = \frac{2v_{r1}}{\lambda} - \frac{2v_{r2}}{\lambda} = \frac{2(v_{r1} - v_{r2})}{\lambda} = \frac{2\left(\dfrac{1000}{3600}\right)}{0.03} = 18.5 \ \mathrm{Hz}$$

故

$$N = \frac{1}{\Delta f_{\min} T} = \frac{1}{(18.5)(7.7 \times 10^{-5})} = 702 个脉冲$$

夹角反射器(两面夹角和三面夹角)

图 12.11(a)所示的两面夹直角反射器,是一种广角域(几乎 90°)的返回式反射器,其原理如图 12.11(b)和图 12.11(c)所示。为区别于图 10.8 中的夹角反射器类型,称这里的为无源夹角反射器、而图 10.8 中的为有源夹角反射器。

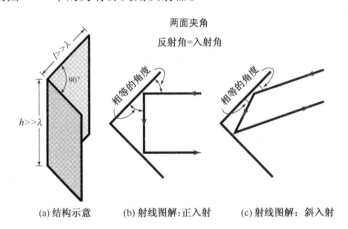

(a)结构示意   (b)射线图解:正入射   (c)射线图解:斜入射

图 12.11　夹直角反射器说明不同入射角下的返回式反射过程

从夹直角反射器返回雷达的实测场强如图 12.12 所示。该反射器的表面远大于波长,在反射器前方的宽角(几乎 90°)范围内有很强的反射,在垂直于入射平板的四个方向上也有很强的窄刺状反射,但在夹角背向只有很微弱的尖缘回波。因此,在正投射的夹角反射器和平板的前方检测有良好的增强效应,但要避免漏检某些方向上的强反射。

在两面夹角上添加第三个导体边界就成了三面夹角。将八个三面夹角反射器聚合成如图 12.13所示的返回式反射器,几乎对 4π sr 都能提供很强的反射。这种反射器被广泛用来增强雷达的回波(见图 10.17)。

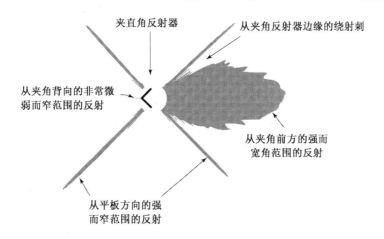

图 12.12　从夹直角反射器返回的实测雷达场强反射器的尺度远大于波长

　　例如,小型船只通常都在桅杆上装置一个返回式反射器(往往采用线网式反射表面),使雷达在雾中更容易发现船只的存在而减少碰撞的机会,见图 12.15 中的轻舟。为了能更有效,反射器的尺度应达到许多个波长,网孔的周长应小于 $\lambda/2$,表面的平整度应优于 $\lambda/12$。再者,为了提高雷达回波受到注意的概率,避免总陷于反射器三个平面的弱回波方向上,应使反射器旋转。这样的返回式反射器虽不能提供像"Queen Elizabeth II"(女王伊丽莎白二世)巨轮那样的回波,但能使小型船只显得像一艘尺寸可观的船舶。民用飞机也需要较大的雷达截面值,以便于空港雷达的检测和跟踪。

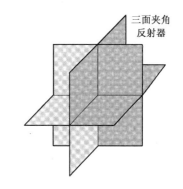

图 12.13　八个三面夹角反射器聚合成的全立体角域的返回式反射器

双站雷达

　　以上讨论的单站雷达,其发射和接收采用同一副天线(即使不是同一副,也在同一位置)。然而,双站雷达中的发射和接收天线处于不同位置,如图 12.14 所示,其两段射径可以不相平行。于是,发射天线可能是该区域内数以百计的无线电发射天线(从短波到微波)中的任何一个。例如,来自遥远调频广播电台的弱信号可能随着图 12.14 中尖劈状物体的经过而瞬间增强。如果已知电台的位置,则物体大约位于至电台半程距离处,就可以推知该物体所在的方向。虽然这种不正规的双站系统不及单站雷达精确,但仍是可资利用的。

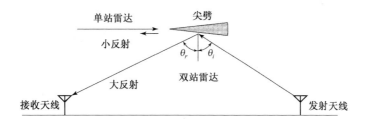

图 12.14　来自尖劈的单站和双站的反射。来自边缘单站的反射很小;
来自平面双站的反射很大,且反射角等于入射角($\theta_r = \theta_i$)

航天飞机或在近地轨道上的其他物体，往往因电离层产生的磁流体力学（MHD，magneto-hydrodynamic）脉动而被双站式地检测到。如果未受扰动的电子密度恰低于临界值，而脉动的顶部已超过了临界值，就可能在相隔几百至几千千米的发射与接收天线之间利用双站反射进行检测。

图 12.15 罗列出各类物体在 3 cm 波长（频率 = 10 GHz）可望达到的典型雷达截面值，图中给出的是标称最大值。其一种例外是对轻舟同时给出了按不同方位的最大值和最小值，尽管轻舟有不同的雷达截面值，但装载了三面夹角反射器后的雷达截面却在 360°范围内基本不变。另一种例外是航天飞机，由于飞行造成的电离层扰动使雷达截面增大。更准确的雷达截面值需要考虑极化、入射角、观察角、物体的形状与组成等。其详细信息可参阅 Kouyoumjian (1) & Skolnik(1)。

图 12.15　陆上、海上、空中和空间物体在 10 GHz 频率下的雷达截面值（m^2）

参考文献

Gordon, W. E. (1), "Radar Backscatter from Earth's Ionosphere," *IEEE Trans. Ants. Prop.*, **AP-12,** 873–876, December 1964.

Kouyoumjian, R. J. (1), in *Antennas,* Kraus, 2d ed., pp. 791–797.

Kraus, J. D. (1), "Antennas Our Electronic Eyes and Ears," *Microwave Jour.,* Jan. 1989, pp. 77–92.

Mayer, C. H. (1), T. P. McCullough and R. M. Sloanaker, "Observations of Mars and Jupiter at a Wavelength of 3.15 cm," *Astrophys. J.,* **127,** 11–16, January 1958.

Mie, G. (1), *Ann. Phys.,* **25,** 377–446, 1908.

Nyquist, H. (1), Thermal Agitation of Electric Charge in Conductors, *Phys. Rev.,* **32:**110–113 (1928).

Penzias, A. A. (1), and R. W. Wilson, "A Measurement of Excess Antenna Temperature at 4080 MHz," *Astrophys. J.,* **142,** 419–421, 1965.

Shannon, C. E. (1), "Communication in the Presence of Noise," *Proceedings of the IRE,* **37** (January 1949).

Skolnik, M. I. (1), *Radar Systems,* McGraw-Hill, 1980.

习题

12.2.1* **天线温度**。某指向天顶的端射阵置于平坦的无反射地面上。如果该天线的 $0.9\Omega_A$ 在天顶的 45° 范围内，$0.08\Omega_A$ 在 45° 与水平面之间的范围内；在上述范围内，天空的亮温度分别是 5 K 和 50 K，地面（水平面以下）的亮温度是 300 K；天线的效率为 99%、物理温度为 300 K。试计算该天线的噪声温度。

12.2.2* **地球站的天线温度**。某地球站的 100 m² 有效口径碟形天线指向天顶。假设均匀的天空温度 6 K，地面温度等于 300 K；副瓣范围有 1/3 在背向，波束效率为 0.8；工作波长是 75 mm。试计算该天线的噪声温度。

12.3.1 **信噪比**。证明 1 W 发射机和各向同性天线的无线电线路具有信噪比

$$\frac{S}{N} = \frac{\lambda^2}{16\pi^2 r^2 k T_{sys}\Delta f}$$

式中的符号同式(12.3.1)和式(12.3.3)。

12.3.2* **信噪比**。某通信线路工作于 3 GHz，频带宽度为 50 MHz(5 个电视频道各占 10 MHz)；发射机功率为 10 W，接收机系统温度为 200 K，用 1 m 直径的抛物面碟形天线；传输距离为 1500 km。问：信噪比是多少？

12.3.3* **来自太阳系背后"先驱者 10"(Pioneer 10)的信号**。1972 年 3 月由 NASA(美国国家宇航局)发射的"先驱者 10 号"，经历了 20 年的飞行，位于八十亿千米(8×10^{12} m)之遥的太阳系外的深空，成为第一个逸出太阳系的人造物体。迄今仍能接收到它所载 8 W 发射机的信号，在其众多观察项目中尚能观察到太阳风。先驱者 10 号使人们首次近距离观察木星，并成为人类第一个星际探测器。虽然它的无线电即将失效，但它携带着一块刻有人类符号信息的镀金铝板。若先驱者 10 号的天线增益为 36 dBi 而 NASA 的地球站天线增益为 66 dBi；假设先驱者 10 号匀速远离地球、其发射机仍维持工作，试回答在 2000 年时：(a) 信号的时延(先驱者 10 对地球)；(b) 接收功率；(c) 在波长为 10 cm 而系统温度为 20 K 的情况下对于信噪比 7:1(即 8.5 dB)的最大频带宽度？

12.3.4* **卫星电视下传**。某搭载于克拉克轨道卫星的发射机(转发器)在某地球站处产生的相对于 1 W 各向同性的有效辐射功率(ERP)为 35 dB。(a) 若地球站天线的直径为 3 m、天线温度为 25 K，接收机温度为 75 K，而频带宽度为 30 MHz，至卫星的距离为 36 000 km，且假设天线是效率为 50% 的抛物面碟形反射镜(见例 12.3.1)，试确定其信噪比(dB)；(b) 若可接受的 $S/N = 10$ dB，问所要求的地球站天线的直径？

12.3.5* **系统温度**。某 1.4 GHz 射电望远镜扫瞄一均匀亮度区,其正比于功率的数字输出(任意单位)作为恒星时间的函数列表如下,积分时间为 14 s,等待打印时间为 1 s。设天线的有效口径为 500 m^2,从天线至接收机的传输线有 0.5 dB 的衰减;接收机的频带宽度为 7 MHz,接收机常数 $k' = 2$;将校准信号引入接收机,对 2.9 K 的温度校准给出 170 单位,试求:(a) 接收机端口的均方根噪声;(b) 最小可检测温度;(c) 系统温度;(d) 最小可检测通量密度。

时间	输出	时间	输出
31分30秒	234	32分45秒	229
31　45	235	33　00	236
32　00	224	33　15	233
32　15	226	33　30	230
32　30	239	33　45	226

12.3.6 **系统温度**。已知某接收机系统的天线温度为 15 K,传输线温度为 300 K,而效率为 0.95;接收机前置级温度为 75 K、后续级温度依次为 100 K 和 200 K,各级增益为 16 dB。求系统温度。

12.3.7* **太阳对地球站的干扰**。每年两次的太阳通过使克拉克静地轨道卫星的明显偏差,引起太阳噪声对地球站的干扰。出现在美国卫星电视屏幕上的:典型预告"信道用户注意:10 月 15 日~26 日的 12:00 至 15:00 将经历太阳异常损耗"。(a) 若太阳在 4 GHz 的等效温度为 50 000 K,某地球站的系统温度为 100 K,工作于 4 GHz 的 3 m 抛物面碟形天线对太阳直径的视角为 0.5°,求太阳所致地球站的信噪比(dB);(b) 将此结果与例 12.3.1 中为典型的克拉克轨道电视转发器所计算的载噪比进行比较;(c) 该干扰持续多久(注意,由关系式 $\Omega_A = \lambda^2/A_e$ 所得的是立体波束角的立体弧度而非平方度);(d) 为何该异常损耗发生在10 月 15 日~26 日而不在 9 月 20 日前后太阳掠过赤道的秋分时节;(e) 卫星服务在太阳异常损耗前后应如何工作?

12.3.8* **接近海王星的"旅行者 2 号"(Voyager 2)**。"旅行者 2 号"在 1989 年 8 月 24 日接近海王星时发回了该行星的图片。由 10 GHz 的发射机、经 2.5 m 直径的抛物面碟形天线,发射 10 W 的功率;设地球站天线直径为70 m,口径效率为 70%;已知地球–海王星相距 4 光时(light-hours)。为了提供 5 dB 的信噪比,并在3 分钟内接受一帧具有 3×10^6 个像素的图片,地球站最大可允许的系统温度是多少?

12.3.9* **临界频率和最大可用频率(MUF)**。地球的电离层因其电离密度的梯度足以将无线电波折返地球而称为层。实际的波是在一定厚度的电离区域内逐渐弯成曲线射径,对此过程的一种实用的简化,是假设波从某(视在)高度 h 处的理想导电水平表面反射。该层能够将铅垂入射的波反射回地球的最高频率称为临界频率 f_o,更高频率的铅垂入射波将穿出电离层。对于斜入射波(图 P12.3.9 中的 $\phi > 0$),地球上点对点通信的最大可用频率为 MUF $= f_o/\cos\phi$,其中 $\phi = $ 入射角,临界频率 $f_o = 9N^{1/2}$,其中 $N = $ 电子密度(个数每立方米)。N 是太阳照射及其他因素的函数,f_o 和 h 都随着时刻、日期、季节、纬度以及太阳黑子的 11 年周期而变化。求下列地面通信线路(不计地球曲率)的最大可用频率 MUF:(a) 间距 $d = 1.3$ Mm,由 $N = 6 \times 10^{11}$ m^{-3} 而 $h = 325$ km 的 F_2 层反射;(b) 间距 $d = 1.5$ Mm,由 $N = 10^{12}$ m^{-3} 而 $h = 275$ km 的 F_2 层反射;(c) 间距 $d = 1$ Mm,由 $N = 8 \times 10^{11}$ m^{-3} 而 $h = 100$ km 的 E 层反射。

12.3.10 **克拉克轨道卫星的最小可用频率(mUF)**。对地静止(中继)通信卫星位于克拉克轨道的 36 Mm 高度处,远在电离层之上方,其传输路径需两次完全穿过电离层,如图 P12.3.10 所示。常用2 GHz 以上的频率,受电离层的影响很小,且具有很宽的频带。若电离层位于 200 km 至 400 km 高度、层厚 200 km,具有均匀电子密度 $N = 10^{12}$ m^{-3}。求能用于下列卫星通信的最低频率(即最小可用频率,mUF):(a) 铅垂入射;(b) 路径与天顶呈30°角;(c) 地球站位于赤道上,卫星在东或西15°的仰角方向上。

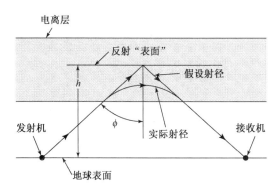

图 P12.3.9　经过电离层反射的通信路径

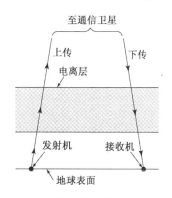

图 P12.3.10　经由克拉克静地轨道中继卫星的通信路径

12.3.11 * **最小可检测温度**。某射电望远镜有如下特性:天线噪声温度 50 K,接收机噪声温度 50 K,天线至接收机的传输线损耗 1 dB 和物理温度 270 K,接收机频带宽度 5 MHz 和积分时间 5 s,接收机(系统)参数 $k' = \pi/\sqrt{2}$,以及天线有效口径 500 m^2。若取两项记录的平均,求:(a) 最小可检测温度;(b) 最小可检测通量密度。

12.3.12 **最小可检测温度**。某工作在 2650 MHz 的射电望远镜有下列参数:系统温度 150 K,检波前频带宽度 100 MHz,检波后时间常数 5 s,系统常数 $k' = 2.2$,天线有效口径 800 m^2。求:(a) 最小可检测温度;(b) 最小可检测通量密度;(c) 若取四项记录的平均,则(a)和(b)的结果有何改变?

12.3.13 * **星际无线电线路**。若有地外(宇宙)文明(ETC,extraterrestrial civilization)用100 m直径的碟形天线发射 5 GHz、10^6 W、右旋圆极化的 10 s 脉冲信号;假设地球上的接收天线也是 100 m 直径并响应右旋圆极化,两天线的效率都是 50%,而且地球站的系统温度为 10 K、频带为 0.1 Hz。求:能以 SNR = 37 接收到 ETC 的最大距离。

12.3.14 * **背包企鹅**。图 P12.3.14 所示的企鹅参加了一项南极企鹅迁徙习性的研究。它的背包无线电带有 λ/4 天线,以发射它的体温、心率和呼吸率,并提供其随种群在极地冰冠上移动所处位置的信息。该背包工作在 100 MHz,具有 1 W 功率、1 kHz 音频调制的数据信号;$T_{\mathrm{sys}} = 1000$ K 而 SNR = 30 dB;收发都采用λ/4 短桩形天线。求最大作用距离。

图 P12.3.14　南极的背包企鹅

12.3.15 **卫星的载噪比**。由于按式(12.3.3)定义的信噪比依赖于接收机的频带宽度,因此也就依赖于对信号施加的调制。卫星通信工程师采用另一种相关的量,称为载噪比即 C/N,表示每赫频带中载波信号的功率与噪声功率之比,即式中 C = 载波的功率密度(W Hz^{-1}),N = 噪声功率密度(W Hz^{-1})。求例 12.3.1 所描述系统的载噪比。

$$\frac{C}{N} = \frac{P_t A_{et} A_{er}}{r^2 \lambda^2 k T_{\mathrm{sys}}}$$

12.3.16 **全路径载噪比**。证明全路径或线路(上传和下传)的载噪比可写成

$$(C/N)_{\mathrm{circuit}}^{-1} = (C/N)_{\mathrm{up}}^{-1} + (C/N)_{\mathrm{down}}^{-1}$$

12.3.17 * **近地轨道通信卫星**。某近地轨道(LEO,low earth orbit)的通信卫星的上传频率为 14.25 GHz,距离 $r_{\mathrm{up}} = 1500$ km,下传频率为 12 GHz,距离 $r_{\mathrm{down}} = 1000$ km。若发射机为 $\mathrm{ERP}_{\mathrm{earth}} = 60$ dBW,$\mathrm{ERP}_{\mathrm{sat}} = 25$ dBW;假设接收机为 $(G/T)_{\mathrm{earth}} = 30$ dB K^{-1},$(G/T)_{\mathrm{sat}} = 5$ dB K^{-1}。求全线路的 C/N。

12.3.18* **直播卫星(DBS,direct broadcast satellite)。** 直播卫星服务通过地球同步卫星向消费者提供 CD 质量的音频节目。WARC(World Administrative Radio Conference,世界无线电行政会议)规定了这类服务的参数要求:

频段	11.7 ~ 12.2 GHz (Kᵤ 波段)
信道带宽	27 MHz
最小功率通量密度	−103 dB Wm⁻²
接收机品质因数(G/T)	6 dB K⁻¹
最小载噪比	14 dB

(a) 36 000 km 轨道的直播卫星在地球表面产生指定通量密度所需要的相对于 1 W 各向同性的 ERP(有效辐射功率)是多少? (b) 若卫星上的 100 W 发射机工作在 12 GHz,为了达到所要求的 ERP,要求星载抛物面碟形天线(假设效率为 50%)的直径是多少? (c) 若消费者的接收机带有效率为 50% 的 1 m 碟形天线,其系统噪声温度为 1000 K,能否满足指定的 G/T 值? (d) 对上列(a)到(c)所指定的系统,说明其载噪比超过了要求值多少?

12.3.19 **载噪比的简化表达式。** 对习题 12.3.15 中的 C/N 表达式,可做如下代换而得以简化:

$$有效各向同性辐射功率 = ERP = P_t G_t \text{ (W)}$$

$$线路的路径损失 = L_{\text{link}} = 4\pi r^2 / \lambda^2$$

则载噪比可写成

$$\frac{C}{N} = ERP \frac{1}{L_{\text{link}}} \frac{1}{k} \frac{G_r}{T_{\text{sys}}}$$

其中,G_r/T_{sys} 是接收机天线增益与系统噪声温度的比值,此比值(G/T)通常用做卫星和地球站接收机的品质因数。假设工作在 6 GHz 的地球站采用 1 kW 的发射机和效率为 50% 的 10 m 碟形天线;位于克拉克轨道($r = 36\,000$ km)上的卫星装备了效率为 50% 的 1 m 抛物面碟形天线、噪声温度为 1500 K 的接收机。求上传到卫星的 C/N。

12.3.20 **载噪比与最大数据率。** 载波噪声密度比(C/N_d)的重要性是香农于 1949 年确立的。根据通信信道之信息容量的香农定理,频带宽度为 B 的信道之最大数据率为

$$M = B \log_2 \left(1 + \frac{C}{N_d B}\right)$$

其中 M 为信道容量(b s⁻¹),B 为信道频带宽度(Hz),C 为载波信号功率(W),N_d 为噪声功率密度(W Hz⁻¹)。试证明任何信道(即使具有无穷大带宽)的最大数据率为

$$M_{B \to \infty} = \frac{C}{N_d} \log_2(e) = 1.44 \frac{C}{N_d}$$

提示:令 $x = C/(N_d B)$,并利用关系式

$$\lim_{x \to \infty} (1 + x)^{1/x} = e$$

12.3.21 **卫星通信中继系统。** 某项全球通信系统的提案建议用一圈中高度地球轨道(MEO,medium earth orbit)卫星为地球上一地到另一地、以及远程航天飞机到地面站转递信号。地面站采用 $G/T = 20$ dB K⁻¹ 的接收机和 10 W 功率的发射机;上传频率 14 GHz、下传频率 12 GHz、星间频率 100 GHz(因为在卫星之间没有大气层的吸收);每个卫星都有 5000 W 的 ERP,5 dB K⁻¹ 的接收机 G/T 值。(a) 如果通信线路由两个地球站和三颗卫星组成,求全线路的载噪比和最大数据率;(b) 如果只用一颗卫星转发 ERP = 500 W 的土星探测器信号至接收地面站(距离 $r = 1.5 \times 10^9$ km),求全线路的载噪比和最大数据率。

12.3.22 **不协调的伽利略天线。** 当伽利略航天飞机于 1995 年抵达木星时,地面控制员已努力了 3 年,试图打开航天飞机的 10 GHz(X 波段)高增益的 5 m 碟形通信天线。该天线由于发射前损失了润滑剂

而无法展开，只能利用原工作在 2 GHz 的低定向性（$G = 10\,dB$）S 波段天线来传送图片和数据到地球。航天飞机的发射功率为 20 W，距离地球 7.6×10^{11} m，接收站用 70 m 的碟形天线、效率为 50%。求：(a) 如果原装的 5 m 碟形天线已被展开，其可达到的最大数据率是多少？ (b) 以 1 m 的低增益 S 波段天线取代后的最大数据率？

12.4.1* **有吸收云时的天线温度。** 某射电源被星际的发射–吸收云层所掩蔽，用 50 m^2 有效口径的射电望远镜指向该源，在 50 cm 波长上观测。该源具有 200 K 的均匀亮度分布和 1 平方度的立体角，云层为单位光学深度、具有 100 K 的亮温度，占有 5 平方度的视角。假设天线对源和云层有着一致的响应，求天线温度。

12.4.2 **被动遥感天线。** 为地球资源被动遥感卫星设计一架 3 GHz 的天线，要求从 300 km 的轨道高度测量地面温度时具有 1 km^2 的分辨率。

12.4.3 **树林的吸收。** 某地球资源被动遥感卫星的天线指向亚马逊河盆地，测得夜间温度 $T_A = 21°C$。若地球温度 $T_e = 27°C$ 而亚马逊丛林温度 $T_f = 15°C$，求该丛林的吸收系数 τ_f。

12.4.4* **木星信号。** 通常，从木星接收到的 20 MHz 通量密度为 10^{-20} W m^{-2} Hz^{-1}。取地球–木星距离为 40 光分，并假设该源的辐射是各向同性的，求每单位频带宽度辐射多少功率。

12.4.5 **红移，功率。** 某些射电源曾借助光学物体的多普勒效应或由测出光谱的红移 $z（= \Delta\lambda / \lambda）$ 而得以鉴别。距离–红移之间的哈勃（Hubble）关系式是

$$R = \frac{v}{H_o} = \frac{m-1}{m+1} \frac{c}{H_o}$$

其中，$R =$ 以百万秒差距为单位的距离（1 百万秒差距 $= 1\,Mpc = 3.26 \times 10^6$ 光年），$v =$ 物体的后退速度（$m\ s^{-1}$），$m = (z+1)^2$，$c =$ 光速，$H_o =$ 哈勃常数 $= 75\ km\ s^{-1}\ Mpc^{-1}$。试确定下列射电源的以光年为单位的距离 R：(a) 天鹅座 A（Cygnus A，射电星系的原型），$z = 0.06$；(b) 3C273（准星射电源，即类星体），$z = 0.16$；(c) OQ172（遥远类星体），$z = 3.53$。以上各源在 3 GHz 上的通量密度分别为 600 Jy，30 Jy，2 Jy（1 Jy $= 10^{-26}$ W m^{-2} Hz^{-1}）。(d) 假设各源的辐射都各向同性，试确定它们所辐射的每单位频带上的无线电功率。

12.5.1 **雷达检测。** 某雷达接收机具有 10^{-12} W 的灵敏度，雷达天线的有效口径为 1 m^2，工作波长为 10 cm，要能检测到 1 km 距离处的 5 m^2 雷达截面的物体，其发射机功率应为多大？

12.5.2 **金星和月球雷达。** (a) 设计一座基于地球的雷达系统，能将来自金星的 10^{-15} W 峰值回波功率转递到接收机。雷达工作在 2 GHz，天线为收发共用；地球–金星相距 3 光分，金星的直径为 12.6 Mm，其雷达截面相当于导体圆球的 10%。试确定天线有效口径和发射机峰值功率。(b) 若改用上述系统观测月球，月球直径为 3.5 Mm 而雷达直径也相当于导体圆球的 10%，则接收功率变成多大？

12.5.3* **电子的雷达截面。** 传递电磁波的交变电场引起（初始静态的）单个电子的振荡（见图 P12.5.3），振荡的电子等效于 $D = 1.5$ 的短偶极子天线。试证明每立体弧度的散射功率与入射坡印廷矢量值之比等于 $(\mu_o e^2 \sin\theta / 4\pi m)^2$，其中 e 和 m 是电子的电荷量和质量，θ 是相对于入射电场方向的散射角。该比值乘上 4π 便是此电子的雷达截面。这种再辐射现象称为汤姆孙（Thompson）散射。

12.5.4 **汤姆孙散射雷达。** 某铅垂探空的地基雷达，借助汤姆孙散射（见图 P12.5.3），可用来确定地球电离层中的电子密度，返回雷达的散射功率正比于电子密度。若雷达发射一个短脉冲，其回波功率作为时间的函数，恰反映了电子密度作为高度的函数。试设计一座工作于 430 MHz 的汤姆孙散射雷达，以测量电离层电子密度，在离水平面 1 Mm 的高度上有 1 km 的分辨率，并能够检测到 1 Mm 高度上的最少 100 个电子。试确定雷达峰值功率、脉冲长度、天线尺寸和接收机灵敏度等指标（Gordon-1）。

12.5.5* **10 km 处单个电子的检测。** 如果阿利西波（Arecibo）300 m 直径的天线在 100 MHz 频率用做电离层探测（见图 P12.5.5），为了以 $-0\,dB$ 的 SNR 检测出直线高度 10 km 处的单个电子，要求发射功率为多大？这里频带宽度是 1 Hz，$T_{sys} = 100$ K，而口径效率 $= 50\%$。

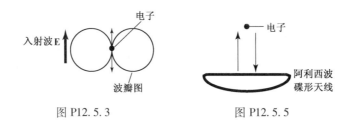

图 P12.5.3　　　　　　　　　　　图 P12.5.5

12.5.6 **短偶极子雷达截面的谐振效应。**(a) 计算长 $L = \lambda/10$ 而直径 $2b = \lambda/100$ 的无耗谐振偶极子($Z_L = -jX_A$)的雷达截面,参见 2.9 节和 14.12 节;(b) 按公式 $34L^6/\lambda^4[\ln(L/2b)-1]^2$ 计算同一个偶极子的雷达截面;(c) 将这两个值与图 12.9 中的最大雷达截面进行比较,评价这些结果。

12.5.7* **圆球、平盘和圆柱的雷达散射截面。**求下列理想导电物体在 $\lambda = 10$ cm 的波正投射时的雷达截面:(a) 直径 1 m 的圆球;(b) 面积 1 m^2 的平盘;(c) 长为 1 m、直径为 4 mm 的圆柱体,轴线平行于极化面;(d) 尺寸同(c)但轴线垂直于极化面。

12.5.8* **雷达散射截面。**距离 10 km 处的物体对 1 kW 雷达的发射功率给出 1 nW 的回波;收发碟形天线的直径为 1 m,口径效率 50%;工作在 3 GHz。试问:该物体的雷达截面是多少?

12.5.9* **龙卷风雷达。**用例 12.5.1 中的气象雷达扫瞄某龙卷风,最大多普勒频移为 5.3 kHz。求:(a) 龙卷风漏斗中的最大风速;(b) 若可观测到的最低多普勒频移为 920 Hz,该龙卷风以多快的速度趋近或远离气象雷达的天线?

12.5.10 **鸟腿箍(bird band)的雷达截面。**在鸟腿上缚有用 0.1 mm 厚的铝箔制成的宽 2 mm 而直径为 3 mm 的箍。(a) 其最大雷达截面为多少?(b) 最大雷达截面发生在什么频率上?(c) 采用 100 W 峰值功率的雷达、直径为 100λ 的碟形天线,以 5 dB 的 SNR 为阈值,雷达能跟踪该鸟的距离有多远?

12.5.11 **雷达作用距离。**某 3 cm 波长的雷达具有 10 kW 的峰值功率、口径效率为 70% 的 3 m 直径碟形天线以及系统温度为 100 K 而频带宽度 $B = 1$ MHz 的接收机。以 SNR = 10 dB 为阈值,要检测到面积 $A = 1$ m^2 的平板,该雷达的最大作用距离是多少?

12.5.12* **投球速度。**某 20 GHz 的雷达测出棒球投手所投球的多普勒频移为 6 kHz,该球的速度是多少?

12.5.13* **投球测量的雷达功率。**用 20 GHz 的雷达在 100 m 的距离处进行习题 12.5.12 中的投球速度测量,该雷达采用直径为 8 cm 而口径效率 $\varepsilon_{ap} = 0.5$ 的圆锥喇叭天线,球的直径为 7 cm,其雷达截面为相同直径理想导体球的一半,以 SNR = 30 dB 为阈值,该雷达的发射功率应是多少?

12.5.14* **防撞雷达。**为了提供防撞预警,装载于轿车、货车或其他车辆上的前视雷达(见图 P12.5.14)能警告驾驶者前方车辆正过快地减速或已停车。前方车辆的刹车灯可能失效或被遮挡,若要对 9 m s^{-1} 或更大速度的净距离减小发出警告,一架 20 GHz 的雷达必须能检测多大的多普勒频移?

全球定位卫星

GPS(全球定位系统)的天线

前视雷达

图 P12.5.14

12.5.15 **防撞雷达的频带宽度和功率。**对于习题 12.5.14 中的 20 GHz 防撞雷达,为了避免在泊车或路边有桥墩时发出虚警,其第一零点波束宽度应相当于在 250 m 距离上,宽 10 m;为了避免来自高速公路立交桥的回波,铅垂面波束宽度应该再减半。设该雷达采用了贴片单元的边射阵平板天线,具有均匀口径分布。(a) 该天线的尺寸?(b) 要检测 300 m 远处的 1 m^2 物体,以 SNR = 30 dB 为阈值,该雷达的发射功率应是多少?

12.5.16 **防 CFIT 雷达。** 为了避免能见度较差的常规飞机飞入多山地形区域,要求一架类似于习题 12.5.14 中用于高速公路车辆的称为受控飞入山区(CFIT,controlled flight into terrian)的前视雷达,但有不同的作用距离和闭合速率的要求。针对 15 km 的作用距离和至少 100 m s^{-1} 的净距减小率要求,求:(a) 脉冲重复频率;(b) 对于天线增益为 33 dB 而接收机阈值 SNR = 30 dB 的 10 GHz 雷达,应有多大的功率?

12.5.17 **雷达高度计。** 对于一具测高范围为 100 m ~ 10 km 的 10 GHz 的脉冲雷达高度计,其 10 GHz 频率的选择可避免对 20 GHz 频段的水汽吸收,其天线是具有均匀口径分布的 3 cm × 30 cm 俯视平板贴片阵。试求:(a) 该雷达所需的功率;(b) 所要求的脉冲重复频率。诚然,高度计是很有价值的导航工具,而防 CFIT 雷达是预警出现骤升陡削地形所必需。但最优的系统宜同时配置高度计和防 CFIT 雷达,联合飞机导航雷达和 GPS 显示屏,以指明飞机位置和邻近地形的高度。

12.5.18* **警用雷达。** 脉冲测速雷达必须能分辨来自两辆相距 30 m 的汽车之回波。试求能防止两车回波交叠的最大脉冲宽度。注意,信号从发射机到物体再返回所经历的时间 $t = 2R/c$(s),其中 R 是距离而 c 是媒质中的波速。记 τ 为脉冲宽度,则它可由距离分辨率(回波在时间上不发生交叠的两物体间的最小距离差)表示为(下标是指不同的物体)

$$\Delta R = R_2 - R_1 = \frac{c\tau}{2}$$

12.5.19 **透地雷达的分辨率。** 某透地雷达工作在沙土地区,$\varepsilon_r = 8$ 而 $\mu_r = 0.01$。为了分辨埋地 10 m 和 15 m 的两个物体,要求该雷达的脉冲宽度是多少?

12.5.20* **海杂波(Sea clutter)。** 搜寻与救援飞机利用雷达定位失事船只,必然会受到海面回波的干扰,这些回波(惯称海杂波)的幅度取决于雷达波的频率和极化、海面上受照射片的尺寸、入射角以及海况。图 P12.5.20 给出了散射的几何关系。为使海杂波的特征不依赖雷达在海面上的边射覆盖区,可定义海面每单位面积的雷达截面 σ_0,该参量的量纲为在 1 m^2 海面上雷达截面之分贝数(dBsm)。一片海面的总雷达截面等于 σ_0 与该片面积 A_{patch} 之乘积。对于这类面积的散射,雷达方程可写成

$$P_r = P_t \frac{A_e^2 \lambda^2}{4\pi r^4} \sigma_0 A_{\text{patch}}$$

设脉冲雷达的脉冲宽度为 τ,天线半功率波束宽度为 θ 弧度,低掠射角(grazing angle)的照射面积约为 $(c\tau/2)(r\theta)$。于是,雷达方程可改写成

$$P_r = P_t \frac{A_e^2 \lambda^2}{4\pi r^4} \sigma_0 \left(\frac{c\tau}{2}\right)(r\theta) = P_r \frac{A_e^2 \lambda^2 \sigma_0 c\tau\theta}{8\pi r^3}$$

(a) 某单站脉冲雷达在 6 GHz 的频率上发射 1 kW 的峰值功率,脉冲宽度为 1 μs,采用口径效率为 50% 的 1.5 m 圆碟形天线,海况 4 级(在 C 波段,$\sigma_0 = -30$ dBsm m^{-2}),确定 10 km 处接收到的海杂波功率。(b) 若接收机频带宽度为 10 kHz,噪声指数为 3.5 dB,求接收机的噪声功率。(c) 若该雷达用于在上述条件下搜寻 RCS = 33 dB 的船只,可望有怎样的信噪比和信号杂波比?

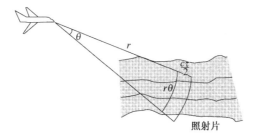

图 P12.5.20　海上搜援的几何关系

注:习题中涉及的计算机程序,见附录 C。

附录 A 参 考 表 格

A. 1 天线及天线系统的关系式[①]

口径效率,$\varepsilon_{ap} = \dfrac{A_e}{A_p} = \dfrac{E_{\mathrm{av}}^2}{(E^2)_{\mathrm{av}}}$ （无量纲）

有效口径,$A_e = \dfrac{\lambda^2}{\Omega_A}$ （m^2）

阵因子(n 个等幅递差相位 δ 的源组成的等距 d 直线阵),$E_n = \dfrac{\sin(n\psi/2)}{n\sin(\psi/2)}$ （无量纲）

　　　其中$\psi = \beta d\cos\theta + \delta$ （弧度或度）

波束效率,$\varepsilon_M = \dfrac{\Omega_M}{\Omega_A}$ （无量纲）

波束立体角,$\Omega_A = \displaystyle\iint P_n(\theta,\phi)\,d\Omega$ （sr）

波束立体角(近似),$\Omega_A = \theta_{\mathrm{HP}}\phi_{\mathrm{HP}}(\mathrm{sr}) = \theta_{\mathrm{HP}}^\circ\phi_{\mathrm{HP}}^\circ$（平方度）

电荷–电流连续性,$Il = q\dot{v}$

圆口径(均匀分布),$\mathrm{HPBW} = \dfrac{58^\circ}{D_\lambda}$ （$D_\lambda =$ 直径的波长数）

圆口径(均匀分布),$\mathrm{BWFN} = \dfrac{140^\circ}{D_\lambda}$

圆口径(均匀分布),定向性为 $9.9D_\lambda^2$

圆口径(均匀分布),(相对于半波偶极子的) 增益 $= 6D_\lambda^2$

(短)偶极子的定向性,$D = 1.5$ （$= 1.76\,\mathrm{dBi}$）

(短)偶极子的辐射电阻,$R_r = 80\pi^2\left(\dfrac{l}{\lambda}\right)^2\left(\dfrac{I_{\mathrm{av}}}{I_0}\right)$（$\Omega$）

($\lambda/2$)偶极子的定向性,$D = 1.64$ （$= 2.15\,\mathrm{dBi}$）

($\lambda/2$)偶极子的自阻抗,$Z = R_r + jX = 73 + j42.5\ \Omega$

定向性,$D = \dfrac{4\pi A_e}{\lambda^2} = \dfrac{4\pi}{\Omega_A} = \dfrac{P(\theta,\phi)_{\max}}{P_{\mathrm{av}}}$（无量纲）

定向性(近似),$D \approx \dfrac{4\pi(\mathrm{sr})}{\theta_{\mathrm{HP}}\phi_{\mathrm{HP}}(\mathrm{sr})} \approx \dfrac{41\,000(\text{平方度})}{\theta_{\mathrm{HP}}^\circ\phi_{\mathrm{HP}}^\circ}$

定向性(较好的近似),$D \approx \dfrac{41\,000\varepsilon_M}{k_P\theta_{\mathrm{HP}}\phi_{\mathrm{HP}}}$

[①] 术语表中给出了更详细的说明,以及其他关系式的列表。

通量密度,$S = \dfrac{2kT_A}{A_e}$ （W m^{-2} Hz^{-1}）

最小可检测通量密度,$\Delta S_{\min} = \dfrac{2k\Delta T_{\min}}{A_e}$ （W m^{-2} Hz^{-1}）

弗里斯公式,$\dfrac{P_r}{P_t} = \dfrac{A_{er}A_{et}}{r^2\lambda^2}$ （无量纲）

增益,$G = kD$ （无量纲）

有效高度,$h_e = \dfrac{V}{E} = \dfrac{I_{av}}{I_0}h_p = \dfrac{I}{I_0}\displaystyle\int_0^{h_p} I(z)\,dz = \sqrt{\dfrac{2R_rA_e}{Z_0}}$ （m）

单绕轴向模螺旋天线的定向性,$D = 12\left(\dfrac{C}{\lambda}\right)^2\dfrac{nS}{\lambda}$

（均匀同相的长）直线阵,$\text{HPBW} = \dfrac{1}{L_\lambda}$（弧度）$= \dfrac{57.3°}{L_\lambda}$

（单圈）环的辐射电阻,$R_r = 197\,C_\lambda^4$ （Ω）

近场–远场界限,$R = \dfrac{2L^2}{\lambda}$ （m）

接收机噪声功率,$N = kT_{\text{sys}}\Delta f$ （W）

奈奎斯特功率,$w = kT$ （W Hz^{-1}）

雷达方程,$\dfrac{P_r}{P_t} = \dfrac{A^2\sigma}{4\pi^2\lambda^2r^4}$ （无量纲）

辐射功率,$P = \dfrac{\mu^2q^2v^2}{6\pi Z}$ （W）

辐射电阻,$R_r = \dfrac{S(\theta,\phi)_{\max}r^2\Omega_A}{I^2}$ （Ω）

矩形口径（均匀分布）,$\text{HPBW} = \dfrac{51°}{L_\lambda}$

矩形口径（均匀分布）,$\text{BWFN} = \dfrac{115°}{L_\lambda}$

矩形口径（均匀分布）,定向性为 $12.6L_\lambda L'_\lambda$

矩形口径（均匀分布）,（相当于半波偶极子的）增益为 $7.7L_\lambda L'_\lambda$

角分辨率 $\approx \dfrac{\text{BWFN}}{2}$

信噪比,$S/N = \dfrac{P_r}{P_n} = \dfrac{P_t A_{et} A_{er}}{r^2\lambda^2 kT_{\text{sys}}\Delta f}$

信噪比（相对于 1 W 各向同性）,$S/N = \dfrac{\lambda^2}{16\pi^2 r^2 kT_{\text{sys}}\Delta f}$

系统温度,$T_{\text{sys}} = T_A + T_{\text{LP}}\left(\dfrac{1}{\varepsilon} - 1\right) + \dfrac{T_R}{\varepsilon}$ （K）

天线温度（穿过发射–吸收云层）,$T_A = T_c(1 - \mathrm{e}^{-\tau c}) + T_s\mathrm{e}^{-\tau c}$ （K）

最小可检测温度,$\Delta T_{\min} = \dfrac{k'T_{\text{sys}}}{\sqrt{t\Delta f}} = \Delta T_{\text{rms}}$ （K）

（椭圆极化）波的（平均）功率，$S_{av} = \dfrac{1}{2}\hat{\mathbf{z}}\dfrac{E_1^2 + E_2^2}{Z_0}$ （W m^{-2}）

波长与频率（空气或真空中），$\lambda = \dfrac{c}{f}$ （m）

A.2 端接负载传输线的输入阻抗公式

在图 A.1 所示的特性阻抗为 Z_0 的传输线上，距离负载（即终端）阻抗 Z_L 为 x 处所呈现的输入阻抗公式，按三种负载条件分列于下表：(1) 任意负载 Z_L 值；(2) 短路线 $Z_L = 0$；(3) 开路线 $Z_L = \infty$。每种条件下，表的第二列又分两种情况：(a) 线上存在衰减（$\alpha \neq 0$）的一般情况；(b) 线上无耗或有损耗但可忽略（$\alpha = 0$）的情况。

负载条件	一般情况 ($\alpha \neq 0$)	无耗情况 ($\alpha = 0$)
任意 Z_L 值	$Z_x = Z_0\dfrac{Z_L + Z_0 \tanh \gamma x}{Z_0 + Z_L \tanh \gamma x}$	$Z_x = Z_0\dfrac{Z_L + jZ_0 \tan \beta x}{Z_0 + jZ_L \tan \beta x}$ $Z_x = Z_0^2/Z_L$ †
$Z_L = 0$ 短路线	$Z_x = Z_0 \tanh \gamma x$ $= Z_0\dfrac{\tanh \alpha x + j\tan \beta x}{1 + j\tanh \alpha x \tan \beta x}$ $Z_x = Z_0 \coth \alpha x$*	$Z_x = jZ_0 \tan \beta x$
$Z_L = \infty$ 开路线路	$Z_x = Z_0 \coth \gamma x$ $= Z_0\dfrac{1 + j\tanh \alpha x \tan \beta x}{\tanh \alpha x + j\tan \beta x}$ $Z_x = Z_0 \tanh \alpha x$*	$Z_x = -jZ_0 \cot \beta x$

*$\beta x = n\pi/2$，$n = 1, 3, 5, \cdots$。表中的 $\gamma = \alpha + j\beta$，式中 $\alpha =$ 衰减常数，$\beta = 2\pi/\lambda$。

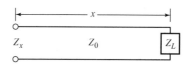

图 A.1 特性阻抗为 Z_0 的传输线。长度为 x，负载阻抗为 Z_L

A.3 反射系数、传输系数与电压驻波比 VSWR

对于特性阻抗为 Z_0 而终端所接负载阻抗为 Z_L 的传输线，其电压反射系数 ρ_v、电流反射系数 ρ_i、电压传输系数或施加于负载的相对电压 τ_v、电流传输系数或通过负载的相对电流 τ_i，以及电压驻波比 VSWR 的关系式如下：

电压反射系数 $\qquad\qquad \rho_v = \dfrac{Z_L - Z_0}{Z_L + Z_0}$

电流反射系数 $\qquad\qquad \rho_i = \dfrac{Z_0 - Z_L}{Z_0 + Z_L} = -\rho_v$

电压传输系数 $\qquad\qquad \tau_v = \dfrac{2Z_L}{Z_0 + Z_L} = 1 + \rho_v$

电流传输系数 $\qquad\qquad \tau_i = \dfrac{2Z_0}{Z_0 + Z_L} = 1 + \rho_i$

电压驻波比 VSWR	$\dfrac{1 + |\rho_v|}{1 - |\rho_v|} = \dfrac{1 + |\rho_i|}{1 - |\rho_i|}$
反射系数的幅度	$|\rho_v| = |\rho_i| = \dfrac{\text{VSWR} - 1}{\text{VSWR} + 1}$

A.4　同轴、双导线及微带传输线的特性阻抗

传输线类型	特性阻抗，Ω
同轴（填充相对介电常数 ε_r 的媒质）	$Z_0 = \dfrac{138}{\sqrt{\varepsilon_r}}\log\dfrac{b}{a}$
同轴（填充空气）	$Z_0 = 138\log\dfrac{b}{a}$
双导线（相对介电常数 ε_r 的媒质），（$D \gg a$）	$Z_0 = \dfrac{276}{\sqrt{\varepsilon_r}}\log\dfrac{D}{a}$
双导线（填充空气），（$D \gg a$）	$Z_0 = 276\log\dfrac{D}{a}$
微带（$w \geqslant 2h$）	$Z_0 \approx \dfrac{377}{\sqrt{\varepsilon_r}[(w/h) + 2]}$

表中　b = 外导体的内半径
　　　a = 内导体或导线的半径
　　　D = 导线的间距
　　　w = 导带的宽度
　　　h = 介质基片的高度或厚度

这里假设沿线无耗（即 $R \ll \omega L$ 和 $G \ll \omega C$）且电流都在各半径对应的导体表面，此条件对于有很小透入深度的高频是近似的。同时，还假设线上只传输 TEM 模。

微带的关系式在比值 w/h 非常大时接近正确。当导带的宽度 w 小于 $2h$ 时，可改用接地平面上方单导线的公式，即

$$Z_0 \approx 138\log\dfrac{D}{a} = 138\log\dfrac{8}{w/h} \qquad (\Omega)$$

其中，D 为导线与其镜像的间距，$D = 2h$，a 为等效导线半径，$a = w/4$。平的导带被等效成以宽度之半为直径的圆导体。

A.5　用分布参量表示的传输线特性阻抗

下表中给出传输线特性阻抗 Z_0 的三种情况：（1）有损耗的一般情况；（2）损耗很小的特殊情况；（3）无耗情况。表中出现的符号有：

Z_0——特性阻抗，Ω

R_0——特性电阻，Ω

Z——串联阻抗，$\Omega\ \mathrm{m}^{-1}$

R——串联电阻，$\Omega\ \mathrm{m}^{-1}$

L——串联电感，$\mathrm{H\ m}^{-1}$

Y——并联导纳，$\mho\ \mathrm{m}^{-1}$

G——并联电导，$\mho\ \mathrm{m}^{-1}$

C——并联电容，$\mathrm{F\ m}^{-1}$

$Z = R + j\omega L$

$Y = G + j\omega C$

一般情况	$Z_0 = \sqrt{\dfrac{Z}{Y}} = \sqrt{\dfrac{R + j\omega L}{G + j\omega C}}$
小损耗	$Z_0 = \sqrt{\dfrac{L}{C}}\left[1 + j\left(\dfrac{G}{2\omega C} - \dfrac{R}{2\omega L}\right)\right]$
无耗情况* $R = 0, G = 0$	$Z_0 = \sqrt{\dfrac{L}{C}} = R_0$

*上列损耗非零的情况，都有近似条件 $\omega L \gg R$ 而 $\omega C \gg G$。

A.6　材料参数（介电常数、电导率和介质强度）

材料	相对介电常数		电导率	介质强度
	ε'_r	ε''_r	σ, $\mho\ m^{-1}$	$MV\ m^{-1}$
空气（标准大气压）	1.0006	0	0	3
铝	1	0	3.5×10^7	
胶木（酚醛塑料）	5	0.05	10^{-14}	25
碳			3×10^4	
铜	1	0	5.8×10^7	
玻璃（板）	6	0.03	10^{-13}	30
石墨			10^5	
云母	6	0.2	10^{-15}	200
石（原）油	2.2	0.0002	10^{-14}	15
纸（浆）	3	0.1		50
石蜡	2.1	0.0004	$\sim 10^{-15}$	20
树脂玻璃	3.4			
聚合泡沫	~1.05			
聚苯乙烯	2.7	0.0002	10^{-16}	20
聚氯乙烯（PVC）	2.7			
瓷	5	0.004		
PVC（膨化的）	~1.1			
石英	5	0.001	10^{-17}	35
橡胶（氯丁二烯）	5	0.02	10^{-13}	25
金红石（二氧化钛）	100	0.02		
雪（新鲜的）	1.5	0.5~0.0003		
黏土	14		5×10^{-3}	
沙土	10		2×10^{-3}	
石灰石			10^{-2}	
板岩石	7			
聚苯乙烯泡沫塑料	1.03			
城市地面	4		2×10^{-4}	
真空	1*	0	0	
凡士林	2.2	0.0003		
聚四氟乙烯	2.1	0.005	10^{-15}	60
蒸馏水	80		10^{-4}	
新鲜水	80		$10^{-2} \sim 10^{-3}$	
海水	80		$4 \sim 5$	
杉木夹板	2	0.04		

* 按定义。

注意，通常 ε'_r 和 ε''_r 都是频率的函数，表中所给的是从 kHz 到 GHz 范围内的典型值。介电常数还是温度的函数，表中所给的（除了雪之外）都是在 25℃左右的典型值

A.7　介电常数的关系式

$$\varepsilon_r = \varepsilon_r' - j\varepsilon_r''$$

$$\varepsilon_r = \varepsilon_r' - j\frac{\sigma'}{\omega\varepsilon_0}$$

$$\varepsilon_r = \varepsilon_r' - j\left(\frac{\sigma + \omega\varepsilon''}{\omega\varepsilon_0}\right)$$

$$\varepsilon_r = \varepsilon_r' - j\left(\frac{\varepsilon''}{\varepsilon_0} + \frac{\sigma}{\omega\varepsilon_0}\right)$$

$$\varepsilon_r = \varepsilon_r' - j(\varepsilon_{rh}'' + \varepsilon_{rc}'')$$

$$\varepsilon_r \approx \varepsilon_r' - j\varepsilon_r'\mathrm{PF}, \text{ 对于小的 PF}$$

$$\textbf{功率损耗} = \sigma E^2 + \omega\varepsilon'' E^2 \qquad (\mathrm{W\ m}^{-3})$$

其中,ε_r——相对介电常数 $= \varepsilon/\varepsilon_0$,无量纲

ε——介电常数,$\mathrm{F\ m}^{-1}$

ε_0——真空的介电常数,$\varepsilon_0 = 8.85 \times 10^{-12}\ \mathrm{F\ m}^{-1}$

ε_r'——有关位移电流的相对介电常数

ε_r''——有关等效传导电流的相对介电常数

σ——直流电导率,$\mho\ \mathrm{m}^{-1}$

$\sigma'C$——等效电导率,$\mho\ \mathrm{m}^{-1}$

ε_{rh}''——有关磁滞效应的相对介电常数

ε_{rc}''——有关直流电导率的相对介电常数

PF——功率因子,$\mathrm{PF} = \sigma'/\omega\varepsilon,\sigma' \ll \omega\varepsilon$

E——电场强度,$\mathrm{V\ m}^{-1}$

σE^2——直流电导率导致的功率损耗,$\mathrm{W\ m}^{-3}$

$\omega\varepsilon'' E^2$——磁滞效应导致的功率损耗,$\mathrm{W\ m}^{-3}$

A.8　麦克斯韦方程组

表 1 给出微分形式的麦克斯韦方程组,表 2 给出积分形式的麦克斯韦方程组。表中分别列出了一般情况、自由空间情况、时谐情况、稳态(具有传导电流的静态场)、静态(没有电流的静态场)等的方程组。在表 2 中,指出了各种方程与电位或电动势 V、磁位或磁动势 U、电流 I、电通量 ψ、磁通量 ψ_m 之间的等效性。

表 1　微分形式的麦克斯韦方程组

情况 \ 量纲	安培定律 $\dfrac{\text{电流}}{\text{面积}}$	法拉弟定律 $\dfrac{\text{电位}}{\text{面积}}$	高斯定理 $\dfrac{\text{电通量}}{\text{体积}}$	高斯定理 $\dfrac{\text{磁通量}}{\text{体积}}$
一般	$\nabla\times\mathbf{H}=\mathbf{J}+\dfrac{\partial\mathbf{D}}{\partial t}$	$\nabla\times\mathbf{E}=-\dfrac{\partial\mathbf{B}}{\partial t}$	$\nabla\cdot\mathbf{D}=\rho$	$\nabla\cdot\mathbf{B}=0$
自由空间	$\nabla\times\mathbf{H}=\dfrac{\partial\mathbf{D}}{\partial t}$	$\nabla\times\mathbf{E}=-\dfrac{\partial\mathbf{B}}{\partial t}$	$\nabla\cdot\mathbf{D}=0$	$\nabla\cdot\mathbf{B}=0$
时谐	$\nabla\times\mathbf{H}=(\sigma+j\omega\varepsilon)\mathbf{E}$	$\nabla\times\mathbf{E}=-j\omega\mu\mathbf{H}$	$\nabla\cdot\mathbf{D}=\rho$	$\nabla\cdot\mathbf{B}=0$
稳态	$\nabla\times\mathbf{H}=\mathbf{J}$	$\nabla\times\mathbf{E}=0$	$\nabla\cdot\mathbf{D}=\rho$	$\nabla\cdot\mathbf{B}=0$
静态	$\nabla\times\mathbf{H}=0$	$\nabla\times\mathbf{E}=0$	$\nabla\cdot\mathbf{D}=\rho$	$\nabla\cdot\mathbf{B}=0$

表 2　积分形式的麦克斯韦方程组

情况 \ 量纲(Mks制)	安培定律 磁位(A,安)	法拉弟定律 电位(V,伏)	高斯定理 电通量(C,库)	高斯定理 磁通量(Wb,韦)
一般	$U=\oint\mathbf{H}\cdot d\mathbf{l}=\iint\left(\mathbf{J}+\dfrac{\partial\mathbf{D}}{\partial t}\right)\cdot d\mathbf{s}=I_{\text{total}}$	$V=\oint\mathbf{E}\cdot d\mathbf{l}=-\iint\dfrac{\partial\mathbf{B}}{\partial t}\cdot d\mathbf{s}$	$\psi=\iint\mathbf{D}\cdot d\mathbf{s}=\iiint\rho\,d\tau$	$\psi_m=\iint\mathbf{B}\cdot d\mathbf{s}=0$
自由空间	$U=\oint\mathbf{H}\cdot d\mathbf{l}=\iint\dfrac{\partial\mathbf{D}}{\partial t}\cdot d\mathbf{s}=I_{\text{disp}}$	$V=\oint\mathbf{E}\cdot d\mathbf{l}=-\iint\dfrac{\partial\mathbf{B}}{\partial t}\cdot d\mathbf{s}$	$\psi=\iint\mathbf{D}\cdot d\mathbf{s}=0$	$\psi_m=\iint\mathbf{B}\cdot d\mathbf{s}=0$
时谐	$U=\oint\mathbf{H}\cdot d\mathbf{l}=\iint(\sigma+j\omega\varepsilon)\mathbf{E}\cdot d\mathbf{s}=I_{\text{total}}$	$V=\oint\mathbf{E}\cdot d\mathbf{l}=-j\omega\mu\iint\mathbf{H}\cdot d\mathbf{s}$	$\psi=\iint\mathbf{D}\cdot d\mathbf{s}=\iiint\rho\,d\tau$	$\psi_m=\iint\mathbf{B}\cdot d\mathbf{s}=0$
稳态	$U=\oint\mathbf{H}\cdot d\mathbf{l}=\iint\mathbf{J}\cdot d\mathbf{s}=I_{\text{cond}}$	$V=\oint\mathbf{E}\cdot d\mathbf{l}=0$	$\psi=\iint\mathbf{D}\cdot d\mathbf{s}=\iiint\rho\,d\tau$	$\psi_m=\iint\mathbf{B}\cdot d\mathbf{s}=0$
静态	$U=\oint\mathbf{H}\cdot d\mathbf{l}=0$	$V=\oint\mathbf{E}\cdot d\mathbf{l}=0$	$\psi=\iint\mathbf{D}\cdot d\mathbf{s}=\iiint\rho\,d\tau$	$\psi_m=\iint\mathbf{B}\cdot d\mathbf{s}=0$

附录 B 参考书、录像带和文章

参考书

Abraham, M., and R. Becker: *Electricity and Magnetism,* Stechert, 1932.

Aharoni, J.: *Antennae,* Oxford, 1946.

American National Standard for Calibration of Antennas Used for Radiated Emission Measurements in Electromagnetic Interference (EMI) Control/Calibration of Antennas (9 kHz to 40 GHz), IEEE, 1998.

Arai, H. *Measurement of Mobile Antenna Systems*, Artech House, 2001.

ARRL Antenna Handbook, American Radio Relay League, 2000.

Bahl, I. J., and P. Bhartia: *Microstrip Antennas,* Artech House, 1980.

Balanis, C. A.: *Antenna Theory: Analysis and Design,* 2d ed., Wiley, 1997.

Biraud, F. (ed.): *Very Long Baseline Interferometry Techniques,* Cepadues, 1983.

Blake, L. V.: Antennas, Artech House, 1984.

Born, M.: *Optik,* Springer, 1933.

Bowman, J. J., T. B. A. Senior and P. L. E. Uslenghi: *Electromagnetic and Acoustic Scattering by Simple Shapes,* North Holland, Amsterdam, 1969.

Bracewell, R. N.: *The Fourier Transform and Its Applications,* McGraw-Hill, 1965.

Bracewell, R. N.: *The Hartley Transform,* Clarendon Press, Oxford, 1986.

Brillouin, L.: *Wave Propagation in Periodic Structures,* McGraw-Hill, 1946.

Brown, George H.: *And Part of Which I Was,* Angus Cupar (117 Hunt Drive, Princeton, NJ 08540).

Brückmann, H.: *Antennen, ihre Theorie und Technik,* Hirzel, 1939.

Burrows, M. L.: *ELF Communications, Antennas,* Peregrinus, 1978.

Cady, W. M., M. B. Karelitz and L. A. Turner: *Radar Scanners and Radomes,* McGraw-Hill, 1948.

Christiansen, W. N., and J. A. Hogbom: *Radio Telescopes,* Cambridge, 1969, 1985.

Clarke, J. (ed.): *Advances in Radar Techniques,* Peregrinus, 1985.

Clarricoats, P. J. B., and A. D. Olver: *Corrugated Horns for Microwave Antennas,* Peregrinus, 1984.

Collin, R. E., and F. J. Zucker (eds.): *Antenna Theory,* McGraw-Hill, 1969.

Collin, R. E.: *Antennas and Radiowave Propagation,* McGraw-Hill, 1985.

Compton, R. T., Jr.,: *Adaptive Antennas; Concepts and Performance,* Prentice-Hall, 1988.

Cornbleet, S.: *Microwave Optics: The Optics of Microwave Antenna Design,* Academic Press, 1984.

Delogne, P.: *Leaky Feeders and Subsurface Radio Communication,* IEE, London, 1982.

Drabowitch, S.: *Modern Antennas,* Ecole Superieure d'Electricite, France.

Elliott, R. S.: *Antenna Theory and Design,* Prentice-Hall, 1981.

Evans, J. V., and T. Hagfors (eds.): *Radar Astronomy,* McGraw-Hill, 1968.

Fanti, R., K. Kellermarm and G. Setti (eds.): *VLBI and Compact Radio Sources,* Reidel, 1984.

Faraday, M.: *Experimental Researches in Electricity,* Quaritch, 1839, 1855.

Fujimoto, K., and J. R. James: *Mobile Antenna Systems Handbook,* Artech House, 2000.

Galeis. J.: *Antennas in Inhomogeneous Media,* Pergamon, 1969.

Garg, R., P. Bhartia, I. Bahl and A. Ittipiboon, *Microstrip Ant. Design Handbook,* Artech House, 2001.

Halim, M. A., *Adaptive Array Measurement and Application in Communication Systems,* Artech House, 2001.

Hall, G. L. (ed.): *ARRL Antenna Book,* American Radio Relay League, 1984.

Hallén, E.: *Teoretisk Electricitetslära,* Skrivbyran Standard, 1945.

Hansen, R. C.: *Microwave Scanning Antennas,* vols. 1, 2, 3, Academic Press, 1966.

Hansen, R. C.: *Phased Array Antennas,* Wiley, 1998.

Harper, A. E.: *Rhombic Antenna Design,* Van Nostrand, 1941.

Harrington, R. F.: *Field Computation by Moment Methods,* Macmillan, 1968.

Hertz, Heinrich, R.: *Electric Waves,* Macmillan, 1893; Dover, 1962.

Hertz, Heinrich: *Memoirs, Letters, Diaries,* San Francisco Press, 1977.

Hord, R. M.: *Remote Sensing, Methods and Applications,* Wiley, 1986.

Hudson, J. E.: *Adaptive Array Principles,* Peregrinus, 1981.

Huygens, C.: *Traite de la Luminière,* Leyden, 1690.

IEEE Standard Methods for Measuring Electromagnetic Field Strength of Sinusoidal Continuous Waves, 30 Hz to 30 GHz, IEEE, 1991.

James, G. L.: *Geometrical Theory of Diffraction for Electromagnetic Waves,* Peregrinus, 1980.

James, J. R., P. S. Hall and C. Wood: *Microstrip Antenna Theory and Design,* Peregrinus, 1982.

Jansky, D. M., and M. C. Jeruchim: *Communication Satellites in the Geostationary Orbit,* Artech House, 1983.

Johnson, R. C., and H. Jasik (eds.): *Antenna Applications Reference Guide,* McGraw-Hill, 1987. (Selected chapters from *Antenna Engineering Handbook.*)

Johnson, R. C., and H. Jasik (eds.): *Antenna Engineering Handbook,* McGraw-Hill, 1984.

Jordan, E. C., and K. G. Balmain: *Electromagnetic Waves and Radiating Systems,* Prentice-Hall, 1968.

Jull, E. V.: *Antennas and Diffraction Theory,* Peregrinus, 1981.

Kiely, D. G.: *Dielectric Aerials,* Methuen, 1953.

King, R. W. P., and G. S. Smith: *Antennas in Matter,* MIT Press, 1980.

King, R. W. P., H. R. Mimno and A. H. Wing: *Transmission Lines, Antennas and Wave Guides,* McGraw-Hill, 1945.

King, R. W. P., R. B. Mack and S. S. Sandier: *Arrays of Cylindrical Dipole Antennas,* Cambridge, 1968.

King, R. W. P.: *The Theory of Linear Antennas,* Harvard, 1956.

Kraus, J. D., and D. A. Fleisch: *Electromagnetics,* 5th ed., McGraw-Hill, 1999.

Kraus, J. D.: *Big Ear II,* Cygnus-Quasar, 1995.

Kraus, J. D.: *Radio Astronomy,* Cygnus-Quasar (PO Box 85, Powell, OH 43065), 1966, 1986.

Kumar, A.: *Antenna Design with Fiber Optics,* Artech House, 1996.

Kuzmin, A. D., and A. S. Solomonovich: *Radio Astronomical Methods for the Measurement of Antenna Parameters,* Soviet Radio, 1974.

Landau, L., and E. Lifshitz: *The Classical Theory of Fields,* Addison-Wesley, 1951.

Laport, E. A.: *Radio Antenna Engineering,* McGraw-Hill, 1952.

Law, P. E., Jr.: *Shipboard Antennas,* Artech House, 1986.

Leonov, A. I., and K. I. Fomichev: *Monopulse Radar,* Artech House, 1986.

Lindell, L. V., A. H. Sihvola, S. A. Tretyakov, and A. J. Viitanen: *Electromagnetic Waves in Chiral and Bi-Isotropic Media,* Artech House, 1994.

Lo, Y. T. (ed.): *Handbook of Antenna Theory and Design,* Van Nostrand Reinhold, 1987.

Love, A. W.: *Electromagnetic Horn Antennas,* IEEE Press, 1976.

Love, A. W.: *Reflector Antennas,* IEEE Press, 1978.

Luneburg, R. K.: *Mathematical Theory of Optics,* Brown University Press, 1944.

Ma, M. T.: *Theory and Application of Antenna Arrays,* Wiley, 1974.

Mailloux, R. J. *Phased Array Antenna Handbook,* Artech House, 1994.

Mar, J.W., and H. Liebowitz (eds.): *Structures Technology for Large Radar and Radio Telescope Systems,* MIT, 1969.

Marconi, Degna: *My Father Marconi,* McGraw-Hill, 1962.

Marcuse, D.: *Theory of Dielectric Optical Waveguides,* Academic Press, 1974.

Maxwell, J. C.: *A Treatise on Electricity and Magnetism,* Oxford, 1873.

Monzingo, R. A., and T. W. Miller: *Introduction to Adaptive Arrays,* Wiley, 1980.

Mortazawi, A, T. Itoh, and James Harvey: *Active Antennas and Quasi-Optical Arrays,* IEEE, 1998.

Moullin, E. B.: *Radio Aerials,* Oxford, 1949.

Nakano, H.: *Helical and Spiral Antennas,* Research Studies Press, Wiley, 1987.

Poincaré, H.: *Theorie Mathematique de la Luminiere,* Carre, 1892.

Popovic, B. D., M. B. Dragovic and A. R. Djordjevic: *Analysis and Synthesis of Wire Antennas,* Wiley, 1982.

Pozar, D., and D. Schaubert: *Microstrip Antennas: The Analysis and Design of Microstrip Antennas and Arrays,* IEEE, 1995.

Pozar, D.: *Antenna Design Using Personal Computers,* Artech House, 1985.

Rappaport, T. S., and J. C. Liberti: *Smart Antennas for Wireless CDMA,* IEEE, 1999.

Rayleigh, Lord: *The Theory of Sound,* Macmillan, 1877,1878, 1929, 1937.

Reich, H. J. (ed.): *Very High Frequency Techniques,* McGraw-Hill, 1947.

Reintjes, J. F. (ed.): *Principles of Radar,* McGraw-Hill, 1946.

Rhodes, D. R.: *Introduction to Monopulse,* McGraw-Hill, 1959.

Rhodes, D. R.: *Synthesis of Planar Antenna Sources,* Clarendon Press, Oxford, 1974.

Rudge, A. W., K. Milne, A. D. Olver and P. Knight (eds.): *Handbook of Antenna Design,* Peregrinus, 1983.

Rumsey, V. H.: *Frequency Independent Antennas,* Academic Press, 1966.

Rusch, W. V. T., and P. D. Potter: *Analysis of Reflector Antennas,* Academic Press, 1970.

Salema, C., C. Fernandes, R. K. Jha: *Solid Dielectric Horn Antennas,* Artech House, 1998.

Schelkunoff, S. A., and H. T. Friis: *Antennas: Theory and Practice,* Wiley, 1952.

Schelkunoff, S. A.: *Advanced Antenna Theory,* Wiley, 1952.

Schelkunoff, S. A.: *Electromagnetic Waves,* Van Nostrand, 1948.

Sherman, S. M.: *Monopulse Principles and Techniques,* Artech House, 1984.

Silver, S.: *Microwave Antenna Theory and Design,* McGraw-Hill, 1949.

Siwiak, K. *Radiowave Properties and Antennas for Personal Communications,* Artech House, 1998.

Skolnik, M. I.: *Introduction to Radar Systems,* McGraw-Hill, 1980.

Slater, J. C., and N. H. Frank: *Introduction to Theoretical Physics,* McGraw-Hill, 1933.

Slater, J. C.: *Microwave Transmission,* McGraw-Hill, 1942.

Smith, C. E.: *Directional Antennas,* Cleveland Institute of Radio Electronics, 1946.

Smith, C. E.: *Theory and Design of Directional Antenna Systems,* National Association of Broadcasters, 1949.

Steinberg, B. D.: *Principles of Aperture and Array System Design,* Wiley, 1976.

Stutzman, W. L., and G. A. Thiele: *Antenna Theory and Design,* 2d ed., Wiley, 1998.

Tai, C-T: *Dyadic Green's Functions in Electromagnetic Theory,* Intext, 1971.

Terman, F. E.: *Radio Engineers' Handbook,* McGraw-Hill, 1943.

Thompson, A. R., J. M. Moran and G. W. Swenson, Jr.: *Interferometry and Synthesis in Radio Astronomy,* Wiley-Interscience, 1986.

Tseitlin, N. M.: *Practical Methods of Radioastronomical and Antenna Techniques,* Soviet Radio, 1966.

Tsoulos, G. V.: *Adaptive Antennas for Wireless Communications,* IEEE, 2001.

Uchida, H.: *Fundamentals of Coupled Lines and Multiwire Antennas,* Sasaki (Sendai), 1967.

Uda, S., and Y. Mushiake: *Yagi-Uda Antenna,* Tohoku University, 1954.

Uda, S.: *Short Wave Projector,* Tohoku University, 1974.

Uda, Shintaro: *On the Wireless Beam of Short Electric Waves.* Series of 11 articles on his wave canal (Yagi-Uda) antenna published in *J. IEE Japan,* between March 1926 and July 1929, plus earlier and later articles on meter wavelength experiments. Privately published bound volume.

Ulaby, F. T., R. K. Moore and A. K. Fung: *Microwave Remote Sensing, Active and Passive,* Addison-Wesley, 1981.

Wait, J. R.: *Antennas and Propagation,* Peregrinus, 1986.

Walter, C. H.: *Traveling Wave Antennas,* Dover, 1972.

Watson, W. H.: *The Physical Principles of Wave Guide Transmission and Antenna Systems,* Oxford, 1947.

Weeks, W. L.: *Antenna Engineering,* McGraw-Hill, 1968.

Wood, P. J.: *Reflector Antenna Analysis and Design,* Peregrinus, 1980.

Zenneck, J.: *Wireless Telegraphy,* McGraw-Hill, 1915.

录像带

Kraus, J. D.: "Antennas and Radiation," Lecture-demonstration, excellent teaching supplement, 30 min, color, VHS. Cygnus-Quasar, P.O. Box 85, Powell, OH 43065.

Landt, J. A., and E. K. Miller: "Computer Graphics of Transient Radiation and Scattering Phenomena on Antennas and Wire Structures," Fields and currents in slow motion, 20 min, color, VHS. Cygnus-Quasar, P.O. Box 85, Powell, OH 43065.

进一步选读的文章

Ali, M., M. Okoniewski, M. A. Stuchly and S. S. Stuchly, "Dual-Frequency Strip-Sleeve monopole for Laptop Computers," *IEEE Trans. Ants. Prop.,* **47,** p. 317, February 1999.

Altshuler, E. E., "Design of a Vehicular Antenna for GPS/IRIDIUM Using a Genetic Alogorithm," *IEEE Trans. Ants. Prop.,* pp. 968–972, June 2000.

Anderson, J. B., "Antenna Array in Mobile Communications: Gain, Diversity and Channel Capacity," *IEEE Ants. Prop. Mag.,* pp. 12–16, April 2000.

Auzanneau, F., and R. W. Ziolkowski, "Artificial Composite Materials Consisting of Nonlinearly Loaded Electrically Small Antennas: Operational-Amplifier-Based Circuits with Applications to Smart Skins," *IEEE Trans. Ants. Prop.,* **47,** p. 1330, August 1999.

Baliarda, C. P., J. Romeu and A. Cardama, "The Koch Monopole: A Small Fractal Antenna," *IEEE Trans. Ants. Prop.,* pp. 1773–1781, November 2000.

Barrett, T. W., "History of Ultra-Wide-Band Communication Radar," *Microwave Jour.,* pp. 22–56, January 2001, and pp. 22–52, February 2001.

Brown, A. D., J. L. Volakis, L. C. Kempel, and Y. Y. Botros, "Patch Antennas on Ferromagnetic Substrates," *IEEE Trans. Ants. Prop.,* **47,** p. 26, January 1999.

Chen, H.-M., and K.-L. Wong, "On the Circular Polarization Operation of Annular-Ring Microstrip Antennas," *IEEE Trans. Ants. Prop.,* **47,** p. 1289, August 1999.

Chen, W.-S., K.-L. Wong and C.-K. Wu, "Inset Microstripline-Fed Circularly Polarized Microstrip Antennas, *IEEE Trans. Ants. Prop.,* pp. 1253–1254, August 2000.

Chio, T.-H., and D. H. Schaubert, "Parameter Study and Design of Wide-Band Widescan Dual-Polarized Tapered Slot Antenna Arrays," *IEEE Trans. Ants. Prop.,* pp. 879–886, June 2000.

Chung, S.-J., and K. Chang, "A Retrodirective Microstrip Antenna Array," *IEEE Trans. Ants. Prop.,* pp. 1802–1808, December 1998.

DeMinco, N., "Propagation Prediction Techniques and Antenna Modeling (150 to 1705 kHz) for Intelligent Transportation Systems (ITS) Broadcast Applications," *IEEE Ant. Prop. Mag.,* pp. 9–34, August 2000.

Foltz, H. D., J. S. McLean and G. Crook, "Disk Loaded Monopoles with Parallel Strip Elements," *IEEE Trans. Ants. Prop.,* pp. 1894–1896, December 1998.

Fusco, V. F., and Q. Chen, "Direct-Signal Modulation Using a Silicon Microstrip Patch Antenna," *IEEE Trans. Ants. Prop.,* **47,** p. 1025, June 1999.

Fusco, V. F., R. Roy and S. L. Karode, "Reflector Effects on the Performance of a Retrodirective Antenna Array," *IEEE Trans. Ants. Prop.,* pp. 946–953, June 2000.

George, J., C. K. Aanandan, P. Mohanan and K. G. Noir, "Analysis of New Compact Microstrip

Antenna," *IEEE Trans. Ants. Prop.,* pp. 1712–1717, November 1998.

Geyi, W., P. Jarmuszewski and Y. Qi, "The Foster Reactance Theorem for Antennas and Radiation *Q*," *IEEE Trans. Ants. Prop.,* pp. 401–408, March 2000.

Gibson, P. J., "The Vivaldi Aerial," Proc. 9th European Microwave Conf., Brighton, U. K., pp. 101–105, September 1979.

Green, B. M., and M. A. Jensen, "Diversity Performance of Dual-Antenna Handsets Near Operator Tissue," *IEEE Trans. Ants. Prop.,* pp.1017–1024, July 2000.

Hertel, T. W., and G. S. Smith, "Pulse Radiation from an Insulated Antenna: An Analog of Cherenkov Radiation from a Moving Charged Particle," *IEEE Trans. Ants. Prop.,* pp. 165–172, February 2000.

Hertel, T. W., and G. S. Smith, "The Insulated Linear Antenna—Revisited," *IEEE Trans. Ants. Prop.,* pp. 914–920, June 2000.

Hettak, K., G. Delislel and M. Boulmalf, "A Novel Integrated Antenna for Millimeter-Wave Personal Communication Systems," *IEEE Trans. Ants. Prop.,* pp. 1757–1758, November 1998.

Holter, H., T.-H. Chio and D. H. Schaubert, "Elimination of Impedance Anomalies in Single- and Dual-Polarized Endfire Tapered Slot Phased Arrays," *IEEE Trans. Ants. Prop.,* pp. 122–125, January 2000.

Hu, C.-C., C. F. Jou and J.-J. Wu, "An Aperture-Coupled Linear Microstrip Leaky-Wave Antenna Array with Two-Dimensional Dual-Beam Scanning Capability," *IEEE Trans. Ants. Prop.,* pp. 909–913, June 2000.

Huang, C.-Y., J.-Y. Wu and K.-L. Wong, "Cross-Slot-Coupled Microstrip Antenna and Dielectric Resonator antenna for Circular Polarization," *IEEE Trans. Ants. Prop.,* **47,** p. 605, April 1999.

Junkin, G., T. Huang and J. C. Bennett, "Holographic Testing of Terahertz Antennas," *IEEE Trans. Ants. Prop.,* **48,** pp. 409–417, March 2000.

Karmakar, N. C., and M. E. Bialkowski, "Circularly Polarized Aperture-Coupled Circular Microstrip Patch Antennas for *L*-Band Applications," *IEEE Trans. Ants. Prop.,* **47,** p. 933, May 1999.

Kinsey, R. R., "An Edge-Slotted Waveguide Array with Dual-Plane Monopulse," *IEEE Trans. Ants. Prop.,* **47,** p. 474, March 1999.

Kokotoff, D. M., J. T. Aberle, and R. B. Waterhouse, "Rigorous Analysis of Probe-Fed Printed Annular Ring Antennas," *IEEE Trans. Ants. Prop.,* **47,** p. 384, February 1999.

Kyriazidou, C. A., R. E. Diaz and N. G. Alexópoulos, "Novel Material with Narrow-Band Transparency Window in the Bulk," *IEEE Trans. Ants. Prop.,* pp. 107–116, January 2000.

Lee, C. S., and V. Nalbandian, "Planar Circularly Polarized Microstrip Antenna with a Single Feed," *IEEE Trans. Ants. Prop.,* **47,** p. 1005, June 1999.

Lee, J.-I., U.-H. Cho and Y.-K. Cho, "Analysis for a Dielectrically Filled Parallel-Plate Waveguide with Finite Number of Periodic Slots in Its Upper Wall as a Leaky-Wave Antenna," *IEEE Trans. Ants. Prop.,* **47,** p. 701, April 1999.

Leeper, D. G., "Isophoric Arrays—Massively Thinned Phased Arrays with Well Controlled Sidelobes," *IEEE Trans. Ants. Prop.,* **47,** pp. 1825–1835, December 1999.

Leung, K. W., "Analysis of Aperture-Coupled Hemispherical Dielectric Resonator Antenna with a Perpendicular Feed," *IEEE Trans. Ants. Prop.,* pp. 1005–1006, June 2000.

Leung, K. W., K. K. Tse, K. M. Luk and E. K. N. Yung, "Cross-Polarization Characteristics of a Probe-Fed Hemispherical Dielectric Resonator Antenna," *IEEE Trans. Ants. Prop.,* **47,** p. 1238, July 1999.

Lindell, J. V., "The Radiation Operator," *IEEE Trans. Ants. Prop,* pp. 1701–1706, November 2000.

Liu, Z.-F., P.-S. Kooi, L.-W. Li, M.-S. Leong, and T.-S. Yeo, "A Method for Designing Broad-Band Microstrip Antennas in Multilayered Planar Structures," *IEEE Trans. Ants. Prop.,* **47,** p. 1416, September 1999.

Lu, J.-H., C.-L. Tang and K.-L. Wong, "Novel Dual-Frequency and Broad-Band Designs of Slot-Loaded Equilateral Triangular Microstrip Antennas," *IEEE Trans. Ants. Prop.,* pp. 1048–1054, July 2000.

Lu, J.-H., C.-L. Tang, and K.-L. Wong, "Single-Feed Slotted Equilateral-Triangular Microstrip Antenna for Circular Polarization," *IEEE Trans. Ants. Prop.,* **47,** p. 1174, July 1999.

Mak, C. L., K. M. Luk, K. F. Lee and Y. L. Chow, "Experimental Study of a Microstrip Patch Antenna with an *L*-Shaped Probe," *IEEE Trans. Ants. Prop.,* pp. 777–783, May 2000.

Marcano, D., and F. Durán, "Synthesis of Antenna Arrays Using Genetic Algorithms," *IEEE Ants. Prop. Mag.,* pp. 12–20, June 2000.

Mikhnev, V. A., and P. Vainikainen, "Two-Step Inverse Scattering Method for One-Dimensional Permittivity Profiles," *IEEE Trans. Ants. Prop.,* pp. 293–298, February 2000.

Miyashita, H., H. Ohmine, K. Nishizawa, S. Makino and S. Urasaki, "Electromagnetically Coupled Coaxial Dipole Array Antenna," *IEEE Trans. Ants. Prop.,* **47,** pp. 1716–1726, November 1999.

Montoya, T. P., and G. S. Smith, "Land-Mine Detector Using a Grid-Pass Radar Based on Resistively Loaded Vee Dipoles," *IEEE Trans. Ants. Prop.,* **47,** pp. 1795–1806, December 1999.

Muldavin, J. B., and G. M. Rebeiz, "Millimeter-Wave Tapered-Slot Antennas on Synthesized Low Permittivity Substrates," *IEEE Trans. Ants. Prop.,* **47,** p. 1276, August 1999.

Nakano, H., T. Unno, K. Nakayama and J. Yamauchi, "FDTD Analysis and Measurement of Aperture Antennas Based on the Triplate Transmission-Line Structure," *IEEE Trans. Ants. Prop.,* **47,** p. 986, June 1999.

Nishioka, Y., O. Maeshima, T. Uno and S. Adachi, "FDTD Analysis of Resistor-Loaded Bow-Tie Antennas Covered with Ferrite-Coated Conducting Cavity for Subsurface Radar," *IEEE Trans. Ants. Prop.,* **47,** pp. 970–977, June 1999.

Nishirnura, T., N. Ishii and K. Itoh, "Beam Scan Using the Quasi-Optical Antenna Mixer Array," *IEEE Trans. Ants. Prop.,* **47,** p. 1160, July 1999.

Ohtera, I., "Diverging/Focusing of Electromagnetic Waves by Utilizing the Curved Leakywave Structure: Application to Broad-Beam Antenna for Radiating within Specified Wide-Angle," *IEEE Trans. Ants. Prop.,* **47,** p. 1470, September 1999.

Pelosi, G., A. Cocchi and A. Monorchio, "A Hybrid FEM-Based Procedure for the Scattering from Photonic Crystals Illuminated by a Gaussian Beam," *IEEE Trans. Ants. Prop.,* pp. 973–980, June 2000.

Perez, R., "Designing Embedded Antennas for Bluetooth Protocol," *ACES Jour.,* pp. 152–158, November 2000.

Peterson, A. F., and E. O. Rausch, "Scattering Matrix Integral Equation Analysis for the Design of a Waveguide Rotman Lens," *IEEE Trans. Ants. Prop.,* **47,** p. 870, May 1999.

Porath, R., "Theory of Miniaturized Shorting-Post Microstrip Antennas," *IEEE Trans. Ants. Prop.,* pp. 41–47, January 2000.

Pozar, D. M., S. D. Targonski and R. Pokuls, "A Shaped-Beam Microstrip Patch Reflectarray," *IEEE Trans. Ants. Prop.,* **47,** p. 1167, July 1999.

Ramirez, R. R., and N. G. Alexópoulos, "Single Feed Proximity Coupled Circularly Polarized Microstrip Monofilar Archimedean Spiral Antenna Array," *IEEE Trans. Ants. Prop.,* **47,** p. 406, February 1999.

Rao, J. B. C., D. P. Patel and V. Krichevsky, "Voltage-Controlled Ferroelectric Lens Phased Arrays," *IEEE Trans. Ants. Prop.,* **47,** p. 458, March 1999.

Remote Sensing of the Environment, IEEE Proceedings, December 1994 (entire series).

Revster, D. D., and K. J. Cybert, "A High-Efficiency Broadband HF Wire-Antenna System," *IEEE Ants. Prop. Mag.,* pp. 53–61, August 2000.

Romeu, J., and Y. Rahmat-Samii, "Fractal FSS: A Novel Dual-Band Frequency Selective Surface," *IEEE Trans. Ants. Prop.,* pp. 1097–1105, July 2000.

Romley, J. T., and R. B. Waterhouse, "Performance of Shorted Patch Antennas for Mobile Communication Handsets at 1800 MHz," *IEEE Trans. Ants. Prop.,* **47,** pp. 815–822, May 1999.

Rowley, J. T., and R. B. Waterhouse, "Performance of Shorted Microstrip Patch Antennas for Mobile Communications Handsets at 1800 MHz," *IEEE Trans. Ants. Prop.,* **47,** p. 815, May 1999.

Salonen, P., M. Keskilammi and M. Kivikoski, "Single-Feed Dual-Band Planar Inverted-*F* Antenna with U-Shaped Slot," *IEEE Trans. Ants. Prop.,* pp. 1262–1263, August 2000.

Sehm, T., A. Lehto and A. V. Räisänen, "A High-Gain 58-GHz Box-Horn Array Antenna with Suppressed Grating Lobes," *IEEE Trans. Ants. Prop.,* **47,** pp. 1125–1130, July 1999.

Shafai, L. L., W. A. Chamma, M. Barakat, P. C. Strickland and G. Séguin, "Dual-Band Dual-Polarized Perforated Microstrip Antennas for SAR Applications," *IEEE Trans. Ants. Prop.,* **48,** pp. 58–66, January 2000.

Shin, J., and D. H. Schaubert, "A Parameter Study of Stipline-Fed Vivaldi Notch-Antenna Arrays," *IEEE Trans. Ants. Prop.,* **47,** p. 879, May 1999.

Sierra-Garcia, S., and J.-J. Laurin, "Study of a CPW Inductively Coupled Slot Antenna," *IEEE Trans. Ants. Prop.,* **47,** p. 58, January 1999.

Singh, D., C. Kialalakis, P. Gardner and P. S. Hall, "Small *H*-Shaped Antennas for MMIC Applications," *IEEE Trans. Ants. Prop.,* pp. 1134–1141, July 2000.

Stockbroeckx, B., and A. Vander Vorst, "Copolar and Cross-Polar Radiation of Vivaldi Antenna on Dielectric Substrate," *IEEE Trans. Ants. Prop.,* pp. 19–25, January 2000.

Stutzman, W. L., and C. G. Buxton, "Radiating Elements for Wideband Phased Arrays," *Microwave J.,* pp. 130–141, February 2000.

Sze, J.-Y., and K.-L. Wong, "Slotted Rectangular Microstrip Antenna for Bandwidth Enhancement," *IEEE Trans. Ants. Prop.,* pp. 1149–1152, August 2000.

Tai, C. T., "A New Theory of Receiving Antennas," *Radiation Lab. Tech. Rept. RL965,* University of Michigan, February 2001.

Tai, C. T., and R. E. Collin, "Radiation of a Hertzian Dipole Immersed in a Dissipative Medium," *IEEE Trans. Ants. Prop.,* pp. 1501–1506, October 2000.

Tam, M. T. K., and R. D. Murch, "Compact Circular Sector and Annular Sector Dielectric Resonator Antennas," *IEEE Trans. Ants. Prop.,* **47,** p. 837, May 1999.

Tam, M. T. K., and R. D. Murch, "Circularly Polarized Circular Sector Dielectric Resonator Antenna," *IEEE Trans. Ants. Prop.,* **48,** pp. 126–128, January 2000.

Theron, I. P., E. K. Walton, S. Gunawan and L. Cai, "Ultrawide-Band Noise Radar in the VHF-UHF Band," *IEEE Trans. Ants. Prop.,* **47,** pp. 1080–1084, June 1999.

Tseng, W.-J., S.-J. Chung and K. Chang, "A Planar Van Atta Array Reflector with Retrodirectivity in Both *E*-Plane and *H*-Plane," *IEEE Trans. Ants. Prop.,* pp. 173–175, February 2000.

Vaskelainen, L. I., "Phase Synthesis of Conformal Array Antennas," *IEEE Trans. Ants. Prop.,* pp. 987–991, June 2000.

Vaughan, R., "Switched Parasitic Elements for Antenna Diversity," *IEEE Trans. Ants. Prop.,* **47,** p. 399, February 1999.

Vendik, O. G., and Y. V. Yegorov, "The First Phased Array Antenna in Russia," *IEEE Ants. Prop. Mag.,* pp. 46–52, August 2000.

Wang, C.-J., C. F. Jou and J.-J. Wu, "A Novel Two-Beam Scanning Active Leaky-Wave Antenna," *IEEE Trans. Ants. Prop.,* **47,** p. 1314, August 1999.

Wang, H. Y., and M. J. Lancaster, "Aperture-Coupled Thin-Film Superconducting Meander Antennas," *IEEE Trans. Ants. Prop.,* **47,** p. 829, May 1999.

Wang, J. J. H., and V. K. Tripp, "Design of Multioctave Spiral-Mode Microstrip Antennas," *IEEE Trans. Ants. Prop.,* pp. 332–335, March 1991.

Weiss, S. J., and W. K. Kahn, "An Experimental Technique Used to Measure the Unloaded *Q* of Microstrip Antennas," *IEEE Trans. Ants. Prop.,* pp. 119–122, January 2000.

Werner, D. H., "Radiation and Scattering from Thin Toroidally Knotted Wires," *IEEE Trans. Ants. Prop.,* **47,** pp. 1351–1363, August 1999.

Zaïd, L., G. Kossiavas, J.-Y. Dauvignac, J. Cazajous and A. Papiernik, "Dual-Frequency and Broad-Band Antennas with Stacked Quarter Wavelength Elements," *IEEE Trans. Ants. Prop.,* **47,** p. 654, April 1999.

Zimmerman, R. K., Jr., "Traveling-Wave Analysis of a Bifilar Scanning Helical Antenna," *IEEE Trans. Ants. Prop.,* pp. 1007–1009, June 2000.

附录 C　计算机程序(代码)

C.1　引言

电流及其所致辐射场的可视化是学习天线知识过程中的一项挑战,它激发了天线专业的研究者去寻找能使其职业变得简单而又多产的途径。早期的研究者致力于发展测量技术以绘制波瓣图和阻抗图表,目前这仍最好的方法之一,因为其所得的结果来自真实的天线结构。然而,如第 24 章所述,为此必须了解并控制测量所带来的误差。此外,测量是费时而艰难的,对三维波瓣图尤其如此。

20 世纪 60 年代,计算机的普及为天线设计者提供了另一条途径:开发软件以仿真天线的性能。通常,这类技术既可以借助将问题离散化而用数值法求解麦克斯韦方程组,例如对积分方程用 14.11 节所述的矩量法(MoM,Moment Methods),或对微分方程用有限元法或时域有限差分法等;也可以借助高频渐近原理近似地求解某些天线问题,例如 10.2 节所提到的一致性几何绕射理论(UTD,Uniform Geometrical Theory of Diffraction),关于这类方法发展详情的介绍已经超出本书的范围。无论哪种方法,都有着一些对用户相当友好的计算机程序可供有志者进一步探究[①]。

计算机程序领域是一个飞速发展的领域,但本附录只介绍很少几种通用的天线仿真程序。为了避免过多地陈述那些很快就会被淘汰的信息,本书在配套网站上提供最即时的计算机程序、习题集以及其他材料。不同型号的计算机和操作系统都可以实时地更新所提供的软件和链接。这里无法一一列出全部软件,仅给出少量示例,读者可按需要和兴趣加以选用。

通过 www.mhhe.com/kraus 网址还可以链接到其他有用的网址。

C.2　软件建模的原理

在讨论细节之前,先花一点时间来讨论会影响所有软件建模步骤的论题。一位软件工程师应养成良好的习惯,即从用户群体的实践经验中学习,这是非常重要的。各种计算机程序或技术的细节可以互不相同,但它们所遵从的原则是不变的。首先并且首要的就是要去解决尚未由计算机得到正确答案的问题,因此对每项结果都必须仔细评估。深信本书所介绍的基础知识为读者提供了必要的鉴定工具,无论对任何测量或计算的结果来说都是如此。为此,附录 A 中提供了很多易于记忆的数据和公式。

[①]　在 14.12 节中,矩量法的作者 Edward H. Newman 写道:数值方法如矩量法(MoM)确实比解析结果更准确,因为它们只含有较少的假设。然而,某些只能得出数值形式而非函数解的数值方法(如有限差分法)的一大缺点是不能获得解的物理解释,以及关于天线的设计信息。因此,数值技术终究不能取代良好(准确而简单)的解析结果。

　　用户能更多地了解计算机程序背后的理论固然是好事,但典型的工程师往往没有时间去深究正在用着的、或将来会用到的所有解法。然而,借助一个好的说明文件去了解程序所包含技术的基本规定,通常总是可能的。例如,矩量法程序需要将表示局部电流幅度的导线模型离散至足够小,使之准确地再现电流分布的形状;高频渐近技术如一致性绕射理论,需要足够大的电尺寸,使之适合于推导绕射系数时采用的大距离近似。因此,即使用户并不完全理解某程序的应用为何存在着限制,但仍能够懂得其物理模型必须设置在这种界限之内,才能维持解的准确性。

　　通常,用户在建立或分析计算机程序中的模型时,有两种情况会引起建模的不确定性。第一种情况是与物理模型相关联的,用户应明白计算机模型与真实模型应当匹配到什么程度。要为真实天线上的每个螺丝和铆钉都严格建模往往是不可能、也不必要的。如果某物体的尺寸小于波长量级,其效应也是很小的。此外,波瓣图由电流分布的积分得到,它对电流的少量变化是相对不敏感的。然而,馈电点的电压-电流关系随几何上的小改变而发生的变化,足以改变该模型的阻抗。需要根据情况恰当地选择建模技术,或是在建模过程中确定仔细的程度。第二种情况与数学模型相关联,可被特征化为方程误差和解的误差。方程误差是由于数值结果不能严格地满足建模方程(例如,计算机有限数位的舍入误差)而造成,并随着问题的电尺寸增大的积累效应而增加。解的误差的造成原因是数值技术采用了有限个未知量(如 MoM),或采用了有限个镜像和(或)彼此相互作用的绕射线(如 UTD)。

　　用户保证所得结果准确而贴切的最重要途径是通过验证。验证虽然耗费时间,但却是一种极其基本的方法。验证可以采取内部和外部两种形式。内部检查由自洽性(self-consistency)测试(如 MoM 解随加密几何离散化的收敛性、功率守恒性、是否满足边界条件等)组成。此外,用户还应该了解,频带和(或)增益是否对物体尺寸的波长数敏感,波瓣图峰点和零点的个数是否与尺寸相对应,峰值与旁瓣的比值是否对频率敏感? 参阅附录 A 中的数据和关系式。用户可先用尽可能简单的方法开始解题,可利用本书中的各种插图,使结果易懂并可用以比较。随后建立较复杂的问题、直至其更复杂的最终形式,每一步都按此方法检查。即使某一步的检查未获通过,该步骤仍有价值,因为它提供了发现问题出处的机会,并使用户增长了经验与洞察力。

　　外部检查涉及将所得结果与已知的解或解析的、实验的、或另一种数值方法的解进行比较。解析解只适用于一小类问题,其中多数可在本书中找到。另一种数值方法的解可用来验证类似的理想模型,如果数值解是理论型的,则只能证明两种结果之间的互洽(consistent with one another)而不是它们全都正确。如果作为比较的数值解属不同类型,且它们的解具有可比性,则两个解都正确的概率较大。若能对第 24 章所指出的众多潜在误差源进行仔细的处理,则用实验解作为比较将是一种非常好的检查方法。如果所得数值解与实验解相匹配,则解的准确性更加可信。

C.3 天线软件说明

　　如上所述,计算机程序对学生和工程师们来说是非常有用的工具。前面给出的网址所提供的计算机程序直接利用了本书所陈述的经典理论。此外,还可以利用一种基于矩量法的近代导线天线的程序,这将在 C.4 节中讨论。

下列程序是可供下载的 PC 版,其他版本则需要凭许可证获取。PC 版具有简明、自洽的说明,几何尺寸的输入采用对话框的形式。按用户的选择,辐射波瓣图的绘制可取场强、功率、分贝数的笛卡儿坐标或极坐标形式。用户不妨按书中的例子操作一遍,以检测自己使用该程序的能力。

C. 3a 计算阵列波瓣图和定向性的程序

ARRAYPATGAIN 是应用第 5 章的理论计算直线阵定向性的计算机程序。指定阵元间距,能求出均匀、二项式、道尔夫–切比雪夫以及其他幅度分布的(各向同性单元)阵因子波瓣图。在有些情况下还需指定附加的信息,例如对道尔夫–切比雪夫分布需指定旁瓣电平,而得出各单元的幅度加权值,对扫瞄波束可给出相位分布。还可得出各种取向的偶极子单元之阵列的定向性。建议用户应用 5. 10 节的知识重复图 5. 27 和图 5. 34 的结果,并结合习题 5. 8. 4 至习题 5. 9. 6 进行更多的练习。网址上还提供了附加的习题。

C. 3b 计算位于平板反射器上方或夹角反射器中的天线波瓣图的程序

CORNEREFLECT 是计算位于无限大或有限大平板上方、或夹角反射器中的偶极子波瓣图的计算机程序。对于无限大反射板的情况,运用镜像理论计算合成波瓣图;对于有限大反射板的情况,运用一致性几何绕射理论(Kouyoumjian & Pathak-1)附加来自刃边和两平面接头处的绕射场。该程序补充了第 10 章所陈述的理论。用户可以指定偶极子至原点的距离(见图 10. 3)以及反射板间的夹角及其长度(见图 10. 9)。建议用户重复图 10. 3,图 10. 6 和图 10. 12 的结果,并结合习题 10. 2. 1 至习题 10. 3. 8 的练习。网址上还提供了附加的习题。

C. 4 学生版 Expert MININEC[①]

本书中所介绍的以及实际中所用的许多天线都属于导线天线,且很多口径天线也可应用导线天线程序通过对偶性来建模,因此这类天线模型的计算机程序非常有用。实现导线天线分析的最常用技术是矩量法(MoM),参见 14. 11 节。在工程界广为传播的首批程序之一是适用于 PC 机的 MININEC[Julian(1)Logan & Rockway],当初是为 64 KB 存储器的 Apple 计算机用 BASIC 语言写成的,此后做了很大的改进,使之在用户友好的 Windows 环境下扩展了更多的实际应用[Rockway (1,2) & Logan]。

该软件的学生 PC 版是非常有力的数值分析工具,包含许多专业版本的有用特点,有利于更好地学习矩量法以及天线设计。C. 2 节讨论的设计原理,很多就取自 MININEC 的作者及其用户工程师们的经验。

Expert MININEC 网址提供了很多有用的例子,其输入和输出数据组可用做课堂习题。供访问的说明文件有助于用户充分地利用程序。用户界面具有方便的输入模板,可直接为 V 形偶极子(直偶极子为其特例)、环、三单元八木–宇田等天线建模。程序输出可提供导线上的电流与电荷、阻抗与导纳、辐射波瓣图(dBi 或电场、功率或定向增益)等。这些天线模型及其结果有助于第 6 章至第 8 章、第 13 章、第 14 章和第 16 章中对应内容的学习。对新用户至为重要的是检验自己使用该程序的能力,且应当核对程序的输出与文件所提供的结果。

---

① 本节按原著翻译,实际网站在不断更新中。——编者注

C.5 其他有用的软件

上述计算机程序和网址显然是不完全的。有很多采用不同方法设计天线的程序,有些名义上要付费,其他的则属商品软件。很难收集一份完全而又即时的程序清单。但本书网址提供了几个非常有用的链接地址,其中一例就是应用计算电磁学会(Applied Computational Electromagnetic Society)的网址,其中列出了与天线数值分析有关的程序,并链接其他地址。读者可自行搜索这些网址。

参考文献

Julian, A. J. (1), J. C. Logan and J. W. Rockway, "MININEC: A Mini-Numerical Electromagnetics Code," NOSC Technical Document 516, September 1982.

Kouyoumjian, R. G. (1), and P. H. Pathak, "A Uniform Geometrical Theory of Diffraction for an Edge in a Perfectly Conducting Surface," *Proc. IEEE,* **62,** 1448–1461, November 1974.

Rockway, J. W. (1), and J. C. Logan, *MININEC Professional for Windows,* EM Scientific, Inc., Carson City, NV, 1995.

Rockway, J. W. (2), and J. C. Logan, *Expert MININEC Series, Wire Antenna Modeling Code,* EM Scientific, Inc., Carson City, NV, 1999.

关于天线计算机仿真的深入阅读参考资料

Burnside, W. D., and R. J. Marhefka, "Antennas on Aircraft, Ships or Any Large, Complex Environment," Chap. 20 in *Antenna Handbook: Theory, Applications, and Design,* edited by Y. T. Lo and S. W. Lee, Van Nostrand Reinhold, New York, 1988.

Burnside, W. D., and R. J. Marhefka, "Antennas on Complex Platforms," *Proc. IEEE,* **80,** 204–208, January 1992.

Diaz, L., and R. Milligan, *Antenna Engineering Using Physical Optics: Practical CAD Techniques and Software,* Artech House, Massachusetts, 1996.

Harrington, R. F., *Field Computation by Moment Methods,* Krieger Publishing Co., Florida, 1982.

Jin, J., *The Finite Element Method in Electromagnetics,* Wiley, New York, 1993.

Kunz, K. S., and R. J. Luebbers, *The Finite Difference Time Domain Method for Electromagnetics,* CRC Press, Florida, 1993.

Miller E. K., L. Medgyesi-Mitschang and E. H. Newman, *Computational Electromagnetics: Frequency-Domain Method of Moments,* IEEE Press, New Jersey, 1992.

Pathak, P. H., "High-Frequency Techniques for Antenna Analysis," *Proc. IEEE,* **80,** 44–65, January 1992.

Peterson, A. F., S. L. Ray and R. Mittra, *Computational Methods for Electromagnetics,* IEEE Press, New Jersey, 1998.

Sandiku, M. N. O., *Numerical Techniques in Electromagnetics,* CRC Press, Florida, 1992.

Taflove, A., and S. C. Hagness, *Computational Electrodynamics: The Finite-Difference Time-Domain Method,* 2d ed., Artech House, Massachusetts, 2000.

Volakis, J. L., A. Chatterjee and L. C. Kempel, *Finite Element Method for Electromagnetics: Antennas, Microwave Circuits, and Scattering Applications,* IEEE Press, New Jersey, 1998.

Wang, J. J. H., *Generalized Moment Methods in Electromagnetics: Formulation and Computer Solution of Integral Equations,* Wiley, New York, 1991.

附录 D 吸 波 材 料

如今吸波材料成了天线技术的一个集成部分,既用于测试现场,又用做天线部件以减少旁瓣与后瓣的辐射,见 24.4c 节。

第二次世界大战期间 Winfield Salisbury(1)在哈佛无线电研究实验室(Harvard Radio Research Laboratory)发明了一种方法,将一片空间织物($Z = 377$ 欧每单位面积)置于一反射板前方 $\lambda_0/4$ 处,就能完全吸收其法向入射波。他所用的这种电阻性(碳浆,carbon-impregnated)织物片称为 Salisbury 片。该结构使法向入射波在 1.3:1 频带上的反射至少降为 -20 dB[①]。

图 D.1(a)给出了该结构的特性阻抗为 377 Ω 的等效传输线。为简便起见,将阻抗与 377 Ω 相除后成为归一化(无量纲)阻抗,如图 D.1(b)所示。现考虑图 D.1(c)的多加载结构,在约 1λ 的距离内并联一系列电阻,其(归一化)电阻值和间距都随着至反射板的距离而从小变到大[②]。如图 D.2 所示,归一化线导纳 Y 从反射板短路位置 $Y = \infty$ 随递增距离以及并联电导而移向 Smith 圆图的中心点(匹配点)。这种递增锥削终端与图 D.1(a)和图 D.1(b)所示的单电阻终端相比,具有宽频带上低反射系数的优点。图 D.1(c)中的空间等效于图 D.1(d),在 1λ₀ 的距离内插有多层的 Salisbury 片,它们的每平方阻抗值已标注于图中,且背衬一片反射板。这种在层间填有塑料(电介质)、呈三明治式堆叠状的结构,是由 J. Jaumann 于二战期间在德国开发的。Emerson(1)曾为吸波材料及其应用撰写过一篇历史札记。

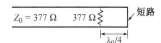

(a) 传输线和带有 $\lambda_0/4$ 短截线的单负载作为匹配终端

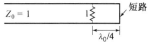

(b) 结构同(a),表示成归一化阻抗

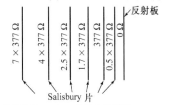

(c) 沿线 1λ₀ 上 6 点加载分布作为宽频带匹配终端

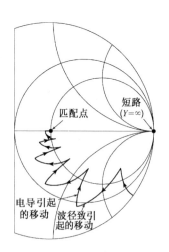

(d) 带有多层 Salisbury 片的空间等效

图 D.1 传输线与空间传播的等效

图 D.2 归一化导纳 Y 在 Smith 圆图上的轨迹。从短路点经 D.1(c)的 6 点分布加载,逐步移动到圆图中心的匹配点(在 5:1 的频带上反射波降低 -20dB)

---

① 电阻片与反射板相距为 3λ/4 或 5λ/4 等,也能发生波的谐振吸收,但其频带较窄。

② 电阻值和间距都近似按指数律变化。

同时增加电阻值和电阻片的数量(且减小它们的间距)至极限情况,即成为连续锥削的媒质材料。设媒质的磁导率和介电常数都含损耗项且两者各自的相对值相同,即

$$\mu_r = \mu'_r - j\mu''_r = \varepsilon_r = \varepsilon'_r - j\varepsilon''_r \tag{1}$$

则该有耗媒质具有与自由空间相同的实阻抗,即

$$Z = \sqrt{\frac{\mu}{\varepsilon}} = \sqrt{\frac{\mu_0}{\varepsilon_0}}\sqrt{\frac{\mu_r}{\varepsilon_r}} = 377\sqrt{\frac{\mu_r}{\varepsilon_r}} = 377\,\Omega \tag{2}$$

原理上,如果入射到一种均匀媒质的波能够无反射地进入媒质的材料内,当该媒质足够厚时波就能被完全吸收。这种均匀媒质与上述锥削媒质恰成对照。

例 D.1

设有 3 mm 厚的吸波片背衬理想导电的金属平板,材料参数为 $\mu_r = \varepsilon_r = 10 - j10, \sigma = 0$。求 3 GHz 频率的反射系数。

解:

传播常数

$$\gamma = \alpha + j\beta = j\frac{2\pi}{\lambda_0}(10 - j10) \tag{3}$$

而

$$\lambda_0 = \frac{c}{f} = \frac{3 \times 10^8}{3 \times 10^9} = 0.1\,\text{m} \tag{4}$$

所以

$$\alpha = 2\pi \times 100 = 628 \quad \text{Np}\,\text{m}^{-1}$$

则波从金属板反射后经吸波片返回的相对场强为

$$\frac{E}{E_0} = |\rho_v| = \text{e}^{-2\alpha x} = \text{e}^{-3.77} = 0.023$$

比入射波场强低 33 dB。

虽然参数 $\mu_r = \varepsilon_r$ 的有耗媒质从原理上说很具有吸引力,但大多数普及型吸波器所具有的典型参数为 $\mu_r = 1$ 而 $\varepsilon_r \approx 2 - j1$。普及的形状则是如图 D.3(a) 和图 D.3(b) 所示的棱锥形和楔形。棱锥形对于正(对着鼻尖的)入射表现为锥削转换器(如上所述)。然而,DeWitt(1) & Burnside 发现,在大入射角时波的方向对棱锥的侧面几乎是边射的,棱锥吸波器近似于具有随

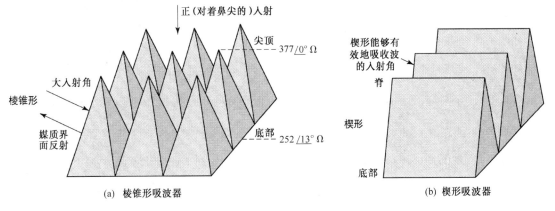

(a) 棱锥形吸波器　　　　　　　(b) 楔形吸波器

图 D.3 吸波器的形状

机粗糙表面的散射体,故由于媒质失配而导致较大的反射系数;然而楔形吸波器在波的方向近乎平行于楔脊时的表现要出色得多。

例 D.2

设有高度(从尖顶至底部)为 30 cm 的棱锥阵列,材料参数为 $\mu_r = 1, \varepsilon_r = 2 - j1, \sigma = 0$。(a)求(对着鼻尖的)正入射波为 3 GHz 频率($\lambda = 100$ mm)时的反射系数。(b)求 10 GHz 频率($\lambda = 30$ mm)时的反射系数,材料参数同上。

解:

参照图 D.3(a),棱锥阵对正入射表现为有效阻抗从尖顶处的 $377\angle 0° \ \Omega$ 逐渐提高(3 GHz 时经 3λ 长度、10 GHz 时经 10λ 长度)到底部的

$$Z = \frac{377}{\sqrt{\varepsilon_r}} = \frac{377}{\sqrt{2 - j1}} = 252\angle 13.3° \ \Omega$$

由于锥削段较长,因此足以忽略在媒质界面(空气与棱锥)处的反射。然而,若不存在锥削段,媒质失配的反射系数为

$$|\rho_v| = \left| \frac{Z_L - Z_0}{Z_L + Z_0} \right| = \left| \frac{252\angle 13° - 377}{252\angle 13° + 377} \right| = 0.24 \ \text{或} -12 \ \text{dB}$$

与即将计算的正入射到棱锥的情况相比,这是非常大的反射系数,与以大入射角边射于棱锥侧面[见图 D.3(a)]的大反射系数相当。

作为正入射反射系数的一级近似,假设棱锥体等效为其 1/3 高度的均匀实体。在实体媒质中,3 GHz 波的传播常数为

$$\gamma = j\frac{2\pi}{\lambda_0}\sqrt{\varepsilon_r' - j\varepsilon_r''} = j\frac{2\pi}{0.1}\sqrt{2 - j1} = j\frac{2\pi}{0.1}(1.46 - j0.35)$$

而衰减常数

$$\alpha = \frac{2\pi}{0.1} \times 0.35 = 22 \ \text{Np m}^{-1}$$

于是,反射系数为

$$|\rho_v| = e^{-2\alpha x} = e^{-2\times 22\times 0.1} = 0.0123$$

故得(a)3 GHz 波的反射系数被降至 -38 dB。

同理有(b)10 GHz 波的反射系数被降至 -125 dB。

实际上,10 GHz 的反射系数确实比 3 GHz 的反射系数要小的多,但并不像计算所得结果那么悬殊。某些商品吸波材料的非匀质性会增大反射系数和后向散射(DeWitt-1)。

参考文献

DeWitt, B. T. (1), and W. D. Burnside, "Electromagnetic Scattering by Pyramidal and Wedge Absorber," *IEEE Trans. Ants. Prop.*, 1988.

Emerson, W. H. (1), "Electromagnetic Wave Absorbers and Anechoic Chambers through the Years," *IEEE Trans. Ants. Prop.*, **AP-21,** 484–489, July 1973 (49 references).

Salisbury, W. W. (1), "Absorbent Body for Electromagnetic Waves," U.S. Patent 2,599,944, June 10, 1952.

附录 E 测 量 误 差

一切被测的量都含有误差。于是,一个球所测出的面积可以是 $2.76 \pm 0.03 \text{ m}^2$,这表明误差或不确定性为 0.03 m^2。如果这是均方根(rms,root mean square)偏差或标准偏差,则意味着真值介于此极限值之间、即大于 2.73 而小于 2.79 m^2 的可能性约为 $2:1$。对于有限的 n 次读数,有

$$均方根偏差 = \sqrt{\frac{d_1^2 + d_2^2 + \cdots + d_n^2}{n-1}} \tag{1}$$

其中 d_1,d_2,$\cdots$,d_n 是相对于一组 n 次观测之中(间)值的测量偏差。

有时给出的误差是概率误差,它是 rms 误差的 0.6745 倍。概率误差指出真值介于极限值之间的可能性恰为 $1:1$。

凡给出误差,通常意味着已经进行了一组重复性的测量。只进行一遍测量是不规范的,所得到的误差只不过是估计值。

凡在本书中引用的测量值,都应理解为受制于误差的。例如,某天线的增益可以表示为 36.5 dBi,但为了清楚起见,应当包括适当的误差,若误差是 $\pm 0.5 \text{ dBi}$,则增益应为 $36.5 \pm 0.5 \text{ dBi}$。然而,为了表述简便,通常又都省略了误差的标注,除了在 21.19 节中 Penzias & Wilson 所提出的天线温度的测量结果:

$2.3 \pm 0.3 \text{ K}$　　归因于大气层

$0.8 \pm 0.4 \text{ K}$　　归因于欧姆损耗

$< 0.1 \text{ K}$　　　　归因于指向地面的后瓣

$3.2 \pm 0.5 \text{ K}$　　总和[①]

他们测得的天空温度为 $6.7 \pm 0.8 \text{ K}$,扣去 $3.2 \pm 0.5 \text{ K}$,得出剩余量 $3.5 \pm 1.0 \text{ K}$[①]。

Penzias & Wilson 注意到了这个"误差",并由此发现了 3 K 的天空背景,随后他们因此而荣获了诺贝尔奖。

---

① 注意,该总误差是 rss(root sum square,和方根——无关量的合成)而非 rms(均方根——单个量的误差)。所以上述分项的 0.3 和 0.4 是 rms,而总的 0.5 是 rss。

附录 F　带 * 号习题的答案(上册)

第 2 章

2.7.3　3.8,4.6,6.1。

2.7.4　(a) $2.05 \times 10^4 (43.1 \, dB)$;(b) $1.03 \times 10^4 (40.1 \, dB)$。

2.9.3　$71.6\lambda^2$。

2.11.2　~11 kW。

2.11.5　$152 \, m^2$ RCP。

2.16.4　14.9 kW。

2.17.2　(a) AR = 1.5;(b) $\tau = 90°$;(c) CW。

2.17.4　(b) AR = 1.38;(c) $\tau = 45°$。

2.17.6　具有 $\tau = 45°$ 的直线。

2.17.7　(a) AR = -2.33(RH);(b) $\tau = -45°$;(c) RH。

2.17.9　(a) AR = -5;(b) RH;(c) $34 \, mW \, m^{-2}$。

2.17.11　(a) AR = 3.0;(b) $\tau = -22.5°$;(c) CW;(d) LH。

第 3 章

3.2.1　改变(a) $L = 0.5\lambda, w \to 0$;(b) $Z_s = 363 - j211\Omega$;(c) 1.64。

3.4.2　$200d$。

3.5.1　(a) $24.7\lambda^2$;(b) 310(24.9 dBi);(c) 186(22.7 dBi)。

3.5.2　$0.19 \, m^2$。

3.5.3　175 mm。

3.6.1　$\theta(E$ 面$) = 45°, \theta(H$ 面$) = 45°$,对于对称的波瓣图。

第 4 章

4.3.1　(a) $1539 \, W \, m^{-2}$;(b) $4.29 \times 10^{26} \, W$;(c) $762 \, V \, m^{-1}$。

4.5.2　(a) 5.1,6,7.07;(b) 见习题 2.7.3。

第 5 章

5.2.1　(c) 最大方向在 $0°, 180°, \pm 41.8°, \pm 138.2°$

零点方向在 $\pm 19.4°, \pm 90°, \pm 160.6°$

半功率方向在 $\pm 9.6°, \pm 170.4°, \pm 30°, \pm 150°, \pm 56.5°, \pm 123.5°$

(d) 最大方向在 $0°, \pm 90°, 180°$

零点方向在 $\pm 30°, \pm 150°$

半功率方向在 $\pm 14.5°, \pm 165.5°, \pm 48.6°, \pm 131.4°$

(e) 最大方向在 $0°,180°$, $±14.5°$, $±165.5°$, $±30°$, $±150°$, $±49°$, $±131°$, $±90°$

零点方向在 $±7°$, $±173°$ $±22°$, $±158°$ $±39°$, $±141°$, $±61°$, $±119°$

半功率方向在 $±3.6°$, $±176.5°$, $±11°$, $±169°$, $±18.5°$, $±161.5°$, $±26°$, $±154°$, $±34.5°$, $±145.5°$, $±43.5°$, $±136.5°$, $±54.5°$, $±125.5°$, $±70°$, $±110°$

(f) 最大方向在 $0°,180°$

半功率方向在 $±90°$

5.2.3　(a) 2。

5.6.4　(a) 和(b) 1 个主瓣和 5 个副瓣;

　　　　(c) 常规端射阵 $D \sim 7$,增强定向性端射阵 $D \sim 12$。

5.6.6　(b) 6.6;(c) 6.3。

5.8.4　(a) $E(\phi) = \dfrac{1}{4} \dfrac{\sin\left(\dfrac{5}{2}\pi\sin\phi\right)}{\sin\left(\dfrac{5}{8}\pi\sin\phi\right)} \angle \dfrac{15}{8}\pi\sin\phi$

　　　　(b) $E(\phi)\cos^3\left(\dfrac{5}{8}\pi\sin\phi\right)$ 或 $\dfrac{3}{4}\cos\left(\dfrac{5}{8}\pi\sin\phi\right) + \dfrac{1}{4}\cos\left(\dfrac{15}{8}\pi\sin\phi\right)$

5.9.2　0.61。

5.9.3　(a) 0.52,0.82,1.00,0.82,0.52

　　　　(b) 最大方向 $±39°$, $±141°$, $±90°$

　　　　(c) 零点方向 $±30°$, $±54°$, $±126°$, $±150°$

　　　　(d) $24°$

5.9.5　$R = 5$:0.93,0.84,1.00,1.00,0.84,0.93

　　　　$R = 7$:0.69,0.80,1.00,1.00,0.80,0.69

　　　　$R = 10$:0.53,0.78,1.00,1.00,0.78,0.53,旁瓣愈低,则锥削要求愈陡。

5.9.7　(a) $E = \dfrac{\sin\dfrac{5}{2}\psi}{\sin\dfrac{1}{2}\psi}$,其中 $\psi = d_r\cos\phi + \delta$

　　　　(b) $\delta = 0$,(1)1,1,1,1,1,(2)1,4,6,4,1,(3)1,0,0,0,1。

5.12.1　2500。

5.17.1　(a) $44°$;(b) -13.3 dB;(c) 0.17π sr;(d) 0.89;(e) 24;(f) $1.9\lambda^2$。

5.18.1　最大方向 $0°,180°$, $±60°$, $±90°$, $±120°$。

　　　　最小方向 $±41.4°$, $±75.5°$, $±104.5°$, $±138.6°$。

第6章

6.2.1　(b) $E_r = \dfrac{Ql\cos\theta}{2\pi\varepsilon r^3}, E_\theta = \dfrac{Ql\sin\theta}{4\pi\varepsilon r^3}, E_\phi = 0$。

6.2.2　(a) $2.86\times10^{-2}\underline{/-9°}$ V m^{-1};(b) $8.88\times10^{-2}\underline{/-81°}$ V m^{-1};(c) $2.39\times10^{-4}\underline{/-81°}$ A m^{-1}

6.2.4　(a) 一般表达式:282 mV m^{-1},准静态表达式:121 mV m^{-1}

(b) 一般表达式:242 mV m^{-1},准静态表达式:61 mV m^{-1}

(c) 一般表达式:784 μA m^{-1},准静态表达式:338 μA m^{-1}

6.3.1   3.33 Ω。

6.3.2   (a) 2.74 μW;(b) 3.0 A。

6.3.5   (a) π sr;(b) 4。

6.3.7   354 Ω。

6.3.8   (a) 21.9;(b) 1.74λ^2;(c) 6.8 Ω。

6.3.9   (a) 8.16;(b) 654 Ω。

6.3.12   (a) 23.2 Ω。

6.5.1 $E = \tan\theta\sin\left(\dfrac{\tau}{2}\cos\theta\right)$;(b) 168 Ω;(c) 168 Ω,73 Ω,197 Ω。

6.8.1   (a) $E = \dfrac{\sin\theta}{1 - p\cos\theta}\left[\sin\pi\left(\dfrac{1}{p} - \cos\theta\right)\right]$,四瓣的波瓣图;

(b) 40 瓣的波瓣图。

第 7 章

7.6.1   1890 Ω。

7.8.2   (1) 180 Ω,1.5;(2) 1550 Ω,1.2;(3) 4100 Ω,3.6。

7.9.1   四瓣的波瓣图。

第 8 章

8.3.4   (a) 10;(b) 6 cm;(c) 1.05(95% 纯右旋圆极化)。

8.5.1   (a) 28.8 cm;(b) 27.6 cm;(c) 26.4 cm,26.4 cm,25.8 cm,24.0 cm;(d) 30 cm;

(e) 19.1 cm;(f) 465 ~ 535 MHz;(g) 11 dBi。

8.8.1   (1) 0.802;(2) 0.763。

8.11.1   (a) $D_\lambda = \sqrt{2H_\lambda}/\pi$;(b) $E = \sin\theta$。

第 9 章

9.5.1   474 Ω。

9.5.2   779 − j 67。

9.9.1   750。

第 10 章

10.3.4   (a) 73 Ω;(b) 10 dB。

10.3.6   (a) 16 dBi;(b) 12.6°。

10.7.2   76.6 m^2。

第 11 章

11.2.2   270 + j350 Ω。

第 12 章

12.2.1 14.5 K。

12.2.2 25.6 K。

12.3.2 33 dB。

12.3.3 (a) 10 h;(b) 6.9×10^{-20} W;(c) 50 Hz。

12.3.4 (a) 12.2 dB;(b) 2.3 m。

12.3.5 (a) 0.08 K;(b) 0.09 K;(c) 445 K;(d) 500 mJy。

12.3.7 (a) 12.7 dB;0.5 dB;(c) ~13 min。

12.3.8 24.2 K。

12.3.9 (a) 15.6 MHz;(b) 26.1 MHz;(c) 41.0 MHz。

12.3.11 (a) 0.06 K;(b) 320 mJy。

12.3.13 1000 光年(LY)。数据率较慢,但当年首条跨大西洋电缆的数据率也并没有快多少。以此 1000 光年为参照,回过头来看:地球的周长为 1/7 光秒,地球至木星的距离为 45 光分、至冥王星的距离为 5 光时、距最近的恒星为 4 光年。1000 光年的距离等于离最近恒星的 250 倍。然而,这还仅仅是从我们的银河系到其他几十亿个银河系距离的百分之一,其中有些相距在百亿光年以上。如果地外文明(ETC)发来电讯能被解读并理解,从地球发送一份答复,则地球人要 2000 年之后才能得到回音。即使这在技术上有可能实现,人们是否有此先见之明和耐心去等待 2000 年? 迄今为止还从未发生过这种遥远距离的对话,人们正在边收听、边怀疑。

12.3.14 650 km 可视距离。

12.3.17 108.4 dB。

12.3.18 (a) 8.16×10^5 W;(b) 1.0 m;(c) Yes($G/T = 7.4$ dB K^{-1});(d) 3.2 dB。

12.4.1 23.6 K。

12.4.4 65.1 kW Hz^{-1}。

12.5.3 5.6×10^{-28} m^2。

12.5.5 560 TW 峰值功率。

12.5.7 (a) π m^2;(b) 40π m^2;(c) 0.04π m^2;(d) ~0 m^2。

12.5.8 0.8 m^2。

12.5.9 (a) 79.5 m s^{-1};(b) 46.7 m s^{-1} 前向雷达。

12.5.12 45 m s^{-1} (= 162 km h^{-1} = 101 mile h^{-1})。

12.5.13 160 mW。

12.5.14 1.2 kHz。

12.5.18 66 ns。

12.5.20 (a) 3.1×10^{-15} W;(b) 9.0×10^{-17} W;(c) 信噪比 = $S/N = 31$ dB,信杂比 = $S/C = 16$ dB。

术 语 表

Antenna Types   天线型式

aperture   口径
- achievement factor   达标因子
- complex deviation factor   复偏差因子
- aperture distribution   口径分布
- Dolph-Tchebyscheff optimum distribution   道尔夫–切比雪夫最优分布
- aperture efficiency   口径效率
- offset illumination   偏照
- Ruze factor   增益损失因子
- squint angle   斜视角
- surface roughness   表面粗糙度
- utilization factor   利用因子

aperture antenna   口径天线

aperture plane   口径平面

architecturally acceptable antenna   建筑上可接受的天线

Argus antenna   百眼巨人型天线

array   阵(列)
- adaptive array   自适应阵
- amplitude taper array   幅度锥削(渐变)阵
- BC (broadcast) array   广播阵
- broadside array   边射阵
- chain array   链式阵
- Chireix-Mesny array   风琴衣架式阵
- circular array   圆形阵
- close-spaced array   密距阵
- continuous array   连续阵
- variable phase velocity continuous array   可变相速连续阵
- curtain array   帘幕形阵
- dissimilar point sources array   非相似点源的阵
- Dolph-Tchebyscheff array   道尔夫–切比雪夫阵

Dipoles array	偶极子阵
end-fire array	端射阵
increased directivity end-fire array	增强定向性端射阵
ordinary end-fire array	常规端射阵
3D end-fire array	三维端射阵
frequency scanning array	频率扫瞄阵
frequency-scanning grid array	频率扫瞄栅格形阵
grid array	栅格形阵
Landsdorfer array	赋形偶极子八木–宇田阵
linear array	直线阵
lobe-sweeping array	波束扫瞄阵
log-periodic dipole array	对数周期偶极子阵
low-side-lobe array	低旁瓣阵
microstrip array	微带阵
multi-aperture array	多口径阵
periodic structure modes	周期性结构模
periodic structures	周期性结构
phased array	相控阵
rotatable helix phased array	可旋转螺旋相控阵
point sources array	点源阵
isotropic point sources array	各向同性点源阵
non-isotropic point sources array	非各向同性点源阵
primary array	初级阵
random array	随机阵
retro array	返回式阵
rectangular array	矩形阵
rotating helix array	旋转螺旋阵
scanning array	扫描阵
secondary array	次级阵
Sterba curtain array	司梯巴帘幕形阵
three-dimensional array	三维阵
triangle array	三角形阵
two-dimensional array	二维阵
Van Atta array	范阿塔阵
very large aperture（VLA）array	甚大口径阵
very long baseline（VLBA）array	甚长基线阵
W8JK array	密距端射阵
with missing sources array	缺源阵
Yagi-Uda array	八木–宇田阵

YUCOLP array	八木–宇田–夹角–对数–周期阵
asteroid detection antenna	小行星检测天线
antenna diversity	天线分集
antenna under test（AUT）	待测天线
azimuth ILS antenna	方位仪表着陆系统天线
base station antenna	基台天线
billboard antenna	广告牌天线
cell phone antenna	蜂窝电话天线
chimney antenna	烟囱形天线
circularly polarized antenna	圆极化天线
clover-leaf antenna	苜蓿叶形天线
collinear antenna	共线天线
cone antenna	锥形天线
biconical antenna	双锥天线
biconical vee antenna	双锥 V 形天线
bow-tie dipole antenna	领结形偶极子天线
curved biconical vee antenna	弯曲双锥 V 形天线
conical antenna	圆锥天线
discone antenna	盘锥天线
single cone and ground plane	带接地面的单锥天线
square cone antenna	方锥天线
volcano-smoke antenna	火山口–烟嘴形天线
cylindrical antenna	柱形天线,圆柱天线
Deutsche Welle antenna	"德意志之声"天线
digital-beam-forming（DBF）antenna	数字波束形成天线
dipole（antenna）	偶极子（天线）
bow-tie dipole	领结形偶极子
center-fed dipole	中心馈电偶极子
crossed dipoles	交叉偶极子
Delta match antenna	Δ 形匹配天线
electric dipole	电偶极子
flagpole	旗杆式天线
folded dipole	折合偶极子
full-wave antenna	全波天线
Gamma match antenna	Γ 形匹配天线
half-wave antenna	半波天线
half-wave dipole	半波偶极子

Hertz's dipole	赫兹偶极子
horizontal dipole	水平偶极子
J-match antenna	J 形匹配天线
quarter-wave monopole	λ/4 单极子
short dipole	短偶极子
stub antenna	短桩形天线
T-match antenna	T 形匹配天线
tunable dipole	可调谐偶极子
vertical dipole	铅垂偶极子
whip antenna	鞭状天线
direction-finding antenna	测向天线
earth station antenna	地球站天线
echelon antennas	梯式天线
electrical small antenna	电小天线
embedded antenna	植入式天线
flush disk antenna	嵌入式盘形天线
frequency independent antenna	非频变天线
biconical antenna	双锥天线
fractal antenna	分形天线
artistic antenna	艺术性天线
Barnsley-Fern antenna	班斯莱–弗恩天线
Bipectinate antenna	双栉形天线
Minkowski fractal antenna	闵可夫斯基天线
Promethea moth antenna	普罗大蚕蛾天线（触角）
Sierpinsky-triangle antenna	塞平斯基–三角形天线
log-periodic antenna	对数周期天线
log-periodic dipole array	对数周期偶极子阵
log-periodic toothed antenna	对数周期齿状天线
log spiral antenna	对数周期螺蜷天线
stacked log periodic antenna	层叠式对数周期天线
self-complementary antenna	自补天线
spiral antenna	螺蜷天线
Archimedes spiral antenna	阿基米德螺蜷天线
equiangular spiral antenna	等角螺蜷天线
conical spiral antenna	圆锥螺蜷天线
planar spiral antenna	平面螺蜷天线
twin-alpine horn antenna	双阿尔卑斯喇叭天线
ultra-wide-band（UWB）antenna	特宽频带天线

Galileo antenna	伽利略天线
George Brown turnstile antenna	乔治布朗绕杆式天线
Goubau antenna	G-线天线
ground effect on antenna	天线的地面效应
ground penetrating radar（GPR）antenna	探地雷达天线
ground plane antenna	带接地面的天线
helix（antenna）	螺旋（天线）
axial mode helix	轴向模螺旋
back fire helix	背射螺旋
bifilar helix	双绕螺旋
four-lobed helix	四瓣螺旋
helical beam antenna	螺旋聚束天线
genetic algorithm helix	遗传算法螺旋
monofilar helix	单绕螺旋
Moon helix	登月螺旋
multifilar helix	多绕螺旋
normal mode helix	法向模螺旋
quad-helix	四（支）螺旋
quadrifilar helix	四绕螺旋
rotatable helix	可旋转螺旋
square helix	方形螺旋
tapered helix	锥削螺旋
horizontal antenna	水平天线
horn（antenna）	喇叭（天线）
Alpine horn	阿尔卑斯喇叭
aperture-matched horn	口径匹配喇叭
conical horn	圆锥喇叭
corrugated horn	皱纹喇叭
Hogg horn	糖铲形喇叭
optimum horn	最优喇叭
pyramidal horn	棱锥喇叭
rectangular horn	矩形喇叭
ridge horn	加脊喇叭
rolled-edge horn	卷边喇叭
septum horn	隔膜喇叭
sugar scoop antenna	糖铲形天线
twin-alpine horn	双阿尔卑斯喇叭
internal antenna	内置式天线

instrument landing system（ILS）	**仪表着陆系统**
azimuth guidance ILS antenna	方位导引天线
glide slope antenna	滑翔着陆天线
localizer ILS antenna	定位器天线
vertical guidance ILS antenna	铅垂导引天线
isotropic antenna	**各向同性天线**
lens（antenna）	**透镜（天线）**
artificial dielectric lens	人造介质透镜
of flat metal strips	金属条带的人造介质透镜
of metal spheres	金属球的人造介质透镜
of metal disk	金属盘的人造介质透镜
cylindrical lens	柱形透镜
dielectric lens	介质透镜
Einstein lens	爱因斯坦透镜
E-plane lens	E-面透镜
gravity lens	重力透镜
H-plane lens	H-面透镜
long-focus lens	长焦距透镜
Luneberg lens	龙伯透镜
metal-plate lens	金属板透镜
multiple-helix lens	多螺旋透镜
phase-controlled lens	相位受控透镜
reflector-lens	反射器–透镜
short-focus lens	短焦距透镜
tolerance on lens	透镜的容差
unzoned metal-plate lens	未分区金属板透镜
zoned lens	分区透镜
linear antenna	**直天线**
loop（antenna）	**环（天线）**
Alford loop	埃福特环天线
curl antenna	卷曲天线
ferrite-loaded loop	铁氧体加载环天线
Marconi's square conical loop	马可尼方锥环天线
quad loop	两圈环天线
small loop	小环天线
square loop	方形环天线
triangular loop	三角形环天线
1λ-circumference loop	全波环天线

low-earth orbit（LEO）antenna	近地轨道天线
microstrip antenna	微带天线
mobile communication antenna	移动通信天线
mobile station antenna	移动台天线
Nauen antenna	诺恩大型短波广播天线
notch antenna	凹口天线
omnidirectional antenna	全向天线
patch antenna	贴片天线
physically small antenna	物理小天线
plasma antenna	等离子态天线
prolate spheroidal antenna	长球形天线
range marker antenna	距离标记天线
reflector（antenna）	反射器（天线）
corner reflector	夹角反射器天线
dihedral corner reflector	两面夹角反射器
passive corner reflector	无源夹角反射器
retro-corner reflector	返回式夹角反射器
square-corner reflector	夹直角反射器
trihedral corner reflector	三面夹角反射器
corner-Yagi-Uda hybrid antenna	夹角–八木–宇田混合天线
flat sheet reflector antenna	平板反射器天线
reflector/mirror（antenna）	反射镜（天线）
Cassegrain-type reflector	卡塞格伦型反射镜
cylindrical parabolic reflector	柱形抛物面反射镜
DBS home parabolic dish antenna	直播卫星家用抛物面碟形天线
deep-space dish antenna	深空碟形天线
off-axis reflectors antenna	偏轴反射镜天线
parabolic reflector antenna	抛物面反射镜天线
paraboloid with missing sector	缺损扇片的抛物面
paraboloidal reflector	旋转抛物面反射镜
rolled edge reflector	卷边反射镜
sawtooth edge reflector	锯齿状边缘反射镜
serrated edge reflector	锯齿状边缘反射镜
shaped reflector	赋形反射镜
spherical reflector	球面反射镜
resistance loaded antenna	电阻加载天线
spheroidal antenna	类球体天线

short-wave antenna	短波天线
sleeve antenna	套筒天线
slot antenna	缝隙天线
boxed slot antenna	盒式缝隙天线
complementary antenna	互补天线
slotted cylinders	开缝柱形天线
slotted waveguide	波导缝隙天线
small antenna	小天线
smart antenna	智能天线
smooth vee antenna	光滑 V 形天线
stacked antenna	层叠式天线
submerged antenna	埋地天线
super turnstile antenna	超旋转场天线
surface wave antenna	表面波天线
surveillance antenna	监视天线
T-march antenna	T 形匹配天线
Terahertz antenna	太赫频率的天线
thin cylindrical antenna	细圆柱天线
thin linear antenna	细直天线
traveling wave antenna	行波天线
Beverage antenna	贝弗瑞行波天线
end-fire antenna	端射天线
helical antenna	螺旋天线
polyrod antenna	介质杆天线
cones of retina	视网膜锥
rods of retina	视网膜杆
leaky line antenna	泄漏传输线天线
leaky wave antenna	漏波天线
long wire antenna	长导线天线
rhombic antenna	菱形天线
surface wave antenna	表面波天线
corrugated surface wave antenna	皱纹表面波天线
Vivaldi antenna	韦尔弟天线
Yagi-Uda antenna	八木–宇田天线
turnstile antenna	旋转场天线
ultra-wide-band(UWB) antenna	特宽频带天线
Vee antenna	V 形天线

vertical antenna	铅垂天线
waveguide antenna	波导天线
weather-vane antenna	气象风标天线
Yagi-Uda antenna	八木-宇田天线
Yagi-Uda modifications	变种八木-宇田天线

Antenna Fitting   天线附配件

antenna measurements	天线测量
absorber	吸波器（吸波体）
anechoic chambers	吸波室
horn absorber	喇叭吸波器
Jauman absorber	约曼吸波器
pyramid absorber	棱锥形吸波器
Salisbury screen	索尔兹伯里吸波片
shroud absorber	罩筒式吸波器
space cloth	空间织物
wedges absorber	楔形吸波器
alignment error	对准误差
cable effect on measurement	电缆对测量的影响
compact antenna test range(CATR)	紧缩的天线测量场地
coordinates for measurement	测量用坐标系
elevated range	仰角范围
far field measurement	远场测量
hologram measurement	全息法测量
measurement coordinates	测量坐标系
measurement distance	测量距离
cell phone measurement distance	蜂窝电话测量距离
horn measurement distance	喇叭天线测量距离
reflector measurement distance	反射镜天线测量距离
measurement error	测量误差
measurement range	测量场地
compact measurement range	紧缩的测量场地
dual reflector measurement range	双反射镜测量场地
ground-reflection measurement range	地面反射测量场地
near-field measurement range	近场测量场地
patterns measurement range	波瓣图测量场地
millimeter wave measurement	毫米波测量

near field measurement	近场测量
parameter measurement	参量测量
current distribution measurement	电流分布测量
effective gain measurement	有效增益测量
efficiency measurement	效率测量
directivity/gain method	定向性/增益法
radiometer method	辐射计法
random field method	随机场法
Wheeler cap method	惠勒帽法
gain measurement	增益测量
absolute method	绝对法
comparison method	比较法
using celestial radio source	利用天体射电源
using radar technique	利用雷达技术
using three unknown antennas	利用三个未知天线
impedance measurement	阻抗测量
phase measurement	相位测量
differential method	微分法
direct method	直接法
reference antenna method	参考天线法
polarization measurement	极化测量
rotating source method	旋转源法
pedestal	测试支架,基座
positioner	位置控制器,天线转台
range alignments	测量场地的对准
reciprocity in measurement	测量中的互易性
uncertainty of pattern measurement	波瓣图测量的不确定性
due to reflected wave	反射波引起的测量不确定性

feed of antenna　　天线的馈源

Cassegrain feed	卡塞格伦馈源
Gregorian feed	格雷戈里馈源
helix feed	螺旋馈源
horn feed	喇叭馈源
offset feed	偏照馈电
wave launcher	波激励器

feeding network　　馈电网络

beam forming network	波束形成网络
Butler matrix	巴特勒矩阵
conductor shape equivalence	导体形状的等效

dielectric slab waveguide	介质平板波导
helix frequency shifter	螺旋移频器
helix phase shifter	螺旋移相器
helix terminations	螺旋终端
matching stub	匹配短截线
polarizer	极化器
helix polarizer	螺旋极化器
meanderline polarizer	回折线极化器
wave polarizer	波极化器
traps	陷波器

balun —— 巴仑(平衡-非平衡转换器)

balanced transformers	平衡变换器
"bazooka" balun	火箭筒式巴仑
bypass balun	旁路式巴仑
candelabra balun	烛台式巴仑
choke balun	扼流式巴仑
cutaway balun	截割式巴仑
ferrite balun	铁氧体巴仑
mast balun	支杆式巴仑
natural balun	天然巴仑
printed balun	印刷巴仑
Roberts balun	罗伯特巴仑
sleeve-dipole balun	套筒偶极子式巴仑
two Type I's in series balun	两根 I 型串接的巴仑
type I balun	I 型巴仑
type II balun	II 型巴仑
type III balun	III 型巴仑
with stub balun	带短截线巴仑

frequency Selective surface(FSS) —— 频率选择表面

bandwidth of FSS	频率选择表面的频带宽度
band pass FSS	带通频率选择表面
band stop FSS	带阻频率选择表面
complementary surface	互补表面
dichroic surface	分频表面
oblique angle of incidence	斜入射角
periodic slot structure	周期性缝隙结构
periodic wire surface	周期性导线表面
polarization of FSS	频率选择表面的极化
sandwich FSS	夹心式频率选择表面

type elements of FSS	频率选择表面的单元型式
anchor elements	锚型单元
Jerusalem cross elements	耶路撒冷十字形单元
center connected elements	中心连接单元
circle plate elements	圆板单元
dipole elements	偶极子单元
dipole loaded elements	偶极子加载单元
hexagon elements	六边环形单元
hexagon plate elements	六边形板单元
loop elements	环形单元
square plate elements	方板单元
square spiral elements	方蜷线形单元
tripole elements	三极子单元
trislot elements	三缝隙单元
3-legged elements	三腿形单元
4-legged elements	四腿形单元
4-legged loaded elements	四腿形加载单元
N-pole elements	N 极子单元
α-combination elements	α 型组合单元
β-combination elements	β 型组合单元
γ-combination elements	γ 型组合单元

radome	天线罩
dielectric radome	介质天线罩
hybrid radome	混合型天线罩
metal radome	金属天线罩
slotted-metal radome	开缝金属天线罩
stealth radome	隐形天线罩

Antenna Theory / 天线理论

Charts	图表
aperture-far-field relations chart	口径–远场关系图表
gain-wavelength chart for radio telescopes chart	射电望远镜的增益–波长图表
helices chart	螺旋天线图表
RCS values chart	雷达截面值图表
sky noise temperature chart	天空噪声温度图表

codes	计算机程序
ARRAYPATGAIN	直线阵波瓣图和定向性程序
CORNEREFLECT	夹角反射器程序

radar cross section	雷达截面
radiation intensity	辐射强度
radiation power	辐射功率
radiation power factor	辐射功率因子
resolution	分辨率
signal-to-clutter ratio	信号杂波比
signal-to-noise ratio（SNR）	信号噪声比
visibility	可见度
complex visibility	复可见度
fringe visibility	条纹可见度
function	可见度函数
standing-wave ratio（SWR）	驻波比

physical quantities & units　　　物理量和单位

ampere（A）	安培
aperture distribution	口径分布
source distributions from visibility functions	由可见度函数重构的源分布
candela（cd）	坎德拉(光学单位)
charge distribution	电荷分布
conductivities	电导率
coulomb（C）	库仑
dBi	相对于各向同性的分贝
dimensions	量纲
farad（F）	法拉
flux density	通量密度
henry（H）	亨利
hertz（Hz）	赫兹
International System of Units（SI）	国际单位制
joule（J）	焦耳
kelvin（K）	开尔文
ohm（Ω）	欧姆
permeability	磁导率
permittivity	介电常数
Poynting vector	坡印廷矢量
radian（rad）	弧度
radian sphere	弧度球
steradian（sr）	立体弧度
transverse impedance	横向阻抗
volt（V）	伏特
walt（W）	瓦特

weber（Wb）　　　　　　　　　　韦伯

principles & methods　　　　　原理和方法

Babinet's principle　　　　　　巴比涅原理
Fermat's principle　　　　　　费马原理
genetic algorithm　　　　　　遗传算法
geometric theory of diffraction（GTD）　几何绕射理论
geometric optics（GO）　　　几何光学法
Huygens principle　　　　　　惠更斯原理
Image theory　　　　　　　　镜像理论
integral-equation（IE）method　积分方程法
moment method（MoM）　　矩量法
pattern multiplication　　　　波瓣图乘法
power theorem　　　　　　　功率定理
physical optics（PO）　　　物理光学法
reciprocity theorem　　　　互易性定理
Rumsey's principle　　　　拉姆塞原理
unified theory of diffraction（UTD）　一致性绕射理论

tables of　　　　　　　　　　列表

absorption rates　　　　　　吸收率表
antenna and array　　　　　天线和阵列表
antenna currents　　　　　　天线电流分布表
antenna relations　　　　　天线的关系式表
aperture, directivity, etc.　口径分布与定向性等的表
beamwidth and side-lobe　波束宽度和旁瓣表
binomial and edge distributions　二项式与边缘分布表
celestial radio sources　　天空射电源表
circular and rectangular apertures　圆形和矩形口径表
conductivities　　　　　　电导率表
comer reflector bandwidths　夹角反射器的频带宽度表
comer reflector formulas　夹角反射器公式表
dielectric materials　　　电介质材料表
dielectric strength　　　介质强度表
dipole impedance and RCS　偶极子阻抗和雷达截面表
directivities and beamwidths　定向性与波束宽度表
directivities of point source　点源的定向性表
EM spectrum　　　　　　电磁频谱表
end-fire arrays　　　　　端射阵表
Fourier components　　傅里叶分量表
helix formulas　　　　　螺旋天线公式表
horn beamwidths　　　喇叭波束宽度表

important antenna relations	重要的天线关系式表
incoming wave angle	波的到达角表
lens tolerances	透镜容差表
loop formulas	环的公式表
material constants	材料参数表
Maxwell's equations	麦克斯韦方程组表
metric prefixes	公制的词头表
minor-lobe maxima	副瓣的最大方向表
mutual impedance	互阻抗表
mutual resistance	互电阻表
null directions	零辐射方向表
permittivities	介电常数表
power factor	功率因子表
rhombic antenna formulas	菱形天线公式表
source amplitudes	源的幅度表
terahertz region	太赫频率范围表

Antenna applications　天线应用

Radar　雷达

axtive ramote sensing	主动遥感
altimeter radar	测高雷达
anti-collision radar	防撞雷达
bistatic radar	双站雷达
cross section (RCS)	雷达截面（RCS）
of aircraft, mosquito, etc.	飞机、蚊子等的 RCS
of comet	慧星的 RCS
of disk, loop, sphere	盘、环、球等的 RCS
of electron	电子的 RCS
of helix	螺旋的 RCS
of space shuttle	航天飞机的 RCS
of stealth aircraft	隐形飞机的 RCS
DF and monopulse radar	测向和单脉冲雷达
Doppler radar	多普勒雷达
radar equation	雷达方程
ground penetrating radar	探地雷达
police radar	警用雷达
Thompson scatter radar	汤姆逊散射雷达
tornado radar	龙卷风雷达
weather radar	气象温度雷达

Cosmic Background Explorer	宇宙背景探索者卫星
cosmic fireball floor	宇宙火球噪声基底
criterion of detectability	可检测性的判据
Cygnus A radio galaxy	射电星系天鹅座 A
Mars temperature	火星温度
minimum detectable temperature	最小可检测温度
redshifts	红移
SETI institute	地外文明探索协会
Tungska fireball	通古斯火球
Van Allen belts	范·艾伦(辐射)带
3K sky background temperature	3 K 天空背景温度

Radio communication link　　　无线电通信线路

autocorrelation function	自相关函数
bluetooth	蓝牙
cell-tower trees	蜂窝–塔树
drahtlos	无线(德文)
Information capacity	信息容量
LEO satellite link	近地轨道卫星中继
Lunar surface wave communication	月球表面波通信
Mars and Jupiter links	地球–火星或木星的线路
Moon link	地球–月球的线路
sans fils	无线(法文)
Satellite	卫星
Astrolink satellite	航天中继卫星
Clarke-orbit satellite	克拉克(静地)轨道卫星
Concordia satellite	协和卫星
Euroskyway satellite	欧洲天空公路系统卫星
Fleetsatcom satellite	舰队通信卫星
Geostationary orbit(GSO, GEO) satellite	对地静止轨道卫星
Global-position satellite	全球定位卫星
Globalstar satellite	全球星卫星
Glonass satellite	全球导航定位系统卫星
Immarsat satellite	国际海事卫星
Intelsat satellite	国际通信卫星
Intermediate-earth orbit(IEO) satellite	中等地球轨道卫星
Iridium satellite	铱系统卫星
KaStar satellite	Ka 星系统卫星
Low-earth orbit (LEO) satellite	近地轨道卫星
Medium-earth orbit(MEO) satellite	中高度地球轨道卫星
Molnya satellite	闪电卫星

符号、词头和缩写词

A	安[培]		f	频率,Hz
$\mathring{A}$	埃 = 10^{-10} m		G	京(吉,千兆) = 10^9(词头)
A	矢量位,Wb m^{-1}		G	电导,℧
A,a	面积,m^2		G	分布电导,℧ m^{-1}
A_c	收集口径		G	增益
A_e	有效口径		g	克
A_{em}	最大有效口径		H	亨[利]
A_{er}	有效口径,接收		**H**,H	磁场强度,A m^{-1}
A_{et}	有效口径,发射		HPBW	半功率波束宽度
A_g	几何口径		Hz	赫[兹] = 每秒1周
A_p	物理口径		h_e	有效高度
A_s	散射口径		**I**,I,i	电流,A
AR	轴比		J	焦[耳]
AU	天文单位		**J**,J	电流密度,A m^{-2}
a	渺(阿) = 10^{-18}(词头)		J_Y	杨斯基,10^{-26} Wm^{-2} Hz^{-1}
$\hat{\mathbf{a}}$	单位矢量		K	开[尔文]
B,B	磁通量密度,T = Wb m^{-2}		**K**,K	片电流密度,A m^{-1}
B	电纳,℧		K,k	一种常数
B	分布电纳,℧ m^{-1}		k	千 = 10^3(词头)
BWFN	第一零点波束宽度		kg	千克
C	库[仑]		L	电感,H
C	电容,F		L	分布电感,H m^{-1}
C	分布电容,F m^{-1}		l	升
C,c	一种常数,c = 光速		l,L	长度(标量),m
cc	立方厘米		**1**	长度(矢量),m
℃	度(摄氏)		LCP	左旋圆极化
D,D	电通量密度,C m^{-2}		LEP	左旋椭圆极化
D	定向性		ln	自然对数(以 e 为底)
d	距离,m		log	普通对数(以 10 为底)
deg	度(角)		M	兆 = 10^6(词头)
dB	分贝 = 10 log(P_2/P_1)		**M**,M	磁化强度,A m^{-1}
dBi	相对于各向同性的分贝		M	波的极化态
dl	长度单元(标量),m		M_a	天线的极化态
$d\mathbf{1}$	长度单元(矢量),m		m	米
ds	面积单元(标量),m^2		m	毫 = 10^{-3}(词头)
$d\mathbf{s}$	面积单元(矢量),m^2		min	分
dv	体积单元(标量),m^3		N	牛[顿]
E,E	电场强度,V m^{-1}		N,n	数(整数)
E	穰(艾) = 10^{18}(词头)		Np	奈培
emf	电动势,V		n	纤(纳) = 10^{-9}(词头)
e	电荷,C		$\hat{\mathbf{n}}$	表面的单位法矢
F	法[拉]		**P**,P	电介质的极化,C m^{-2}
F,F	力,N		P	稀(拍) = 10^{15}(词头)
f	尘(飞) = 10^{-15}(词头)			

P	极化态 $=P(\gamma,\delta)$	$\hat{\mathbf{z}}$	z 方向的单位矢量
P	功率,W	z	坐标方向;或红移
P_n	归一化功率波瓣图,无量纲	α	[阿尔法]角,deg 或 rad
p	沙(皮) $=10^{-12}$(词头)	α	衰减常数,nep m^{-1}
Q,q	电荷,C	β	[倍他]角,deg 或 rad;或相位常数 $=2\pi/\lambda$
R	电阻,Ω	γ	[伽玛]角,deg 或 rad
R_r	辐射电阻	δ	[台尔塔]角,deg 或 rad
RCP	右旋圆极化	ε	[依泼西隆]介电常数,F m^{-1}
REP	右旋椭圆极化	ε_{ap}	口径效率
r	分辨率	ε_M	波束效率
r	半径,m;或坐标方向	ε_m	杂散因子
$\hat{\mathbf{r}}$	r 方向的单位矢量	ε_r	相对介电常数
rad	弧度	ε_0	真空的介电常数,F m^{-1}
rad^2	平方弧度 $=$ 立体弧度 $=$ sr	η	[埃塔]
$\mathbf{S},S$	坡印廷矢量,及其值,W m^{-2}	θ	[西塔]角 deg 或 rad
S	通量密度,W m^{-2} Hz^{-1}	$\hat{\boldsymbol{\theta}}$	θ 方向的单位矢量
S,s	距离,m;或表面积,m^2	κ	[卡帕]常数
s	秒(时间)	λ	[拉姆达]波长,m
sr	立体弧度 $=$ 平方弧度 $=$ rad^2	λ_0	自由空间中的波长
T	特斯拉 $=$ Wb m^{-2}	μ	[谬]磁导率,H m^{-1}
T	垓(太) $=10^{12}$(词头)	μ_r	相对磁导率
t	时间,s	μ_0	真空的磁导率,H m^{-1}
U	辐射强度,W sr^{-1}	ν	[纽]
V	伏[特]	ξ	[克西]
V	电压(或电动势),V	π	[派] $=3.1416$
$\mathcal{V}$	电动势,V	ρ	[洛]电荷密度,C m^{-3};或质量密度,kg m^{-3}
υ	速度,m s^{-1}	ρ	反射系数,无量纲
W	瓦[特]	ρ_s	表面电荷密度,C m^{-2}
Wb	韦[伯]	ρ_L	线电荷密度,C m^{-1}
w	能量密度,J m^{-3}	σ	[西格玛]电导率,℧ m^{-1}
X	电抗,Ω	σ	雷达截面
X	分布电抗,Ω m^{-1}	τ	[涛]倾角(极化椭圆),deg 或 rad
$\hat{\mathbf{x}}$	x 方向的单位矢量	τ	传输系数,无量纲
x	坐标方向	ϕ	[非]角,deg 或 rad
Y	导纳,℧	$\hat{\boldsymbol{\phi}}$	ϕ 方向的单位矢量
Y	分布导纳,℧ m^{-1}	χ	[齐]磁化率或极化率,无量纲
$\hat{\mathbf{y}}$	y 方向的单位矢量	ψ	[泼西]角,deg 或 rad
y	坐标方向	ψ_m	磁通量,Wb
$\mathbf{Z}$	阻抗,Ω	Ω	[大写欧米伽]欧姆
Z	分布阻抗,Ω m^{-1}	Ω	[大写欧米伽]立体角,sr 或 deg^2
Z_c	本征阻抗(导体),每平方的 Ω	Ω_A	波束范围
Z_d	本征阻抗(电介质),每平方的 Ω	Ω_M	主波束范围
Z_L	负载阻抗,Ω	Ω_m	副瓣范围
Z_{yz}	横向阻抗(矩形波导),Ω	℧	[倒欧米伽]姆欧(℧ $=1/\Omega$ $=$ S,西[门子])
$Z_{r\phi}$	横向阻抗(圆形波导),Ω	ω	[欧米伽]角频率($=2\pi f$),rad s^{-1}
Z_0	本征阻抗(空间),每平方的 Ω		
Z_0	特性阻抗(传输线),Ω		

常数和换算

量	符号或缩写	标称值	更准确的值 *
天文单位	AU	1.5×10^8 km	1.496×10^8
玻尔兹曼常数	k	1.38×10^{-23} JK^{-1}	1.38062×10^{-23}
地球质量		6.0×10^{24} kg	5.98×10^{24}
地球半径(均值)		6.37 Mm	
电子电荷	e	-1.60×10^{-19} C	-1.602×10^{-19}
电子静质量	m	9.11×10^{-31} kg	9.10956×10^{-31}
电子电荷-质量比	e/m	1.76×10^{21} C kg^{-1}	1.758803×10^{11}
通量密度(功率)	Jy	10^{-26} W m^{-2} Hz^{-1}	10^{-26}(按定义)
氢原子(质量)		1.673×10^{-27} kg	
氢谱线的静频率		1420.405 MHz	
光秒		300 Mm	
光速	c	300 Mm s^{-1}	299.7925
光年	LY	9.46×10^{12} km	9.4605×10^{12}
$\log x = \log_{10} x$(普通对数)			
$\ln x = \log_e x$(自然对数)			
对数,基	e	2.72	2.718282
基的倒数	1/e	0.368	0.36788
对数变换		$\ln x = 2.3 \log x$	$\ln x = 2.3026 \log x$
		$\log x = 0.43 \ln x$	$\log x = 0.4343 \ln x$
月球距离(均值)		380 Mm	
月球质量		6.7×10^{22} kg	
月球半径(均值)		1.738 Mm	
秒差距	pc	3.1×10^{13} km	3.0856×10^{13}
秒差距	pc	3.26 Ly	3.2615
秒差距	pc	2.06×10^5 AU	2.06265
真空的磁导率 *	μ_0	1260 nH m^{-1}	400π(精确值)
真空的介电常数 *	ε_0	8.85 p Fm^{-1}	$8.854185 = 1/\mu_0 c^2$
圆周率	π	3.14	3.1415927
普朗克常数	h	6.63×10^{-34} Js	6.62620×10^{-34}
质子静质量		1.67×10^{-27} kg	1.67261×10^{-27}
弧度	rad	$57.3°$	$57.2958°$
空间的阻抗 *	Z	$376.7(\approx 120\pi)$ Ω	$376.7304 = \mu_0 c$
球,立体角		12.6 sr	$4\pi = 12.5664$
球,立体角		41253 deg^2	41252.96
平方度	deg^2	3.05×10^{-4} sr	3.04617×10^{-4}
斯蒂芬-玻尔兹曼常数		5.67×10^{-8} Wm^{-2}K^{-4}	5.6692×10^{-8}
球面度(=平方弧度)	sr	3283 deg^2	$(180/\pi)^2 = 3282.806$
太阳,距离	AU	1.5×10^8 km	1.496×10^8
太阳质量	$M_\odot$	2.0×10^{30} kg	1.99×10^{30}
太阳半径(均值)	$R_\odot$	700 Mm	695.3
年(回归线的)		365.24 天 $= 3.1556925 \times 10^7$ s	

* 单位与其标称值相同。注意,介电常数 ε_0 和空间阻抗 Z 的值,取决于 μ_0 的精确(定义)值以及光速 c 的测量值

在矩形、圆柱、圆球坐标系中的梯度、散度和旋度

矩形坐标系

$$\nabla f = \hat{\boldsymbol{x}}\frac{\partial f}{\partial x} + \hat{\boldsymbol{y}}\frac{\partial f}{\partial y} + \hat{\boldsymbol{z}}\frac{\partial f}{\partial z}$$

$$\nabla \cdot \mathbf{A} = \frac{\partial A_x}{\partial x} + \frac{\partial A_y}{\partial y} + \frac{\partial A_z}{\partial z}$$

$$\nabla \times \mathbf{A} = \hat{\boldsymbol{x}}\left(\frac{\partial A_z}{\partial y} - \frac{\partial A_y}{\partial z}\right) + \hat{\boldsymbol{y}}\left(\frac{\partial A_x}{\partial z} - \frac{\partial A_z}{\partial x}\right) + \hat{\boldsymbol{z}}\left(\frac{\partial A_y}{\partial x} - \frac{\partial A_x}{\partial y}\right) = \begin{vmatrix} \hat{\boldsymbol{x}} & \hat{\boldsymbol{y}} & \hat{\boldsymbol{z}} \\ \dfrac{\partial}{\partial x} & \dfrac{\partial}{\partial y} & \dfrac{\partial}{\partial z} \\ A_x & A_y & A_z \end{vmatrix}$$

圆柱坐标系

$$\nabla f = \hat{\boldsymbol{r}}\frac{\partial f}{\partial r} + \hat{\boldsymbol{\phi}}\frac{1}{r}\frac{\partial f}{\partial \phi} + \hat{\boldsymbol{z}}\frac{\partial f}{\partial z}$$

$$\nabla \cdot \mathbf{A} = \frac{1}{r}\frac{\partial}{\partial r}r A_r + \frac{1}{r}\frac{\partial A_\phi}{\partial \phi} + \frac{\partial A_z}{\partial z}$$

$$\nabla \times \mathbf{A} = \hat{\boldsymbol{r}}\left(\frac{1}{r}\frac{\partial A_z}{\partial \phi} - \frac{\partial A_\phi}{\partial z}\right) + \hat{\boldsymbol{\phi}}\left(\frac{\partial A_r}{\partial z} - \frac{\partial A_z}{\partial r}\right) + \hat{\boldsymbol{z}}\frac{1}{r}\left(\frac{\partial}{\partial r}r A_\phi - \frac{\partial A_r}{\partial \phi}\right)$$

$$= \begin{vmatrix} \hat{\boldsymbol{r}}\dfrac{1}{r} & \hat{\boldsymbol{\phi}} & \hat{\boldsymbol{z}}\dfrac{1}{r} \\ \dfrac{\partial}{\partial r} & \dfrac{\partial}{\partial \phi} & \dfrac{\partial}{\partial z} \\ A_r & r A_\phi & A_z \end{vmatrix}$$

圆球坐标系

$$\nabla f = \hat{\boldsymbol{r}}\frac{\partial f}{\partial r} + \hat{\boldsymbol{\theta}}\frac{1}{r}\frac{\partial f}{\partial \theta} + \hat{\boldsymbol{\phi}}\frac{1}{r\sin\theta}\frac{\partial f}{\partial \phi}$$

$$\nabla \cdot \mathbf{A} = \frac{1}{r^2}\frac{\partial}{\partial r}r^2 A_r + \frac{1}{r\sin\theta}\frac{\partial}{\partial \theta}(A_\theta \sin\theta) + \frac{1}{r\sin\theta}\frac{\partial A_\phi}{\partial \phi}$$

$$\nabla \times \mathbf{A} = \hat{\boldsymbol{r}}\frac{1}{r\sin\theta}\left[\frac{\partial}{\partial \theta}(A_\phi \sin\theta) - \frac{\partial A_\phi}{\partial \phi}\right] + \hat{\boldsymbol{\theta}}\frac{1}{r}\left(\frac{1}{\sin\theta}\frac{\partial A_r}{\partial \phi} - \frac{\partial}{\partial r}r A_\phi\right)$$
$$+ \hat{\boldsymbol{\phi}}\frac{1}{r}\left(\frac{\partial}{\partial r}r A_\theta - \frac{\partial A_r}{\partial \theta}\right)$$

后　记

　　终于,原著近千页之译稿付梓;历时逾两载以分册面世。此书,其原理清晰辅以详细图例,素材丰富配合实用习题,很适合用做高校教材;又联系实际融入应用系统、历史轶事启迪思考创意,亦可供专业人士参考。上册先期面市以来,售罄后已再次添印;时闻各界读者催询续篇。

　　何以下册拖延至今,"忙"、"难"是也!"忙"哉?当今所任教职,非同昔日之单纯授课,更有带徒、科研、开发以及杂务自理等,被嬉称"五'毒'俱全";兼之译者频繁卷入国内外学术服务。故此,除节假日外,罕有专注译作之环境。"难"哉?该书对天线应用领域涉猎之广袤,超乎传统天线教材之范畴,查考各式辞书百科,还不时求助于跨行专家。值此,谨向甘仲民教授、杨乃恒研究员、刘麟仲研究员等曾予赐教者致谢。理工类教材,素以内容体系之条理分明、论述推理之严密完整为特征;此书又以其知识性、实用性取胜,犹如"散文"体裁,令译作时平添几分斟酌。若依译者力求言简意赅之行文风格,似嫌原著详尽有余和重复注释;然而,为便于读者自学且容独立取舍章节,则应视为优点。自译稿至编校、成书,承蒙责任编辑等协力相助、愉快合作,一并致谢。

　　本书上册出版后,随即转赠原作者中译本样书留念,并获 Kraus 签名回赠的"Big Ear"(2nd Ed.,1995)一书。未几,噩耗传来,John Daniel Kraus 于 2004 年 6 月 28 日溘然长逝,享年 94 岁。哀伤之余,为彼之未及目睹全卷中译本而内疚;更为 2003 年夏失之交臂未能谋面而遗憾。Kraus 与先父同龄,彼学成于物理学而成就于电磁工程;先父则毕业于电讯工程而执教物理,其不同境遇遥相映照。追忆先父逝于 1989 年夏,余乃奋力著书"Engineering Electromagnetism: Functional Methods"(Ellis Horwood, Chichester, UK, 1991)以志悼念。而在本书译作之际,先母走完其 91 年之坎坷人生(2004 年春),悲痛之余勉力译完此书,容借此寄托哀思。

　　当代天线技术之发展堪称日新月异,正处于原理、功能、结构和材料等不断革新之繁荣时期。拙文《世纪之交的天线技术》(电波科学学报 15 卷 1 期 97－101 页,2000 年)曾被广为转摘。该文所列之发展趋势,在本书中多见反映,唯有对微带天线之篇幅甚少。幸而,近年来国外已出版多种微带天线之专著,可资选读。

　　在国际天线界,朱兰成、戴振铎、罗远祉、郑钧、李强、任朗、鲍家善……等第一代著名华裔学者曾做过重要贡献;第二、三代已/正步入退休之天线人士,亦不乏杰出之留美华裔专家及国内学者。拙文"Antennas development in China"(IEEE Antennas & Propagation Magazine, Vol. 38, No. 6, pp. 49-63, 1996)曾预测:国内十年浩劫所致的天线界人才断层,经学位制的哺育过渡,将会迎来新生代之繁荣时期。可喜的现实是,这种繁荣正在逐渐显现!然而,新生代之断层效应仍时有所见。在超重负担之下,尤须防止浮燥,此有赖于政策诱导;于成就尖端同时,尚待拓宽基础,盼本书能有所裨益。

译者　章文勋

2005 年 6 月 1 日